CAMBRIDGE LIBRARY COLLECTION

Books of enduring scholarly value

Mathematical Sciences

From its pre-historic roots in simple counting to the algorithms powering modern desktop computers, from the genius of Archimedes to the genius of Einstein, advances in mathematical understanding and numerical techniques have been directly responsible for creating the modern world as we know it. This series will provide a library of the most influential publications and writers on mathematics in its broadest sense. As such, it will show not only the deep roots from which modern science and technology have grown, but also the astonishing breadth of application of mathematical techniques in the humanities and social sciences, and in everyday life.

Oeuvres complètes

Augustin-Louis, Baron Cauchy (1789-1857) was the pre-eminent French mathematician of the nineteenth century. He began his career as a military engineer during the Napoleonic Wars, but even then was publishing significant mathematical papers, and was persuaded by Lagrange and Laplace to devote himself entirely to mathematics. His greatest contributions are considered to be the Cours d'analyse de l'École Royale Polytechnique (1821), Résumé des leçons sur le calcul infinitésimal (1823) and Leçons sur les applications du calcul infinitésimal à la géométrie (1826-8), and his pioneering work encompassed a huge range of topics, most significantly real analysis, the theory of functions of a complex variable, and theoretical mechanics. Twenty-six volumes of his collected papers were published between 1882 and 1958. The first series (volumes 1–12) consists of papers published by the Académie des Sciences de l'Institut de France; the second series (volumes 13–26) of papers published elsewhere.

Cambridge University Press has long been a pioneer in the reissuing of out-of-print titles from its own backlist, producing digital reprints of books that are still sought after by scholars and students but could not be reprinted economically using traditional technology. The Cambridge Library Collection extends this activity to a wider range of books which are still of importance to researchers and professionals, either for the source material they contain, or as landmarks in the history of their academic discipline.

Drawing from the world-renowned collections in the Cambridge University Library, and guided by the advice of experts in each subject area, Cambridge University Press is using state-of-the-art scanning machines in its own Printing House to capture the content of each book selected for inclusion. The files are processed to give a consistently clear, crisp image, and the books finished to the high quality standard for which the Press is recognised around the world. The latest print-on-demand technology ensures that the books will remain available indefinitely, and that orders for single or multiple copies can quickly be supplied.

The Cambridge Library Collection will bring back to life books of enduring scholarly value across a wide range of disciplines in the humanities and social sciences and in science and technology.

Oeuvres complètes

Series 2

VOLUME 12

AUGUSTIN LOUIS CAUCHY

CAMBRIDGE
UNIVERSITY PRESS

CAMBRIDGE UNIVERSITY PRESS

Cambridge New York Melbourne Madrid Cape Town Singapore São Paolo Delhi

Published in the United States of America by Cambridge University Press, New York

www.cambridge.org
Information on this title: www.cambridge.org/9781108003254

© in this compilation Cambridge University Press 2009

This edition first published 1916
This digitally printed version 2009

ISBN 978-1-108-00325-4

This book reproduces the text of the original edition. The content and language reflect the beliefs, practices and terminology of their time, and have not been updated.

ŒUVRES

COMPLÈTES

D'AUGUSTIN CAUCHY

[illegible] WITTMANN — L. RUET SCULPT

[illegible] la [illegible]thographie de la "Galerie des Savants Célèbres,

[illegible] & [illegible] Editeurs-Propriétaires)

[illegible] Editeur

ŒUVRES

COMPLÈTES

D'AUGUSTIN CAUCHY

PUBLIÉES SOUS LA DIRECTION SCIENTIFIQUE

DE L'ACADÉMIE DES SCIENCES

ET SOUS LES AUSPICES

DE M. LE MINISTRE DE L'INSTRUCTION PUBLIQUE.

IIe SÉRIE. — TOME XII.

PARIS,

GAUTHIER-VILLARS ET Cie, ÉDITEURS,

LIBRAIRES DU BUREAU DES LONGITUDES, DE L'ÉCOLE POLYTECHNIQUE,

Quai des Grands-Augustins, 55.

MCMXVI.

SECONDE SÉRIE.

I. — MÉMOIRES PUBLIÉS DANS DIVERS RECUEILS

AUTRES QUE CEUX DE L'ACADÉMIE.

II. — OUVRAGES CLASSIQUES.

III. — MÉMOIRES PUBLIÉS EN CORPS D'OUVRAGE.

IV. — MÉMOIRES PUBLIÉS SÉPARÉMENT.

III.

MÉMOIRES

PUBLIÉS EN CORPS D'OUVRAGE.

EXERCICES D'ANALYSE

ET DE

PHYSIQUE MATHÉMATIQUE

(NOUVEAUX EXERCICES)

TOME II. — PARIS, 1841.

DEUXIÈME ÉDITION

RÉIMPRIMÉE

D'APRÈS LA PREMIÈRE ÉDITION.

EXERCICES D'ANALYSE

ET DE

PHYSIQUE MATHÉMATIQUE,

PAR LE BARON AUGUSTIN CAUCHY,

Membre de l'Académie des Sciences de Paris, de la Société Italienne, de la Société royale de Londres, des Académies de Berlin, de Saint-Pétersbourg, de Prague, de Stockholm, de Gœttingue, de l'Académie Américaine, etc

TOME DEUXIÈME.

PARIS,

BACHELIER, IMPRIMEUR-LIBRAIRE

DE L'ÉCOLE POLYTECHNIQUE, DU BUREAU DES LONGITUDES, ETC,

QUAI DES AUGUSTINS, N° 55.

1841

EXERCICES D'ANALYSE

ET DE

PHYSIQUE MATHÉMATIQUE

MÉMOIRE

SUR LA

RÉSOLUTION DES ÉQUATIONS INDÉTERMINÉES

DU PREMIER DEGRÉ EN NOMBRES ENTIERS.

Supposons qu'il s'agisse de résoudre, en nombres entiers, une équation indéterminée du premier degré à plusieurs inconnues. Si ces inconnues se réduisent à deux

$$x, \quad y,$$

l'équation indéterminée sera de la forme

$$(1) \qquad ax + by = k,$$

a, b, k désignant trois quantités entières, et ne pourra être résolue que dans le cas où le plus grand commun diviseur de a et de b divisera k. Mais alors on pourra diviser les deux membres de l'équation (1) par ce plus grand commun diviseur; et comme on pourra, en outre, si a est négatif, changer les signes de tous les termes, il est clair que l'équation (1) pourra être réduite à la forme

$$(2) \qquad mx \pm ny = \pm l,$$

l, m, n désignant trois nombres entiers, et m, n étant premiers entre eux.

Observons maintenant que l'équation (2) coïncide avec l'équivalence

$$mx \equiv \pm l \quad (\text{mod. } n)$$

ou

$$(3) \qquad x \equiv \pm \frac{l}{m} \quad (\text{mod. } n),$$

et qu'en vertu de la formule

$$\frac{l}{m} \equiv l \frac{1}{m} \quad (\text{mod. } n),$$

la résolution de l'équivalence (3) peut être réduite à celle de la suivante

$$(4) \qquad x \equiv \frac{1}{m} \quad (\text{mod. } n).$$

D'autre part, si n est un nombre premier, on aura, d'après un théorème connu de Fermat,

$$(5) \qquad m^{n-1} \equiv 1 \quad (\text{mod. } n);$$

par conséquent

$$\frac{1}{m} \equiv m^{n-2} \quad (\text{mod. } n).$$

Donc alors m^{n-2} sera une des valeurs de x propres à vérifier l'équivalence (4), de sorte qu'on résoudra cette équivalence en posant

$$(6) \qquad x \equiv m^{n-2} \quad (\text{mod. } n).$$

Telle est la conclusion très simple à laquelle M. Libri et M. Binet sont parvenus pour le cas où le module n est un nombre premier. Pour étendre cette même solution à tous les cas possibles, il suffirait de substituer au théorème de Fermat le théorème d'Euler suivant lequel, n étant un module quelconque et m un entier premier à n, on aura généralement

$$(7) \qquad m^{N} \equiv 1 \quad (\text{mod. } n),$$

si l'exposant N renferme autant d'unités qu'il y a de nombres entiers inférieurs à n et premiers à n ([1]). En effet, l'équation (7) étant admise, on en conclura

$$\frac{1}{m} \equiv m^{N-1} \quad (\text{mod. } n),$$

et, par conséquent,

$$m^{N-1}$$

sera l'une des valeurs de x propres à vérifier l'équivalence (4), de sorte qu'on résoudra cette équivalence en prenant

$$(8) \qquad x \equiv m^{N-1} \quad (\text{mod. } n).$$

L'équivalence (4), étant résolue comme on vient de le dire, entraînera la résolution de l'équivalence (3) qui coïncide avec l'équation (2), et, par suite, la résolution de l'équation (1), dans le cas où le plus grand commun diviseur de a et de b divisera k. On résoudra, en particulier, l'équivalence (3) en prenant

$$(9) \qquad x \equiv \pm\, m^{N-1}\, l \quad (\text{mod. } n).$$

([1]) M. Poinsot nous a dit avoir remis autrefois à M. Legendre une Note manuscrite dans laquelle il avait ainsi étendu à des modules quelconques la solution présentée par M. Binet, et relative au cas où n est un nombre premier. Dans cette même Note, M. Poinsot donnait du théorème d'Euler la démonstration suivante, analogue à celle qui, dans le Mémoire de M. Binet, se trouve appliquée au théorème de Fermat :

Soient

$$1,\ a,\ b,\ c,\ \ldots$$

la suite des entiers inférieurs à n, mais premiers à n; N le nombre de ces entiers et m l'un quelconque d'entre eux. La suite

$$m,\ am,\ bm,\ cm,\ \ldots$$

se composera encore de termes, premiers à n, mais qui, divisés par n, donneront des restes différents. Donc chaque terme de la seconde suite sera équivalent, suivant le module n, à un seul terme de la première, et l'on aura

$$1.a.b.c\ldots \equiv m.am.bm.cm\ldots \equiv 1.a.b.c\ldots m^N \quad (\text{mod. } n)$$

ou, ce qui revient au même,

$$1.a.b.c\ldots(m^N - 1) \equiv 0 \quad (\text{mod. } n),$$

puis on en conclura

$$m^N - 1 \equiv 0 \quad \text{ou} \quad m^N \equiv 1 \quad (\text{mod. } n)$$

En résumé, on pourra énoncer la proposition suivante :

Théorème I. — *a, b, k désignant trois quantités entières, on pourra résoudre en nombres entiers l'équation indéterminée*

$$ax + by = k, \tag{1}$$

si le plus grand commun diviseur de a et de b divise k.

Supposons d'ailleurs qu'en divisant a, b, k par ce plus grand commun diviseur, et changeant s'il est nécessaire les signes de tous les termes de l'équation ainsi obtenue, on la réduise à la suivante

$$mx \pm ny = \pm l, \tag{2}$$

ou, ce qui revient au même, à l'équivalence

$$x \equiv \pm \frac{l}{m} \quad (\text{mod. } n), \tag{3}$$

l, m, n désignant trois nombres entiers, et m, n étant premiers entre eux. Pour vérifier l'équivalence (3), il suffira de poser

$$x \equiv \pm m^{N-1} l \quad (\text{mod. } n),$$

N désignant le nombre des entiers inférieurs à n, mais premiers à n.

Corollaire I. — L'équation indéterminée

$$ax + by = k$$

est toujours résoluble en nombres entiers, non seulement lorsque les coefficients a, b des deux inconnues sont premiers entre eux, mais aussi lorsque la valeur numérique du terme tout connu k est égale au plus grand commun diviseur de a, b, ou divisible par ce plus grand commun diviseur. Par suite, le plus grand commun diviseur de deux quantités entières a, b peut toujours être présenté sous la forme

$$ax + by,$$

x, y désignant encore des quantités entières.

Corollaire II. — l, m, n désignant trois nombres entiers, et m, n étant premiers entre eux, on peut toujours satisfaire, par des valeurs entières de x, y, à l'équation

$$mx - ny = \pm l.$$

D'ailleurs les diverses valeurs de x propres à vérifier cette équation, ou, ce qui revient au même, l'équivalence

$$x \equiv \pm \frac{l}{m} \qquad (\text{mod. } n),$$

sont toutes équivalentes entre elles suivant ce module n; en sorte que, l'une d'elles étant désignée par ξ, on aura généralement

$$x = \xi + nz,$$

z désignant une quantité positive ou négative.

On déduit aisément du premier théorème celui que nous allons énoncer.

Théorème II. — *Soient*

$$n = n_{\prime} n_{\prime\prime}$$

un module décomposable en deux facteurs $n_{\prime}$, $n_{\prime\prime}$, premiers entre eux; r l'un quelconque des entiers inférieurs à n, mais premiers à n; et

$$r_{\prime}, \quad r_{\prime\prime}$$

les restes qu'on obtient, quand on divise r par le premier ou le second des deux facteurs

$$n_{\prime}, \quad n_{\prime\prime}.$$

Non seulement à chaque valeur de r correspondra un seul système de valeurs de $r_{\prime}$, $r_{\prime\prime}$, mais réciproquement à chaque système de valeurs de $r_{\prime}$, $r_{\prime\prime}$ correspondra une seule valeur de r.

Démonstration. — D'abord $r_{\prime}$, étant le reste de la division de r par $n_{\prime}$, sera complètement déterminé quand on connaîtra r, et l'on pourra en dire autant de $r_{\prime\prime}$. De plus, à deux valeurs données de

$$r_{\prime}, \quad r_{\prime\prime}$$

correspondra une valeur de r qui devra être de chacune des formes

$$r_{,} + n_{,} x, \quad r_{,,} + n_{,,} y,$$

x, y désignant deux quantités entières. Or les deux équations

$$r = r_{,} + n_{,} x, \qquad r = r_{,,} + n_{,,} y$$

entraîneront la formule

$$r_{,} + n_{,} x = r_{,,} + n_{,,} y,$$

ou

$$n_{,} x - n_{,,} y = r_{,,} - r_{,};$$

et les valeurs de x, propres à vérifier cette formule, seront de la forme

$$\xi + n_{,,} z,$$

ξ désignant l'une quelconque de ces mêmes valeurs et z une quantité entière positive ou négative. Cela posé, si l'on fait, pour abréger,

$$r_{,} + n_{,} \xi = \mathfrak{R},$$

l'équation

$$r = r_{,} + n_{,} x$$

donnera

$$r = \mathfrak{R} + n_{,} n_{,,} z,$$

ou, ce qui revient au même,

$$r = \mathfrak{R} + n z.$$

Or, puisque les diverses valeurs de r que déterminerait cette dernière équation, si la quantité entière z restait arbitraire, sont équivalentes entre elles suivant le module n, il est clair qu'une seule sera positive et inférieure à n. Donc à des valeurs données de $r_{,}$, $r_{,,}$ correspondra une seule valeur de r, positive et inférieure à n. Si l'on étend le théorème II au cas où le module n est décomposable en plus de deux facteurs, on obtiendra la proposition suivante :

Théorème III. — *Soient :*

$$n = n_{,} n_{,,} n_{,,,} \ldots$$

un module décomposable en plusieurs facteurs

$$n_{,}, \quad n_{,,}, \quad n_{,,,}, \quad \ldots,$$

qui soient tous premiers entre eux ; r l'un quelconque des entiers inférieurs à n ; et

$$r_{,}, \quad r_{,,}, \quad r_{,,,}, \quad \ldots$$

les restes qu'on obtient quand on divise r par l'un des facteurs

$$n_{,}, \quad n_{,,}, \quad n_{,,,}, \quad \ldots.$$

Non seulement à chaque valeur de r correspondra un seul système de valeurs de $r_{,}$, $r_{,,}$, $r_{,,,}$, ...; mais réciproquement, à chaque système de valeurs de $r_{,}$, $r_{,,}$, $r_{,,,}$, ... correspondra une seule valeur de r.

Démonstration. — En raisonnant comme dans le cas où les facteurs $n_{,}$, $n_{,,}$, ... se réduisent à deux, on prouvera d'abord qu'à chaque valeur de r répond un seul système de valeurs de $r_{,}$, $r_{,,}$, $r_{,,,}$, ... Soit d'ailleurs

$$n'$$

le produit des facteurs de n différents de $n_{,}$, en sorte qu'on ait

$$n' = \frac{n}{n_{,}} = n_{,,} n_{,,,} \ldots,$$

et nommons r' le reste de la division de r par n'. En vertu du théorème I, si les facteurs $n_{,}$, $n_{,,}$, $n_{,,,}$ se réduisent à trois, on verra correspondre une seule valeur de r' à chaque système de valeurs de $r_{,,}$, $r_{,,,}$, et une seule valeur de r à chaque système de valeurs de $r_{,}$, r', par conséquent à chaque système de valeurs de $r_{,}$, $r_{,,}$, $r_{,,,}$. Ainsi l'on passe facilement du cas où le nombre des facteurs de n est 2, au cas où ce nombre devient égal à 3. On passera de la même manière du cas où il existe trois facteurs de n premiers entre eux, au cas où il en existe quatre, et ainsi de suite. Donc le théorème III est généralement exact, quel que soit le nombre des facteurs premiers de n.

Corollaire. — Le module

$$n = n_{,} n_{,,} n_{,,,} \ldots,$$

étant décomposable en facteurs

$$n_{,},\quad n_{,,},\quad n_{,,,},\quad \ldots,$$

qui soient premiers entre eux, nommons toujours

r, l'un quelconque des entiers inférieurs à n, mais premiers à n;
$r_{,}$, l'un quelconque des entiers inférieurs à $n_{,}$, mais premiers à $n_{,}$;
$r_{,,}$, l'un quelconque des entiers inférieurs à $n_{,,}$, mais premiers à $n_{,,}$;
etc.;

et soient en outre :

N, le nombre des valeurs de r;
$N_{,}$, le nombre des valeurs de $r_{,}$;
$N_{,,}$, le nombre des valeurs de $r_{,,}$;
etc.

Les systèmes de valeurs qu'on pourra former en combinant une valeur de $r_{,}$ avec une valeur de $r_{,,}$, avec une valeur de $r_{,,,}$, ... seront évidemment en nombre égal au produit

$$N_{,}N_{,,}N_{,,,}\ldots.$$

Donc, puisqu'à chacun des systèmes correspond une seule valeur de r, et réciproquement, on aura

$$N = N_{,}N_{,,}N_{,,,}\ldots.$$

Il sera facile maintenant de résoudre la question que nous allons énoncer.

Problème I. — *Déterminer le nombre* N *des entiers inférieurs à un module donné n et premiers à ce module.*

Solution. — Pour résoudre aisément ce problème, il sera bon de considérer successivement les divers cas qui peuvent se présenter, suivant que le module n est un nombre premier, ou une puissance d'un nombre premier, ou un nombre composé quelconque.

Or : 1° si le module n est un nombre premier, alors les entiers

$$1,\quad 2,\quad 3,\quad \ldots,\quad n-1,\quad n,$$

non supérieurs au module n, étant tous, à l'exception de n, premiers à ce module, on aura évidemment

$$N = n - 1. \tag{10}$$

Alors aussi, la solution que fournira le théorème I pour une équation indéterminée ne différera pas de la solution donnée par M. Libri et par M. Binet.

2° Si le module

$$n = \nu^a$$

se réduit à une certaine puissance d'un nombre premier ν, alors parmi les entiers

$$1,\quad 2,\quad 3,\quad \ldots,\quad n-1,\quad n,$$

dont le nombre est n, les uns, divisibles par ν, seront le produit de ν par les entiers

$$1,\quad 2,\quad 3,\quad \ldots,\quad \frac{n}{\nu},$$

dont le nombre est $\frac{n}{\nu}$; les autres, premiers à ν, ou, ce qui revient au même, à n, seront évidemment en nombre égal à la différence

$$n - \frac{n}{\nu} = n\left(1 - \frac{1}{\nu}\right).$$

On aura donc

$$N = n\left(1 - \frac{1}{\nu}\right) = \nu^{a-1}(\nu - 1). \tag{11}$$

3° Si le module n est un nombre entier quelconque, on pourra toujours le décomposer en facteurs dont chacun se réduise à un nombre premier ou à une puissance d'un nombre premier. Nommons

$$n_{\prime},\quad n_{\prime\prime},\quad n_{\prime\prime\prime},\quad \ldots$$

ces mêmes facteurs, en sorte qu'on ait

$$n = n_{\prime} n_{\prime\prime} n_{\prime\prime\prime} \ldots$$

et

$$n_{\prime} = \nu_{\prime}^{a}, \qquad n_{\prime\prime} = \nu_{\prime\prime}^{b}, \qquad n_{\prime\prime\prime} = \nu_{\prime\prime\prime}^{c}, \qquad \ldots,$$

$\nu_{\prime}, \nu_{\prime\prime}, \nu_{\prime\prime\prime}, \ldots$ désignant des nombres premiers distincts les uns des autres. Représentons d'ailleurs

par $N_{\prime}$ le nombre des entiers inférieurs et premiers à $n_{\prime}$;
par $N_{\prime\prime}$ le nombre des entiers inférieurs et premiers à $n_{\prime\prime}$;
par $N_{\prime\prime\prime}$ le nombre des entiers inférieurs et premiers à $n_{\prime\prime\prime}$;
etc.

Le corollaire du théorème III donnera

$$(12) \qquad N = N_{\prime} N_{\prime\prime} N_{\prime\prime\prime} \ldots,$$

puis on en conclura, eu égard à la formule (11),

$$(13) \qquad N = n\left(1 - \frac{1}{\nu_{\prime}}\right)\left(1 - \frac{1}{\nu_{\prime\prime}}\right)\left(1 - \frac{1}{\nu_{\prime\prime\prime}}\right)\ldots$$

ou, ce qui revient au même,

$$(14) \qquad N = \nu_{\prime}^{a-1} \nu_{\prime\prime}^{b-1} \nu_{\prime\prime\prime}^{c-1} \ldots (\nu_{\prime} - 1)(\nu_{\prime\prime} - 1)(\nu_{\prime\prime\prime} - 1) \ldots.$$

Corollaire. — Lorsque le module n se réduit au nombre 2, ou plus généralement à une puissance 2^a de ce même nombre, la valeur de N, en vertu de la formule (10) ou (11), se réduit à l'unité ou plus généralement à 2^{a-1}, en sorte qu'on a

$$N = 2^{a-1} = \frac{1}{2} n.$$

Revenons maintenant au théorème I. On peut évidemment, dans ce théorème et dans les formules (8), (9), remplacer le nombre N des entiers inférieurs au module n, mais premiers à n, par l'une quelconque des valeurs de i pour lesquelles se vérifie l'équivalence

$$(15) \qquad m^i \equiv 1 \quad (\text{mod. } n).$$

Or parmi ces valeurs il en existe une, inférieure à toutes les autres, et qui pour ce motif doit être employée de préférence. D'ailleurs cette valeur particulière de i jouit de propriétés remarquables qui peuvent servir à la faire reconnaître et calculer. Entrons à ce sujet dans quelques détails.

Les nombres entiers m, n étant supposés premiers entre eux, l'unité sera certainement, dans la progression géométrique

$$1, \quad m, \quad m^2, \quad m^3, \quad \ldots,$$

le premier terme qui se trouve équivalent, selon le module n, à l'un des termes suivants. En effet, une équivalence de la forme

$$m^l \equiv m^{l+i} \qquad (\text{mod. } n),$$

dans laquelle l et i seraient entiers et positifs, entraînera nécessairement une autre équivalence de la forme

$$1 \equiv m^i \qquad (\text{mod. } n),$$

dans laquelle le terme m^l de la progression se trouverait remplacé par l'unité. Ajoutons que, si m^i représente la moins élevée des puissances entières et positives de m, équivalentes à l'unité suivant le module n, les restes qu'on obtiendra en divisant par n les termes de la progression

$$1, \quad m, \quad m^2, \quad m^3, \quad \ldots$$

formeront une suite périodique, dans laquelle les i premiers termes seront différents les uns des autres. Représentons par

$$1, \quad m', \quad m'', \quad \ldots, \quad m^{(i-1)}$$

ces premiers termes. Comme, dans la progression dont il s'agit, deux termes seront équivalents entre eux suivant le module n quand ils répondront à des exposants de la *base* m équivalents entre eux suivant le module i, on aura évidemment

$$(16) \qquad \left\{\begin{array}{l} m^0 \equiv m^i \equiv m^{2i} \equiv \ldots \equiv 1, \\ m^1 \equiv m^{i+1} \equiv m^{2i+1} \equiv \ldots \equiv m', \\ m^2 \equiv m^{i+2} \equiv m^{2i+2} \equiv \ldots \equiv m'', \\ \ldots\ldots\ldots\ldots\ldots\ldots\ldots\ldots, \\ m^{i-1} \equiv m^{2i-1} \equiv m^{3i-1} \equiv \ldots \equiv m^{(i-1)}. \end{array}\right. \qquad (\text{mod. } n).$$

L'exposant de la puissance à laquelle il faut élever la base m pour obtenir un nombre équivalent suivant le module n à un reste donné, est ce qu'on nomme l'*indice* de ce nombre ou de ce reste. Cela posé, il est clair que, dans les formules (16), les indices correspondants au reste 1 seront représentés par les exposants

$$0, \quad i, \quad 2i, \quad \ldots,$$

les indices correspondants au reste m' par les exposants

$$1, \quad i+1, \quad 2i+1, \quad \ldots,$$

les indices correspondants au reste m'' par les exposants

$$2, \quad i+2, \quad 2i+2, \quad \ldots,$$

etc., enfin les indices correspondants au reste $m^{(i-1)}$ par les exposants

$$i-1, \quad 2i-1, \quad 3i-1, \quad \ldots.$$

Donc, puisque les restes

$$1, \quad m', \quad m'', \quad \ldots, \quad m^{(i-1)}$$

seront tous inégaux entre eux, les seuls indices positifs de l'unité seront les divers multiples de i; et le plus petit de ces indices ou le nombre i montrera combien la suite périodique des restes, indéfiniment prolongée, renferme de restes différents. L'étendue de la période formée avec ces restes

$$1, \quad m', \quad m'', \quad \ldots, \quad m^{(i-1)}$$

se trouvera donc indiquée par le plus petit des indices de l'unité, auquel nous donnerons, pour cette raison, le nom d'*indicateur*. Cela posé, on pourra évidemment énoncer la proposition suivante :

Théorème IV. — *m, n désignant deux nombres entiers, et m étant premier à n, les seules puissances entières et positives de m qui seront équivalentes à l'unité suivant le module n, seront celles qui offriront pour exposants l'indicateur i correspondant à la base m et ses divers multiples.*

On déduit immédiatement du théorème IV celui que nous allons énoncer.

THÉORÈME V. — *Si le module n est décomposable en divers facteurs* $n_,$, $n_{,,}$, ..., *en sorte qu'on ait*

$$n = n_, n_{,,} \ldots,$$

et si, la base m étant un nombre premier à n, on nomme

$$i_,, \quad i_{,,}, \quad \ldots$$

les indicateurs correspondant aux modules

$$n_,, \quad n_{,,}, \quad \ldots,$$

l'indicateur i, correspondant au module n, sera le plus petit nombre entier qui soit divisible par chacun des indicateurs $i_,$, $i_{,,}$, ...

Démonstration. — En effet, l'indicateur i correspondant au module n sera la plus petite des valeurs de i pour lesquelles se vérifiera la formule

$$m^i \equiv 1 \quad (\text{mod. } n).$$

D'ailleurs, n étant égal au produit des facteurs $n_,$, $n_{,,}$, ..., cette formule entraînera les suivantes :

$$m^i \equiv 1 \quad (\text{mod. } n_,), \qquad m^i \equiv 1 \quad (\text{mod. } n_{,,}), \qquad \ldots.$$

Donc, en vertu du théorème précédent, i devra être à la fois un des multiples de $i_,$, un des multiples de $i_{,,}$, ... Donc la valeur cherchée de i sera la plus petite de celles qui seront à la fois divisibles par $i_,$, par $i_{,,}$, ...

L'indicateur i, correspondant à un module donné n, varie généralement avec la base m, mais cette variation s'effectue suivant certaines lois, et l'on peut énoncer à ce sujet les propositions suivantes :

THÉORÈME VI. — *Si la base m est décomposable en deux facteurs*

$$m_,, \quad m_{,,},$$

auxquels correspondent des indicateurs

$$i_{\prime}, \quad i_{\prime\prime},$$

premiers entre eux, dans le cas où le nombre n est pris pour module; on aura non seulement

$$m = m_{\prime} m_{\prime\prime}$$

mais encore, en désignant par i l'indicateur correspondant à la base m et au module n,

$$i = i_{\prime} i_{\prime\prime}.$$

Démonstration. — L'indicateur i relatif à la base m vérifiera la formule

$$m^i \equiv 1 \quad (\text{mod. } n),$$

de laquelle on tirera

$$m^{2i} \equiv 1, \quad m^{3i} \equiv 1, \quad \ldots,$$

et généralement, si l'on désigne par j un multiple quelconque de i,

(17) $$m^j \equiv 1 \quad (\text{mod. } n),$$

ou, ce qui revient au même,

(18) $$m_{\prime}^j m_{\prime\prime}^j \equiv 1 \quad (\text{mod. } n).$$

D'autre part, les indicateurs $i_{\prime}$, $i_{\prime\prime}$, relatifs aux bases $m_{\prime}$, $m_{\prime\prime}$, vérifieront les équivalences

(19) $$m_{\prime}^{i_{\prime}} \equiv 1, \quad m_{\prime\prime}^{i_{\prime\prime}} \equiv 1 \quad (\text{mod. } n),$$

et il suffira que $i_{\prime}$ divise j pour que la première des formules (19) entraîne l'équivalence

$$m_{\prime}^j \equiv 1 \quad (\text{mod. } n),$$

par conséquent, eu égard à la formule (18), l'équivalence

$$m_{\prime\prime}^j \equiv 1 \quad (\text{mod. } n),$$

qui suppose (*voir* le théorème IV) j divisible par $i_{\prime\prime}$. Ainsi, de ce que le nombre i vérifie l'équivalence

$$m^i \equiv 1 \quad (\text{mod. } n),$$

il résulte que tout multiple de i, divisible par $i_{\prime}$, sera en même temps divisible par $i_{\prime\prime}$; en sorte que $i_{\prime\prime}$ divisera nécessairement le produit $ii_{\prime}$, et par suite le nombre i, si $i_{\prime}$, $i_{\prime\prime}$ sont premiers entre eux. Mais alors i divisible par $i_{\prime}$ devra l'être pareillement, et pour la même raison, par $i_{\prime\prime}$. Donc, si $i_{\prime}$, $i_{\prime\prime}$ sont premiers entre eux, tout nombre i, propre à vérifier l'équivalence

$$m^i \equiv 1 \qquad (\text{mod. } n),$$

sera divisible par le produit $i_{\prime}i_{\prime\prime}$, et l'indicateur correspondant à la base m, ou la plus petite des valeurs de i pour lesquelles on aura

$$m^i \equiv 1 \qquad (\text{mod. } n),$$

devra se réduire à ce produit.

Théorème VII. — *Soient*

$$i_{\prime}, \quad i_{\prime\prime}$$

les indicateurs correspondant à deux bases diverses

$$m_{\prime}, \quad m_{\prime\prime},$$

mais à un même module n. Le plus grand commun diviseur ω des indicateurs $i_{\prime}$, $i_{\prime\prime}$, pourra être décomposé, souvent même de plusieurs manières, en deux facteurs u, v tellement choisis, que les rapports

$$\frac{i_{\prime}}{u}, \quad \frac{i_{\prime\prime}}{v}$$

soient des nombres premiers entre eux; et, si l'on pose alors

$$m = m_{\prime}^u m_{\prime\prime}^v,$$

l'indicateur i, relatif à la base m, sera le plus petit nombre entier que puissent diviser simultanément les indicateurs $i_{\prime}$, $i_{\prime\prime}$.

Démonstration. — Concevons que le plus grand commun diviseur ω de $i_{\prime}$, $i_{\prime\prime}$ soit décomposé en facteurs

$$\alpha, \quad \beta, \quad \gamma, \quad \ldots,$$

dont chacun représente un nombre premier, ou une puissance d'un nombre premier. Deux produits

$$u,\quad v,$$

formés avec ces même facteurs, de manière qu'on ait

$$uv = \omega,$$

fourniront pour les rapports

$$\frac{i_{\prime}}{u},\quad \frac{i_{\prime\prime}}{v}$$

des nombres premiers entre eux, si l'on fait concourir chaque facteur, par exemple le facteur α, à la formation du produit u, quand α est premier à $\frac{i_{\prime}}{\alpha}$; du produit v, quand α est premier à $\frac{i_{\prime\prime}}{\alpha}$; enfin du produit u ou du produit v indifféremment, quand α est premier à chacun des deux nombres

$$\frac{i_{\prime}}{\alpha},\quad \frac{i_{\prime\prime}}{\alpha}.$$

Les deux produits u, v étant formés comme on vient de le dire, pour déduire le théorème VII du théorème VI, il suffit d'observer que,

$$i_{\prime},\quad i_{\prime\prime}$$

étant les indicateurs relatifs aux bases

$$m_{\prime},\quad m_{\prime\prime},$$

les nombres entiers

$$\frac{i_{\prime}}{u},\quad \frac{i_{\prime\prime}}{v}$$

seront les indicateurs relatifs aux bases

$$m_{\prime}^{u},\quad m_{\prime\prime}^{v},$$

et que, ces indicateurs étant premiers entre eux, la base m déterminée par la formule

$$m = m_{\prime}^{u}\, m_{\prime\prime}^{v}$$

devra correspondre à l'indicateur

$$i = \frac{i_{,}}{u}\frac{i_{,,}}{v} = \frac{i_{,}i_{,,}}{\omega}.$$

Or cette dernière valeur i sera précisément le plus petit nombre entier que puissent diviser simultanément les indicateurs $i_{,}$, $i_{,,}$.

Corollaire I. — Pour montrer une application du théorème VII, considérons en particulier le cas où l'on aurait

$$n = 78,$$
$$m_{,} = 5, \qquad m_{,,} = 29.$$

Comme

$$5^4 \quad \text{et} \quad 29^6$$

seront les puissances les moins élevées des nombres 5 et 29 qui, divisées par le module 78, donneront pour reste l'unité, on aura nécessairement

$$i_{,} = 4, \qquad i_{,,} = 6, \qquad \omega = 2,$$

et par suite

$$u = 1, \qquad v = 2,$$

attendu que des deux rapports

$$\frac{i_{,}}{2} = 2, \qquad \frac{i_{,,}}{2} = 3,$$

le second seul sera premier au facteur 2 de ω. Cela posé, pour obtenir une base m correspondant à l'indicateur

$$i = \frac{i_{,}i_{,,}}{\omega} = 12,$$

il suffira de prendre

$$m = m_{,}^{u} m_{,,}^{v} = 5.29^2;$$

et, puisque

$$5.29^2 \equiv 71 \equiv -7 \qquad (\text{mod}. 78),$$

il suffira de prendre

$$m = 71.$$

Effectivement, 71^{12} est la première puissance de 71 qui, divisée par 78, donne pour reste l'unité.

Corollaire II. — Étant données deux bases

$$m_{\prime}, \quad m_{\prime\prime},$$

qui correspondent à deux indicateurs différents

$$i_{\prime}, \quad i_{\prime\prime},$$

on peut toujours trouver une troisième base

$$m$$

qui corresponde à l'indicateur i représenté par le plus petit des nombres que divisent à la fois les deux indicateurs donnés.

Corollaire III. — Soient

$$m_{\prime}, \quad m_{\prime\prime}, \quad m_{\prime\prime\prime}$$

trois bases différentes, et

$$i_{\prime}, \quad i_{\prime\prime}, \quad i_{\prime\prime\prime}$$

les indicateurs qui correspondent à ces trois bases, mais à un seul et même module n. Si l'on nomme i' le plus petit nombre que diviseront simultanément $i_{\prime\prime}$ et $i_{\prime\prime\prime}$, le plus petit nombre i que pourront diviser simultanément $i_{\prime}$ et i' sera en même temps le plus petit des nombres divisibles par chacun des trois facteurs

$$i_{\prime}, \quad i_{\prime\prime}, \quad i_{\prime\prime\prime}.$$

D'ailleurs, à l'aide du théorème VII, on pourra trouver non seulement une base m' correspondant à l'indicateur i', mais encore une base m correspondant à l'indicateur i. Donc, étant données trois bases différentes avec un seul module, on peut toujours trouver une nouvelle base qui corresponde à l'indicateur représenté par le plus petit des nombres que divisent les trois indicateurs correspondants aux trois bases données. En appliquant un raisonnement semblable au cas où l'on donnerait quatre ou cinq bases au lieu de trois, on obtiendra généralement la proposition suivante :

THÉORÈME VIII. — *Étant données plusieurs bases différentes*

$$m_{\prime}, \quad m_{\prime\prime}, \quad m_{\prime\prime\prime}, \quad \ldots,$$

avec un seul module n, on peut toujours trouver une nouvelle base qui corresponde à l'indicateur représenté par le plus petit des nombres que divisent à la fois les indicateurs correspondants aux bases données.

Corollaire. — Si le système des bases données

$$m_{\prime}, \quad m_{\prime\prime}, \quad m_{\prime\prime\prime}, \quad \ldots$$

comprend tous les entiers inférieurs au module donné n et premiers à ce module, les indicateurs

$$i_{\prime}, \quad i_{\prime\prime}, \quad i_{\prime\prime\prime}, \quad \ldots,$$

relatifs à ces mêmes bases, seront tous ceux qui peuvent correspondre au module n. Cela posé, on doit conclure du théorème VIII que tous les indicateurs correspondants à un module donné divisent un même nombre qui coïncide avec l'un de ces indicateurs. Il est d'ailleurs évident que ce dernier doit être le plus grand de tous les indicateurs, ou celui qu'on peut appeler l'*indicateur maximum*. Nommons I cet indicateur maximum. En vertu de la remarque précédente et du théorème IV, l'équivalence

$$m^{\mathrm{I}} \equiv 1 \pmod{n} \tag{20}$$

se trouvera vérifiée toutes les fois que le nombre m sera premier au module n; et, dans cette supposition, on résoudra en nombres entiers l'équation

$$mx \pm ny = \pm l,$$

en prenant

$$x \equiv \pm m^{\mathrm{I}-1} l \pmod{n}. \tag{21}$$

Il nous reste à déterminer, pour chaque module n, l'indicateur maximum I. Cette détermination de l'indicateur maximum se trouve intimement liée à la recherche des valeurs correspondantes de la base m, valeurs que nous appellerons *racines primitives* du module n, en généralisant une définition admise par les géomètres pour le cas où ce module est la première puissance ou même une puissance quelconque d'un nombre premier impair. D'ailleurs la détermination dont il s'agit se déduit aisément des propositions déjà établies, jointes à quelques autres théorèmes que nous allons énoncer.

Théorème IX. — *Soient n un nombre premier et X une fonction entière de x, dans laquelle les coefficients numériques des diverses puissances de x se réduisent à des nombres entiers. Si l'on nomme r une racine de l'équivalence*

$$X \equiv 0 \quad (\text{mod. } n), \tag{22}$$

et $X_{,}$ un second polynome semblable au polynome X, mais du degré immédiatement inférieur; on pourra choisir ce second polynome de manière qu'on ait, pour toute valeur entière de x,

$$X \equiv (x-r)X_{,} \quad (\text{mod. } n). \tag{23}$$

Démonstration. — En effet, soit R ce que devient X pour $x = r$. La différence $X - R$ sera divisible algébriquement par $x - r$, et le quotient sera un polynome $X_{,}$ semblable au polynome X, mais du degré immédiatement inférieur. Comme on aura d'ailleurs identiquement

$$X - R = (x-r)X_{,},$$

et, de plus,

$$R \equiv 0 \quad (\text{mod. } n),$$

on en conclura, en attribuant à x une valeur entière quelconque,

$$X \equiv (x-r)X_{,} \quad (\text{mod. } n).$$

Corollaire I. — En vertu de la formule (23), l'équivalence (22), réduite à

$$(x-r)X_{,} \equiv 0 \quad (\text{mod. } n),$$

se décomposera en deux autres, savoir :

$$x - r \equiv 0, \qquad X_{,} \equiv 0 \quad (\text{mod. } n). \tag{24}$$

Il est d'ailleurs aisé de voir que le coefficient de la plus haute puissance de x restera le même dans les deux polynomes X, $X_{,}$. Cela posé, concevons que, ce coefficient étant premier au module n, la racine r se réduise à l'un des entiers inférieurs à ce module, et nommons

$$r, \quad r', \quad r'', \quad \ldots$$

les diverses racines de l'équivalence (22), représentées par divers entiers inférieurs à n. Une racine r' distincte de r, ne pouvant vérifier la première des formules (24), vérifiera nécessairement la seconde. Si d'ailleurs le polynome X est du premier degré ou de la forme $ax+b$, a étant premier à n, on aura

$$X_{,} = a;$$

et, la seconde des formules (24) ne pouvant être vérifiée, l'équation (21) n'admettra point de racine distincte de r et inférieure à n. Si le polynome X est du second degré, alors, le polynome $X_{,}$ étant du premier degré, la seconde des formules (24) admettra une seule racine inférieure à n, et par suite l'équation (22) admettra au plus deux racines distinctes inférieures à n. En continuant ainsi à faire croître le degré du polynome X, on déduira évidemment des formules (24) la proposition suivante :

Théorème X. — *Soient n un nombre premier et X une fonction entière de x, dans laquelle les coefficients numériques des diverses puissances de x se réduisent à des nombres entiers, le coefficient de la puissance la plus élevée étant premier au module n. Le degré du polynome X ne pourra être surpassé par le nombre des racines distinctes et inférieures à n qui vérifieront l'équivalence*

$$X \equiv 0 \pmod{n}.$$

Corollaire I. — Le module n étant un nombre premier, et I étant l'indicateur maximum relatif à ce module, chacun des nombres

$$1, \quad 2, \quad 3, \quad \ldots, \quad n-1,$$

inférieurs et premiers au module n, représentera une valeur de m

propre à vérifier la formule (20), et sera par conséquent une racine de l'équivalence

$$x^1 - 1 \equiv 0 \quad (\text{mod. } n).$$

Donc, en vertu du théorème X, l'indicateur maximum I ne pourra être inférieur au nombre des entiers

$$1, \quad 2, \quad 3, \quad \ldots, \quad n-1,$$

c'est-à-dire au nombre

$$\text{N} = n - 1;$$

et puisque, en vertu du théorème IV, joint au théorème de Fermat, I devra diviser ce même nombre, on aura nécessairement

$$(25) \qquad \text{I} = \text{N} = n - 1.$$

Corollaire II. — La formule (25) s'étend au cas même où l'on aurait

$$n = 2$$

et par suite

$$\text{I} = \text{N} = 1.$$

Supposons maintenant que le module n cesse d'être un nombre premier; alors on établira facilement les propositions suivantes :

Théorème XI. — *ν étant un module quelconque, i un nombre entier, x une quantité entière qui vérifie l'équivalence*

$$(26) \qquad x \equiv 1 \quad (\text{mod. } \nu),$$

et z le quotient de $x - 1$ par ν, l'équation

$$x = 1 + \nu z$$

entraînera l'équivalence

$$(27) \qquad x^i \equiv 1 + \nu i z \quad (\text{mod. } \nu^2).$$

Démonstration. — En effet, dans le développement de

$$x^i = (1 + \nu z)^i,$$

tous les termes, à l'exception des deux premiers, seront divisibles par ν^2.

Corollaire I. — Si z ou i sont divisibles par ν, la formule (27) se réduira simplement à la suivante :

$$x^i \equiv 1 \quad (\text{mod. } \nu^2). \tag{28}$$

Mais cette réduction ne pourra plus s'effectuer si z et i sont premiers à ν.

Corollaire II. — Si i est premier à ν, la valeur de x fournie par l'équation

$$x = 1 + \nu z$$

ne pourra vérifier la formule (28), à moins que z ne devienne divisible par ν, c'est-à-dire à moins que l'on n'ait

$$x \equiv 1 \quad (\text{mod. } \nu^2). \tag{29}$$

Corollaire III. — Supposons que ν devienne un nombre premier, et que la quantité entière x soit équivalente à l'unité suivant le module ν, mais non suivant le module ν^2, en sorte que x vérifie la condition (26), sans vérifier la condition (29) : on ne pourra satisfaire à l'équivalence (28) qu'en attribuant à l'exposant i une valeur divisible par ν. Donc, parmi les puissances de x qui deviendront équivalentes à l'unité suivant le module ν^2, la moins élevée sera x^ν. En d'autres termes, ν sera l'indicateur correspondant au module

$$n = \nu^2$$

et à la base

$$x = 1 + \nu z,$$

tant que z restera premier à ν.

Corollaire IV. — Si, le module ν étant un nombre premier, la quantité

$$x = 1 + \nu z$$

devient positive et inférieure à ν^2, elle ne pourra être qu'un terme de la progression arithmétique

$$1, \quad 1+\nu, \quad 1+2\nu, \quad \ldots, \quad 1+(\nu-1)\nu. \tag{30}$$

Or, comme le premier terme de cette progression vérifie seul la formule (29), il résulte du corollaire précédent que l'indicateur correspondant à l'un quelconque des autres termes et au module ν^2 sera le nombre premier ν.

Corollaire V. — Si, dans les formules (26), (28), (29), on remplace x par $\frac{x}{y}$, x et y désignant deux nombres entiers premiers à ν, ces formules deviendront

$$(31)\qquad \begin{cases} x \equiv y & (\text{mod. } \nu), \\ x^i \equiv y^i & (\text{mod. } \nu^2), \\ x \equiv y & (\text{mod. } \nu^2). \end{cases}$$

Donc, lorsque i sera premier à ν, non seulement les formules (26) et (28) entraîneront la formule (29); mais de plus les deux premières des formules (31) entraîneront la troisième, d'où il résulte qu'elles ne pourront subsister en même temps, si x, y sont tous deux positifs et inférieurs à ν^2.

Corollaire VI. — ν étant un nombre premier, r une racine primitive de ν et x l'une des quantités entières qui vérifient la formule

$$(32)\qquad x \equiv r \quad (\text{mod. } \nu),$$

nommons i l'indicateur correspondant à la base r et au module

$$n = \nu^2;$$

on aura

$$x^i \equiv 1 \quad (\text{mod. } \nu^2),$$

par conséquent

$$x^i \equiv 1 \quad (\text{mod. } \nu);$$

et, comme la formule (32) donnera

$$x^i \equiv r^i \quad (\text{mod. } \nu^2),$$

on aura encore

$$r^i \equiv 1 \quad (\text{mod. } \nu).$$

Donc, en vertu du théorème IV, i sera le nombre $\nu - 1$ qui représente l'indicateur correspondant au module ν et à la racine primitive r, ou un multiple de ce nombre. Mais, d'autre part, l'indicateur i devra diviser le nombre N des entiers inférieurs et premiers à ν^2, savoir, le produit

$$N = \nu(\nu - 1).$$

Or, ν étant premier, les seuls multiples de $\nu - 1$ qui diviseront ce produit seront

$$\nu - 1 \quad \text{et} \quad N.$$

Donc, dans l'hypothèse admise, on aura

$$i = \nu - 1 \qquad \text{ou} \qquad i = N = \nu(\nu - 1).$$

Observons maintenant que, parmi les valeurs de x propres à vérifier la formule (32), celles qui seront positives et inférieures à ν^2 se réduiront aux termes de la progression arithmétique

$$(33) \qquad r, \quad r + \nu, \quad r + 2\nu, \quad \ldots, \quad r + (\nu - 1)\nu,$$

et qu'en vertu du corollaire précédent, si l'on désigne par x, y deux de ces termes, l'équation

$$x^i \equiv y^i \qquad (\text{mod.}\, \nu^2)$$

ne pourra subsister, quand i sera premier à ν. Donc la valeur $\nu - 1$ de l'indicateur i ne pourra correspondre qu'à un seul des termes de la progression (33), et pour chacun des autres termes, on aura nécessairement $i = N$.

Corollaire VII. — Le module

$$n = \nu^2$$

étant le carré d'un nombre premier ν, un seul terme de la progression (33) peut représenter une racine de l'équation

$$(34) \qquad x^{\nu - 1} \equiv 1 \qquad (\text{mod.}\, \nu^2).$$

Pour chacun des autres, l'indicateur i acquiert la plus grande valeur N qu'il puisse atteindre, puisqu'il doit diviser N. Donc tous les termes de la progression (33) qui ne vérifient pas la condition (34) sont des racines primitives de ν^2, et l'indicateur maximum I relatif au module ν^2 est

$$I = N = \nu(\nu - 1). \tag{35}$$

Corollaire VIII. — La formule (35) s'étend au cas même où l'on aurait

$$\nu = 2, \qquad n = \nu^2 = 4,$$

et par suite

$$N = 2.$$

On a donc, en prenant 4 pour module,

$$I = N = 2.$$

Alors aussi l'on obtient une seule racine primitive r inférieure à 4, savoir,

$$r = 3.$$

Théorème XII. — *$\nu > 1$ étant un nombre premier et x une quantité entière qui vérifie l'équivalence*

$$x \equiv 1 \pmod{\nu};$$

si l'on représente par n la puissance la plus élevée de ν qui divise la différence

$$x - 1,$$

le produit $n\nu$ représentera la puissance la plus élevée de ν qui divisera la différence

$$x^\nu - 1,$$

à moins que l'on n'ait

$$n = \nu = 2.$$

Démonstration. — Nommons z le quotient de $x - 1$ par n. On aura

$$x = 1 + nz,$$

z étant, par hypothèse, premier à ν. Or, dans le développement de

$$x^\nu = (1 + nz)^\nu,$$

les termes extrêmes seront

$$1, \quad n^\nu z^\nu,$$

et tous les autres seront évidemment divisibles par le produit $n\nu$. D'ailleurs, ν étant facteur de n, le terme

$$n^\nu z^\nu = n . n^{\nu-1} z^\nu$$

sera lui-même divisible par le produit $n\nu$. Donc ce produit divisera la différence

$$x^\nu - 1.$$

Il y a plus, ν étant un facteur de n, ν^2 sera un facteur de $n^{\nu-1}$, à moins que l'on n'ait

$$(36) \qquad n = \nu = 2;$$

et, par suite, si la condition (36) n'est pas remplie, tous les termes qui suivront les deux premiers dans le développement de

$$(1 + nz)^\nu$$

seront divisibles ou par $n^2\nu$ ou au moins par $n\nu^2$. On aura donc alors

$$x^\nu \equiv 1 + n\nu z \qquad (\text{mod. } n\nu^2).$$

Donc, z étant premier à ν, le produit $n\nu$ sera la puissance la plus élevée de ν qui divise la différence

$$x^\nu - 1.$$

Corollaire I. — Si, dans le théorème XII, on remplace successivement x par x^ν, puis par x^{ν^2}, etc., on en conclura que, dans l'hypothèse admise, les puissances les plus élevées de ν, propres à diviser les différences

$$x^\nu - 1, \quad x^{\nu^2} - 1, \quad x^{\nu^3} - 1, \quad \ldots,$$

sont respectivement

$$n\nu, \quad n\nu^2, \quad n\nu^3, \quad \ldots.$$

On doit toujours excepter le cas où l'on aurait $n = \nu = 2$.

Corollaire II. — En remplaçant dans le corollaire précédent x par x^i, on obtiendra une proposition dont voici l'énoncé : Si, $\nu > 1$ étant un nombre premier, on représente par n la plus élevée des puissances de ν qui divisent

$$x^i - 1,$$

alors les puissances les plus élevées de ν qui diviseront les différences

$$x^{i\nu} - 1, \quad x^{i\nu^2} - 1, \quad x^{i\nu^3} - 1, \quad \dots$$

seront respectivement

$$n\nu, \quad n\nu^2, \quad n\nu^3, \quad \dots,$$

à moins que l'on n'ait $n = \nu = 2$.

Corollaire III. — ν étant un nombre premier impair, et r une racine primitive de ν^2, la puissance

$$r^{\nu-1} - 1$$

sera divisible une seule fois par ν. Donc, en vertu du corollaire II, les puissances les plus élevées de ν qui diviseront les différences

$$r^{\nu(\nu-1)} - 1, \quad r^{\nu^2(\nu-1)} - 1, \quad r^{\nu^3(\nu-1)} - 1, \quad \dots$$

seront respectivement

$$\nu^2, \quad \nu^3, \quad \nu^4, \quad \dots.$$

Donc

$$r^{\nu^a(\nu-1)}$$

sera le premier des termes de la suite

$$(37) \qquad r^{\nu-1}, \quad r^{\nu(\nu-1)}, \quad r^{\nu^2(\nu-1)}, \quad r^{\nu^3(\nu-1)}, \quad \dots$$

qui seront équivalents à l'unité, suivant le module ν^a. D'autre part, si l'on nomme i l'indicateur correspondant à la base r et au module ν^a, on aura

$$r^i \equiv 1 \quad (\text{mod. } \nu^a),$$

et à plus forte raison

$$r^i \equiv 1 \quad (\text{mod. } \nu);$$

d'où il résulte que i devra être un multiple de l'indicateur $\nu - 1$ correspondant à la base r et au module ν. Donc i, qui devra en outre diviser le produit

$$N = \nu^{a-1}(\nu - 1),$$

représentera l'exposant de r dans le premier des termes de la suite (37) qui seront équivalents à l'unité suivant le module ν^a. On aura donc nécessairement

$$i = N = \nu^{a-1}(\nu - 1).$$

Cette dernière valeur de i étant la plus grande que puisse acquérir un indicateur relatif au module ν^a, nous devons conclure, des observations précédentes, qu'une racine primitive r de ν^2 sera en même temps une racine primitive de ν^a, et que, dans le cas où le module

$$n = \nu^a$$

se réduit à une puissance d'un nombre premier impair, l'indicateur maximum I est déterminé par la formule

$$(38) \qquad I = N = \nu^{a-1}(\nu - 1).$$

Corollaire IV. — Considérons en particulier le cas où l'on aurait

$$n = \nu = 2,$$

et supposons en conséquence la différence

$$x - 1$$

divisible une seule fois par le module 2. La différence

$$x^2 - 1 = (x - 1)(x + 1)$$

sera composée de deux facteurs $x - 1$, $x + 1$, divisibles l'un par 2, l'autre par 4. Elle sera donc divisible au moins par le nombre 8, c'est-à-dire par le cube de 2. Cela posé, nommons n la plus haute puissance de 2 qui divisera $x^2 - 1$. En vertu du corollaire II, les puissances les plus élevées de 2 qui diviseront les différences

$$x^{2^2} - 1, \quad x^{2^3} - 1, \quad \ldots$$

seront respectivement

$$2n, \quad 2^2 n, \quad \ldots.$$

Donc, si a surpasse 2, le premier terme de la suite

$$x^2,\quad x^{2^2},\quad x^{2^3},\quad \ldots,$$

qui deviendra équivalent à l'unité suivant le module 2^a, sera

$$x^i,$$

la valeur de i étant

$$(39)\qquad i = \frac{2^{a+1}}{n}.$$

D'autre part, l'indicateur correspondant à la base x et au module 2^a devra être un diviseur de

$$N = 2^{a-1}.$$

Il se trouvera donc compris dans la suite

$$2,\quad 2^2,\quad 2^3,\quad \ldots,$$

et ne pourra être que la valeur précédente de i. Cette même valeur deviendra la plus grande possible, lorsque le nombre n se réduira simplement à 8, ce qui arrivera si l'on prend

$$x = 3 \quad \text{ou} \quad x = 5,$$

puisqu'on a

$$3^2 - 1 = 8 \quad \text{et} \quad 5^2 - 1 = 3.8.$$

Par conséquent

$$(40)\qquad I = \frac{1}{2}N = 2^{a-2}$$

sera l'indicateur maximum relatif au module

$$n = 2^a > 4.$$

La formule (40) s'étend au cas même où l'on aurait $a = 3$, et donne alors, comme on devait s'y attendre,

$$I = \frac{1}{2}N = 2,$$

A l'aide des diverses propositions que nous venons de rappeler, et qui pour la plupart étaient déjà connues (*voir* les *Recherches arith-*

métiques de M. Gauss et le *Canon arithmeticus* de M. Jacobi), il nous sera maintenant facile de résoudre la question suivante :

PROBLÈME II. — *Trouver l'indicateur maximum* I *correspondant à un module donné* n.

Solution. — Pour résoudre ce problème, il faut considérer successivement les divers cas qui peuvent se présenter, suivant que le module n est un nombre premier ou une puissance d'un tel nombre, ou un nombre composé.

Si le module n est un nombre premier ν, ou une puissance d'un nombre premier impair, ou l'une des deux premières puissances de 2, alors, en nommant N le nombre des entiers inférieurs à n et premiers à n, on aura généralement, d'après ce qui a été dit ci-dessus,

$$I = N = n\left(1 - \frac{1}{\nu}\right);$$

et, en particulier, si n se réduit à 2 ou 4,

$$I = N = \frac{1}{2}n.$$

Si le module n est une puissance de 2 supérieure à la seconde, on aura simplement

$$I = \frac{1}{2}N = \frac{1}{4}n.$$

Enfin, si le module n est un nombre quelconque, on pourra le décomposer en facteurs

$$n_{\prime}, \quad n_{\prime\prime}, \quad \ldots,$$

dont chacun soit un nombre premier ou une puissance d'un nombre premier. Soient alors

$$I_{\prime}, \quad I_{\prime\prime}, \quad \ldots$$

les indicateurs maxima correspondant aux modules

$$n_{\prime}, \quad n_{\prime\prime}, \quad \ldots.$$

En vertu des théorèmes III et V, une base donnée r sera une racine primitive de n, si cette base, divisée successivement par chacun des nombres $n_{,}$, $n_{,,}$, ..., fournit pour restes des racines primitives de ces mêmes nombres; et I sera le plus petit nombre entier divisible à la fois par chacun des indicateurs

$$I_{,}, \quad I_{,,}, \quad \ldots$$

La solution du problème précédent fournit, pour la résolution des équivalences du premier degré, une règle très simple qui se réduit à la règle donnée par M. Libri et par M. Binet, dans le cas particulier où le module est un nombre premier. La nouvelle règle, d'après ce que nous a dit M. Poinsot, coïncide, au moins lorsque le module est pair, avec celle que lui-même avait indiquée dans la Note manuscrite, remise à M. Legendre. Appliquée au cas où l'on prend pour module un nombre composé, elle n'exige pas, comme les méthodes présentées par M. Libri et M. Binet, la décomposition de ce module en facteurs premiers; et ce qu'il y a de remarquable, c'est qu'alors l'application devient d'autant plus facile que le module est un nombre plus composé. Montrons la vérité de cette assertion par quelques exemples.

Pour que toute équation indéterminée à deux inconnues puisse être résolue immédiatement à la seule inspection des coefficients de ces inconnues, dans le cas où l'un des coefficients ne dépasse pas 1000, il suffit que l'on construise une Table qui, pour tout module renfermé entre les limites 1 et 1000, fournisse l'indicateur correspondant à ce module. Or, à l'aide de cette Table, dont la construction est facile (*voir* la solution du problème II), et que nous donnons à la suite de ce Mémoire, on reconnaît que l'indicateur 2 correspond aux modules

$$3, \quad 4, \quad 6, \quad 8, \quad 12, \quad 24.$$

Donc, pour chacun de ces modules, l'inverse d'un nombre donné est équivalent à ce nombre même.

Ainsi, en particulier, l'inverse du nombre 19 suivant le module 24 est équivalent à 19. En d'autres termes, 19 est une des valeurs entières de x qui vérifient l'équation indéterminée

$$19x - 24y = 1.$$

Effectivement, le carré de 19 ou 361, divisé par 24, donne 1 pour reste.

De ce que l'indicateur 4 correspond aux modules

$$5,\quad 10,\quad 15,\quad 16,\quad 20,\quad 30,\quad 40,\quad 48,\quad 60,\quad 80,\quad 120,\quad 240,$$

il résulte immédiatement que, pour chacun de ces modules, l'inverse d'un nombre donné est équivalent au cube de ce même nombre. Ainsi, en particulier, l'inverse du nombre 67, suivant le module 120, est équivalent au cube de 67, par conséquent au produit de 67 par 49, ou à 43. En d'autres termes, 43 est une des valeurs de x qui vérifient l'équation

$$67x - 120y = 1.$$

Effectivement,

$$67 \times 43 = 2881 = 24 \times 120 + 1.$$

De ce que l'indicateur 6 correspond aux modules

$$7,\quad 9,\quad 14,\quad 18,\quad 21,\quad 28,\quad 36,\quad 42,\quad 56,\quad 63,\quad 72,\quad 84,\quad 168,\quad 504,$$

il résulte immédiatement que, pour chacun de ces modules, l'inverse d'un nombre donné est équivalent à la cinquième puissance de ce nombre. Ainsi, en particulier, l'inverse du nombre 17 sera équivalent, suivant le module 504, à

$$17^5 = 1419857,$$

par conséquent à 89. En d'autres termes, 89 est une valeur de x propre à vérifier l'équation indéterminée

$$17x - 504y = 1.$$

Effectivement,

$$17 \times 89 = 1513 = 3 \times 504 + 1.$$

Comme, dans la méthode ci-dessus exposée, la valeur de x est toujours exprimée par une puissance connue du nombre donné, le calcul pourra s'exécuter commodément, à l'aide des Tables de logarithmes, même quand l'indicateur sera composé de plusieurs chiffres.

Supposons, pour fixer les idées, que, le nombre donné étant 29, on demande un autre nombre équivalent à l'inverse du premier, suivant le module 192. L'indicateur étant alors égal à 16, le nombre cherché sera

$$29^{15} = (29^5)^3.$$

D'ailleurs les sept premiers chiffres de la valeur approchée de 29^5, déterminés à l'aide des Tables de logarithmes, sont ceux que présente le nombre

$$2051115,$$

attendu que l'on a

$$5 \log 29 = 7,3119900.$$

De plus, le dernier chiffre de 29^5, comme celui de 9^5, sera nécessairement 9. On aura donc par suite

$$29^5 = 20511149 \equiv 173 \equiv -19 \quad (\text{mod. } 192),$$
$$29^{15} \equiv -19^3 \quad (\text{mod. } 192);$$

puis, en se servant de nouveau des Tables de logarithmes,

$$29^{15} \equiv -6859 \equiv -139 \equiv 53 \quad (\text{mod. } 192).$$

Donc, 29^{15} et 53 seront deux valeurs de x propres à vérifier la formule

$$29x - 192y = 1.$$

Effectivement,

$$29 \times 53 = 1537 = 8 \times 192 + 1.$$

Table pour la détermination de l'indicateur maximum I correspondant à un module donné n.

n	I	*n*	I	*n*	I	*n*	I	*n*	I	*n*	I	*n*	I	*n*	I
		26	12	51	16	76	18	101	100	126	6	151	150	176	20
2	1	27	18	52	12	77	30	102	16	127	126	152	18	177	58
3	2	28	6	53	52	78	12	103	102	128	32	153	48	178	88
4	2	29	28	54	18	79	78	104	12	129	42	154	30	179	178
5	4	30	4	55	20	80	4	105	12	130	12	155	60	180	12
6	2	31	30	56	6	81	54	106	52	131	130	156	12	181	180
7	6	32	8	57	18	82	40	107	106	132	10	157	156	182	12
8	2	33	10	58	28	83	82	108	18	133	18	158	78	183	60
9	6	34	16	59	58	84	6	109	108	134	66	159	52	184	22
10	4	35	12	60	4	85	16	110	20	135	36	160	8	185	36
11	10	36	6	61	60	86	42	111	36	136	16	161	66	186	30
12	2	37	36	62	30	87	28	112	12	137	136	162	54	187	80
13	12	38	18	63	6	88	10	113	112	138	22	163	162	188	46
14	6	39	12	64	16	89	88	114	18	139	138	164	40	189	18
15	4	40	4	65	12	90	12	115	44	140	12	165	20	190	36
16	4	41	40	66	10	91	12	116	28	141	46	166	82	191	190
17	16	42	6	67	66	92	22	117	12	142	70	167	166	192	16
18	6	43	42	68	16	93	30	118	58	143	60	168	6	193	192
19	18	44	10	69	22	94	46	119	48	144	12	169	156	194	96
20	4	45	12	70	12	95	36	120	4	145	28	170	16	195	12
21	6	46	22	71	70	96	8	121	110	146	72	171	18	196	42
22	10	47	46	72	6	97	96	122	60	147	42	172	42	197	196
23	22	48	4	73	72	98	42	123	40	148	36	173	172	198	30
24	2	49	42	74	36	99	30	124	30	149	148	174	28	199	198
25	20	50	20	75	20	100	20	125	100	150	20	175	60	200	20

Table pour la détermination de l'indicateur maximum I *correspondant à un module donné n.*

n	I	*n*	I	*n*	I	*n*	I	*n*	I	*n*	I	*n*	I	*n*	I
201	66	226	112	251	250	276	22	301	42	326	162	351	36	376	46
202	100	227	226	252	6	277	276	302	150	327	108	352	40	377	84
203	84	228	18	253	110	278	138	303	100	328	40	353	352	378	18
204	16	229	228	254	126	279	30	304	36	329	138	354	58	379	378
205	40	230	44	255	16	280	12	305	60	330	20	355	140	380	36
206	102	231	30	256	64	281	280	306	48	331	330	356	88	381	126
207	66	232	28	257	256	282	46	307	306	332	82	357	48	382	190
208	12	233	232	258	42	283	282	308	30	333	36	358	178	383	382
209	90	234	12	259	36	284	70	309	102	334	166	359	358	384	32
210	12	235	92	260	12	285	36	310	60	335	132	360	12	385	60
211	210	236	58	261	84	286	60	311	310	336	12	361	342	386	192
212	52	237	78	262	130	287	120	312	12	337	336	362	180	387	42
213	70	238	48	263	262	288	24	313	312	338	156	363	110	388	96
214	106	239	238	264	10	289	272	314	156	339	112	364	12	389	388
215	84	240	4	265	52	290	28	315	12	340	16	365	72	390	12
216	18	241	240	266	18	291	96	316	78	341	30	366	60	391	176
217	30	242	110	267	88	292	72	317	316	342	18	367	366	392	42
218	108	243	162	268	66	293	292	318	52	343	294	368	44	393	130
219	72	244	60	269	268	294	42	319	140	344	42	369	120	394	196
220	20	245	84	270	36	295	116	320	16	345	44	370	36	395	156
221	48	246	40	271	270	296	36	321	106	346	172	371	156	396	30
222	36	247	36	272	16	297	90	322	66	347	346	372	30	397	396
223	222	248	30	273	12	298	148	323	144	348	28	373	372	398	198
224	24	249	82	274	136	299	132	324	54	349	348	374	80	399	18
225	60	250	100	275	20	300	20	325	60	350	60	375	100	400	20

Table pour la détermination de l'indicateur maximum I *correspondant à un module donné n.*

n	I	*n*	I	*n*	I	*n*	I	*n*	I	*n*	I	*n*	I	*n*	I
401	400	426	70	451	40	476	48	501	166	526	262	551	252	576	48
402	• 66	427	60	452	112	477	156	502	250	527	240	552	22	577	576
403	60	428	106	453	150	478	238	503	502	528	20	553	78	578	272
404	100	429	60	454	226	479	478	504	6	529	506	554	276	579	192
405	108	430	84	455	12	480	8	505	100	530	52	555	36	580	28
406	84	431	430	456	18	481	36	506	110	531	174	556	138	581	246
407	180	432	36	457	456	482	240	507	156	532	18	557	556	582	96
408	16	433	432	458	228	483	66	508	126	533	120	558	30	583	260
409	408	434	30	459	144	484	110	509	508	534	88	559	84	584	72
410	40	435	28	460	44	485	96	510	16	535	212	560	12	585	12
411	136	436	108	461	460	486	162	511	72	536	66	561	80	586	292
412	102	437	198	462	30	487	486	512	128	537	178	562	280	587	586
413	174	438	72	463	462	488	60	513	18	538	268	563	562	588	42
414	66	439	438	464	28	489	162	514	256	539	210	564	46	589	90
415	164	440	20	465	60	490	84	515	204	540	36	565	112	590	116
416	24	441	42	466	232	491	490	516	42	541	540	566	282	591	196
417	138	442	43	467	466	492	40	517	230	542	270	567	54	592	36
418	90	443	442	468	12	493	112	518	36	543	180	568	70	593	592
419	418	444	36	469	66	494	36	519	172	544	16	569	568	594	90
420	12	445	88	470	92	495	60	520	12	545	108	570	36	595	48
421	420	446	222	471	156	496	60	521	520	546	12	571	570	596	148
422	210	447	148	472	58	497	210	522	84	547	546	572	60	597	198
423	138	448	48	473	210	498	82	523	522	548	136	573	190	598	132
424	52	449	448	474	78	499	498	524	130	549	60	574	120	599	598
425	80	450	60	475	180	500	100	525	60	550	20	575	220	600	20

Table pour la détermination de l'indicateur maximum I *correspondant à un module donné n.*

n	I	*n*	I	*n*	I	*n*	I	*n*	I	*n*	I	*n*	I	*n*	I
601	600	626	312	651	30	676	156	701	700	726	110	751	750	776	96
602	42	627	90	652	162	677	676	702	36	727	726	752	92	777	36
603	66	628	156	653	652	678	112	703	36	728	12	753	250	778	388
604	150	629	144	654	108	679	96	704	80	729	486	754	84	779	360
605	20	630	12	655	260	680	16	705	235	730	72	755	300	780	12
606	100	631	630	656	40	681	226	706	352	731	336	756	18	781	70
607	606	632	78	657	72	682	30	707	300	732	60	757	756	782	176
608	72	633	210	658	138	683	682	708	58	733	732	758	378	783	252
609	84	634	316	659	658	684	18	709	708	734	366	759	110	784	84
610	60	635	252	660	20	685	136	710	140	735	84	760	36	785	156
611	276	636	52	661	660	686	294	711	78	736	88	761	760	786	130
612	48	637	84	662	330	687	228	712	88	737	330	762	126	787	786
613	612	638	140	663	48	688	84	713	330	738	120	763	108	788	196
614	306	639	210	664	82	689	156	714	48	739	738	764	190	789	262
615	40	640	32	665	36	690	44	715	60	740	36	765	48	790	156
616	30	641	640	666	36	691	690	716	178	741	36	766	382	791	336
617	616	642	106	667	308	692	172	717	238	742	156	767	348	792	30
618	102	643	642	668	166	693	30	718	358	743	742	768	64	793	60
619	618	644	66	669	222	694	346	719	718	744	30	769	768	794	396
620	60	645	84	670	132	695	276	720	12	745	148	770	60	795	52
621	198	646	144	671	60	696	28	721	102	746	372	771	256	796	198
622	310	647	646	672	24	697	80	722	342	747	246	772	192	797	796
623	264	648	54	673	672	698	348	723	240	748	80	773	772	798	18
624	12	649	290	674	337	699	232	724	180	749	318	774	42	799	368
625	500	650	60	675	180	700	60	725	140	750	100	775	60	800	40

Table pour la détermination de l'indicateur maximum I *correspondant à un module donné* n.

n	I	n	I	n	I	n	I	n	I	n	I	n	I	n	I
801	264	826	174	851	396	876	72	901	208	926	462	951	316	976	60
802	400	827	826	852	70	877	876	902	40	927	102	952	48	977	976
803	360	828	66	853	852	878	438	903	42	928	56	953	952	978	162
804	66	829	828	854	60	879	292	904	112	929	928	954	156	979	440
805	132	830	164	855	36	880	20	905	180	930	60	955	380	980	84
806	60	831	276	856	106	881	880	906	150	931	126	956	238	981	108
807	268	832	48	857	856	882	42	907	906	932	232	957	140	982	490
808	100	833	336	858	60	883	882	908	226	933	310	958	478	983	982
809	808	834	138	859	858	884	48	909	300	934	466	959	408	984	40
810	108	835	332	860	215	885	116	910	12	935	80	960	16	985	196
811	810	836	90	861	120	886	442	911	910	936	12	961	930	986	112
812	84	837	90	862	430	887	886	912	36	937	936	962	36	987	138
813	270	838	418	863	862	888	36	913	410	938	66	963	318	988	36
814	180	839	838	864	72	889	126	914	456	939	312	964	240	989	462
815	324	840	12	865	172	890	88	915	60	940	92	965	192	990	60
816	16	841	812	866	432	891	270	916	228	941	940	966	66	991	990
817	126	842	420	867	272	892	222	917	390	942	156	967	966	992	120
818	408	843	280	868	30	893	414	918	144	943	440	968	110	993	330
819	12	844	210	869	390	894	148	919	918	944	116	969	144	994	210
820	40	845	156	870	28	895	356	920	44	945	12	970	96	995	198
821	820	846	138	871	66	896	96	921	306	946	210	971	970	996	82
822	136	847	330	872	108	897	132	922	460	947	946	972	162	997	996
823	822	848	52	873	96	898	448	923	70	948	78	973	138	998	498
824	102	849	282	874	198	899	420	924	30	949	72	974	486	999	36
825	20	850	80	875	300	900	60	925	180	950	180	975	60	1000	100

RÉSUMÉ D'UN MÉMOIRE

SUR

LA MÉCANIQUE CÉLESTE

ET SUR

UN NOUVEAU CALCUL APPELÉ CALCUL DES LIMITES (1).

(Lu à l'Académie de Turin, dans la séance du 11 octobre 1831.)

Avant d'indiquer d'une manière plus précise l'objet des recherches que j'ai l'honneur de présenter à l'Académie, il ne sera pas inutile de dire à quelle occasion elles ont été entreprises.

Les méthodes que les géomètres ont employées pour déduire du principe de la gravitation les mouvements des corps célestes laissaient encore beaucoup à désirer. Souvent elles manquaient de la rigueur convenable. Ainsi, en particulier, on ne trouve nulle part dans la *Mécanique céleste* de Laplace une démonstration suffisante de la formule de Lagrange, qui sert pourtant de base à la plupart des théories exposées dans cet Ouvrage. D'ailleurs pour déterminer, à l'aide de ces

(1) Le nouveau calcul que j'ai désigné sous le nom de *Calcul des limites* sert, non seulement à fournir des règles relatives à la convergence des séries qui représentent les développements de fonctions explicites ou implicites d'une ou de plusieurs variables, mais encore à fixer des *limites* supérieures aux erreurs qu'on commet, quand on arrête chaque série après un certain nombre de termes. J'ai déjà donné une idée de ce nouveau calcul dans la onzième livraison des *Exercices* (p. 355 et suiv.) (a). Pour le faire mieux connaître, il me suffira de reproduire ici, avec le résumé d'un Mémoire sur la *Mécanique céleste*, lu à l'Académie de Turin dans la séance du 11 octobre 1831, la partie de ce Mémoire qui se rapportait au développement des fonctions en séries.

(a) *Œuvres de Cauchy*, 2e série, t. XI, p. 431 et suiv.

méthodes, les coefficients numériques relatifs à telle ou telle perturbation des mouvements planétaires, les astronomes étaient quelquefois obligés d'entreprendre des calculs qui exigeaient plusieurs années de travail. Un des membres les plus distingués de cette Académie, M. Plana, m'ayant parlé dernièrement encore du temps que consumaient de pareils calculs, je lui dis que j'étais persuadé qu'il serait possible de les abréger, et même de déterminer immédiatement le coefficient numérique correspondant à une inégalité donnée. Effectivement, au bout de quelques jours, je lui rapportai des formules à l'aide desquelles on pouvait résoudre de semblables questions, et dont j'avais déjà fait l'application à la détermination de certains nombres qu'il est utile de considérer dans la théorie de Saturne et de Jupiter. Quelques jours après, en s'appuyant sur des résultats qu'il avait obtenus dans un de ses Mémoires, M. Plana m'a dit avoir retrouvé ou les mêmes formules ou des formules du même genre. Au reste, pour établir les formules dont il s'agit et d'autres formules analogues que renferme le Mémoire ci-joint, il suffit d'appliquer, au développement de la fonction désignée par R dans la *Mécanique céleste,* des théorèmes bien connus, tels que le théorème de Taylor et le théorème de Lagrange sur le développement des fonctions des racines des équations algébriques ou transcendantes. Mais on a besoin de recourir à d'autres principes et à de nouvelles méthodes pour arriver à des résultats plus importants dont je vais maintenant donner une idée.

En joignant à la série de Maclaurin le reste qui la complète, et présentant ce reste sous la forme que Lagrange lui a donnée, ou sous d'autres formes du même genre, on peut s'assurer, dans un grand nombre de cas, qu'une fonction $f(x)$ de la variable x est développable pour certaines valeurs de x en une série convergente ordonnée suivant les puissances ascendantes de cette variable, et déterminer la limite supérieure des modules [1] des valeurs réelles ou imaginaires de x,

[1] Le module d'une valeur imaginaire de x est la racine carrée positive de la somme qu'on obtient en ajoutant le carré de la partie réelle au carré du coefficient de $\sqrt{-1}$. Lorsque ce coefficient s'évanouit, le module se réduit à la valeur numérique de x.

pour lesquels le développement subsiste. Ajoutons que pour développer une fonction explicite de plusieurs variables $x, y, z, \ldots$ suivant les puissances ascendantes de $x, y, z, \ldots$, c'est-à-dire en une série convergente dont le terme général soit une fonction entière et homogène de $x, y, z, \ldots$, il suffit de remplacer la fonction proposée $f(x, y, z, \ldots)$ par $f(\alpha x, \alpha y, \alpha z, \ldots)$, puis de développer $f(\alpha x, \alpha y, \alpha z, \ldots)$ suivant les puissances ascendantes de α, et de poser ensuite $\alpha = 1$. Par conséquent la théorie du développement des fonctions explicites de plusieurs variables se ramène immédiatement à la théorie du développement des fonctions explicites d'une seule variable. Mais il importe d'observer que l'application des règles, à l'aide desquelles on peut décider si la série de Maclaurin est convergente ou divergente, devient souvent très difficile, attendu que, dans cette série, le terme général ou proportionnel à x^n renferme la dérivée de l'ordre n de la fonction $f(x)$, ou du moins sa valeur correspondante à une valeur nulle de x, et que, hormis certains cas particuliers, la dérivée de l'ordre n d'une fonction donnée prend une forme de plus en plus compliquée, à mesure que n augmente.

Quant aux fonctions implicites, on a présenté, pour leurs développements en séries, diverses formules déduites le plus souvent de la méthode des coefficients indéterminés. Mais les démonstrations qu'on a prétendu donner de ces formules sont généralement insuffisantes : 1° parce qu'on n'a point examiné si les séries sont convergentes ou divergentes, et qu'en conséquence on ne peut dire le plus souvent dans quels cas les formules doivent être admises ou rejetées ; 2° parce qu'on ne s'est point attaché à démontrer que les développements obtenus avaient pour sommes les fonctions développées, et qu'il peut arriver qu'une série convergente provienne du développement d'une fonction, sans que la somme de la série soit équivalente à la fonction elle-même. Il est vrai que l'établissement de règles générales propres à déterminer dans quels cas les développements des fonctions implicites sont convergents et représentent ces mêmes fonctions paraissait offrir de grandes difficultés. On peut en juger, en lisant attentivement le

Mémoire de M. Laplace sur la convergence et la divergence de la série que fournit, dans le mouvement elliptique d'une planète, le développement du rayon vecteur suivant les puissances ascendantes de l'excentricité. Je pense donc que les géomètres et les astronomes attacheront quelque prix à mon travail, quand ils apprendront que je suis parvenu à établir, sur le développement des fonctions, soit explicites, soit implicites, des principes généraux et d'une application facile, à l'aide desquels on peut non seulement démontrer avec rigueur les formules, et indiquer les conditions de leur existence, mais encore fixer les limites des erreurs que l'on commet en négligeant les restes qui doivent compléter les séries. Parmi ces règles, celles qui se rapportent à la fixation des limites des erreurs commises présentent dans leur ensemble un nouveau calcul, que je désignerai sous le nom de *calcul des limites*. Je me contenterai d'indiquer ici en peu de mots quelques-unes des propositions fondamentales sur lesquelles repose le calcul dont il s'agit.

Soit $f(x)$ une fonction de la variable x. Si l'on attribue à cette variable une valeur imaginaire $\overline{x}$ dont le module soit X, le rapport de $\overline{x}$ à X sera une exponentielle de la forme $e^{p\sqrt{-1}}$, p désignant un certain arc réel que l'on pourra supposer compris entre les limites $-\pi$, $+\pi$, et le module de $f(\overline{x})$ dépendra tout à la fois du module X et de l'arc p. Or, parmi les valeurs que prendra le module de $f(\overline{x})$ quand on fera varier p, il y en aura généralement une qui sera supérieure à toutes les autres. C'est cette valeur *maximum* du module de $f(\overline{x})$ que je considère spécialement dans le calcul des limites. Je la désigne par la lettre caractéristique Λ placée devant la fonction $f(\overline{x})$, et je prouve : 1° que la fonction $f(x)$ est développable par le théorème de Maclaurin en une série convergente ordonnée suivant les puissances ascendantes de x, lorsque, le module de x étant égal ou inférieur à X, la fonction $f(x)$ reste finie et continue pour le module X ou pour un module plus petit de la variable réelle ou imaginaire x; 2° qu'alors, dans le développement de $f(x)$ suivant les puissances ascendantes de x, le coefficient de x^n offre un module inférieur au quotient qu'on obtient en divisant par X^n le module *maximum* de $f(\overline{x})$. Cela posé, si l'on attribue à x une valeur imaginaire dont le module soit désigné par ξ, le module du terme général, dans le développement de $f(x)$, sera inférieur au produit de $\Lambda f(\overline{x})$ par la $n^{\text{ième}}$ puissance du rapport $\frac{\xi}{X}$. D'ailleurs, lorsque la fonction $f(x)$ est développable en une série convergente ordonnée suivant les puissances ascendantes de x, le reste qui complète cette série, prolongée jusqu'au $n^{\text{ième}}$ terme, équivaut à la somme des termes dans lesquels l'exposant de x est égal ou supérieur à n. Donc le module de ce reste, s'il est imaginaire, ou sa valeur numérique, s'il est réel, ne surpassera pas la somme des termes correspondants à ceux que nous venons d'indiquer dans la progression géométrique ci-dessus mentionnée, c'est-à-dire le reste qui complète cette progression. Ainsi, la détermination d'une limite supérieure au reste, qui complète la série propre à représenter le développement d'une fonction quelconque, se trouve ramenée à la détermination des restes des progressions géométriques, c'est-à-dire à une question résolue depuis longtemps en analyse. On sait en effet que, dans la progression géométrique qui a pour premier terme l'unité et pour raison $\frac{\xi}{X}$, la somme des termes dans lesquels ξ porte un exposant égal ou supérieur à n équivaut au quotient du $n^{\text{ième}}$ terme par la différence $1 - \frac{\xi}{X}$. Lorsque le premier terme devient $\Lambda f(\overline{x})$, il faut multiplier par ce premier terme le quotient dont il s'agit.

Il est important d'observer que, d'après ce qu'on vient de dire, les limites supérieures aux modules du terme général de la série de Maclaurin, et du reste qui complète cette série, sont des fonctions du module X qui représentent les maxima relatifs à p des modules de certaines fonctions de la variable imaginaire $\overline{x} = Xe^{p\sqrt{-1}}$. D'ailleurs, le module X doit surpasser le module ξ, et être déterminé de manière que la fonction $f(x)$ reste finie et continue pour le module X ou pour un module plus petit de la variable x. Or, parmi les valeurs de X qui remplissent ces deux conditions, on devra évidemment choisir de préférence celles qui rendront les limites supérieures dont il s'agit les plus petites possible; et alors, ces limites, considérées comme valeurs particulières des fonctions de $\overline{x}$ ci-dessus mentionnées, seront tout à la fois des *maxima* relativement à l'angle p, et des *minima* relativement au module X, ou ce que nous avons nommé dans un autre Mémoire les modules principaux de ces mêmes fonctions.

Au surplus, quand on se propose uniquement de calculer des limites supérieures aux modules des termes généraux ou des restes des séries, il n'est point nécessaire de déterminer exactement les modules principaux dont il est ici question, et l'on peut se contenter de chercher des nombres supérieurs à ces modules.

Il est facile d'étendre les principes que nous venons d'indiquer aux fonctions de plusieurs variables. Soit en effet $f(x, y, z, \ldots)$ une fonction donnée des variables $x, y, z, \ldots$; si l'on attribue à ces variables des valeurs imaginaires $\overline{x}, \overline{y}, \overline{z}, \ldots$, dont les modules soient respectivement X, Y, Z, ..., le module de $f(\overline{x}, \overline{y}, \overline{z}, \ldots)$ dépendra tout à la fois des modules X, Y, Z, ... et des rapports imaginaires $\frac{\overline{x}}{\mathrm{X}}, \frac{\overline{y}}{\mathrm{Y}}, \frac{\overline{z}}{\mathrm{Z}}$, etc. Or, on peut choisir ces rapports, ou plutôt les arcs de cercle qui s'y trouvent renfermés, de manière que le module de $f(\overline{x}, \overline{y}, \overline{z}, \ldots)$ acquière la plus grande valeur possible, les nombres X, Y, Z, ... restant les mêmes. C'est cette plus grande valeur ou cette valeur *maximum* que je désigne par la caractéristique Λ placée devant la fonction $f(\overline{x}, \overline{y}, \overline{z}, \ldots)$; et je prouve : 1° que la fonction $f(x, y, z, \ldots)$ est développable en une série convergente ordonnée suivant les puissances ascendantes de $x, y, z, \ldots$, quand, les modules des variables $x, y, z, \ldots$ étant égaux ou inférieurs à X, Y, Z, ..., la fonction $f(x, y, z, \ldots)$ reste finie ou continue pour les modules X, Y, Z, ..., ou pour des modules plus petits de ces mêmes variables; 2° qu'alors, dans le développement de $f(x, y, z, \ldots)$ suivant les puissances ascendantes de $x, y, z, \ldots$, le coefficient de $x^n y^{n'} z^{n''} \ldots$ offre un module inférieur au quotient qu'on obtient en divisant par $\mathrm{X}^n \mathrm{Y}^{n'} \mathrm{Z}^{n''} \ldots$ le module maximum de $f(\overline{x}, \overline{y}, \overline{z}, \ldots)$. Cela posé, si l'on attribue à $x, y, z \ldots$ des valeurs réelles ou imaginaires dont les modules $\xi, \eta, \zeta, \ldots$ soient plus petits que X, Y, Z, ..., les divers termes du développement de la fonction $f(x, y, z, \ldots)$ offriront des modules respectivement inférieurs aux termes correspondants d'une fonction de $\xi, \eta, \zeta, \ldots$ qu'on obtiendra en multipliant le module maximum de $f(\overline{x}, \overline{y}, \overline{z}, \ldots)$ par les sommes des progressions géométriques qui ont pour premiers termes l'unité et pour raisons les rapports $\frac{\xi}{X}, \frac{\eta}{Y}, \frac{\zeta}{Z}, \ldots$. Donc, si l'on néglige, dans le développement de la première fonction $f(x, y, z, \ldots)$, certains termes, par exemple ceux dans lesquels l'exposant de x est égal ou supérieur à n, l'exposant de y égal ou supérieur à n', l'exposant de z égal ou supérieur à n'', etc., l'erreur (1) commise sera plus petite que la somme des termes correspondants de la seconde fraction, et par conséquent inférieure au produit de $\Lambda f(\overline{x}, \overline{y}, \overline{z}, \ldots)$ par les restes des progressions géométriques ci-dessus mentionnées.

Observons encore qu'après avoir déterminé en fonction de X, Y, Z,... une limite supérieure au reste de la série qui représente le développement de $f(x, y, z, \ldots)$ suivant les puissances ascendantes de $x, y, z, \ldots$, on devra choisir X, Y, Z, ... de manière à rendre cette limite la plus petite possible.

Si l'on voulait obtenir une limite supérieure à la somme des modules des termes qui, dans le développement de $f(x, y, z, \ldots)$, offrent un degré égal ou supérieur à n, c'est-à-dire des termes dans lesquels les exposants de $x, y, z, \ldots$ offrent une somme égale ou supérieure à n, il suffirait de chercher une limite supérieure au reste de la série qui représente le développement de $f(\alpha x, \alpha y, \alpha z, \ldots)$ suivant les puissances ascendantes de α, et de poser, dans cette limite, $\alpha = 1$.

Les principes que nous venons d'établir s'appliquent très facilement aux séries qui représentent les développements des fonctions explicites d'une ou de plusieurs variables, et fournissent, pour ces séries, non seulement des règles générales de convergence, mais encore des

(1) Lorsque les termes négligés sont réels, l'erreur commise a pour mesure la valeur numérique de leur somme. Lorsqu'ils deviennent imaginaires, le module de cette même somme peut servir à mesurer l'erreur dont il s'agit.

limites supérieures aux modules des termes généraux, et aux erreurs que l'on commet quand on calcule seulement un certain nombre de termes en négligeant tous les autres. Pour étendre l'application des mêmes principes aux séries qui représentent les développements d'une ou de plusieurs fonctions implicites déterminées par une ou plusieurs équations algébriques ou transcendantes, il suffit d'observer qu'en vertu de la formule de Lagrange, et des formules analogues qui se déduisent du calcul des résidus, les coefficients des termes généraux dans ces mêmes séries peuvent être, comme dans les séries de Taylor ou de Maclaurin, exprimés au moyen des dérivées des divers ordres de certaines fonctions, et qu'en conséquence la détermination de limites supérieures aux modules des termes généraux et aux restes des séries peut être réduite à la détermination des modules *maxima* de ces mêmes fonctions. On pourra donc établir pour les séries proposées des règles de convergence, et trouver des limites supérieures aux restes des séries, ou plutôt à leurs modules. La seule question qui restera indécise sera de savoir si les séries, supposées convergentes, ont effectivement pour sommes les fonctions implicites dont le développement les a produites. Or, on peut s'appuyer, pour résoudre cette question, sur des propositions générales semblables à celles que je vais énoncer :

Théorème I. — *Supposons qu'une fonction implicite u de la variable x soit déterminée par une équation algébrique ou transcendante, qu'elle se réduise à u_0 pour une valeur nulle de x, et que l'on ait développé cette fonction implicite en une série ordonnée suivant les puissances ascendantes de x par la formule de Maclaurin, de Lagrange, etc., ou, ce qui revient au même, par la méthode des coefficients indéterminés. La somme de cette série représentera la fonction u, si la valeur de x est tellement choisie que, la série étant convergente, la fonction explicite de x et u qui constitue le premier membre de l'équation donnée soit elle-même développable en une série convergente ordonnée suivant les puissances ascendantes de la variable x et de la différence $u - u_0$.*

THÉORÈME II. — *Supposons que plusieurs fonctions implicites $u, v, w, \ldots$ de plusieurs variables $x, y, z, \ldots$ soient déterminées par une ou plusieurs équations algébriques ou transcendantes, qu'elles se réduisent à $u_0, v_0, w_0, \ldots$ pour des valeurs nulles de $x, y, z, \ldots$, et qu'on ait développé ces fonctions implicites en séries ordonnées suivant les puissances ascendantes de $x, y, z, \ldots$ par les formules de Maclaurin, de Lagrange, etc., ou, ce qui revient au même, par la méthode des coefficients indéterminés. Les sommes de ces séries représenteront les valeurs de $u, v, w, \ldots$, si les valeurs de $x, y, z, \ldots$ sont tellement choisies que, les séries étant convergentes, les fonctions explicites de $x, y, z, \ldots, u, v, w, \ldots$, qui constituent les premiers membres des équations données, soient elles-mêmes développables en séries convergentes ordonnées suivant les puissances ascendantes des variables $x, y, z, \ldots$ et des différences $u - u_0$, $v - v_0$, $w - w_0, \ldots$.*

Pour démontrer ces propositions, il suffit évidemment d'observer que, si les conditions énoncées (¹) sont remplies, les premiers membres des équations données, après les substitutions des valeurs générales de $u - u_0$, $v - v_0$, $w - w_0, \ldots$, seront encore des séries convergentes ordonnées suivant les puissances ascendantes de $x, y, z, \ldots$, et que, dans ces séries convergentes, le coefficient de chaque terme sera identiquement nul.

Au surplus, sans le secours de ces propositions, et en s'appuyant sur des formules que fournit le calcul des résidus, on peut établir directement des règles dignes de remarque sur la convergence des séries qui représentent les développements des fonctions implicites, et sur la fixation des limites supérieures aux modules des restes qui complètent les séries.

(¹) Aux conditions énoncées dans les théorèmes I, II, III, il convient d'en ajouter une sans laquelle ces théorèmes pourraient quelquefois devenir inexacts. Cette condition est que chacune des séries, que l'on suppose convergentes, ne cesse pas d'être convergente, quand on remplace ses différents termes par leurs valeurs numériques, ou plus généralement par leurs modules (*voir* les *Résumés analytiques*, p. 56 et 111) ([a]).

([a]) *Œuvres de Cauchy*, 2ᵉ série, t. X, p. 68 et 129.

Les propositions ci-dessus mentionnées peuvent encore être facilement étendues au cas où les fonctions implicites seraient déterminées par des équations aux différences finies ou infiniment petites, ou aux différences partielles, ou aux différences mêlées. Ainsi, en particulier, on pourra énoncer le théorème suivant :

THÉORÈME III. — *Soient données plusieurs équations différentielles simultanées entre la variable x, des fonctions inconnues $y, z, \ldots$ de cette variable, et leurs dérivées de divers ordres $y', z', \ldots, y'', z'', \ldots$. Supposons d'ailleurs que par la méthode des coefficients indéterminés on ait développé $y, z, \ldots$ en séries ordonnées suivant les puissances ascendantes de x. Les sommes de ces séries représenteront les valeurs générales de $y, z, \ldots$, si la valeur de x est tellement choisie que, les séries dont il s'agit, et par suite celles qui représenteront les dérivées de $y, z, \ldots$, étant convergentes, les fonctions explicites de $x, y, z, \ldots, y', z', \ldots$, qui constituent les premiers membres des équations données, soient elles-mêmes développables en séries convergentes ordonnées suivant les puissances ascendantes de x, et des différences qu'on obtient en retranchant des valeurs générales de $y, z, \ldots, y', z', \ldots$ leurs valeurs initiales correspondantes à $x = 0$.*

Je n'ai pu qu'indiquer rapidement quelques-uns des principaux résultats contenus dans le Mémoire que j'ai l'honneur de présenter à l'Académie. Ce Mémoire renferme encore : 1° une théorie de la variation des constantes arbitraires (1), plus générale et à quelques égards plus simple que celles qui se trouvent exposées dans les Mémoires de MM. Lagrange, Laplace et Poisson; 2° des intégrales définies propres à représenter, dans le développement connu de la fonction R, le coefficient du sinus ou du cosinus d'un angle donné; 3° des for-

(1) Dans un Mémoire présenté à l'Institut, M. Ostrogradski s'était aussi occupé de la variation des constantes arbitraires, et il avait appliqué, à ce que je crois, une formule de M. Fourier à la conversion des termes qui composent le développement de la fonction R en intégrales définies; mais, n'ayant qu'un souvenir confus de ce Mémoire, tout ce que je puis dire ici, c'est que, dans le cas où quelques-unes de ses formules coïncideraient avec quelques-unes des miennes, je ne prétends en aucune manière lui contester la priorité.

mules d'interpolation qui servent à déterminer une fonction entière de $\sin x$ et de $\cos x$, quand on connaît un nombre suffisant de valeurs particulières de cette même fonction; 4° plusieurs développements nouveaux de la fonction R, avec des formules propres non seulement à fournir les termes généraux de ces développements, mais encore à déterminer les limites des erreurs commises quand on conserve seulement certains termes en négligeant tous ceux qui les suivent. Je montre aussi dans quels cas l'un de ces développements doit être employé de préférence à l'autre. Ainsi, en particulier, si l'on demande les perturbations produites dans le mouvement d'une planète par une autre planète, située à très peu près à la même distance du Soleil que la première, le développement employé jusqu'ici par les astronomes devra être rejeté, et il faudra lui substituer un des autres développements ci-dessus mentionnés. On devra donc recourir à ces nouveaux développements dans la théorie des petites planètes, quand on recherchera les inégalités qui dépendent de leurs attractions mutuelles.

Au reste, si l'Académie attache quelque prix aux travaux dont je viens de l'entretenir, je pourrai sous peu de temps lui offrir d'autres Mémoires dans lesquels je montrerai d'une part comment on peut appliquer le calcul des résidus à la théorie du développement des fonctions implicites, et de l'autre comment on peut s'assurer de la convergence des séries qui représentent les intégrales des équations différentielles linéaires ou non linéaires, et fixer les limites supérieures aux modules des restes qui complètent ces mêmes séries.

FORMULES POUR LE DÉVELOPPEMENT DES FONCTIONS EN SÉRIES.

Calcul des limites [1].

Soient p un arc réel et n un nombre entier. On trouvera, en supposant $n > 0$,

$$\int_{-\pi}^{\pi} e^{np\sqrt{-1}}\,dp = \int_{-\pi}^{\pi} e^{-np\sqrt{-1}}\,dp = 0, \tag{1}$$

[1] Le Mémoire qu'on va lire est une partie de celui qui a été lithographié à Turin

et, en supposant $n = 0$,

$$\int_{-\pi}^{\pi} dp = 2\pi. \tag{2}$$

Soit de plus

$$f(x) = a_0 + a_1 x + a_2 x^2 + \ldots + a_n x^n$$

une fonction entière de la variable x. Si l'on attribue à cette variable une valeur imaginaire $\overline{x}$ dont le module soit X, en sorte qu'on ait

$$\overline{x} = \text{X} e^{p\sqrt{-1}},$$

on tirera des formules (1) et (2)

$$\int_{-\pi}^{\pi} f(\overline{x})\, dp = \int_{-\pi}^{\pi} f\left(\frac{1}{\overline{x}}\right) dp = 2\pi a_0;$$

on aura donc

$$\int_{-\pi}^{\pi} f(\overline{x})\, dp = 2\pi f(0). \tag{3}$$

Il est d'ailleurs facile d'étendre la formule (3) au cas où $f(\overline{x})$ cesse d'être une fonction entière de x. En effet, on a généralement

$$\text{D}_\text{X} f(\overline{x}) = \frac{1}{\text{X}\sqrt{-1}} \text{D}_p f(\overline{x}).$$

Or, si l'on intègre les deux membres de l'équation précédente : 1° par rapport à X et à partir de X = 0; 2° par rapport à p entre les limites

en 1832. Nous le reproduisons ici tel qu'il a été publié à cette époque. Seulement, dans l'énoncé des conditions sous lesquelles subsiste la formule (3) et, par suite, dans les énoncés des théorèmes II, III et VII, nous avons cru devoir, par la raison que nous avons déjà indiquée ailleurs (*voir*, dans le Tome I de cet Ouvrage, la fin de la Note *Sur l'intégration des équations différentielles des mouvements planétaires*, p. 32) [a], mentionner, avec les fonctions $f(x)$, $f(x, y)$, etc., leurs dérivées du premier ordre, et ajouter en conséquence au texte du Mémoire lithographié quelques mots que nous avons placés entre parenthèses. De plus, pour simplifier les notations, nous désignons souvent, comme nous l'avons fait dans plusieurs circonstances, les dérivées d'une fonction relatives à diverses variables $x, y, \ldots, p$, à l'aide des lettres caractéristiques $\text{D}_x, \text{D}_y, \ldots, \text{D}_p$, en écrivant, par exemple,

$$\text{D}_x f(x) \quad \text{au lieu de} \quad \frac{df(x)}{dx}.$$

(a) *Œuvres de Cauchy*, 2e série, t. XI, p. 50.

$p = -\pi$, $p = \pi$; et si l'on suppose que la fonction de X et de p, représentée par $f(\overline{x})$, reste finie et continue (avec sa dérivée), quel que soit p, pour la valeur attribuée à X et pour une valeur plus petite, on retrouvera précisément la formule (3).

D'autre part, comme on a $d\overline{x} = \overline{x}\,dp\sqrt{-1}$, si les fonctions dérivées $f'(\overline{x})$, $f''(\overline{x})$, ..., $f^{(n)}(\overline{x})$ restent elles-mêmes finies et continues pour la valeur attribuée à X et pour des valeurs plus petites, il suffira d'appliquer l'intégration par parties à l'intégrale

$$\int_{-\pi}^{\pi} \frac{f(\overline{x})}{\overline{x}^n}\,dp,$$

pour en conclure

$$\int_{-\pi}^{\pi} \frac{f(\overline{x})}{\overline{x}^n}\,dp = \frac{1}{n}\int_{-\pi}^{\pi} \frac{f'(\overline{x})}{\overline{x}^{n-1}}\,dp = \frac{1}{n(n-1)}\int_{-\pi}^{\pi} \frac{f''(\overline{x})}{\overline{x}^{n-2}}\,dp = \dots,$$

et par suite

$$\int_{-\pi}^{\pi} \frac{f(\overline{x})}{\overline{x}^n}\,dp = \frac{1}{1.2.3\dots n}\int_{-\pi}^{\pi} f^{(n)}(\overline{x})\,dp,$$

ou, en vertu de la formule (3),

$$(4) \qquad \frac{1}{2\pi}\int_{-\pi}^{\pi} \frac{f(\overline{x})}{\overline{x}^n}\,dp = \frac{f^{(n)}(0)}{1.2.3\dots n}.$$

Si la fonction $f(\overline{x})$ s'évanouit pour une valeur nulle de x, l'équation (3) donnera simplement

$$(5) \qquad \int_{-\pi}^{\pi} f(\overline{x})\,dp = 0.$$

Des formules (3), (4), (5) on peut aisément déduire, comme on va le voir, celles qui servent à développer une fonction explicite ou implicite de la variable x en une série ordonnée suivant les puissances ascendantes de cette variable.

Si, dans la formule (5), on remplace $f(\overline{x})$ par le produit

$$\overline{x}\,\frac{f(\overline{x}) - f(x)}{\overline{x} - x},$$

x étant différent de $\bar{x}$, et le module de x inférieur à X, on en conclura

$$\int_{-\pi}^{\pi} \frac{\bar{x} f(\bar{x})}{\bar{x}-x} dp = \int_{-\pi}^{\pi} \frac{\bar{x} f(x)}{\bar{x}-x} dp = f(x) \int_{-\pi}^{\pi} \left(1 + \frac{x}{\bar{x}} + \frac{x^2}{\bar{x}^2} + \ldots\right) dp = 2\pi f(x),$$

et par suite on retrouvera la formule connue

$$f(x) = \frac{1}{2\pi} \int_{-\pi}^{\pi} \frac{\bar{x} f(\bar{x})}{\bar{x}-x} dp. \tag{6}$$

L'équation (6) suppose, comme les équations (3) et (5), que la fonction de X et de p représentée par $f(\bar{x})$ reste finie et continue pour la valeur attribuée à X et pour des valeurs plus petites.

Comme le rapport $\frac{\bar{x}}{\bar{x}-x}$ est la somme de la progression géométrique

$$1, \quad \frac{x}{\bar{x}}, \quad \frac{x^2}{\bar{x}^2}, \quad \ldots,$$

qui est toujours convergente, tant que le module de x reste inférieur au module X de $\bar{x}$; il suit de la formule (6) que $f(x)$ sera développable en une série ordonnée suivant les puissances ascendantes de x, si le module de la variable réelle ou imaginaire x conserve une valeur inférieure à celle pour laquelle la fonction $f(x)$ (ou sa dérivée du premier ordre) cesse d'être finie et continue. Ainsi, en particulier, puisque les fonctions

$$\cos x, \quad \sin x, \quad e^x, \quad e^{x^2}, \quad \cos(1-x^2), \quad \ldots$$

(et leurs dérivées du premier ordre) ne cessent jamais d'être finies et continues, ces fonctions seront toujours développables en séries convergentes ordonnées suivant les puissances ascendantes de x.

Au contraire, les fonctions

$$(1+x)^{\frac{1}{2}}, \quad \frac{1}{1-x}, \quad \frac{x}{1+\sqrt{1-x^2}}, \quad \ldots,$$

qui, lorsqu'on attribue à x une valeur imaginaire de la forme $\mathrm{X}e^{p\sqrt{-1}}$, cessent (avec leurs dérivées du premier ordre) d'être fonctions continues de x, au moment où le module X devient égal à 1, seront certainement développables en séries convergentes ordonnées suivant les puissances ascendantes de la variable x, si la valeur réelle ou imaginaire de x offre un module inférieur à l'unité; mais elles pourront devenir et deviendront en effet divergentes, si le module de x surpasse l'unité. Enfin, comme les fonctions

$$e^{\frac{1}{x}}, \quad e^{\frac{1}{x^2}}, \quad \cos\frac{1}{x}, \quad \dots$$

deviennent discontinues pour une valeur nulle de x, par conséquent lorsque le module de x est le plus petit possible, elles ne seront jamais développables en séries convergentes ordonnées suivant les puissances ascendantes de x.

Il suit encore de la formule (6) que, dans le développement de $f(x)$ suivant les puissances ascendantes de x, le terme général sera

$$(7) \qquad \frac{1}{2\pi}\int_{-\pi}^{\pi}\frac{x^n}{\overline{x}^n}f(\overline{x})\,dp = \frac{x^n}{1.2.3\ldots n}f^{(n)}(0).$$

Donc, lorsque la fonction $f(x)$ sera développable en série convergente ordonnée suivant les puissances ascendantes de x, on aura

$$(8) \qquad f(x) = f(0) + \frac{x}{1}f'(0) + \frac{x^2}{1.2}f''(0) + \ldots.$$

conformément au théorème de Maclaurin.

Si l'on nomme ξ le module de x, et $\Lambda f(\overline{x})$ la limite du module $f(\overline{x})$, c'est-à-dire la plus grande valeur que ce module puisse acquérir quand on y fait varier l'angle p sans changer le module X, le premier membre de la formule (7) aura [1] un module inférieur à

$$(9) \qquad \left(\frac{\xi}{X}\right)^n \Lambda f(\overline{x}).$$

[1] Comme le module de la somme $x + y + z + \ldots$ ne peut surpasser la somme des modules de $x, y, z, \ldots$ (*voir* les *Exercices de Mathématiques*), si l'on désigne par $\varpi(x)$ une fonction réelle ou imaginaire d'une variable x, par a, b deux valeurs particu-

c'est-à-dire au terme général de la progression géométrique qui a pour somme

(10) $$\frac{X}{X-\xi}\Lambda f(\overline{x}).$$

Donc, le reste de cette progression géométrique, savoir

(11) $$\frac{\xi^n}{X^{n-1}(X-\xi)}\Lambda f(\overline{x}),$$

surpassera le reste de la série convergente qui représente le développement de $f(x)$. On pourrait encore arriver à la même conclusion de la manière suivante.

On a généralement

$$\frac{\overline{x}}{\overline{x}-x}=1+\frac{x}{\overline{x}}+\frac{x^2}{\overline{x}^2}+\ldots+\frac{x^{n-1}}{\overline{x}^{n-1}}+\frac{x^n}{\overline{x}^{n-1}(\overline{x}-x)}.$$

Par suite, la formule (6) donnera

$$f(x)=f(0)+\frac{x}{1}f'(0)+\ldots+\frac{x^{n-1}}{1.2\ldots(n-1)}f^{(n-1)}(0)$$
$$+\frac{1}{2\pi}\int_{-\pi}^{\pi}\frac{x^n}{\overline{x}^{n-1}(\overline{x}-x)}f(\overline{x})\,dp.$$

Donc le reste de la série de Maclaurin prolongée jusqu'au $n^{\text{ième}}$ terme

lières de x, réelles et propres à vérifier la condition $a<b$, par n un très grand nombre, et par i le rapport $\frac{b-a}{n}$, le module du produit

$$i\{\varpi(a)+\varpi(a+i)+\ldots+\varpi[a+(n-1)i]\}$$

ne surpassera pas le produit de $ni=b-a$ par le plus grand module que $\varpi(x)$ puisse acquérir, quand on fait varier x entre les limites $x=a$, $x=b+ni$; et par conséquent ce plus grand module sera une limite supérieure au quotient qu'on obtient en divisant par $b-a$ l'intégrale $\int_a^b\varpi(x)\,dx$. Donc aussi le plus grand module du rapport $\frac{x^n}{\overline{x}^n}f(\overline{x})$, ou l'expression (9), surpassera le quotient de $\int_{-\pi}^{\pi}\frac{x^n}{\overline{x}^n}f(\overline{x})\,dp$ par 2π.

sera

$$\frac{1}{2\pi}\int_{-\pi}^{\pi}\frac{x^n}{\overline{x}^{n-1}(\overline{x}-x)}f(\overline{x})\,dp. \tag{12}$$

Or, le module de la fonction renfermée sous le signe $\int$ dans l'intégrale (12) étant inférieur à l'expression (11), il est clair qu'on pourra en dire autant de l'intégrale même.

En résumant ce qu'on vient de dire, on obtient la proposition suivante :

Théorème I. — *La fonction $f(x)$ sera développable par la formule de Maclaurin en une série convergente ordonnée suivant les puissances ascendantes de x, si le module de la variable réelle ou imaginaire x conserve une valeur inférieure à celle pour laquelle la fonction (ou sa dérivée du premier ordre) cesse d'être finie et continue. Soient X cette dernière valeur, ou une valeur plus petite, et $\overline{x}$ une expression imaginaire qui offre le module X. Les modules du terme général et du reste de la série de Maclaurin seront respectivement inférieurs aux modules du terme général et du reste de la progression géométrique qui a pour somme*

$$\frac{\text{X}}{\text{X}-x}\,\Lambda f(\overline{x}), \tag{13}$$

par conséquent au terme général et au reste de la progression géométrique qui a pour somme l'expression (10), *ξ désignant le module de* X.

De même, si l'on désigne par $f(x, y, z, \ldots)$ une fonction des variables $x, y, z, \ldots$, par $\overline{x}, \overline{y}, \overline{z}, \ldots$ des valeurs imaginaires attribuées à ces variables, par X, Y, Z, ... les modules de $\overline{x}, \overline{y}, \overline{z}, \ldots$ et par $\Lambda f(\overline{x}, \overline{y}, \overline{z}, \ldots)$ la limite du module de $f(\overline{x}, \overline{y}, \overline{z}, \ldots)$, c'est-à-dire la plus grande valeur que ce module puisse acquérir quand on y fait varier les rapports imaginaires $\frac{\overline{x}}{\text{X}}, \frac{\overline{y}}{\text{Y}}, \frac{\overline{z}}{\text{Z}}, \ldots$, sans changer X, Y, Z, ..., on établira facilement la proposition suivante :

Théorème II. — *La fonction $f(x, y, z, \ldots)$ sera développable, par la formule de Maclaurin étendue au cas de plusieurs variables, en une série* *convergente ordonnée suivant les puissances ascendantes de* $x, y, z, \ldots,$ *si les modules des variables réelles ou imaginaires* $x, y, z, \ldots$ *conservent des valeurs inférieures à celles pour lesquelles la fonction (ou l'une de ses dérivées du premier ordre) cesse d'être finie et continue. Soient* $X, Y, Z, \ldots$ *ces dernières valeurs ou des valeurs plus petites; et* $\overline{x}, \overline{y}, \overline{z}, \ldots$ *des expressions imaginaires qui offrent pour modules* $X, Y, Z, \ldots$. *Les modules du terme général et du reste de la série en question seront respectivement inférieurs aux modules du terme général et du reste de la série qui a pour somme le produit*

$$\frac{X}{X-x}\,\frac{Y}{Y-y}\,\frac{Z}{Z-z}\cdots \times f(\overline{x}, \overline{y}, \overline{z}, \ldots), \tag{14}$$

par conséquent au terme général et au reste de la série qui a pour somme

$$\frac{X}{X-\xi}\,\frac{Y}{Y-\eta}\,\frac{Z}{Z-\zeta}\cdots \times f(\overline{x}, \overline{y}, \overline{z}, \ldots), \tag{15}$$

ξ, η, ζ *étant les modules de* $x, y, z, \ldots$.

Telles sont les propositions qui, dans le calcul des limites, servent de base à la théorie du développement des fonctions explicites d'une ou de plusieurs variables $x, y, z, \ldots,$ suivant les puissances ascendantes de $x, y, z, \ldots$. Observons au reste que le théorème I peut être appliqué même au développement des fonctions de plusieurs variables; car, pour développer $f(x, y, z, \ldots)$ suivant les puissances ascendantes de $x, y, z, \ldots,$ il suffit de développer, suivant les puissances ascendantes de α, la fonction

$$f(\alpha x, \alpha y, \alpha z, \ldots)$$

ou même la suivante

$$f(\alpha^k x, \alpha^{k'} y, \alpha^{k''} z, \ldots),$$

$k, k', k'', \ldots$ étant des nombres entiers quelconques, et de poser ensuite $\alpha = 1$. En opérant de cette manière, on prouvera sans peine que, si dans le développement de $f(x, y, z, \ldots)$ on néglige les termes où les exposants $n, n', n'', \ldots$ de $x, y, z, \ldots$ vérifient la condition

$$nk + n'k' + n''k'' + \ldots \geqq h \tag{16}$$

(h étant un nombre entier donné), l'erreur commise ou le module de la somme des termes négligés ne dépassera pas

$$(17)\qquad \frac{1}{A^h(A-1)} \mathrm{M} f(\bar{\alpha}^k x, \bar{\alpha}^{k'} y, \bar{\alpha}^{k''} z, \ldots),$$

A désignant le module de $\bar{\alpha}$, et ce module étant supérieur à l'unité, mais choisi de manière que la fonction

$$f(\bar{\alpha}^k x, \bar{\alpha}^{k'} y, \bar{\alpha}^{k''} z, \ldots)$$

reste finie et continue pour ce même module de $\bar{\alpha}$ ou pour des modules plus petits. Dans le cas où les nombres $k, k', k'', \ldots$ se réduisent à l'unité, la condition (16) donne simplement

$$(18)\qquad n + n' + n'' + \ldots \geqq h,$$

et l'expression (17) se réduit elle-même à

$$(19)\qquad \frac{1}{A^{h-1}(A-1)} \mathrm{M} f(\bar{\alpha} x, \bar{\alpha} y, \bar{\alpha} z, \ldots).$$

La détermination de limites supérieures aux restes des séries qui représentent les développements des fonctions explicites se trouve réduite, par les théorèmes I et II, à la détermination des quantités de la forme

$$(20)\qquad \mathrm{M} f(\bar{x}) \quad \text{ou} \quad \mathrm{M} f(\bar{x}, \bar{y}, \bar{z}, \ldots).$$

On pourrait même à ces quantités en substituer d'autres qui seraient évidemment plus grandes. Or, il est généralement facile de déterminer ou les valeurs exactes des expressions (20), ou du moins des nombres qui surpassent ces valeurs. Ainsi, par exemple, si l'on désigne par a une quantité positive et par e la base des logarithmes népériens, en prenant successivement pour $f(x)$ les fonctions

$$a \pm x, \quad ax, \quad \frac{a}{x}, \quad e^{\pm x}, \quad e^{\pm x\sqrt{-1}}, \quad a^{\pm x}, \quad a^{\pm x\sqrt{-1}},$$

on trouvera

$$(21)\quad \begin{cases} \Lambda(a+\overline{x}) = \Lambda(a-\overline{x}) = a+\mathrm{X}, \\ \Lambda(a\overline{x}) = a\mathrm{X}, \qquad \Lambda\left(\dfrac{a}{\overline{x}}\right) = \dfrac{a}{\mathrm{X}}, \\ \Lambda e^{\overline{x}} = \Lambda e^{-\overline{x}} = \Lambda e^{\overline{x}\sqrt{-1}} = \Lambda e^{-\overline{x}\sqrt{-1}} = e^{\mathrm{X}}, \\ \Lambda a^{\overline{x}} = \Lambda a^{-\overline{x}} = \Lambda a^{\overline{x}\sqrt{-1}} = \Lambda a^{-\overline{x}\sqrt{-1}} = a^{\mathrm{X}}. \end{cases}$$

De même, en prenant pour $f(x)$ les fonctions

$$(1\pm x)^a, \quad (1\pm x)^{-a},$$

et supposant $\mathrm{X}<1$, on trouvera

$$(22)\quad \begin{cases} \Lambda(1+\overline{x})^a = \Lambda(1-\overline{x})^a = (1+\mathrm{X})^a, \\ \Lambda(1+\overline{x})^{-a} = \Lambda(1-\overline{x})^{-a} = (1-\mathrm{X})^{-a}. \end{cases}$$

Si l'on prenait $f(x) = \sin x$, le carré du module de $f(\overline{x}) = \sin\overline{x}$ serait le quart du trinome

$$e^{2\mathrm{X}\sin p} + e^{-2\mathrm{X}\sin p} - 2\cos(2\mathrm{X}\cos p).$$

Or il suffit de faire varier l'angle p entre les limites $p=0$, $p=\frac{\pi}{2}$, pour que ce trinome acquière toutes les valeurs qu'il peut recevoir; et, comme sa dérivée relative à p est le produit de $8\mathrm{X}^2\sin p\cos p$ par la différence

$$\frac{e^{2\mathrm{X}\sin p} - e^{-2\mathrm{X}\sin p}}{4\mathrm{X}\sin p} - \frac{\sin(2\mathrm{X}\cos p)}{2\mathrm{X}\cos p},$$

qui reste toujours positive, puisque le premier terme est supérieur et le second inférieur à l'unité ([1]), il est clair que le module de $\sin\overline{x}$ croîtra sans cesse depuis $p=0$ jusqu'à $p=\frac{\pi}{2}$. Donc $\Lambda\sin\overline{x}$ sera le

([1]) On a effectivement, pour des valeurs réelles de x,

$$\frac{e^x - e^{-x}}{2x} = 1 + \frac{x^2}{1.2.3} + \frac{x^4}{1.2.3.4.5} + \ldots > 1 \qquad \text{et} \qquad \frac{\sin x}{x} < 1$$

module de $\sin \overline{x}$ pour $\overline{x} = Xe^{\frac{\pi}{2}\sqrt{-1}} = X\sqrt{-1}$, en sorte qu'on aura

$$(23)\quad \left\{\begin{array}{l} \Lambda \sin \overline{x} = \dfrac{e^{X} - e^{-X}}{2}; \\ \text{on trouvera de même} \\ \Lambda \cos \overline{x} = \dfrac{e^{X} + e^{-X}}{2}. \end{array}\right.$$

On aura par suite

$$(24)\quad \left\{\begin{array}{l} \Lambda \sin(a \pm \overline{x}) \leqq \dfrac{e^{X} - e^{-X}}{2}\sqrt{\cos^2 a} + \dfrac{e^{X} + e^{-X}}{2}\sqrt{\sin^2 a}, \\ \Lambda \cos(a \pm \overline{x}) \leqq \dfrac{e^{X} + e^{-X}}{2}\sqrt{\cos^2 a} + \dfrac{e^{X} - e^{-X}}{2}\sqrt{\sin^2 a}, \\ \dots\dots\dots\dots\dots\dots\dots\dots \end{array}\right.$$

Soient encore $u, v, w, \dots$ des fonctions des variables $x, y, z, \dots$, et $\overline{u}, \overline{v}, \overline{w}, \dots$ ce que deviennent $u, v, w, \dots$ quand on y remplace x par $\overline{x}$, y par $\overline{y}$, z par $\overline{z}$, ... On trouvera

$$(25)\quad \left\{\begin{array}{l} \Lambda(\overline{u} \pm \overline{v} \pm \overline{w} \pm \dots) \leqq \Lambda\overline{u} + \Lambda\overline{v} + \Lambda\overline{w} + \dots \\ \Lambda(\overline{u}\,\overline{v}\,\overline{w} \dots\dots\dots) \leqq \Lambda\overline{u}.\Lambda\overline{v}.\Lambda\overline{w} \dots\dots \\ \dots\dots\dots\dots\dots\dots\dots\dots \end{array}\right.$$

$$(26)\quad \left\{\begin{array}{l} \Lambda e^{\overline{u}\sqrt{-1}} \leqq 2\Lambda \cos \overline{u}. \\ \dots\dots\dots\dots \end{array}\right.$$

Pour faciliter la recherche de quantités égales ou supérieures à $\Lambda f(\overline{x})$, $\Lambda f(\overline{x}, \overline{y}, \overline{z})$, il est utile de considérer non seulement les plus grandes, mais encore les plus petites valeurs que puissent acquérir des fonctions de $\overline{x}, \overline{y}, \overline{z}, \dots$ quand on fait varier les rapports $\frac{\overline{x}}{X}, \frac{\overline{y}}{Y}, \frac{\overline{z}}{Z}, \dots$. Concevons que, les plus grandes valeurs étant toujours indiquées à l'aide de la caractéristique Λ, on désigne les plus petites à l'aide de la même caractéristique suivie d'un accent, ou de Λ'. On trouvera, en supposant a positif,

$$(27)\quad \begin{cases} \Lambda'(a+\overline{x}) = \Lambda'(a-\overline{x}) = a - \mathrm{X} & \text{pour} \quad \mathrm{X} < a, \\ \Lambda'(a+\overline{x}) = \Lambda'(a-\overline{x}) = \mathrm{X} - a & \text{pour} \quad \mathrm{X} > a, \\ \Lambda'(a\overline{x}) \quad = a\mathrm{X}, \qquad \Lambda'\left(\dfrac{a}{\overline{x}}\right) = \dfrac{a}{\mathrm{X}}, \\ \Lambda' e^{\overline{x}} = \Lambda' e^{-\overline{x}} = \Lambda' e^{\overline{x}\sqrt{-1}} = \Lambda' e^{-\overline{x}\sqrt{-1}} = e^{-\mathrm{X}}, \\ \Lambda' a^{\overline{x}} = \Lambda' a^{-\overline{x}} = \Lambda' a^{\overline{x}\sqrt{-1}} = \Lambda' a^{-\overline{x}\sqrt{-1}} = a^{-\mathrm{X}}, \end{cases}$$

$$(28)\quad \left.\begin{array}{l} \Lambda'(1+\overline{x})^a \;= \Lambda'(1-\overline{x})^a \;= (1-\mathrm{X})^a \\ \Lambda'(1+\overline{x})^{-a} = \Lambda'(1-\overline{x})^{-a} = (1+\mathrm{X})^{-a} \end{array}\right\} \text{pour} \quad \mathrm{X} < 1,$$

$$(29)\quad \Lambda' \sin \overline{x} = \sin \mathrm{X}, \qquad \Lambda' \cos \overline{x} = \cos \mathrm{X},$$

$$(30)\quad \Lambda'(\overline{u}\,\overline{v}\,\overline{w}\ldots) \gtreqless \Lambda'\overline{u}\,.\,\Lambda'\overline{v}\,.\,\Lambda'\overline{w}\ldots,$$

. . . .

On aura d'ailleurs

$$(31)\quad \Lambda\frac{\overline{u}}{\overline{v}} \leqq \frac{\Lambda\overline{u}}{\Lambda'\overline{v}}, \qquad \Lambda'\frac{\overline{u}}{\overline{v}} \geqq \frac{\Lambda'\overline{u}}{\Lambda\overline{v}},$$

$$(32)\quad \begin{cases} \Lambda'(\overline{u}\pm\overline{v}) \geqq \Lambda'\overline{u} - \Lambda\overline{v} & \text{si} \quad \Lambda'\overline{u} > \Lambda\overline{v}, \\ \Lambda'(\overline{u}\pm\overline{v}) \geqq \Lambda'\overline{v} - \Lambda\overline{u} & \text{si} \quad \Lambda'\overline{v} > \Lambda\overline{u}, \\ \ldots\ldots\ldots\ldots & \ldots \quad \ldots\ldots \end{cases}$$

Supposons qu'à l'aide de ces diverses formules on veuille calculer par exemple une limite égale ou supérieure à

$$\Lambda\frac{\overline{v}}{\overline{x}-\overline{u}},$$

en supposant $\Lambda\overline{u} < \mathrm{X}$. On trouvera successivement

$$\Lambda\frac{\overline{v}}{\overline{x}-\overline{u}} \leqq \frac{\Lambda\overline{v}}{\Lambda'(\overline{x}-\overline{u})}$$

et

$$\Lambda'(\overline{x}-\overline{u}) \geqq \mathrm{X} - \Lambda\overline{u},$$

puis on en conclura

$$(33)\quad \Lambda\frac{\overline{v}}{\overline{x}-\overline{u}} \leqq \frac{\Lambda\overline{v}}{\mathrm{X}-\Lambda\overline{u}}.$$

Lorsqu'à l'aide de formules semblables à celles qui précèdent on a déterminé les quantités (20) ou des quantités évidemment plus grandes et qu'on peut leur substituer sans inconvénient, il convient de choisir les modules X, Y, Z, ... desquels dépendent ces mêmes quantités, de manière que les limites supérieures aux modules des termes généraux des séries que l'on considère et des restes qui complètent ces séries acquièrent les plus petites valeurs possibles.

Observons encore que, dans la recherche d'une limite supérieure au module du reste qui complète le développement de $f(x)$, on peut substituer à la formule (11) la plus grande valeur que puisse acquérir le module de la fonction renfermée sous le signe $\int$ dans l'intégrale (12), c'est-à-dire la quantité représentée par la notation

$$\Lambda\left[\frac{x^n}{\overline{x}^{n-1}(\overline{x}-x)}f(\overline{x})\right] \tag{34}$$

En prenant cette dernière quantité, au lieu de la quantité (11), pour la limite dont il s'agit, on diminuera souvent la valeur de cette limite, attendu qu'on aura généralement

$$\Lambda\left[\frac{x^n}{\overline{x}^{n-1}(\overline{x}-x)}f(\overline{x})\right] \leqq \frac{\xi^n}{X^{n-1}(X-\xi)}\Lambda f(\overline{x}). \tag{35}$$

Mais d'un autre côté, le calcul de cette même limite deviendra plus difficile. Il semble que pour cette raison on devra ordinairement préférer la formule (11) à la formule (34).

Lorsqu'on a déterminé la quantité (34) en fonction de X, il convient de choisir X de manière que cette quantité devienne la plus petite possible. Alors l'expression (34), considérée comme une valeur particulière du module de la fonction

$$\frac{x^n}{\overline{x}^{n-1}(\overline{x}-x)}f(\overline{x}), \tag{36}$$

est tout à la fois un *maximum maximorum* de ce module, relativement à l'angle p, et un *minimum* relativement à X, ou ce que nous avons nommé dans un autre Mémoire le *module principal* de la fonction (36) (*voyez* le Tome VIII des *Mémoires de l'Institut*) ([1]).

Pour montrer une application des principes que nous venons d'établir, prenons successivement pour $f(x)$ les deux fonctions

$$e^x, \quad (1+x)^{-a},$$

qui, comme on l'a vu, peuvent être développées en séries convergentes ordonnées suivant les puissances ascendantes de x, la première, quel que soit x, la seconde, lorsque le module de x est inférieur à l'unité. Les expressions (9) et (11) deviendront, pour $f(x) = e^x$,

$$(37)\qquad \frac{\xi^n}{X^n}e^X, \quad \frac{\xi^n}{X^{n-1}(X-\xi)}e^X,$$

et pour $f(x) = (1+x)^{-a}$,

$$(38)\qquad \frac{\xi^n}{X^n(1-X)^a}, \quad \frac{\xi^n}{X^{n-1}(X-\xi)}\,\frac{1}{(1-X)^a}.$$

La première des expressions (37), considérée comme fonction de X, acquiert la plus petite valeur possible, lorsqu'on suppose $X = n$, et alors ces expressions se réduisent à

$$(39)\qquad \left(\frac{e\xi}{n}\right)^n, \quad \frac{n}{n-\xi}\left(\frac{e\xi}{n}\right)^n.$$

Donc les quantités (39) sont des limites supérieures aux modules du terme général de la série qui représente le développement de e^x et du reste qui la complète, ξ désignant le module de x. Pareillement la première des expressions (38), considérée comme fonction de X, acquerra la plus petite valeur possible, lorsqu'on supposera $X = \dfrac{n}{n+a}$, et alors les expressions (38) deviendront

$$(40)\qquad \frac{(n+a)^{n+a}}{n^n a^a}\xi^n, \quad \frac{n}{n(1-\xi)-a\xi}\,\frac{(n+a)^{n+a}}{n^n a^a}\xi^n.$$

Donc les quantités (40) sont des limites supérieures aux modules du

([1]) *Œuvres de Cauchy*, 1re série, t. II, p. 31.

terme général de la série qui représente le développement de $(1+x)^{-a}$ et du reste qui la complète.

Concevons maintenant que l'on prenne pour $f(x)$ une fraction rationnelle, en sorte qu'on ait

$$f(x) = \frac{\mathrm{f}(x)}{\mathrm{F}(x)},$$

$\mathrm{f}(x)$ et $\mathrm{F}(x)$ désignant deux fonctions entières de x. Soit d'ailleurs ρ le plus petit des nombres ρ, ρ', ρ'', ... qui représentent les modules des racines de l'équation

$$\mathrm{F}(x) = 0.$$

On conclura des principes ci-dessus exposés : 1° que la fraction rationnelle $\frac{\mathrm{f}(x)}{\mathrm{F}(x)}$ sera développable en une série convergente ordonnée suivant les puissances ascendantes de x, tant que le module ξ de la variable x sera inférieur à ρ; 2° que, si l'on attribue à X une valeur intermédiaire entre ξ et ρ, le reste de la série offrira un module inférieur au produit

$$\frac{\xi^n}{\mathrm{X}^{n-1}(\mathrm{X}-\xi)} \Lambda \frac{\mathrm{f}(\overline{x})}{\mathrm{F}(\overline{x})}.$$

D'autre part, comme, en appelant K la valeur numérique ou le module de $\mathrm{F}(0)$, on aura

$$\Lambda \frac{\mathrm{f}(\overline{x})}{\mathrm{F}(\overline{x})} \leq \frac{\rho\rho'\rho''\ldots}{\mathrm{K}} \frac{\Lambda\, \mathrm{f}(\overline{x})}{(\rho-\mathrm{X})(\rho'-\mathrm{X})(\rho''-\mathrm{X})\ldots},$$

il est clair que le module du reste de la série sera encore inférieur au rapport

$$\frac{\rho\rho'\rho''\ldots\xi^n \Lambda\, \mathrm{f}(\overline{x})}{\mathrm{K}\,\mathrm{X}^{n-1}(\mathrm{X}-\xi)(\rho-\mathrm{X})(\rho'-\mathrm{X})(\rho''-\mathrm{X})\ldots}.$$

Parmi les valeurs qu'on peut attribuer à X, il serait difficile de calculer celle qui fournit le *minimum* du rapport dont il s'agit, ou même le *maximum* du produit

$$\mathrm{X}^{n-1}(\mathrm{X}-\xi)(\rho-\mathrm{X})(\rho'-\mathrm{X})(\rho''-\mathrm{X})\ldots.$$

Mais on déterminera sans peine les deux valeurs de X qui fournissent les maxima des deux produits

$$X^{n-1}(\rho - X), \quad (X - \xi)(\rho - X);$$

et ces deux valeurs feront connaître deux limites supérieures au module du reste de la série qui représentera le développement de $\frac{f(x)}{F(x)}$.

Si, au lieu de prendre pour $f(x)$ la fraction rationnelle $\frac{f(x)}{F(x)}$, on supposait

$$f(x) = \left[\frac{f(x)}{F(x)}\right]^a,$$

a étant un nombre fractionnaire ou irrationnel, un module de x inférieur à ρ rendrait encore la fonction $\left[\frac{f(x)}{F(x)}\right]^a$ développable en une série convergente ordonnée suivant les puissances ascendantes de x, pourvu que le nombre ρ désignât le plus petit de tous les modules appartenant aux racines des deux équations

$$f(x) = 0, \qquad F(x) = 0.$$

Alors aussi le reste de la série offrirait un module inférieur au produit

$$\frac{\xi^n}{X^{n-1}(X-\xi)} \Lambda \left[\frac{f(\overline{x})}{F(\overline{x})}\right]^a.$$

Si, pour fixer les idées, on suppose

$$f(x) = 1, \qquad F(x) = 1 - 2x\cos\delta + x^2 = (x - e^{\delta\sqrt{-1}})(x - e^{-\delta\sqrt{-1}}),$$

δ étant réel, on trouvera $\rho = 1$; et l'on en conclura que tout module de x inférieur à l'unité rend la fonction

$$(1 - 2x\cos\delta + x^2)^{-a}$$

développable en une série convergente ordonnée suivant les puissances ascendantes de x; ce que l'on savait déjà. (*Voyez* un Mémoire de M. Laplace et une Note de M. Plana insérée dans le XIVe volume de la *Correspondance astronomique* de M. de Zach). On reconnaîtra aussi que le reste de la série offre un module inférieur au rapport

$$\frac{\xi^n}{X^{n-1}(X-\xi)(1-X)^{2a}}$$

et, par suite, aux deux nombres

$$\frac{(n+2a-1)^{n+2a}}{(n-1)^{n-1}(2a)^{2a}}\,\frac{\xi^n}{(n-1)(1-\xi)-2a\xi},\qquad \frac{(2a+1)^{n+2a}}{(2a)^{2a}}\,\frac{(1-\xi)^{2a+1}\xi^n}{(1+2a\xi)^{n-1}},$$

qui représentent les valeurs du même rapport correspondant aux valeurs maxima des produits

$$X^{n-1}(1-X)^{2a},\qquad (X-\xi)(1-X)^{2a}.$$

Avant de passer à la théorie du développement des fonctions implicites, nous ferons remarquer que l'exposition des principes ci-dessus établis peut être simplifiée à l'aide du calcul des résidus. En effet, les formules (1), (2), (3), (5), (6), (8), qui d'ailleurs étaient déjà connues, se trouvent toutes comprises dans une des formules fondamentales que présente le calcul des résidus, et que l'on peut écrire comme il suit

$$(41)\qquad \int_{-\pi}^{\pi}\varphi(\overline{x})\,dp = 2\pi \mathop{\mathcal{E}}_{(0)}^{(X)}{}_{(-\pi)}^{(\pi)}\left[\frac{\varphi(x)}{x}\right]_x \quad (^1).$$

$\varphi(x)$ étant une fonction qui conserve une valeur unique et déterminée pour toute valeur réelle ou imaginaire de x correspondant à un module renfermé entre les limites o, X.

Soit maintenant y une fonction implicite de x, déterminée par une équation de la forme

$$(42)\qquad f(x,y)=0.$$

et b une valeur de y qui corresponde à une valeur particulière de x. Si

(1) Pour plus de simplicité, nous remplaçons ici les doubles parenthèses du calcul des résidus par deux crochets trapézoïdaux. De plus, à la suite du dernier crochet, nous plaçons la variable à laquelle se rapporte le signe $\mathcal{E}$, ainsi que M. Blanchet l'a fait dans ses derniers Mémoires, en adoptant notre nouvelle notation.

l'on fait

(43) $$y = b + z,$$

l'équation (42) deviendra

(44) $$f(x, b + z) = 0.$$

Cela posé, désignons par $\chi(x, y)$ la dérivée de $f(x, y)$ prise par rapport à y, en sorte qu'on ait identiquement

(45) $$\chi(x, y) = \frac{\partial f(x, y)}{\partial y}.$$

Supposons d'ailleurs que l'équation (44) admette une seule racine réelle ou imaginaire z dont le module soit inférieur à Z, que la fonction $f(x, b + z)$ conserve une valeur unique et déterminée pour toute valeur réelle ou imaginaire de z qui offre un module égal ou inférieur à Z, et que, pour une semblable valeur de z, la fonction $F(y) = F(b + z)$ ne devienne jamais ni discontinue ni infinie. On aura

(46) $$F(y) = \mathop{\mathcal{E}}_{(0)}^{(Z)}\mathop{\vphantom{\mathcal{E}}}_{(-\pi)}^{(\pi)} \left(\frac{\chi(x, b + z)}{f(x, b + z)} F(b + z)\right)_z,$$

le signe $\mathcal{E}$ se rapportant à la variable z. D'autre part, si l'on désigne par $\bar{z}$ une expression imaginaire dont le module soit Z, en sorte qu'on ait

(47) $$\bar{z} = Z e^{q\sqrt{-1}},$$

q représentant un arc réel, la formule (41) donnera

(48) $$\mathop{\mathcal{E}}_{(0)}^{(Z)}\mathop{\vphantom{\mathcal{E}}}_{(-\pi)}^{(\pi)} \left(\frac{\chi(x, b + z)}{f(x, b + z)} F(b + z)\right)_z = \frac{1}{2\pi}\int_{-\pi}^{\pi} \bar{z}\,\frac{\chi(x, b + \bar{z})}{f(x, b + \bar{z})} F(b + \bar{z})\, dq.$$

Donc l'équation (46) pourra être réduite à

(49) $$F(y) = \frac{1}{2\pi}\int_{-\pi}^{\pi} \bar{z}\,\frac{\chi(x, b + \bar{z})}{f(x, b + \bar{z})} F(b + \bar{z})\, dq.$$

On peut au reste déduire directement la formule (49) de l'équation (5), en opérant comme il suit.

Lorsqu'on suppose $\overline{z} = z$, les deux termes du binome

$$\frac{\chi(x, b+\overline{z})}{f(x, b+\overline{z})} F(b+\overline{z}) - \frac{F(b+z)}{\overline{z}-z}$$

deviennent infinis; mais ce binome lui-même acquiert généralement une valeur finie, savoir :

$$D_z F(b+z) + \frac{1}{2} \frac{F(b+z)}{\chi(x, b+z)} D_z \chi(x, b+z).$$

Donc, si le module Z de z est choisi de manière à remplir les conditions précédemment énoncées, savoir : 1° que l'équation (44) admette une seule racine dont le module soit inférieur à Z; 2° que la fonction $F(b+z)$ ne devienne point infinie ou discontinue pour un module de z égal ou inférieur à Z, le produit

$$(50)\qquad \overline{z}\left[\frac{\chi(x, b+\overline{z})}{f(x, b+\overline{z})} F(b+\overline{z}) - \frac{F(b+z)}{\overline{z}-z}\right]$$

restera fonction continue de Z et de q pour la valeur attribuée à Z ou pour une valeur plus petite. Or, si, dans l'équation (5), on remplace $\overline{x}$ par z, et la fonction $f(\overline{x})$ par le produit (50), on trouvera, en prenant pour z la racine de l'équation (44),

$$\int_{-\pi}^{\pi} \overline{z} \frac{\chi(x, b+\overline{z})}{f(x, b+\overline{z})} F(b+\overline{z})\, dq = F(b+z) \int_{-\pi}^{\pi} \frac{\overline{z}\, dq}{\overline{z}-z} = 2\pi F(b+z) = 2\pi F(y).$$

et l'on sera ainsi ramené à la formule (49).

Lorsque, dans la formule (49), on pose $F(y) = 1$, elle donne

$$(51)\qquad \frac{1}{2\pi} \int_{-\pi}^{\pi} \overline{z} \frac{\chi(x, b+\overline{z})}{f(x, b+\overline{z})} dq = 1.$$

Lorsqu'on y suppose au contraire

$$F(y) = y,$$

on en conclut

$$(52)\qquad y = \frac{1}{2\pi} \int_{-\pi}^{\pi} \overline{z}(b+\overline{z}) \frac{\chi(x, b+\overline{z})}{f(x, b+\overline{z})} dq,$$

puis, en ayant égard à l'équation (51),

$$(53)\qquad y = b + \frac{1}{2\pi}\int_{-\pi}^{\pi} \bar{z}^2 \frac{\chi(x, b+\bar{z})}{f(x, b+\bar{z})} dq.$$

Si l'équation (44) admettait m racines égales ou inégales dont les modules fussent inférieurs à Z, en désignant par $z, z_1, z_2, \ldots, z_{m-1}$ ces mêmes racines, et par $y, y_1, y_2, \ldots, y_{m-1}$ les racines correspondantes de l'équation (42), on trouverait

$$(54)\qquad F(y) + F(y_1) + \ldots + F(y_{m-1}) = \mathop{\mathcal{E}}_{(0)}^{(Z)} \int_{(-\pi)}^{(\pi)} \left(\frac{\chi(x, b+z)}{f(x, b+z)} F(b+z)\right)_z;$$

puis de cette dernière formule, combinée avec l'équation (48), on déduirait la suivante

$$(55)\qquad F(y) + F(y_1) + \ldots + F(y_{m-1}) = \frac{1}{2\pi}\int_{-\pi}^{\pi} \bar{z} \frac{\chi(x, b+\bar{z})}{f(x, b+\bar{z})} F(b+\bar{z})\, dq,$$

qu'on peut établir directement aussi bien que l'équation (49). Si, dans la formule (55), on pose $F(y) = 1$, elle donnera

$$(56)\qquad \frac{1}{2\pi}\int_{-\pi}^{\pi} \bar{z} \frac{\chi(x, b+\bar{z})}{f(x, b+\bar{z})} dq = m.$$

Si l'on pose au contraire $F(y) = y$, on trouvera

$$(57)\qquad y + y_1 + y_2 + \ldots + y_{m-1} = \frac{1}{2\pi}\int_{-\pi}^{\pi} \bar{z}(b+\bar{z}) \frac{\chi(x, b+\bar{z})}{f(x, b+\bar{z})} dq,$$

puis, en ayant égard à l'équation (56),

$$(58)\qquad y + y_1 + y_2 + \ldots + y_{m-1} = mb + \frac{1}{2\pi}\int_{-\pi}^{\pi} \bar{z}^2 \frac{\chi(x, b+\bar{z})}{f(x, b+\bar{z})} dq.$$

Nous montrerons tout à l'heure comment, à l'aide des formules (53), (58), (49) et (55), on peut développer les fonctions implicites de la variable x en séries ordonnées suivant les puissances ascendantes de cette variable. Mais auparavant il importe d'établir une proposition digne de remarque, et qui peut être employée très utilement quand on veut déterminer le nombre des racines de l'équation (44) qui offrent un module inférieur à Z. Voici l'énoncé de cette proposition :

Théorème III. — *Soit m le nombre des racines de l'équation*

$$f(0, b+z) = 0, \tag{59}$$

qui offrent des modules plus petits que Z. Supposons d'ailleurs : 1° que, pour des modules de x et de z respectivement inférieurs à X et à Z, la fonction $f(x, b+z)$ obtienne toujours une valeur unique et déterminée ; 2° que, Z étant le module de $\bar{z}$, le logarithme népérien du rapport $\dfrac{f(x, b+\bar{z})}{f(0, b+z)}$, ou

$$\mathrm{l}\frac{f(x, b+\bar{z})}{f(0, b+\bar{z})}, \tag{60}$$

soit développable en une série convergente ordonnée suivant les puissances ascendantes de x, pour tout module de x inférieur à X. Pour un semblable module de x, l'équation (44) offrira elle-même un nombre m de racines dont les modules seront plus petits que Z.

Démonstration. — En effet, admettons que, pour un module de x inférieur à X, on puisse développer

$$\mathrm{l}\frac{f(x, b+\bar{z})}{f(0, b+\bar{z})}$$

en une série convergente ordonnée suivant les puissances ascendantes de x. On aura

$$\mathrm{l}\frac{f(x, b+\bar{z})}{f(0, b+\bar{z})} = x\bar{u}_1 + x^2\bar{u}_2 + x^3\bar{u}_3 + \ldots, \tag{61}$$

$\bar{u}_1, \bar{u}_2, \bar{u}_3, \ldots$ étant des fonctions de $\bar{z}$ qui pourront s'exprimer au moyen des valeurs que prennent la fonction $f(x, b+\bar{z})$ et ses dérivées relatives à la variable x quand x s'évanouit. Or on tirera de l'équation (61)

$$\frac{\chi(x, b+\bar{z})}{f(x, b+\bar{z})} = \frac{\chi(0, b+\bar{z})}{f(0, b+\bar{z})} + x\frac{d\bar{u}_1}{d\bar{z}} + x^2\frac{d\bar{u}_2}{d\bar{z}} + \ldots; \tag{62}$$

puis, en intégrant par rapport à q, entre les limites

$$q = -\pi, \qquad q = \pi,$$

les deux membres de la formule (62), multipliés par

$$\bar{z}\,dq = \frac{1}{\sqrt{-1}}\,d\bar{z},$$

et observant d'ailleurs que, prises entre ces limites, les intégrales

$$\int \frac{d\bar{u}_1}{d\bar{z}}\,d\bar{z} = \bar{u}_1 + \text{const.}, \qquad \int \frac{d\bar{u}_2}{d\bar{z}}\,d\bar{z} = \bar{u}_2 + \text{const.}, \qquad \ldots$$

s'évanouissent, on trouvera

$$\int_{-\pi}^{\pi} \frac{\chi(x, b+\bar{z})}{f(x, b+\bar{z})}\,\bar{z}\,dq = \int_{-\pi}^{\pi} \frac{\chi(o, b+\bar{z})}{f(o, b+\bar{z})}\,\bar{z}\,dq,$$

ou, ce qui revient au même,

$$(63) \qquad \frac{1}{2\pi}\int_{-\pi}^{\pi} \frac{\chi(x, b+\bar{z})}{f(x, b+\bar{z})}\,\bar{z}\,dq = \frac{1}{2\pi}\int_{-\pi}^{\pi} \frac{\chi(o, b+\bar{z})}{f(o, b+\bar{z})}\,\bar{z}\,dq.$$

De cette dernière formule, combinée avec la formule (56), il résulte que, dans l'hypothèse admise, le nombre des racines qui offriront des modules inférieurs à Z sera le même pour l'équation (44) et pour l'équation (59), ce qu'il s'agissait de démontrer.

Lorsqu'une seule racine de l'équation (59) présente un module inférieur à Z, alors, en supposant remplies les conditions énoncées dans le théorème III, on peut affirmer que l'équation (44) offre pareillement une seule racine dont le module soit inférieur à Z.

Il est bon d'observer que la démonstration donnée ci-dessus du théorème III repose entièrement sur la formule (62); et, comme cette formule subsiste toutes les fois que, pour un module de x inférieur à X, le rapport

$$(64) \qquad \frac{\chi(x, b+\bar{z})}{f(x, b+\bar{z})}$$

est développable en une série convergente ordonnée suivant les puissances ascendantes de x, il est clair que l'on peut, au théorème III, substituer la proposition suivante :

THÉORÈME IV. — *Soit m le nombre des racines de l'équation* (59) *qui offrent des modules plus petits que* Z. *Supposons d'ailleurs :* 1° *que, pour des modules de x et de z respectivement inférieurs à* X *et à* Z, *la fonction* $f(x, b+z)$ *obtienne toujours une valeur unique et déterminée ;* 2° *que, pour un module de x inférieur à* X, *le rapport* (64) *soit développable en une série convergente ordonnée suivant les puissances ascendantes de x. Pour un semblable module de x, l'équation* (44) *offrira elle-même un nombre m de racines dont les modules seront plus petits que* Z.

Concevons à présent que l'on intègre, entre les limites $q=-\pi$, $q=\pi$, la formule (62), après avoir multiplié les deux membres, non plus seulement par $\bar{z}\,dq$, mais par le produit

$$\mathrm{F}(b+\bar{z})\,\bar{z}\,dq = \frac{1}{\sqrt{-1}}\mathrm{F}(b+\bar{z})\,d\bar{z},$$

la fonction $\mathrm{F}(y)=\mathrm{F}(b+z)$ étant choisie de manière que $\mathrm{F}(b+z)$ reste finie et continue pour un module de z égal ou inférieur à Z. Alors, en posant pour abréger

$$\frac{d\bar{u}_n}{d\bar{z}} = \bar{v}_n, \tag{65}$$

puis ayant égard à l'équation (55), et désignant par $6, 6_1, \ldots, 6_{m-1}$ celles des racines de l'équation

$$f(0, y) = 0 \tag{66}$$

qui correspondent à des modules de z plus petits que Z, on trouvera

$$\begin{aligned} &\mathrm{F}(y)+\mathrm{F}(y_1)+\ldots+\mathrm{F}(y_{m-1}) \\ &= \mathrm{F}(6)+\mathrm{F}(6_1)+\ldots+\mathrm{F}(6_{m-1}) + \frac{x}{2\pi}\int_{-\pi}^{\pi}\bar{v}_1\,\bar{z}\,\mathrm{F}(b+\bar{z})\,dq \\ &\qquad + \frac{x^2}{2\pi}\int_{-\pi}^{\pi}\bar{v}_2\,\bar{z}\,\mathrm{F}(b+\bar{z})\,dq + \ldots \end{aligned} \tag{67}$$

De plus, comme, n étant un nombre entier quelconque, l'intégration par parties donnera

$$\int F(b+\bar{z})\,d\bar{u}_n = u_n F(b+\bar{z}) - \int u_n F'(b+\bar{z})\,d\bar{z},$$

ou, ce qui revient au même,

$$\int F(b+\bar{z})\frac{d\bar{u}_n}{d\bar{z}}\bar{z}\,dq = \frac{\bar{u}_n F(b+\bar{z})}{\sqrt{-1}} - \int \bar{u}_n F'(b+\bar{z})\bar{z}\,dq,$$

et par suite

$$(68)\qquad \int_{-\pi}^{\pi} F(b+\bar{z})\bar{v}_n\bar{z}\,dq = -\int_{-\pi}^{\pi} \bar{u}_n\bar{z}\,F'(b+\bar{z})\,dq,$$

on trouvera encore

$$(69)\qquad \begin{aligned} &F(y)+F(y_1)+\ldots+F(y_{m-1})\\ &= F(\beta)+F(\beta_1)+\ldots+F(\beta_{m-1}) - \frac{x}{2\pi}\int_{-\pi}^{\pi}\bar{u}_1\bar{z}\,F'(b+\bar{z})\,dq\\ &\qquad - \frac{x^2}{2\pi}\int_{-\pi}^{\pi}\bar{u}_2\bar{z}\,F'(b+\bar{z})\,dq - \ldots. \end{aligned}$$

Les valeurs des intégrales que renferment les équations (67), (69) peuvent être aisément déterminées à l'aide de la formule (48), de laquelle on tire

$$\frac{1}{2\pi}\int_{-\pi}^{\pi}\bar{v}_n\bar{z}\;F(b+\bar{z})\,dq = \mathop{\mathcal{E}}_{(0)}^{(Z)}\,{}_{(-\pi)}^{(\pi)}\;F(b+z)\,(v_n)_z,$$

$$\frac{1}{2\pi}\int_{-\pi}^{\pi}\bar{u}_n\bar{z}\,F'(b+\bar{z})\,dq = \mathop{\mathcal{E}}_{(0)}^{(Z)}\,{}_{(-\pi)}^{(\pi)}\;F'(b+z)\,(u_n)_z,$$

u_n et v_n désignant ce que deviennent $\bar{u}_n$ et $\bar{v}_n$ quand on y remplace $\bar{z}$ par z, ou, ce qui revient au même, les coefficients de x^n dans les développements des expressions

$$(70)\qquad \mathrm{l}\frac{f(x,\,b+z)}{f(0,\,b+z)},$$

$$(71)\qquad \frac{\chi(x,\,b+z)}{f(x,\,b+z)}.$$

Cela posé, les formules (67), (69) donneront

$$(72)\qquad \begin{aligned} &F(y)+F(y_1)+\ldots+F(y_{m-1})\\ &= F(\beta)+F(\beta_1)+\ldots+F(\beta_{m-1}) + x\mathop{\mathcal{E}}_{(0)}^{(Z)}\,{}_{(-\pi)}^{(\pi)}\;F(b+z)\,(v_1)_z\\ &\qquad + x^2\mathop{\mathcal{E}}_{(0)}^{(Z)}\,{}_{(-\pi)}^{(\pi)}\;F(b+z)\,(v_2)_z + \ldots \end{aligned}$$

et

$$(73)\qquad \begin{aligned} &\mathrm{F}(y)+\mathrm{F}(y_1)+\ldots+\mathrm{F}(y_{m-1})\\ &=\mathrm{F}(\beta)+\mathrm{F}(\beta_1)+\ldots+\mathrm{F}(\beta_{m-1})-x\,{}_{(0)}^{(\mathrm{Z})}\mathcal{E}_{(-\pi)}^{(\pi)}\,\mathrm{F}'(b+z)\,(u_1)_z\\ &\quad -x^2\,{}_{(0)}^{(\mathrm{Z})}\mathcal{E}_{(-\pi)}^{(\pi)}\,\mathrm{F}'(b+z)\,(u_2)_z-\ldots.\end{aligned}$$

Si, dans les formules (69) et (73), on prend $\mathrm{F}(y)=1$, on se trouvera immédiatement ramené au théorème III. Si l'on prend, au contraire, $\mathrm{F}(y)=y$, les mêmes formules donneront

$$(74)\qquad \begin{aligned} &y+y_1+\ldots+y_{m-1}\\ &=\beta+\beta_1+\ldots+\beta_{m-1}-\frac{x}{2\pi}\int_{-\pi}^{\pi}\overline{u}_1\overline{z}\,dq-\frac{x^2}{2\pi}\int_{-\pi}^{\pi}\overline{u}_2\overline{z}\,dq-\ldots\end{aligned}$$

et

$$(75)\qquad \begin{aligned} &y+y_1+\ldots+y_{m-1}\\ &=\beta+\beta_1+\ldots+\beta_{m-1}-x\,{}_{(0)}^{(\mathrm{Z})}\mathcal{E}_{(-\pi)}^{(\pi)}\,(u_1)_z-x^2\,{}_{(0)}^{(\mathrm{Z})}\mathcal{E}_{(-\pi)}^{(\pi)}\,(u_2)_z-\ldots.\end{aligned}$$

Si maintenant on suppose qu'une seule racine de l'équation (59) offre un module inférieur à Z, et que cette racine soit précisément égale à zéro, on aura $m=1$, $\beta=b$, et les formules (67), (69), (73), (74), (75) se réduiront à

$$(76)\qquad \begin{aligned}\mathrm{F}(y)=\mathrm{F}(b)&+\frac{x}{2\pi}\int_{-\pi}^{\pi}\overline{v}_1\overline{z}\,\mathrm{F}(b+\overline{z})\,dq\\ &+\frac{x^2}{2\pi}\int_{-\pi}^{\pi}\overline{v}_2\overline{z}\,\mathrm{F}(b+\overline{z})\,dq+\ldots,\end{aligned}$$

$$(77)\qquad \begin{aligned}\mathrm{F}(y)=\mathrm{F}(b)&-\frac{x}{2\pi}\int_{-\pi}^{\pi}\overline{u}_1\overline{z}\,\mathrm{F}'(b+\overline{z})\,dq\\ &-\frac{x^2}{2\pi}\int_{-\pi}^{\pi}\overline{u}_2\overline{z}\,\mathrm{F}'(b+\overline{z})\,dq-\ldots,\end{aligned}$$

$$(78)\qquad \begin{aligned}\mathrm{F}(y)=\mathrm{F}(b)&-x\,{}_{(0)}^{(\mathrm{Z})}\mathcal{E}_{(-\pi)}^{(\pi)}\,\mathrm{F}'(b+z)\,(u_1)_z\\ &-x^2\,{}_{(0)}^{(\mathrm{Z})}\mathcal{E}_{(-\pi)}^{(\pi)}\,\mathrm{F}'(b+z)\,(u_2)_z-\ldots,\end{aligned}$$

$$(79)\qquad y=b-\frac{x}{2\pi}\int_{-\pi}^{\pi}\overline{u}_1\overline{z}\,dq-\frac{x^2}{2\pi}\int_{-\pi}^{\pi}\overline{u}_2\overline{z}\,dq-\ldots,$$

$$(80)\qquad y=b-x\,{}_{(0)}^{(\mathrm{Z})}\mathcal{E}_{(-\pi)}^{(\pi)}\,(u_1)_z-x^2\,{}_{(0)}^{(\mathrm{Z})}\mathcal{E}_{(-\pi)}^{(\pi)}\,(u_2)_z-\ldots.$$

Les formules (67), (69), (72), (73), (74), (75), (76), (77), (78), (79), (80) fournissent, sous les conditions ci-dessus énoncées, les développements des fonctions implicites de x représentées par y et $F(y)$, ou par

$$y + y_1 + \ldots + y_{m-1} \quad \text{et} \quad F(y) + F(y_1) + \ldots + F(y_{m-1}),$$

en séries convergentes ordonnées suivant les puissances ascendantes de x. Observons d'ailleurs qu'en vertu des formules (76) et (67), le coefficient de x^n dans le développement de $F(y)$ ou de

$$F(y) + F(y_1) + \ldots + F(y_{m-1})$$

offrira un module inférieur au module maximum du produit

$$\overline{v}_n \overline{z} F(b + \overline{z}),$$

qui est lui-même le coefficient de x^n dans le développement de la fonction

(81) $$\overline{z} \frac{\chi(x, b + \overline{z})}{f(x, b + \overline{z})} F(b + \overline{z}).$$

On pourrait, dans les formules (46), (49), (54), (55), et dans celles que nous en avons déduites, remplacer $F(y)$ par $F(x, y)$, la fonction

$$F(x, y) = F(x, b + z)$$

étant choisie de manière à rester finie et continue pour des modules de x et de z respectivement inférieurs à X et à Z. Alors, à la place des formules (54) et (55), on obtiendrait les suivantes :

(82) $$F(x, y) + F(x, y_1) + \ldots + F(x, y_{m-1}) = \underset{(0)}{\overset{(Z)}{\mathcal{E}}}{}_{(-\pi)}^{(\pi)} \left(\frac{\chi(x, b + z)}{f(x, b + z)} F(x, b + z) \right)_z;$$

(83) $$F(x, y) + F(x, y_1) + \ldots + F(x, y_{m-1}) = \frac{1}{2\pi} \int_{-\pi}^{\pi} \overline{z} \frac{\chi(x, b + \overline{z})}{f(x, b + \overline{z})} F(x, b + \overline{z})\, dq,$$

dont la dernière, combinée avec la formule (6), donnerait

(84) $$\begin{aligned} & F(x, y) + F(x, y_1) + \ldots + F(x, y_{m-1}) \\ & = \frac{1}{4\pi^2} \int_{-\pi}^{\pi} \int_{-\pi}^{\pi} \frac{\overline{x}\,\overline{z}}{\overline{x} - x} \frac{\chi(\overline{x}, b + \overline{z})}{f(\overline{x}, b + \overline{z})} F(\overline{x}, b + \overline{z})\, dp\, dq. \end{aligned}$$

Lorsque le nombre m se réduit à l'unité, l'équation (84) devient

$$(85)\qquad F(x,y)=\frac{1}{4\pi^2}\int_{-\pi}^{\pi}\int_{-\pi}^{\pi}\frac{\overline{x}\,\overline{z}}{\overline{x}-x}\,\frac{\chi(\overline{x},b+\overline{z})}{f(\overline{x},b+\overline{z})}F(\overline{x},b+\overline{z})\,dp\,dq.$$

Or, en vertu des formules (84), (85), le terme général de la série qui représentera le développement de $F(x,y)$ ou de la fonction

$$F(x,y)+F(x,y_1)+\ldots+F(x,y_{m-1}),$$

suivant les puissances ascendantes de x, et le reste de cette série, offriront des modules respectivement inférieurs à ceux du terme général et du reste de la progression géométrique qui a pour somme

$$(86)\qquad \frac{XZ}{X-x}\Lambda\frac{\chi(\overline{x},b+\overline{z})}{f(\overline{x},b+\overline{z})}F(\overline{x},b+\overline{z}).$$

Lorsque, dans la formule (84), on fait successivement $F(x,y)=1$, $F(x,y)=y$, on en conclut

$$(87)\qquad y+y_1+\ldots+y_{m-1}=mb+\frac{1}{4\pi^2}\int_{-\pi}^{\pi}\int_{-\pi}^{\pi}\frac{\overline{x}\,\overline{z}^2}{\overline{x}-x}\,\frac{\chi(\overline{x},b+\overline{z})}{f(\overline{x},b+\overline{z})}\,dp\,dq,$$

puis, en supposant $m=1$,

$$(88)\qquad y=b+\frac{1}{4\pi^2}\int_{-\pi}^{\pi}\int_{-\pi}^{\pi}\frac{\overline{x}\,\overline{z}^2}{\overline{x}-x}\,\frac{\chi(\overline{x},b+\overline{z})}{f(\overline{x},b+\overline{z})}\,dp\,dq.$$

Donc le terme général et le reste de la série qui représentera le développement de y ou de $y+y_1+\ldots+y_{m-1}$, suivant les puissances ascendantes de x, offriront des modules respectivement inférieurs à ceux du terme général et du reste de la progression géométrique qui a pour somme

$$(89)\qquad \frac{XZ^2}{X-x}\Lambda\frac{\chi(\overline{x},b+\overline{z})}{f(\overline{x},b+\overline{z})}.$$

Si l'on désigne par U_n le coefficient de x^n dans la série que l'on obtient en développant suivant les puissances ascendantes de x le second membre de l'équation (83), on aura évidemment, pour $n>0$,

$$(90)\qquad U_n=\frac{1}{1.2\ldots n}\,\frac{1}{2\pi}\int_{-\pi}^{\pi} z\,D_x^n\left[\frac{\chi(x,b+z)}{f(x,b+z)}F(x,b+z)\right]dq,$$

ou, ce qui revient au même,

$$(91)\qquad U_n = \frac{1}{1.2.3\ldots n}\ \overset{(Z)}{\underset{(0)}{\mathcal{E}}}\ \int_{(-\pi)}^{(\pi)}\left(D_x^n\left[\frac{\chi(x, b+z)}{f(x, b+z)}\right]\right)_z,$$

la variable x devant être réduite à zéro après les différentiations, et le signe $\mathcal{E}$ se rapportant à la variable z. On trouvera pareillement, pour $n=0$,

$$(92)\qquad U_0 = \frac{1}{2\pi}\int_{-\pi}^{\pi} z\frac{\chi(0, b+z)}{f(0, b+z)}F(0, b+z)\,dq,$$

ou, ce qui revient au même,

$$(93)\qquad U_0 = \overset{(Z)}{\underset{(0)}{\mathcal{E}}}\ \int_{(-\pi)}^{(\pi)}\left(\frac{\chi(0, b+z)}{f(0, b+z)}F(0, b+z)\right)_z.$$

Comme on aura d'ailleurs

$$\frac{\chi(x, b+z)}{f(x, b+z)} = \frac{\chi(0, b+z)}{f(0, b+z)} + D_z l\frac{f(x, b+z)}{f(0, b+z)},$$

on pourra encore, aux formules (90), (91), substituer les suivantes :

$$(94)\qquad \begin{aligned} U_n = {} & \frac{1}{1.2\ldots n}\,\frac{1}{2\pi}\int_{-\pi}^{\pi} z\frac{\chi(0, b+z)}{f(0, b+z)}D_x^n F(x, b+z)\,dq \\ & - \frac{1}{1.2\ldots n}\,\frac{1}{2\pi}\int_{-\pi}^{\pi} z\, D_x^n\left[l\frac{f(x, b+z)}{f(0, b+z)}D_z F(x, b+z)\right]dq, \end{aligned}$$

$$(95)\qquad \begin{aligned} U_n = {} & \frac{1}{1.2\ldots n}\ \overset{(Z)}{\underset{(0)}{\mathcal{E}}}\ \int_{(-\pi)}^{(\pi)}\left(\frac{\chi(0, b+z)}{f(0, b+z)}D_x^n F(x, b+z)\right)_z \\ & - \frac{1}{1.2\ldots n}\ \overset{(Z)}{\underset{(0)}{\mathcal{E}}}\ \int_{(-\pi)}^{(\pi)}\left(D_x^n\left[l\frac{f(x, b+z)}{f(0, b+z)}D_z F(x, b+z)\right]\right)_z. \end{aligned}$$

Lorsqu'une seule racine de l'équation (59) offre un module inférieur à Z, et que cette racine est précisément zéro, les formules (92), (91), (95) donnent simplement

$$(96)\qquad U_0 = F(0, b),$$

$$(97)\qquad U_n = \frac{1}{1.2\ldots(n-1)}\,\frac{1}{1.2\ldots n}D_z^{n-1}\left[z^n D_x^n\left(\frac{\chi(x, b+z)}{f(x, b+z)}F(x, b+z)\right)\right]$$

et

$$(98)\quad U_n = \frac{1}{1.2\ldots n} D_x^n F(x, b)$$
$$- \frac{1}{1.2\ldots(n-1)} \frac{1}{1.2\ldots n} D_z^{n-1} \left\{ z^n D_x^n \left[1 \frac{f(x, b+z)}{f(0, b+z)} D_z F(x, b+z) \right] \right\},$$

les variables x et z devant être réduites à zéro, après les différentiations effectuées. Alors aussi l'équation (44) n'admet qu'une seule racine z dont le module soit inférieur à Z, et la série qui a pour terme général $U_n x^n$ est le développement de la fonction

$$F(x, y) = F(x, b+z).$$

Lorsque celles des racines de l'équation (59) qui offrent des modules inférieurs à Z sont toutes égales entre elles et se réduisent à zéro, alors, en nommant toujours u_n le coefficient de x^n dans le développement de l'expression (70), et désignant par N le nombre des racines nulles de l'équation

$$(99)\qquad \frac{1}{u_n} = 0,$$

on tire des formules (92), (91), (95)

$$(100)\qquad U_0 = m F(0, b),$$

$$(101)\quad U_n = \frac{1}{1.2\ldots(N-1)} \frac{1}{1.2\ldots n} D_z^{N-1} \left\{ z^N D_x^n \left[\frac{\chi(x, b+z)}{f(x, b+z)} F(x, b+z) \right] \right\}$$

et

$$(102)\quad U_n = \frac{m}{1.2\ldots n} D_x^n F(x, b)$$
$$- \frac{1}{1.2\ldots(N-1)} \frac{1}{1.2\ldots n} D_z^{N-1} \left\{ z^N D_x^n \left[1 \frac{f(x, b+z)}{f(0, b+z)} \frac{dF(x, b+z)}{dz} \right] \right\},$$

x et z devant être réduits à zéro après les différentiations. Alors aussi la série qui a pour terme général $U_n x^n$ est le développement de la fonction

$$F(x, y) + F(x, y_1) + \ldots + F(x, y_{m-1}),$$

$y, y_1, \ldots, y_{m-1}$ représentant celles des racines de l'équation (42) qui correspondent à des modules de z plus petits que Z.

Si, dans les formules (96), (98), on remplace $F(x, y)$ par $F(y)$, elles donneront simplement

$$U_0 = F(b), \tag{103}$$

$$U_n = -\frac{1}{1.2.3\ldots(n-1)} D_z^{n-1}[z^n u_n F'(b+z)], \tag{104}$$

et l'on aura par suite

$$F(y) = F(b) - x(z u_1)F'(b) - \frac{x^2}{1} D_z[z^2 u_2 F'(b+z)] - \frac{x^3}{1.2} D_z^2[z^3 u_3 F'(b+z)] - \ldots, \tag{105}$$

ou, ce qui revient au même,

$$F(y) = F(b) - \sum_{n=1}^{n=\infty} \frac{x^n}{1.2\ldots(n-1)} D_z^{n-1}[z^n u_n F'(b+z)], \tag{106}$$

pourvu que, dans tous les termes du second membre, on réduise z à zéro, après les différentiations. On tirera, sous la même condition, des formules (99) et (101),

$$F(y) + F(y_1) + \ldots + F(y_{m-1}) = mF(b) - \sum_{n=1}^{n=\infty} \frac{x^n}{1.2\ldots(N-1)} D_z^{N-1}[z^N u_n F'(b+z)]. \tag{107}$$

Si l'on réduit $F(y)$ à y, les équations (106), (107) deviendront

$$y = b - \sum_{n=1}^{n=\infty} \frac{x^n}{1.2\ldots(n-1)} D_z^{n-1}(z^n u_n). \tag{108}$$

$$y + y_1 + \ldots + y_{m-1} = mb - \sum_{n=1}^{n=\infty} \frac{x^n}{1.2\ldots(N-1)} D_z^{N-1}(z^N u_n). \tag{109}$$

Les équations (106), (107), (108), (109) coïncident avec les formules (78), (73), (80) et (75).

En résumant ce qui précède, on obtient la proposition suivante :

Théorème V. — *Si les conditions énoncées dans le théorème IV sont remplies, la fonction implicite de x, représentée par y, et déterminée par l'équation (42), ou la somme des fonctions implicites représentées par y,*

$y_1, \ldots, y_{m-1}$, *pourra être développée à l'aide des formules* (79), (80), (74), (75), *ou, ce qui revient au même, à l'aide des formules* (90), (91), (92), (93), *en une série convergente ordonnée suivant les puissances ascendantes de* x. *Si de plus la fonction* $F(x, y) = F(x, b + z)$ *reste toujours finie et continue pour des modules de* x *et de* z *respectivement inférieurs à* X *et à* Z, *cette fonction, ou la somme*

$$F(x, y) + F(x, y_1) + \ldots + F(x, y_{m-1}),$$

pourra encore être développée, à l'aide des formules (90), (91), (92), (93), *en une série convergente ordonnée suivant les puissances ascendantes de* x. *Ajoutons que les modules du terme général et du reste seront inférieurs, dans la première série, aux modules du terme général et du reste de la progression géométrique qui a pour somme l'expression* (89), *et, dans la seconde série, aux modules du terme général et du reste de la progression géométrique qui a pour somme l'expression* (86).

Scolie. — On peut assigner à X et à Z une infinité de systèmes de valeurs qui remplissent les conditions énoncées dans les théorèmes IV et V. Mais, parmi ces systèmes, il en est un dans lequel la valeur de X est la plus grande possible. Cette plus grande valeur de X est évidemment une limite au-dessous de laquelle on peut faire varier arbitrairement le module de x, sans que les fonctions y, $F(x, y)$, ou

$$y + y_1 + \ldots + y_{m-1}, \quad F(x, y) + F(x, y_1) + \ldots + F(x, y_{m-1}),$$

cessent d'être développables en séries convergentes ordonnées suivant les puissances ascendantes de x.

Lorsque, dans la formule (102), les nombres N, n deviennent égaux entre eux, la valeur de U_n se réduit à

$$(110) \quad U_n = \frac{m}{1.2\ldots n} D_x^n F(x, b) - \frac{1}{1.2\ldots(n-1)} \frac{1}{1.2\ldots n} D_z^{n-1} \left\{ z^n D_x^n \left[1 \frac{f(x, z+b)}{f(0, z+b)} D_z F(x, z+b) \right] \right\},$$

les variables x et z devant toujours être annulées après les différentiations. M. Laplace, dans les *Mémoires de l'Académie royale des Sciences* pour l'année 1777, a énoncé, sans démonstration, un théorème en vertu duquel la précédente valeur de U_n serait le coefficient de x^n dans le développement de l'un des produits

$$m\,F(x, y), \quad m\,F(x, y_1), \quad \ldots, \quad m\,F(x, y_{m-1}).$$

Mais ce théorème, comme l'a observé M. Paoli, est évidemment inexact, tant que l'on suppose $m > 1$. Il redevient exact, et s'accorde avec la formule (98), dans le cas où l'on a $m = 1$. Dans ce dernier cas, M. Paoli est parvenu à démontrer le même théorème de plusieurs manières, mais en supposant tacitement que la fonction implicite $F(x, y)$ est développable en une série convergente ordonnée suivant les puissances ascendantes de x. Il importait de rechercher dans quels cas le développement peut avoir lieu, sous quelles conditions la formule (98) subsiste, et quelles sont les limites de l'erreur commise quand on arrête le développement après un certain nombre de termes. Le théorème V et le scolie qui le suit peuvent servir à résoudre ces différentes questions. Quant à la valeur de U_n que détermine l'équation (110), M. Paoli la présente comme exprimant le coefficient de x^n dans le développement de la somme

$$F(x, y) + F(x, y_1) + \ldots + F(x, y_{m-1}),$$

ce qui cesse d'être vrai lorsqu'on a $N > n$. Alors à la formule (110) il devient nécessaire de substituer la formule (102). C'est ce dont on peut aisément s'assurer en appliquant les formules (102) et (110) au développement de la fonction

$$F(x, y) + F(x, y_1) + F(x, y_2), \tag{111}$$

y, y_1, y_2 étant les racines d'une équation du troisième degré. En effet, la formule (110) a conduit M. Paoli à un résultat exact, lorsque l'équation du troisième degré était

$$(y - b)^3 - x^3(ay + c)^3 = 0, \tag{112}$$

a, b, c désignant des quantités constantes. Mais la même formule ne serait plus applicable, si à l'équation (112) on substituait la suivante :

(113) $$(y-b)^3 - x(ay+c)^3 = 0.$$

On pourrait généraliser encore les résultats auxquels nous sommes parvenus. En effet, si l'on désigne par x_0 un module de la variable x inférieur à X, et par

$$\underline{x} = x_0 e^{p\sqrt{-1}},$$

ce que devient $\overline{x}$ quand on y remplace X par x_0, on tirera de la formule (41)

(114) $$\int_{-\pi}^{\pi} \left[\varphi(\overline{x}) - \varphi(\underline{x})\right] dp = 2\pi \mathop{\mathcal{E}}_{(x_0)}^{(X)} \mathop{}_{(-\pi}^{(\pi} \left(\frac{\varphi(x)}{x}\right)_x.$$

Or, si l'on substitue la formule (114) à la formule (41), on obtiendra, au lieu du théorème V, la proposition suivante :

Théorème VI. — *Soit m le nombre des racines de l'équation* (39) *qui offrent des modules compris entre les limites* z_0, Z : z_0 *étant* $<$ Z. *Soient, de plus,* $\overline{z}$, $\underline{z}$ *deux expressions imaginaires de la forme*

$$\overline{z} = Z e^{q\sqrt{-1}}, \qquad \underline{z} = z_0 e^{p\sqrt{-1}},$$

et supposons : 1° que, pour des modules de x inférieurs à X et pour des modules de z inférieurs à Z, la fonction $f(x, b+z)$ obtienne toujours une valeur unique et déterminée ; 2° que, pour tout module de x inférieur à X, les deux rapports

$$\frac{\chi(x, b+\overline{z})}{f(x, b+\overline{z})}, \quad \frac{\chi(x, b+\underline{z})}{f(x, b+\underline{z})}$$

soient développables en séries convergentes ordonnées suivant les puissances ascendantes de x. Pour un semblable module de x, l'équation (44) *offrira elle-même un nombre m de racines dont les modules seront compris entre les limites* z_0, Z ; *et, si l'on désigne par* $y, y_1, \ldots, y_{m-1}$ *les valeurs de y correspondantes à ces mêmes racines, la fonction y ou la somme*

$$y + y_1 + \ldots + y_{m-1}$$

sera développable en une série convergente ordonnée suivant les puissances ascendantes de x. Si d'ailleurs la fonction

$$F(x, y) = F(x, b + z)$$

reste toujours finie et continue, pour des modules de x inférieurs à X et pour des modules de z renfermés entre les limites z_0, Z, cette fonction $F(x, y)$, *ou la somme*

$$F(x, y) + F(x, y_1) + \ldots + F(x, y_{m-1}),$$

sera encore développable en une série convergente ordonnée suivant les puissances ascendantes de x, tant que le module de x demeurera inférieur à X.

Ajoutons que, pour appliquer les formules (67), (69), (72), (73), (74), (75), (76), (77), (78), (79), (80), ... ou (90), (91), (92), (93) au développement des fonctions et des sommes dont il s'agit, il suffira de remplacer, dans ces formules, les fonctions de $\bar{z}$, placées sous le signe $\int$, par les différences entre ces mêmes fonctions et les fonctions semblables de $\underline{z}$, ou le symbole ${}_{(0)}^{(Z)}\mathcal{E}_{(-\pi)}^{(\pi)}$, par le symbole ${}_{(z_0)}^{(Z)}\mathcal{E}_{(-\pi)}^{(\pi)}$.

Pour montrer une application des principes ci-dessus établis, supposons

$$f(x, y) = \Pi(y) - x\varpi(y). \tag{115}$$

Les conditions énoncées dans le théorème V se trouveront remplies, si, les trois fonctions

$$\Pi(b + z), \quad \varpi(b + z), \quad F(x, b + z)$$

restant finies et continues pour des modules de x et de z respectivement inférieurs à X et à Z, le rapport

$$\frac{1}{\Pi(b + \bar{z}) - x\varpi(b + \bar{z})} \tag{116}$$

est développable, pour tout module de x inférieur à X, en une série convergente ordonnée suivant les puissances ascendantes de x. Cette dernière condition se trouvera elle-même vérifiée, si l'on a

$$(117)\qquad \mathrm{X}\Lambda\frac{\varpi(b+\bar{z})}{\Pi(b+\bar{z})}\leq 1.$$

D'autre part, si le module Z de $\bar{z}$ est choisi de manière que la quantité

$$(118)\qquad \Lambda\frac{\varpi(b+\bar{z})}{\Pi(b+\bar{z})}$$

acquière la plus grande valeur possible, cette quantité deviendra ce que nous avons nommé le module principal de la fonction

$$(119)\qquad \frac{\varpi(b+z)}{\Pi(b+z)},$$

et, en désignant par M ce module principal, on réduira la condition (117) à

$$(120)\qquad \mathrm{X}\leq\frac{1}{\mathrm{M}}.$$

De plus, l'équation (59) deviendra

$$(121)\qquad \Pi(b+z)=0,$$

et l'on trouvera

$$\mathrm{l}\frac{f(x,\,b+z)}{f(0,\,b+z)}=\mathrm{l}\left[1-x\frac{\varpi(b+z)}{\Pi(b+z)}\right]=-\sum_{n=1}^{n=\infty}\frac{x^n}{n}\left[\frac{\varpi(b+z)}{\Pi(b+z)}\right]^n,$$

par conséquent

$$(122)\qquad u_n=-\frac{1}{n}\left[\frac{\varpi(b+z)}{\Pi(b+z)}\right]^n$$

et

$$(123)\qquad v_n=\frac{1}{\Pi(b+z)}\left[\frac{\varpi(b+z)}{\Pi(b+z)}\Pi'(b+z)-\varpi'(b+z)\right]\left[\frac{\varpi(b+z)}{\Pi(b+z)}\right]^{n-1}.$$

Enfin l'expression (86) deviendra

$$(124)\qquad \frac{\mathrm{XZ}}{\mathrm{X}-x}\Lambda\frac{\Pi'(\beta+\bar{z})-\bar{x}\varpi'(b+\bar{z})}{\Pi(b+\bar{z})-\bar{x}\varpi(b+\bar{z})}\mathrm{F}(\bar{x},\,b+\bar{z}).$$

et le reste de la progression géométrique produite par le développement de cette expression en une série ordonnée suivant les puissances de x sera

$$\frac{x^n Z}{X^{n-1}(X-x)}\Lambda\frac{\Pi'(b+\bar{z})-\bar{x}\varpi'(b+\bar{z})}{\Pi(b+\bar{z})-\bar{x}\varpi(b+\bar{z})}F(\bar{x}, b+\bar{z}).$$

Donc, si l'on nomme ξ le module de x, le reste de la série qui représentera le développement de la fonction $F(x, y)$ ou de la somme

$$F(x, y)+F(x, y_1)+\ldots+F(x, y_{m-1})$$

offrira un module inférieur au produit

$$(125)\qquad \frac{\xi^n Z}{X^{n-1}(X-\xi)}\Lambda\frac{\Pi'(b+\bar{z})-\bar{x}\varpi'(b+\bar{z})}{\Pi(b+\bar{z})-\bar{x}\varpi(b+\bar{z})}F(\bar{x}, b+\bar{z}),$$

et à plus forte raison au produit

$$(126)\qquad \frac{\xi^n Z}{X^{n-1}(X-\xi)}\;\frac{\Lambda\Pi'(b+\bar{z})+X\Lambda\varpi'(b+\bar{z})}{1-X\Lambda\dfrac{\varpi(b+\bar{z})}{\Pi(b+\bar{z})}}\;\Lambda\frac{F(\bar{x}, b+\bar{z})}{\Pi(b+\bar{z})}.$$

Si l'on prend pour Z celui des modules de z qui correspond au module principal de la fonction (119), l'expression (126) deviendra

$$(127)\qquad \frac{\xi^n Z}{X^{n-1}(X-\xi)}\;\frac{\Lambda\Pi'(b+\bar{z})+X\Lambda\varpi'(b+\bar{z})}{1-MX}\;\Lambda\frac{F(\bar{x}, b+\bar{z})}{\Pi(b+\bar{z})}.$$

Cela posé, on déduira immédiatement du théorème V la proposition suivante :

Théorème VII. — *Soient* M *le module principal de la fonction*

$$\frac{\varpi(b+z)}{\Pi(b+z)},$$

Z le module correspondant de z, ou un module plus petit, et X *un nombre égal ou inférieur à* $\frac{1}{M}$. *Supposons d'ailleurs que les fonctions*

$$\varpi(b+z),\quad \Pi(b+z)$$

et leurs dérivées du premier ordre restent finies et continues pour des modules de z inférieurs à Z. Enfin soit m le nombre des racines de l'équation

$$\Pi(b+z)=0$$

qui offrent des modules inférieurs à Z. Pour un module de x plus petit que $\frac{1}{M}$, l'équation

$$\Pi(b+z)-x\varpi(b+z)=0$$

offrira elle-même un nombre m de racines dont les modules seront inférieurs à Z; et, si, en désignant par $y, y_1, y_2, \ldots, y_{m-1}$ les valeurs de $y=b+z$ correspondantes à ces racines, on pose

$$f(x, y)=\Pi(y)-x\varpi(y),$$

la fonction y, ou la somme

$$y+y_1+\ldots+y_{m-1},$$

sera développable en une série ordonnée suivant les puissances ascendantes de x. De plus, si la fonction

$$F(x, y)=F(x, b+z)$$

reste elle-même finie et continue pour des modules de x et de z respectivement inférieurs à X et à Z, $F(x, y)$, ou la somme

$$F(x, y)+F(x, y_1)+\ldots+F(x, y_{m-1}),$$

sera encore développable, par les formules (92) *et* (94), *ou* (93) *et* (95), *en une série ordonnée suivant les puissances ascendantes de x, et le reste de cette série offrira un module inférieur à chacune des expressions* (125), (126), (127).

Si l'on remplace $F(x, y)$ par $F(y)$, les formules (72), (73), combinées avec les formules (65) et (122), donneront

$$(128)\quad \begin{aligned} &F(y)+F(y_1)+\ldots+F(y_{m-1}) \\ &\quad = F(\zeta)+F(\zeta_1)+\ldots+F(\zeta_{m-1}) \\ &\quad + \sum_{n=1}^{n=\infty} x^n \mathop{\mathcal{E}}_{(0)}^{(Z)}{}_{(-\pi)}^{(\pi)} \left(\frac{F(b+z)}{\Pi(b+z)}\left[\frac{\varpi(b+z)}{\Pi(b+z)}\Pi'(b+z)-\varpi'(b+z)\right]\left[\frac{\varpi(b+z)}{\Pi(b+z)}\right]^{n-1}\right)_z \end{aligned}$$

et

$$(129)\quad F(y)+F(y_1)+\ldots+F(y_{m-1})=F(\mathfrak{G})+F(\mathfrak{G}_1)+\ldots+F(\mathfrak{G}_{m-1})$$
$$+\sum_{n=1}^{n=\infty}\frac{x^n}{n}\,{}_{(0)}^{(Z)}\mathcal{E}_{(-\pi)}^{(\pi)}\left(\left[\frac{\varpi(b+z)}{\Pi(b+z)}\right]^n F'(b+z)\right)_z.$$

Concevons maintenant que l'on pose $x=1$, et que, dans le théorème VI, on remplace $f(x, y)$ par

$$f(y)=\Pi(y)-\varpi(y);$$

alors on obtiendra la proposition suivante :

Théorème VIII. — *Soient*

$$(130)\qquad f(y)=0$$

une équation algébrique, b une valeur particulière de y, Z une valeur particulière du module de la variable

$$z=y-b$$

et $\bar{z}$ la valeur imaginaire de z qui correspond au module Z. Supposons en outre que l'on partage la fonction $f(y)$ en deux parties

$$\Pi(y),\quad -\varpi(y),$$

et soit m le nombre des racines de l'équation

$$(131)\qquad \Pi(y)=0$$

qui produisent des modules de z inférieurs à Z. Si le nombre Z est choisi de manière que, les fonctions

$$\Pi(b+z),\quad \varpi(b+z)$$

restant finies et continues pour des modules de z inférieurs à Z, on ait

$$(132)\qquad \Lambda\frac{\varpi(b+\bar{z})}{\Pi(b+\bar{z})}<1,$$

l'équation (130) offrira elle-même un nombre m de racines correspondantes à des modules de z plus petits que Z. Désignons par $y, y_1, \ldots, y_{m-1}$

ces racines, et par $\varsigma, \varsigma_1, \ldots, \varsigma_{m-1}$ *les racines analogues de l'équation* (131). *La fonction implicite* y, *si l'on a* $m = 1$, *ou la somme* $y + y_1 + \ldots + y_{m-1}$, *dans le cas contraire, sera développable en une série convergente par la formule*

$$(133) \quad y + y_1 + \ldots + y_{m-1} = \varsigma + \varsigma_1 + \ldots + \varsigma_{m-1} + {}_{(0)}^{(Z)}\mathcal{E}_{(-\pi)}^{(\pi)} \left(\left(\frac{\varpi(b+z)}{\Pi(b+z)}\right)\right)_z + \frac{1}{2}\, {}_{(0)}^{(Z)}\mathcal{E}_{(-\pi)}^{(\pi)} \left(\left[\frac{\varpi(b+z)}{\Pi(b+z)}\right]^2\right)_z + \ldots,$$

qui se déduit immédiatement des formules (75) *et* (122), *ou de l'équation* (129). *Si, de plus, la fonction*

$$F(y) = F(b+z)$$

reste elle-même finie et continue pour des modules de z *inférieurs à* Z, $F(y)$, *ou la somme* $F(y) + F(y_1) + \ldots + F(y_{m-1})$, *pourra encore être développée en série convergente par la formule*

$$(134) \quad \begin{aligned} &F(y) + F(y_1) + \ldots + F(y_{m-1}) \\ &= F(\varsigma) + F(\varsigma_1) + \ldots + F(\varsigma_{m-1}) + {}_{(0)}^{(Z)}\mathcal{E}_{(-\pi)}^{(\pi)} \left(\left(\frac{\varpi(b+z)}{\Pi(b+z)} F'(b+z)\right)\right)_z \\ &+ \frac{1}{2}\, {}_{(0)}^{(Z)}\mathcal{E}_{(-\pi)}^{(\pi)} \left(\left[\frac{\varpi(b+z)}{\Pi(b+z)}\right]^2 F'(b+z)\right)_z + \ldots. \end{aligned}$$

Enfin, le reste de cette dernière série offrira un module inférieur à

$$(135) \quad \frac{Z}{X^{n-1}(X-1)} \Lambda \frac{\Pi'(b+\bar{z}) - \bar{x}\varpi'(b+\bar{z})}{\Pi(b+\bar{z}) - \bar{x}\varpi(b+\bar{z})} F(b+\bar{z}).$$

et à plus forte raison à

$$(136) \quad \frac{Z}{X^{n-1}(X-1)} \frac{\Lambda\Pi'(b+\bar{z}) + X\Lambda\varpi'(b+\bar{z})}{1 - X\Lambda\dfrac{\varpi(b+\bar{z})}{\Pi(b+\bar{z})}} \Lambda\frac{F(b+\bar{z})}{\Pi(b+\bar{z})},$$

le module X *de* $\bar{x}$ *étant choisi de manière à remplir les deux conditions*

$$(137) \quad X - 1 > 0, \qquad 1 - X\Lambda\frac{\varpi(b+\bar{z})}{\Pi(b+\bar{z})} > 0;$$

et ce module étant par suite plus grand que l'unité, mais plus petit que

$$\Lambda'\frac{\Pi(b+\bar{z})}{\varpi(b+\bar{z})}.$$

Lorsqu'une seule racine de l'équation (131) correspond à un module de z plus petit que Z, et que cette racine est précisément b, on a

$$m = 1, \qquad \zeta = b,$$

et les formules (133), (134) se réduisent à

$$(138) \qquad y = b + \frac{1}{1}\frac{z\varpi(b+z)}{\Pi(b+z)} + \frac{1}{1.2}D_z\left[\frac{z\varpi(b+z)}{\Pi(b+z)}\right]^2 + \ldots,$$

$$(139) \qquad F(y) = F(b) + \frac{1}{1}\frac{z\varpi(b+z)}{\Pi(b+z)}F'(b+z) + \frac{1}{1.2}D_z\left\{\left[\frac{z\varpi(b+z)}{\Pi(b+z)}\right]^2 F'(b+z)\right\} + \ldots,$$

la variable z devant être, dans tous les termes des seconds membres, annulée après les différentiations.

Si l'on pose, dans la formule (115),

$$(140) \qquad \Pi(y) = y - b,$$

b sera la seule racine de l'équation (131). Alors les formules (128), (129) deviendront

$$(141) \qquad F(y) = F(b) + \sum_{n=1}^{n=\infty} \frac{x^n}{1.2.3\ldots n} D_b^n\{[\varpi(b)]^n F(b)\} - \sum_{n=1}^{n=\infty} \frac{x^n}{1.2\ldots(n-1)} D_b^{n-1}\{[\varpi(b)]^{n-1}\varpi'(b)F(b)\},$$

et

$$(142) \qquad F(y) = F(b) + \sum_{n=1}^{n=\infty} \frac{x^n}{1.2.3\ldots n} D_b^{n-1}\{[\varpi(b)]^n F'(b)\},$$

ou, ce qui revient au même,

$$(143) \qquad F(y) = F(b) + \frac{x}{1}\varpi(b)F'(b) + \frac{x^2}{1.2}D_b\{[\varpi(b)]^2 F'(b)\} + \ldots;$$

puis, on en conclura, en posant $F(y) = y$,

$$(144) \qquad y = b + \frac{x}{1}\varpi(b) + \frac{x^2}{1.2}D_b[\varpi(b)]^2 + \frac{x^3}{1.2.3}D_b^2[\varpi(b)]^3 + \ldots.$$

De plus, on aura, en vertu des formules (96) et (97),

$$(145)\qquad \mathrm{F}(x, y) = \mathrm{F}(0, b) + \sum_{n=1}^{n=\infty} \mathrm{U}_n x^n,$$

la valeur de U_n étant

$$(146)\qquad \mathrm{U}_n = \frac{n x^n}{(1.2.3\ldots n)^2} \mathrm{D}_z^{n-1} \left\{ z^n \mathrm{D}_x^n \left[\frac{1 - x\varpi'(b+z)}{z - x\varpi(b+z)} \mathrm{F}(x, b+z) \right] \right\},$$

et les variables x, z devant être annulées après les différentiations effectuées. On peut remarquer d'ailleurs que, pour obtenir la formule (144), il suffit de développer suivant les puissances ascendantes de x le second membre de l'équation (82), qui, dans le cas présent, se réduit à

$$(147)\qquad \mathrm{F}(x, y) = \mathop{\mathcal{E}}_{(0)}^{(\mathrm{Z})} \int_{(-\pi)}^{(\pi)} \left(\frac{1 - x\varpi'(b+z)}{z - x\varpi(b+z)} \mathrm{F}(x, b+z) \right)_z.$$

On pourrait y parvenir encore à l'aide de la formule (83), ou

$$(148)\qquad \mathrm{F}(x, y) = \frac{1}{2\pi} \int_{-\pi}^{\pi} \bar{z} \frac{1 - x\varpi'(b+\bar{z})}{\bar{z} - x\varpi(b+\bar{z})} \mathrm{F}(x, b+\bar{z})\, dq.$$

Les formules (144) et (143) sont précisément celles que Lagrange a données comme pouvant servir à développer, suivant les puissances ascendantes de x, une racine y de l'équation

$$(149)\qquad y - b - x\varpi(y) = 0,$$

et une fonction $\mathrm{F}(y)$ de cette racine. Or, d'après le théorème VII, ces formules subsisteront, si les fonctions $\varpi(b+z)$, $\mathrm{F}(b+z)$ restent finies et continues pour des modules de z inférieurs à Z, Z étant celui des modules de z qui correspond au module principal M de la fonction

$$(150)\qquad \frac{\varpi(b+z)}{z},$$

et si d'ailleurs on attribue à la variable réelle ou imaginaire x une valeur dont le module soit inférieur à $\frac{1}{\mathrm{M}}$. Elles subsisteront *a fortiori* si, le module Z de $\bar{z}$ étant distinct de celui qui correspond au module principal de la fonction (150), on choisit le module ξ de x de manière à vérifier la condition

(151) $$\xi \Lambda \frac{\varpi(b+z)}{z} < 1.$$

Quant à la fonction $F(x, y) = F(x, b+z)$ que renferme l'équation (145), elle devra rester encore finie et continue pour des modules de x et de z respectivement inférieurs à ξ et à Z. Ajoutons qu'à l'aide des formules (125), (126), (127), on déterminera sans peine des limites supérieures aux modules des restes des séries (143), (144), ou même de la série produite par le développement de $F(x, y)$ suivant les puissances ascendantes de x. Effectivement, en vertu des formules (125), (126), le dernier de ces restes offrira un module inférieur à chacun des nombres

(152) $$\frac{\xi^n Z}{X^{n-1}(X-\xi)} \Lambda \frac{1 - \bar{x}\varpi'(b+\bar{z})}{\bar{z} - \bar{x}\varpi(b+\bar{z})} F(\bar{x}, b+\bar{z}),$$

(153) $$\frac{\xi^n Z}{X^{n-1}(X-\xi)} \Lambda \frac{1 + X\Lambda\varpi'(b+\bar{z})}{Z - X\Lambda\varpi(b+\bar{z})} \Lambda F(\bar{x}, b+\bar{z}),$$

le module X de $\bar{x}$ étant supérieur au module ξ de x, mais inférieur au quotient qu'on obtient en divisant l'unité par le rapport

(154) $$\Lambda \frac{\varpi(b+\bar{z})}{\bar{z}} = \frac{\Lambda\varpi(b+\bar{z})}{Z}.$$

Concevons, pour fixer les idées, que, la constante b étant réelle, on prenne

$$\varpi(y) = \sin y.$$

Si l'on nomme B un arc renfermé entre les limites $0, \frac{\pi}{2}$, et choisi de manière que $\cos B$ soit égal au signe près à $\cos b$, on aura, en vertu des formules (24),

(155) $$\Lambda \sin(b+\bar{z}) \leqq \frac{e^Z - e^{-Z}}{2} \cos B + \frac{e^Z + e^{-Z}}{2} \sin B.$$

Il y a plus : le carré du module de $\sin(b+\bar{z})$ étant le quart du trinome

$$e^{2Z\sin q} + e^{-2Z\sin q} - 2\cos(2b + 2Z\cos q),$$

et par conséquent le quart de la somme qu'on obtient en ajoutant le trinome

$$e^{2Z\sin q} + e^{-2Z\sin q} - 2\cos(2Z\cos q).$$

dont le maximum est $4(\Delta\sin\zeta)^2 = (e^Z - e^{-Z})^2$, au produit

$$2[\cos(2Z\cos q) - \cos(2b + 2Z\cos q)] = 4\sin b\sin(b + 2Z\cos q).$$

dont le maximum est $4\sin B$, on trouvera encore

$$(156) \qquad \Delta\sin(b+\zeta) \leqq \left[\left(\frac{e^Z - e^{-Z}}{2}\right)^2 + \sin B\right]^{\frac{1}{2}}$$

Donc la condition (151) sera vérifiée, si l'on a

$$(157) \qquad \xi < \frac{Z}{\left[\left(\frac{e^Z - e^{-Z}}{2}\right)^2 + \sin B\right]^{\frac{1}{2}}},$$

et, à plus forte raison, si l'on a

$$(158) \qquad \xi < \frac{2Z}{e^Z + e^{-Z}},$$

puisque $\sin B$ ne peut surpasser l'unité. D'ailleurs la valeur minimum du rapport

$$(159) \qquad \frac{2Z}{e^Z + e^{-Z}}$$

correspond à la valeur de Z déterminée par la formule

$$(160) \qquad \frac{e^Z - e^{-Z}}{1} = \frac{e^Z + e^{-Z}}{Z} = \frac{2}{\sqrt{Z^2 - 1}};$$

et, comme on a

$$\frac{e^Z + e^{-Z}}{2} - Z\,\frac{e^Z - e^{-Z}}{2} = 1 - \frac{Z^2}{2} - \frac{1}{1.2}\,\frac{Z^4}{4} - \frac{1}{1.2.3.4}\,\frac{Z^6}{6} - \ldots.$$

la formule (160) pourra être réduite à

$$(161) \qquad 1 = \frac{1}{2}Z^2 + \frac{1}{8}Z^4 + \ldots.$$

Or l'équation (161), dont le second membre croît avec Z^2 et se réduit, pour $Z = 1$, à

$$1 - \frac{1}{e} = 1 - \frac{1}{2,71828\ldots},$$

admet évidemment une seule racine positive supérieure à l'unité, mais inférieure à la racine positive de l'équation

$$1 = \frac{1}{2}Z^2 + \frac{1}{8}Z^4,$$

c'est-à-dire

$$\sqrt{-2+\sqrt{12}} = 1,2100\ldots.$$

Donc si l'on pose, dans la formule (160),

$$(162) \qquad Z = 1,2 + i,$$

i surpassera $-0,2$, et sera inférieur à 0,01. Mais alors cette formule donnera

$$\frac{2,2+i}{0,2+i}e^{-2,4} = e^{2i} = 1 + 2ie^{2\theta i},$$

θ désignant un nombre inférieur à l'unité, et par conséquent

$$(163) \quad i = -\frac{0,2 - 2,2\,e^{-2,4}}{1 - e^{-2,4} + (0,4+2i)\,e^{2\theta i}} = -\frac{0,0004205\ldots}{0,90928\ldots + (0,4+2i)\,e^{2\theta i}}.$$

Donc i sera négatif et renfermé entre les limites

$$-\frac{0,0004205\ldots}{0,90928\ldots} = -0,0004624\ldots,$$

$$-\frac{0,0004205\ldots}{0,90928\ldots+0,4} = -\frac{0,0004205\ldots}{1,30928\ldots} = -0,0003211\ldots,$$

ou même entre la limite $-0,0003211\ldots$ et la suivante

$$-\frac{0,0004205\ldots}{0,90928\ldots + (0,4 - 0,0009248\ldots)\,e^{-0,0009248\ldots}}$$

$$= -\frac{0,0004205\ldots}{1,30798\ldots} = -0,0003214\ldots.$$

On aura donc, en poussant l'approximation jusqu'aux millionièmes inclusivement,

$$i = -0,000321\ldots, \qquad Z = 1,2 + i = 1,199678\ldots, \qquad Z^2 = 1,439227\ldots,$$

$$\frac{2Z}{e^Z + e^{-Z}} = \sqrt{Z^2 - 1} = 0,662742\ldots;$$

et, par suite, si l'on prend

$$(164)\qquad Z = 1,199678\ldots,$$

la condition (158) se trouvera réduite à

$$(165)\qquad \xi < 0,662742\ldots.$$

Donc, tant que le module de x ne surpassera pas le nombre 0,662742..., une seule racine de l'équation

$$(166)\qquad y = b + x\sin y$$

produira une valeur de $y - b$ dont le module restera inférieur à 1,199678..., et cette racine sera développable par la formule de Lagrange en une série convergente ordonnée suivant les puissances ascendantes de x.

Considérons maintenant une fonction de x et de y, savoir,

$$F(x, y) = F(x, b + z).$$

Cette fonction sera encore développable par les formules (145), (146), suivant les puissances ascendantes de x, si elle reste finie et continue pour des modules de x et de z respectivement inférieurs aux nombres

$$0,662742\ldots \quad \text{et} \quad 1,199678\ldots.$$

Il y a plus : le développement dont il s'agit pourra être effectué à l'aide des formules (147) ou (148), si la fonction explicite

$$(167)\qquad \frac{1 - x\varpi'(b+z)}{z - x\varpi(b+z)}F(x, b+z) = \frac{1 - x\cos(b+z)}{z - x\sin(b+z)}F(x, b+z)$$

est elle-même développable, pour de tels modules des variables x et z, en une série convergente ordonnée suivant les puissances ascendantes de ces variables. C'est ce qui aura lieu, par exemple, si l'on prend

$$F(x, y) = \frac{1}{1 - x\cos y}.$$

Alors, la formule (147) donnera

$$\frac{1}{1 - x\cos y} = \mathop{\mathcal{E}}_{(0)}^{(Z)} \mathop{}_{(-\pi)}^{(\pi} \left(\frac{1}{z - x\sin(b+z)}\right)_z = \mathcal{E}\left(\frac{1}{z}\right)_z$$
$$+ x\,\mathcal{E}\left(\frac{\sin(b+z)}{z^2}\right)_z + x^2\,\mathcal{E}\left(\frac{\sin^2(b+z)}{z^3}\right)_z + \ldots,$$

ou, ce qui revient au même,

$$(168) \qquad \frac{1}{1 - x\cos y} = 1 + \frac{x}{1} D_b \sin b + \frac{x^2}{1.2} D_b^2 \sin^2 b + \frac{x^3}{1.2.3} D_b^3 \sin^3 b + \ldots.$$

Si, de cette dernière série, on conserve seulement les n premiers termes, l'erreur commise, ou le module du reste, sera, en vertu de la formule (152), inférieure au produit

$$\frac{\xi^n Z}{X^{n-1}(X - \xi)} \frac{1}{Z - XA\sin(b+z)},$$

et à plus forte raison au produit

$$(169) \qquad \frac{\xi^n}{X^{n-1}(X - \xi)} \frac{1}{1 - MX},$$

M désignant le module principal de $\frac{\sin z}{z}$, déterminé par l'équation

$$(170) \qquad M = \frac{e^Z + e^{-Z}}{2Z} = \frac{1}{0,662742\ldots} = 1,50888\ldots.$$

Si, dans l'expression (169), on remplaçait $X - \xi$ par X, on obtiendrait la suivante

$$(171) \qquad \frac{\xi^n}{X^n(1 - MX)},$$

qui représente une limite supérieure au module du terme général de la série que renferme l'équation (168). Dans l'une et l'autre expression, le nombre X doit être inférieur à $\frac{1}{M}$, mais supérieur au module ξ de la variable x. Si l'on choisit X de manière à rendre l'expression (171) un minimum, on trouvera

$$\frac{X}{n} = \frac{1 - MX}{M} = \frac{1}{(n+1)M},$$

et le produit (169) deviendra

$$\left(1+\frac{1}{n}\right)^n \frac{(n+1)M^n\xi^n}{1-\left(1+\frac{1}{n}\right)M\xi}.$$

Comme on aura d'ailleurs

$$\left(1+\frac{1}{n}\right)^n < e,$$

il est clair que le module du reste qui complète le développement de

$$\frac{1}{1-x\cos y}$$

sera inférieur à

$$(172) \qquad \frac{(n+1)e}{1-\left(1+\frac{1}{n}\right)M\xi}(M\xi)^n.$$

Si l'on attribue à x une valeur réelle et positive, la limite du module en question sera simplement

$$(173) \qquad \frac{(n+1)e}{1-\left(1+\frac{1}{n}\right)Mx}(Mx)^n.$$

Ainsi, par exemple, si l'on suppose $x=\frac{1}{4}$, elle deviendra

$$(174) \qquad \frac{(4,3647\ldots)(n+1)}{1-\frac{0,6057\ldots}{n}}(0,37722\ldots)^n.$$

Les fonctions implicites, que nous avons jusqu'ici développées en séries, dépendaient d'une seule variable x. Mais on pourrait étendre l'application des mêmes principes à des fonctions implicites de plusieurs variables x, x', ... Concevons, pour fixer les idées, que y, y', ... soient déterminées en fonctions de x, x', ... par des équations de la forme

$$(175) \qquad f(x,y)=0, \qquad f_1(x',y')=0, \qquad \ldots.$$

Désignons par $\chi(x,y)$ la dérivée de $f(x,y)$ relative à y, par $\chi_1(x',y')$ la dérivée de $f_1(x',y')$ relative à y', ..., et par

$$F(x,x',\ldots,y,y',\ldots)$$

une fonction de $x, x', \ldots, y, y', \ldots$. Enfin supposons : 1° que, $b, b', \ldots$ étant des constantes, les équations

$$(176) \qquad f(0, b+z) = 0, \qquad f_1(0, b'+z') = 0, \qquad \ldots$$

offrent, la première m racines dont les modules soient inférieurs à Z, la seconde m' racines dont les modules soient inférieurs à Z', ...; 2° que, pour des modules de $x, x', \ldots, z, z', \ldots$ respectivement inférieurs à X, X', ..., Z, Z', ..., chacune des fonctions $f(x, b+z), f_1(x', b+z'), \ldots$ obtienne toujours une valeur finie et déterminée; 3° que, Z étant le module de $\bar{z}$, Z' le module de $\bar{z}'$, ..., les rapports

$$(177) \qquad \frac{\chi(x, b+\bar{z})}{f(x, b+\bar{z})}, \quad \frac{\chi_1(x', b'+\bar{z}')}{f_1(x', b'+\bar{z}')}, \quad \ldots,$$

et le produit

$$(178) \qquad \frac{\chi(x, b+\bar{z})}{f(x, b+\bar{z})} \frac{\chi_1(x', b'+\bar{z}')}{f_1(x', b'+\bar{z}')} \cdots F(x, x', \ldots, b+\bar{z}_1, b'+\bar{z}', \ldots)$$

soient développables en des séries convergentes ordonnées suivant les puissances ascendantes de x, de x', ..., pour des modules de $x, x', \ldots$ respectivement inférieurs à X, X', ... Pour de semblables modules de $x, x', \ldots$, les équations

$$(179) \qquad f(x, b+z) = 0, \qquad f_1(x', b'+z') = 0, \qquad \ldots,$$

en vertu du théorème IV, offriront, la première un nombre m de racines dont les modules seront inférieurs à Z; la seconde un nombre m' de racines dont les modules seront inférieurs à Z', ...; et, si l'on désigne par

$$(180) \qquad \mathrm{SF}(x, x', \ldots, y, y', \ldots)$$

la somme des valeurs que reçoit la fonction $F(x, x', \ldots, y, y', \ldots)$ lorsqu'on y substitue successivement, au lieu de $y, y', \ldots$, les racines dont il s'agit, cette somme sera développable en une série convergente ordonnée suivant les puissances ascendantes de $x, x', \ldots$. C'est en effet ce que l'on démontrera sans peine de la manière suivante :

Examinons d'abord le cas particulier où l'on aurait $m=1$, $m'=1$, ... Alors, on tirera de la formule (83), en y remplaçant m par l'unité, et $F(x, y)$ par $F(x, x', \ldots, y, y', \ldots)$,

$$(181)\quad F(x, x', \ldots, y, y', \ldots) = \frac{1}{2\pi}\int_{-\pi}^{\pi} \bar{z}\,\frac{\chi(x, b+\bar{z})}{f(x, b+z)}\,F(x, x', \ldots, b+\bar{z}, y', \ldots)\,dq.$$

On aura de même

$$(182)\quad F(x, x', \ldots, b+\bar{z}, y', \ldots)$$
$$= \frac{1}{2\pi}\int_{-\pi}^{\pi} \bar{z}'\,\frac{\chi_1(x', b+\bar{z}')}{f_1(x', b+\bar{z}')}\,F(x, x', \ldots, b+\bar{z}, b'+\bar{z}', \ldots)\,dq',$$

....

et par suite on trouvera

$$(183)\quad F(x, x', \ldots, y, y', \ldots)$$
$$= \int_{-\pi}^{\pi}\int_{-\pi}^{\pi} \ldots \bar{z}\bar{z}' \ldots \frac{\chi(x, b+\bar{z})}{f(x, b+\bar{z})}\,\frac{\chi_1(x', b'+\bar{z}')}{f_1(x', b'+\bar{z}')} \ldots F(x, x', \ldots, b'+\bar{z}, b+\bar{z}', \ldots)\,\frac{dq}{2\pi}\,\frac{dq'}{2\pi}.$$

Si m, m' cessent de se réduire à l'unité, il faudra évidemment remplacer le premier membre de la formule (181) par la somme des valeurs que reçoit la fonction $F(x, x', \ldots, y, y', \ldots)$ quand on y substitue successivement, au lieu de y, celles des racines de l'équation $f(x, b+z)=0$ qui offrent des modules inférieurs à Z; puis le premier membre de la formule (182) par la somme des valeurs que reçoit la fonction $F(x, x', \ldots, b+\bar{z}, y, \ldots)$ quand on y substitue successivement, au lieu de y', celles des racines de l'équation $f(x', b'+z')=0$ qui offrent des modules inférieurs à Z', etc. Donc, le premier membre de la formule (183) devra être lui-même remplacé par l'expression (180), en sorte qu'on aura

$$(184)\quad SF(x, x', \ldots, y, y', \ldots)$$
$$= \int_{-\pi}^{\pi}\int_{-\pi}^{\pi} \ldots \bar{z}\bar{z}' \ldots \frac{\chi(x, b+\bar{z})}{f(x, b+\bar{z})}\,\frac{\chi_1(x', b'+\bar{z}')}{f_1(x', b'+\bar{z}')} \ldots F(x, x', \ldots, b+\bar{z}, b'+\bar{z}', \ldots)\,\frac{dq}{2\pi}\,\frac{dq'}{2\pi}.$$

Or, en vertu de la formule (183) ou (184), l'expression

$$F(x, x', \ldots, y, y' \ldots) \quad \text{ou} \quad SF(x, x', \ldots, y, y', \ldots),$$

qui représente une fonction implicite (du moins en partie) des variables x, x', ..., se trouvera transformée en une fonction entièrement explicite de ces mêmes variables, et, pour la développer en une série convergente ordonnée suivant les puissances ascendantes de x, x', ..., il suffira de développer en une semblable série le produit (178). Ajoutons que la limite supérieure au module du reste qui complétera la dernière série sera en même temps une limite supérieure au module du reste qui complétera la première. Si l'on nomme ξ le module de x, ξ' le module de x', ..., et $\overline{x}$, $\overline{x}'$, ... des expressions imaginaires qui aient pour module X, X', ..., la limite dont il s'agit sera précisément le reste de la série qui, étant ordonnée suivant les puissances ascendantes de ξ, ξ', ..., a pour somme l'expression

$$(185) \qquad \frac{X}{X-\xi}\,\frac{X'}{X'-\xi'}\cdots \Lambda\,\frac{\chi(\overline{x}, b+\overline{z})}{f(\overline{x}, b+\overline{z})}\,\frac{\chi_1(\overline{x}', b'+\overline{z}')}{f_1(\overline{x}', b'+\overline{z}')}\cdots F(\overline{x}, \overline{x}', \ldots, b+\overline{z}, b'+\overline{z}', \ldots).$$

Si, dans le développement de la fonction

$$F(x, x', \ldots, y, y', \ldots) \quad \text{ou} \quad SF(x, x', \ldots, y, y', \ldots),$$

suivant les puissances ascendantes de x, x', ..., on négligeait tous les termes dont le degré, mesuré par la somme des exposants de x, x', ..., deviendrait égal ou supérieur à h, l'erreur commise, ou le module du reste, serait encore inférieure au produit

$$(186) \qquad \frac{1}{A^{h-1}(A-1)}\,\Lambda\,\frac{\chi(\overline{\alpha}x, b+\overline{z})}{f(\overline{\alpha}x, b+\overline{z})}\,\frac{\chi_1(\overline{\alpha}x', b'+\overline{z}')}{f_1(\overline{\alpha}x', b'+\overline{z}')}\cdots F(\overline{\alpha}x, \overline{\alpha}x', \ldots, b+\overline{z}, b'+\overline{z}'\ldots),$$

A désignant le module de $\overline{\alpha}$, et ce dernier module étant supérieur à l'unité, mais inférieur à chacun des quotients

$$\frac{X}{\xi}, \quad \frac{X'}{\xi}, \quad \ldots.$$

Pour montrer une application de la formule (183), supposons y, y'

déterminées en fonction de x, x' par les deux équations

$$(187)\qquad y = b + x\sin y, \qquad y' = b' + x\sin y'.$$

Si les modules de x et de x' sont inférieurs au nombre 0,662742..., alors, d'après ce qui a été dit précédemment, chacune de ces équations offrira une seule racine correspondante à une valeur de $y - b$, ou de $y' - b'$, dont le module soit au-dessous du nombre 1,199678.... Cela posé, si la fonction

$$F(x, x', b + z, b' + z')$$

reste finie et continue pour des modules de x, x' plus petits que 0,662742... et pour des modules de z, z' plus petits que 1,199678..., on aura, en supposant les modules de $\bar{z}$, $\bar{z}'$ inférieurs eux-mêmes au nombre 1,199678...,

$$(188)\quad F(x, x', y, y') = \left(\frac{1}{2\pi}\right)^2 \int_{-\pi}^{\pi}\int_{-\pi}^{\pi} \frac{1 - x\cos(b + \bar{z})}{\bar{z} - x\sin(b + \bar{z})}\,\frac{1 - x'\cos(b + \bar{z}')}{\bar{z}' - x'\sin(b + \bar{z}')}\,F(x, x', b + \bar{z}, b' + \bar{z}')\,dq\,dq'.$$

Donc, pour développer la fonction implicite de x, x', représentée par

$$F(x, x', y, y'),$$

en une série ordonnée suivant les puissances ascendantes de x, x', il suffira de développer en une semblable série le produit

$$(189)\qquad \frac{1 - x\cos(b + \bar{z})}{\bar{z} - x\sin(b + \bar{z})}\,\frac{1 - x'\cos(b' + \bar{z}')}{\bar{z}' - x'\sin(b' + \bar{z}')}\,F(x, x', b + \bar{z}, b' + \bar{z}').$$

Ajoutons que la limite supérieure au module du reste, qui complétera la première ou la seconde série, sera précisément le reste de la série qui, étant ordonnée suivant les puissances ascendantes de ξ, ξ', a pour somme l'expression

$$(190)\qquad \frac{X}{X - \xi}\,\frac{X'}{X' - \xi'}\,\Lambda\,\frac{1 - \bar{x}\cos(b + \bar{z})}{\bar{z} - \bar{x}\sin(b + \bar{z})}\,\frac{1 - \bar{x}'\cos(b' + \bar{z}')}{\bar{z}' - \bar{x}'\sin(b' + \bar{z}')}\,F(\bar{x}, \bar{x}', b + \bar{z}, b' + \bar{z}').$$

Si, dans le développement de la fonction $F(x, x', y, y')$, on négligeait tous les termes dont le degré, mesuré par la somme des exposants de

x et de x', devient égal ou supérieur à h, l'erreur commise serait inférieure au produit

$$(191)\qquad \frac{1}{A^{h-1}(A-1)}\,A\,\frac{1-\bar{\alpha}x\cos(b+\bar{z})}{\bar{z}-\bar{\alpha}x\sin(b+\bar{z})}\,\frac{1-\bar{\alpha}x'\cos(b'+\bar{z}')}{\bar{z}'-\bar{\alpha}x'\sin(b'+\bar{z}')}\,F(\bar{\alpha}x,\bar{\alpha}x',b+\bar{z},b'+\bar{z}'),$$

A désignant le module de $\bar{\alpha}$, et ce module étant supérieur à l'unité, mais inférieur à chacun des rapports $\frac{X}{z}$, $\frac{X'}{z'}$.

Lorsqu'à l'aide des méthodes exposées dans ce paragraphe on a déterminé en fonction du nombre n ou h la limite de l'erreur que l'on commet en négligeant, dans le développement d'une fonction explicite ou implicite, tous les termes dont le degré surpasse le nombre dont il s'agit, il est généralement facile de trouver la valeur qu'on doit assigner au nombre n ou h pour que l'erreur commise devienne inférieure à

$$\left(\frac{1}{10}\right)^N,$$

N étant un nombre entier donné. Il suffit en effet, pour y parvenir, de déterminer la partie entière de la quantité négative qui représente le logarithme décimal de l'erreur commise. Concevons, pour fixer les idées, que, y étant déterminée en fonction de x par l'équation (166) ou

$$y = b + x\sin y,$$

on propose d'assigner au nombre n une valeur telle que, dans le développement de

$$\frac{1}{1-x\cos y},$$

suivant les puissances ascendantes de x, la somme des termes d'un degré égal ou supérieur à n offre un module inférieur à

$$\left(\frac{1}{10}\right)^N,$$

pour la valeur particulière $x = \frac{1}{4}$, ou, pour une valeur plus petite de la variable x. Il suffira évidemment que l'expression (174) devienne inférieure à $\left(\frac{1}{10}\right)^N$, et son logarithme décimal à $-N$. Si donc on désigne à l'aide de la lettre L les logarithmes pris dans le système dont la base est 10, il suffira de choisir le nombre entier n de manière à remplir la condition

$$(192) \quad 0,6399617\ldots + L(n+1) - L\left(1 - \frac{0,6057\ldots}{n}\right) - 0,4234029\ldots n < -N.$$

Ainsi, par exemple, s'agit-il d'assigner au nombre n une valeur telle que l'erreur commise, quand on néglige les termes d'un degré égal ou supérieur à n, ne surpasse pas un millième. On trouvera, dans ce cas,

$$N = 3,$$

et la condition (192) donnera

$$(193) \quad n > \frac{3,6399617\ldots}{0,4234029\ldots - \frac{1}{n}\left[L(n+1) - L\left(1 - \frac{0,6057\ldots}{n}\right)\right]}.$$

Si l'on réduisait à son premier terme le dénominateur de la fraction que renferme le second membre de la formule (193), cette fraction serait équivalente à 0,86..., et par conséquent on vérifierait la formule, en prenant $n = 9$. D'ailleurs, n étant égal ou supérieur à 9, le rapport

$$\frac{L(n+1)}{n}$$

diminuera pour des valeurs croissantes de n, et par suite le produit

$$\frac{1}{n}\left[L(n+1) - L\left(1 - \frac{0,6057\ldots}{n}\right)\right]$$

ne surpassera pas

$$\frac{1}{9}[1 - L(1 - 0,0673\ldots)] = 0,1144\ldots.$$

Donc la condition (193) sera remplie, si l'on a

$$n > \frac{3,6399\ldots}{0,4234\ldots - 0,1144\ldots} = 11,7\ldots,$$

en sorte qu'on pourra prendre $n = 12$. Donc si, dans l'hypothèse admise, on arrête le développement de

$$\frac{1}{1 - x\cos y}$$

après le douzième terme, l'erreur que l'on commettra ne surpassera pas un millième.

On voit, par ce qui précède, que, pour les fonctions implicites comme pour les fonctions explicites, la détermination de limites supérieures aux modules des restes qui complètent les développements peut être réduite à la détermination des quantités de la forme

$$\Lambda f(\overline{x}) \quad \text{ou} \quad \Lambda f(\overline{x}, \overline{y}, \overline{z}, \ldots),$$

ou de quantités qui seront évidemment plus grandes. Nous avons déjà donné un grand nombre de formules qui peuvent être utilement employées dans l'évaluation des quantités dont il s'agit. Nous ajouterons ici que le développement en série des fonctions

$$f(\overline{x}), \quad f(\overline{x}, \overline{y}, \overline{z}, \ldots)$$

est souvent un moyen très simple de parvenir à cette évaluation. Ainsi, en particulier, comme on a généralement, quel que soit le module X de $\overline{x}$,

$$\sin\overline{x} = \overline{x} - \frac{1}{1.2.3}\overline{x}^3 + \frac{1}{1.2.3.4.5}\overline{x}^5 - \ldots,$$

et

$$\cos\overline{x} = 1 - \frac{1}{1.2}\overline{x}^2 + \frac{1}{1.2.3.4}\overline{x}^4 - \ldots,$$

on en conclura, en ayant égard à la première des formules (25),

$$\Lambda\sin\overline{x} = X + \frac{X^3}{1.2.3} + \frac{X^5}{1.2.3.4.5} + \ldots = \frac{e^X - e^{-X}}{2},$$

et

$$\Lambda\cos\overline{x} = 1 + \frac{X^2}{1.2} + \frac{X^4}{1.2.3.4} + \ldots = \frac{e^X + e^{-X}}{2};$$

ce que l'on savait déjà. De même, comme, en supposant $X < 1$, on trouve

$$\mathrm{l}(1+\overline{x}) = \overline{x} - \frac{\overline{x^2}}{2} + \frac{\overline{x^3}}{3} - \frac{\overline{x^4}}{4} + \ldots,$$

$$\operatorname{arc\,tang} \overline{x} = \overline{x} - \frac{\overline{x^3}}{3} + \frac{\overline{x^5}}{5} - \ldots.$$

$$\operatorname{arc\,sin} \overline{x} = \overline{x} + \frac{1}{2}\frac{\overline{x^3}}{3} + \frac{1.3}{2.4}\frac{\overline{x^5}}{5} + \frac{1.3.5}{2.4.6}\frac{\overline{x^7}}{7} + \ldots,$$

on aura, dans cette hypothèse, c'est-à-dire pour $X < 1$,

$$\Lambda\mathrm{l}(1 \pm \overline{x}) = X + \frac{X^2}{2} + \frac{X^3}{3} + \ldots,$$

$$\Lambda \operatorname{arc\,tang} \overline{x} = X + \frac{X^3}{3} + \frac{X^5}{5} + \ldots.$$

$$\Lambda \operatorname{arc\,sin} \overline{x} = X + \frac{1}{2}\frac{X^3}{3} + \frac{1.3}{2.4}\frac{X^5}{5} + \frac{1.3.5}{2.4.6}\frac{X^7}{7} + \ldots,$$

et, par conséquent,

$$(194)\quad \begin{cases} \Lambda\mathrm{l}(1 \pm \overline{x}) = \mathrm{l}\left(\dfrac{1}{1-X}\right), \\ \Lambda \operatorname{arc\,tang} \overline{x} = \mathrm{l}\left(\dfrac{1+X}{1-X}\right), \\ \Lambda \operatorname{arc\,sin} \overline{x} = \operatorname{arc\,sin} X, \\ \ldots\ldots\ldots\ldots\ldots\ldots \end{cases}$$

Enfin, si l'on désigne par $\overline{u}$ une fonction de $\overline{x}$ ou de $\overline{x}, \overline{y}, \overline{z}$, on trouvera : 1° quel que soit $\Lambda\overline{u}$,

$$(195)\qquad \Lambda \sin \overline{u} \leqq \frac{e^{\Lambda\overline{u}} - e^{-\Lambda\overline{u}}}{2}, \qquad \Lambda \cos \overline{u} \leqq \frac{e^{\Lambda\overline{u}} + e^{-\Lambda\overline{u}}}{2};$$

2° en supposant $\Lambda\overline{u} < 1$,

$$(196)\quad \begin{cases} \Lambda\mathrm{l}(1 \pm \overline{u}) \leqq \mathrm{l}\left(\dfrac{1}{1-\Lambda\overline{u}}\right), \\ \Lambda \operatorname{arc\,tang} \overline{u} \leqq \mathrm{l}\left(\dfrac{1+\Lambda\overline{u}}{1-\Lambda\overline{u}}\right), \qquad \Lambda \operatorname{arc\,sin} \overline{u} \leqq \operatorname{arc\,sin} \Lambda\overline{u}, \qquad \ldots \end{cases}$$

MÉMOIRE

SUR LA SURFACE CARACTÉRISTIQUE

CORRESPONDANTE A UN

SYSTÈME D'ÉQUATIONS LINÉAIRES AUX DÉRIVÉES PARTIELLES,

ET

SUR LA SURFACE DES ONDES[1].

Ce Mémoire est relatif à deux surfaces qui jouent un grand rôle dans les questions de Physique ou de Mécanique dont la solution dépend d'un système d'équations linéaires aux dérivées partielles et à coefficients constants.

La première surface, que je nomme la *surface caractéristique*, est celle qui se trouve représentée par l'équation caractéristique elle-même, quand on y remplace les dérivées partielles des divers ordres relatives aux variables indépendantes x, y, z, t par les puissances des divers ordres de ces mêmes variables considérées comme représentant trois coordonnées rectangulaires et le temps.

La seconde surface est celle que l'on nomme la *surface des ondes*, et qui, dans un mouvement simple, persistant, où les durées des vibrations moléculaires demeurent constantes, touche, au bout d'un temps quelconque t, des ondes planes, infiniment minces, diversement inclinées sur trois plans rectangulaires, mais parties au premier instant d'un même centre pris pour origine des coordonnées.

(1) *Voir* un résumé de ce Mémoire, *Œuvres de Cauchy*, 1re série, t. V, p. 263; Extrait 136 des *Comptes rendus*.

Je donne, dans le paragraphe premier de ce Mémoire, les moyens d'obtenir généralement l'équation de la surface des ondes.

Je montre, dans le second paragraphe, les relations dignes de remarque qui existent entre la surface caractéristique et la surface des ondes, et j'établis divers théorèmes relatifs à ces surfaces ([1]).

I. — *Considérations générales.*

Prenons pour variables indépendantes trois coordonnées rectangulaires x, y, z et le temps t. Supposons d'ailleurs qu'à un système donné d'équations linéaires aux dérivées partielles et à coefficients constants corresponde l'équation caractéristique

$$F(D_x, D_y, D_z, D_t) = 0. \tag{1}$$

Nous appellerons *surface caractéristique* celle que représente cette même équation, quand on y remplace

$$D_x, \quad D_y, \quad D_z, \quad D_t$$

par

$$x, \quad y, \quad z, \quad t.$$

L'équation de la surface caractéristique sera donc

$$F(x, y, z, t) = 0. \tag{2}$$

Soient maintenant

$$u, \quad v, \quad w, \quad s$$

quatre constantes liées entre elles par l'équation

$$F(u, v, w, s) = 0. \tag{3}$$

Pour vérifier l'équation aux différences partielles

$$F(D_x, D_y, D_z, D_t)8 = 0, \tag{4}$$

([1]) Les relations et les théorèmes dont il s'agit se déduisent assez facilement de formules déjà connues, et spécialement de celles que j'ai données dans le Bulletin de M. de Férussac (avril 1830). Cette remarque, à ce qu'il paraît, avait déjà été faite par quelques personnes, et en particulier par M. Blanchet; mais elle ne se trouvait énoncée nulle part avant la Note que j'ai insérée dans les *Comptes rendus des séances de l'Académie des Sciences* (séance du 5 juillet 1841) (*Œuvres de Cauchy*, 1re série, t. VI, p. 202; Extrait 129 des *Comptes rendus*).

il suffira de prendre

$$\text{(5)} \qquad \varpi = \Pi(ux + vy + wz + st),$$

si la fonction $F(x, y, z, t)$ est homogène. Il y a plus : si cette fonction n'est pas homogène, alors, pour que la valeur de ϖ, déterminée par la formule (5), continue de vérifier l'équation (4), il suffira d'attribuer à la fonction arbitraire $\Pi(x)$ certaines formes déterminées, et de supposer, par exemple,

$$\text{(6)} \qquad \Pi(x) = \theta e^x,$$

θ désignant une constante arbitraire, par conséquent

$$\text{(7)} \qquad \varpi = \theta e^{ux+vy+wz+st}.$$

Si la fonction $F(x, y, z, t)$, sans être homogène, se réduisait à une fonction paire de chacune des variables x, y, z, t, on pourrait encore aux formules (6) et (7) substituer les suivantes :

$$\text{(8)} \qquad \Pi(x) = \theta \frac{e^x + e^{-x}}{2},$$

$$\text{(9)} \qquad \varpi = \frac{1}{2}\theta(e^{ux+vy+wz+st} + e^{-(ux+vy+wz+st)}).$$

Concevons à présent que, les constantes

$$u, \quad v, \quad w, \quad s$$

ayant des valeurs réelles, on pose, pour abréger,

$$\text{(10)} \qquad k = \sqrt{u^2 + v^2 + w^2};$$

alors la valeur numérique du rapport

$$\frac{ux + vy + wz}{k}$$

sera précisément la distance du point (x, y, z) au plan représenté par l'équation

$$\text{(11)} \qquad ux + vy + wz = 0;$$

et la valeur de $\mathfrak{z}$ déterminée par l'équation (5) pourra être considérée comme dépendant uniquement de cette même distance et du temps t. Il y a plus : la valeur de $\mathfrak{z}$, calculée à l'origine du mouvement, pour tous les points d'une tranche infiniment mince comprise entre deux plans parallèles à celui que représente la formule (11), correspondra, au bout du temps t, à tous les points d'une autre tranche semblable, mais séparée de la première par une distance équivalente à la valeur numérique du produit $\frac{s}{k}t$. On pourra donc dire qu'une onde plane, représentée dans le premier instant par une tranche infiniment mince, se déplace parallèlement à elle-même, pour des valeurs croissantes du temps, avec une vitesse équivalente à la valeur numérique du rapport

$$\frac{s}{k}.$$

Ainsi, en particulier, l'onde plane, infiniment mince, primitivement renfermée entre deux plans très voisins de celui qui passait par l'origine des coordonnées, et qui était représenté par la formule (11), se trouvera déplacée au bout du temps t, de manière à être alors comprise entre deux plans très voisins de celui que représentera l'équation

$$ux + vy + wz + st = 0, \tag{12}$$

et qui sera séparé de l'origine par une distance égale, au signe près, à $\frac{st}{k}$. Ajoutons que, si cette onde subsistait seule au premier instant, elle subsistera seule au bout du temps t. En effet, si la fonction $\Pi(x)$ s'évanouit hors des limites $x = -\varepsilon$, $x = \varepsilon$, ε désignant un nombre très petit, non seulement la valeur initiale de $\mathfrak{z}$, représentée par

$$\Pi(ux + vy + wz),$$

s'évanouira hors de la tranche comprise entre les plans parallèles représentés par les formules

$$ux + vy + wz = -\varepsilon, \qquad ux + vy + wz = \varepsilon,$$

mais, de plus, la valeur générale de ς représentée, en raison de la formule (5), par

$$\Pi(ux + vy + wz + st),$$

s'évanouira au bout du temps t hors de la tranche comprise entre les deux plans représentés par les formules

$$ux + vy + wz + st = -\varepsilon, \qquad ux + vy + wz + st = \varepsilon.$$

Si l'on nomme plan d'une onde infiniment mince un plan mené, dans l'intérieur de cette onde, parallèlement à ceux qui la terminent, le plan d'une onde, qui passait primitivement par l'origine des coordonnées, pourra être représenté, au bout du temps t, par la formule (12). Si l'on abaisse de l'origine une perpendiculaire sur ce plan, et si l'on pose d'ailleurs

$$(13) \qquad u = k\cos\alpha, \qquad v = k\cos6, \qquad w = k\cos\gamma,$$

α, 6, γ représenteront les angles formés par la perpendiculaire dont il s'agit, prolongée dans un certain sens avec les demi-axes des coordonnées positives, et l'équation (3), réduite à la forme

$$(14) \qquad F(k\cos\alpha, k\cos6, k\cos\gamma, s) = 0,$$

établira pour chaque direction de la perpendiculaire une relation entre les deux constantes k, s, de telle sorte que, la valeur de k étant donnée, on pourra en déduire celle de s, et réciproquement. Si, la valeur de s restant la même, les angles α, 6, γ venaient seuls à varier, le plan d'une onde, représenté au bout du temps t par l'équation (12), prendra dans l'espace des positions diverses correspondantes à diverses ondes planes qui passaient toutes au premier instant par l'origine des coordonnées. Nous nommerons *surface des ondes* la surface limitée par ces mêmes ondes, c'est-à-dire la surface que le plan, représenté au bout du temps t par l'équation (12), touchera dans toutes les positions qu'il peut acquérir, quand on laisse varier u, v, w, de manière que la quantité s demeure constante. Cela posé, si l'on désigne par S le premier membre de la formule (3), c'est-à-dire si, en faisant pour abréger

$$S = F(u, v, w, s), \tag{15}$$

on réduit cette formule à

$$S = 0, \tag{16}$$

alors, pour obtenir l'équation de la surface des ondes, il suffira évidemment d'éliminer u, v, w entre les formules (12) et (15) jointes à la suivante

$$\frac{x}{D_u S} = \frac{y}{D_v S} = \frac{z}{D_w S}. \tag{17}$$

Nous avons supposé, dans ce qui précède, les constantes u, v, w réelles, ainsi que les valeurs de s tirées de la formule (3). Mais les conclusions auxquelles nous sommes parvenus peuvent subsister sans que cette condition soit remplie, par exemple dans le cas où l'on aurait

$$u = \mathrm{u}\sqrt{-1}, \qquad v = \mathrm{v}\sqrt{-1}, \qquad w = \mathrm{w}\sqrt{-1} \tag{18}$$

et

$$s = \mathrm{s}\sqrt{-1}, \tag{19}$$

u, v, w, s désignant des quantités réelles. Alors l'équation (12), pouvant être réduite à

$$\mathrm{u}x + \mathrm{v}y + \mathrm{w}z + \mathrm{s}t = 0, \tag{20}$$

représenterait encore un plan qui se déplacerait dans l'espace avec une vitesse représentée par la valeur numérique du rapport

$$\frac{\mathrm{s}}{\mathrm{k}},$$

la valeur de k étant

$$k = \sqrt{\mathrm{u}^2 + \mathrm{v}^2 + \mathrm{w}^2}; \tag{21}$$

et les formules (10), (12), (16) se trouveraient remplacées par les équations (20) et (21), jointes à la suivante

$$\frac{x}{D_U S} = \frac{y}{D_V S} = \frac{z}{D_W S}. \tag{22}$$

Donc alors, pour obtenir l'équation de la surface des ondes, il suffirait d'éliminer U, V, W entre les formules (15), (20) et (22). Si d'ailleurs la fonction F (x, y, z, t) était homogène, l'équation (3), combinée avec les formules (17), (18), donnerait simplement

$$F(U, V, W, S) = 0, \tag{23}$$

et dans la formule (21) on pourrait prendre pour S la fonction F (U, V, W, S). Donc alors, dans la discussion des ondes planes et dans la recherche de la surface des ondes, on pourrait conserver les formules (12), (13), (14), (15), (16), (17), et se borner à y remplacer u, v, w, s, devenus imaginaires, par les quantités réelles U, V, W, S, ou, ce qui revient au même, on pourrait se borner à considérer u, v, w, s comme représentant des quantités réelles. Il y a plus : S étant alors une fonction homogène de u, v, w, s, les formules (12), (15) et (16) pourraient être considérées comme établissant des relations entre les variables indépendantes x, y, z, t et les seuls rapports

$$\frac{u}{s}, \quad \frac{v}{s}, \quad \frac{w}{s}.$$

Donc l'élimination de u, v, w entraînerait l'élimination de la quantité s, à laquelle on pourrait attribuer une valeur quelconque. On pourrait prendre, par exemple, $s = \omega$, en nommant ω la valeur particulière de s que fournit l'équation (3), quand on y suppose $k = 1$, ou, ce qui revient au même,

$$u^2 + v^2 + w^2 = 1.$$

Si, pour plus de simplicité, on supposait

$$s = t,$$

alors les quantités

$$u, \quad v, \quad w,$$

qui sont liées entre elles par la seule équation (3), pourraient être réduites aux coordonnées d'un point quelconque de la surface caractéristique; et en nommant x, y, z ces coordonnées, afin de les distinguer des coordonnées x, y, z d'un point de la surface des ondes, on aurait

$$(24) \qquad u = \mathrm{x}, \qquad v = \mathrm{y}, \qquad w = \mathrm{z}.$$

Cela posé, la valeur de S deviendrait

$$(25) \qquad S = F(\mathrm{x}, \mathrm{y}, \mathrm{z}, t);$$

et pour obtenir l'équation de la surface des ondes, il suffirait d'éliminer

$$\mathrm{x}, \quad \mathrm{y}, \quad \mathrm{z}$$

entre les formules (12), (16), (17), réduites aux suivantes :

$$(26) \qquad \mathrm{x}x + \mathrm{y}y + \mathrm{z}z + t^2 = 0,$$

$$(27) \qquad S = 0, \qquad \frac{\mathrm{x}}{D_\mathrm{x} S} = \frac{\mathrm{y}}{D_\mathrm{y} S} = \frac{\mathrm{z}}{D_\mathrm{z} S}.$$

L'équation de la surface des ondes, ainsi obtenue, aurait évidemment pour premier membre une fonction homogène des quatre variables x, y, z, t.

Au reste, soit que l'équation caractéristique devienne homogène, ou cesse de l'être, il est clair qu'aux diverses valeurs de k, c'est-à-dire aux diverses racines de l'équation (14), résolue par rapport à k, correspondront généralement diverses nappes de la surface des ondes.

II. — *Rapports qui existent entre la surface caractéristique et la surface des ondes, dans le cas où l'équation caractéristique devient homogène.*

Considérons maintenant d'une manière spéciale le cas où l'équation caractéristique est homogène.

Soient alors, au bout du temps t, x, y, z les coordonnées rectangulaires d'un point quelconque de la surface caractéristique, et x, y, z les coordonnées d'un point correspondant de la surface des ondes.

Soient encore

$$\mathrm{S} = 0 \tag{1}$$

l'équation de la surface caractéristique,

$$\mathrm{S} = \mathrm{F}(\mathrm{x}, \mathrm{y}, \mathrm{z}, t)$$

étant une fonction homogène de x, y, z, t; et

$$\mathcal{S} = 0 \tag{2}$$

l'équation de la surface des ondes,

$$\mathcal{S} = \mathcal{F}(x, y, z, t)$$

étant une autre fonction de x, y, z, t, qui sera elle-même homogène. D'après ce qui a été dit dans le paragraphe I, pour obtenir l'équation de la surface des ondes, il suffira d'éliminer x, y, z entre l'équation (1) et les formules

$$\mathrm{x}x + \mathrm{y}y + \mathrm{z}z + t^2 = 0, \tag{3}$$

$$\frac{x}{\mathrm{D}_{\mathrm{x}}\mathrm{S}} = \frac{y}{\mathrm{D}_{\mathrm{y}}\mathrm{S}} = \frac{z}{\mathrm{D}_{\mathrm{z}}\mathrm{S}}. \tag{4}$$

Ajoutons que l'équation (3), quand on y considère x, y, z comme variables, représente un plan qui touche la surface des ondes au point (x, y, z), d'où il suit que l'on a encore

$$\frac{\mathrm{x}}{\mathrm{D}_x \mathcal{S}} = \frac{\mathrm{y}}{\mathrm{D}_y \mathcal{S}} = \frac{\mathrm{z}}{\mathrm{D}_z \mathcal{S}}. \tag{5}$$

Si l'on éliminait x, y, z entre cette dernière formule et les équations (2), (3), on devrait retrouver l'équation de la surface caractéristique. D'ailleurs, pour passer de l'équation (4) à l'équation (5), il suffit d'échanger l'une des surfaces contre l'autre, et cet échange n'altère point la formule (3). Donc une élimination semblable à celle par laquelle on déduit la surface des ondes de la surface caractéristique sert aussi à déduire la surface caractéristique de la surface des ondes. Cette remarque entraîne évidemment la proposition suivante :

Théorème I. — *Si la surface des ondes correspondante à une équation caractéristique homogène se change en surface caractéristique, réciproquement la surface caractéristique se changera en surface des ondes.*

De ce qu'on vient de dire, il résulte immédiatement que, l'équation de la surface des ondes étant donnée, la forme de l'équation caractéristique s'en déduira immédiatement par une simple élimination. On reconnaîtra ainsi, par exemple, que, si les diverses nappes de la surface des ondes se réduisent à des surfaces de sphères, le premier membre de l'équation caractéristique dépendra seulement de

$$D_t^2 \quad \text{et de} \quad D_x^2 + D_y^2 + D_z^2.$$

Donc alors, ce premier membre pourra être décomposé en facteurs de la forme

$$D_t^2 - \Omega^2(D_x^2 + D_y^2 + D_z^2),$$

Ω désignant la vitesse de propagation d'une onde sphérique.

Soient maintenant

$$\mathrm{r} = \sqrt{\mathrm{x}^2 + \mathrm{y}^2 + \mathrm{z}^2},$$

et

$$r = \sqrt{x^2 + y^2 + z^2},$$

les rayons vecteurs menés de l'origine des coordonnées : 1° au point (x, y, z) de la surface caractéristique; 2° au point (x, y, z) de la surface des ondes, et nommons δ l'angle aigu compris entre ces mêmes rayons vecteurs. La somme

$$\mathrm{x}x + \mathrm{y}y + \mathrm{z}z$$

qui sera négative, en vertu de l'équation (3) se réduira nécessairement au produit

$$-r\mathrm{r}\cos\delta;$$

donc la formule (3) donnera

$$r\mathrm{r}\cos\delta = t^2. \tag{6}$$

Cette dernière équation comprend un théorème qu'on peut énoncer comme il suit :

Théorème II. — *Lorsque l'équation caractéristique est homogène, les rayons vecteurs* r, *r*, *menés de l'origine au bout du temps t, à deux points correspondants de la surface caractéristique et de la surface des ondes, jouissent de cette propriété que chacun d'eux, multiplié par la projection de l'autre sur lui-même, fournit un produit constant égal au carré de t.*

Corollaire. — Il résulte du théorème II que les quatre points qui représentent les extrémités des deux rayons vecteurs, ou la projection de l'extrémité de l'un sur l'autre, sont situés sur une même circonférence de cercle.

Comme, en vertu de la formule (4) ou (5), le plan tangent mené à la surface des ondes, ou à la surface caractéristique, par l'extrémité de l'un des rayons vecteurs *r*, r, est perpendiculaire à l'autre rayon, on pourra encore évidemment déduire du théorème II la proposition suivante :

Théorème III. — *Étant donné un système d'équations aux dérivées partielles, qui conduit à une équation caractéristique homogène, pour déduire la surface des ondes de la surface caractéristique, ou réciproquement, il suffit de porter sur chaque rayon vecteur, mené de l'origine à l'une des deux surfaces, une longueur représentée par le rapport entre le carré du temps et ce même rayon vecteur; puis de faire passer par l'extrémité de cette longueur un plan perpendiculaire à ce rayon. L'autre surface sera celle que le plan dont il s'agit touchera constamment dans les diverses positions qu'il peut acquérir.*

Nous terminerons ce Mémoire par une remarque assez curieuse.

Si l'on considère t comme une fonction de x, y, z déterminée par l'équation $S = 0$, ou

$$F(x, y, z, t) = 0, \tag{7}$$

cette fonction de x, y, z sera homogène et du premier degré; on aura donc non seulement

$$D_x t = -\frac{D_x S}{D_t S}, \qquad D_y t = -\frac{D_y S}{D_t S}, \qquad D_z t = -\frac{D_z S}{D_t S}, \tag{8}$$

mais encore

$$(9)\qquad \mathrm{x}\,\mathrm{D}_x t + \mathrm{y}\,\mathrm{D}_y t + \mathrm{z}\,\mathrm{D}_z t = t.$$

Or des équations (8), (9) jointes aux formules (3) et (4), on déduira la suivante

$$(10)\qquad \frac{x}{\mathrm{D}_x t} = \frac{y}{\mathrm{D}_y t} = \frac{z}{\mathrm{D}_z t} = \frac{\mathrm{x}x + \mathrm{y}y + \mathrm{z}z}{-t} = \frac{t}{-1};$$

puis de celle-ci jointe à l'équation homogène

$$(11)\qquad \mathcal{F}(x, y, z, t) = 0,$$

on conclura

$$(12)\qquad \mathcal{F}(\mathrm{D}_x t, \mathrm{D}_y t, \mathrm{D}_z t, -1) = 0.$$

Cette dernière formule sera donc une équation aux différences partielles à laquelle devra satisfaire la valeur de t donnée par la formule (7).

Ainsi, par exemple, comme en posant

$$\mathrm{F}(x, y, z, t) = t^2 - \Omega^2(x^2 + y^2 + z^2),$$

on trouve

$$\mathcal{F}(x, y, z, t) = t^2 - \frac{x^2 + y^2 + z^2}{\Omega^2},$$

on devra vérifier l'équation aux différences partielles

$$(\mathrm{D}_x t)^2 + (\mathrm{D}_y t)^2 + (\mathrm{D}_z t)^2 = 1,$$

en posant

$$t^2 = \Omega^2(x^2 + y^2 + z^2);$$

ce qui est effectivement exact.

MÉMOIRE

SUR

LA NATURE ET LES PROPRIÉTÉS DES RACINES

D'UNE ÉQUATION QUI RENFERME UN PARAMÈTRE VARIABLE [1].

Les racines d'une équation qui renferme deux variables x, t, et que l'on résout par rapport à la variable x, ou, ce qui revient au même, les racines d'une équation qui renferme, avec l'inconnue x, un paramètre variable t, jouissent de diverses propriétés qu'il importe de bien connaître. L'une de ces propriétés est que ces racines sont généralement des fonctions continues du paramètre variable, en sorte qu'elles varient avec ce paramètre par degrés insensibles. Il en résulte que, si, en vertu de la variation du paramètre, une racine réelle vient à disparaître, elle sera immédiatement remplacée par des racines imaginaires. Cette dernière proposition n'est pas à beaucoup près aussi évidente qu'elle semble l'être au premier abord. Il est d'autant plus nécessaire de la démontrer qu'elle ne subsiste pas sans condition. En effet, puisque la forme de l'équation entre x et t est entièrement arbitraire, rien n'empêche de donner pour racine x à cette équation une fonction discontinue du paramètre t, par exemple la fonction

$$e^{\frac{1}{t}};$$

et il est clair que, dans ce dernier cas, x variera très sensiblement, en

[1] *Voir* un résumé de ce Mémoire, *Œuvres de Cauchy*, 1re série, t. VI, p. 202; Extrait 129 des *Comptes rendus*.

passant d'une valeur très petite à une valeur très grande, si le paramètre t, en demeurant très voisin de zéro, passe du négatif au positif. Pour que l'on soit assuré que la racine x, considérée comme fonction du paramètre t, reste continue dans le voisinage d'une valeur particulière attribuée à ce paramètre, il suffit que le premier membre de l'équation donnée reste lui-même fonction continue des deux variables x, t, dans le voisinage de la valeur particulière de t, et de la valeur correspondante de x. C'est ce que je démontre, en m'appuyant sur un théorème que j'ai donné (¹) dans un Mémoire présenté à l'Académie de Turin le 27 novembre 1831. De ce théorème, qui détermine, pour une équation algébrique ou transcendante, le nombre des racines réelles ou imaginaires assujetties à des conditions données, je déduis immédiatement la continuité de la fonction de t qui représente la racine x de l'équation donnée entre x et t; et j'en conclus, par exemple, que, si, cette équation étant réelle, plusieurs racines réelles égales viennent à disparaître, elles se trouveront généralement remplacées par un pareil nombre de racines imaginaires.

Le paragraphe I du présent Mémoire est relatif à des équations entre x et t, de forme quelconque. Dans le paragraphe II, je considère des équations d'une forme particulière, savoir : celles qui fournissent immédiatement la valeur de t en fonction de x. Parmi les équations de ce genre, on doit surtout remarquer celles qui donnent pour t une fonction réelle et rationnelle de x. Une semblable équation, résolue par rapport à x, ne peut avoir constamment toutes ses racines réelles, pour une valeur réelle quelconque de t, que sous certaines conditions, dont l'une est que les degrés des deux termes de la fraction rationnelle soient égaux, ou diffèrent entre eux d'une seule unité. Les autres conditions consistent en ce que les deux termes, égalés à

(¹) Ce théorème peut encore se déduire immédiatement d'une proposition plus générale énoncée dans un second Mémoire que j'ai publié à Turin sous la date du 15 juin 1833. Ajoutons que MM. Sturm et Liouville ont donné du même théorème de nouvelles démonstrations dont l'une est en partie fondée sur quelques-unes des considérations auxquelles j'aurai recours dans le paragraphe I du présent Mémoire.

zéro, fournissent deux nouvelles équations, dont toutes les racines soient réelles et inégales, et que la suite de toutes ces racines réunies, et rangées d'après leur ordre de grandeur, offre alternativement une racine de l'une des deux nouvelles équations, puis une racine de l'autre. Lorsque ces diverses conditions sont remplies, on peut être assuré non seulement que l'équation proposée, résolue par rapport à x, a toutes ses racines réelles et inégales pour une valeur quelconque de t, mais encore que chacune de ces racines, pour une valeur croissante de t, est toujours croissante ou toujours décroissante, tant qu'elle reste finie. Quelques propositions établies par M. Richelot (*voir* le *Journal de M. Crelle*, t. XXI, p. 313) se trouvent comprises dans celles que je viens d'énoncer.

I. — *Considérations générales.*

Considérons une équation

$$F(x, t) = 0, \tag{1}$$

qui renferme deux variables x, t, ou, ce qui revient au même, une inconnue x avec un paramètre variable t. Supposons d'ailleurs que le premier membre $F(x, t)$ reste généralement fonction continue des deux variables x, t, et ne cesse de l'être que pour certaines valeurs particulières de ces variables, pour celles, par exemple, qui le rendent infini. Les racines de l'équation (1), résolue par rapport à x, seront généralement elles-mêmes des fonctions continues de t, qui varieront avec t par degrés insensibles. Effectivement, on démontrera sans peine la proposition suivante :

Théorème I. — *Nommons*

$$\tau, \quad \xi$$

deux valeurs finies et correspondantes de t et de x, propres à vérifier l'équation (1), *et dans le voisinage desquelles la fonction* $F(x, t)$ *reste continue par rapport aux variables x, t. Si l'on attribue à la variable t une valeur très peu différente de τ, par conséquent une valeur de la forme*

$$t = \tau + i,$$

i désignant un accroissement infiniment petit, positif ou négatif, ou même imaginaire, l'équation (1), *résolue par rapport à* x, *offrira une ou plusieurs racines* x *très peu différentes de* ξ, *et dont chacune sera de la forme*

$$x = \xi + j,$$

j désignant encore une expression réelle ou imaginaire, infiniment petite, qui convergera, en même temps que i, vers la limite zéro. De plus, le nombre de ces racines sera précisément le nombre de celles qui se réduiront à ξ *dans l'équation*

$$F(x, \tau) = 0. \tag{2}$$

Démonstration. — Concevons d'abord que, la forme de la fonction $F(x, t)$ étant réelle, τ représente une valeur réelle de t, et ξ une racine réelle simple de l'équation (1). Si l'on nomme

$$t', \quad t''$$

deux limites qui comprennent entre elles la valeur τ de la variable t, et

$$x', \quad x''$$

deux limites qui comprennent entre elles la racine ξ, on pourra supposer les limites t', t'' assez rapprochées de τ, et les limites x', x'' assez rapprochées de ξ, pour que la fonction $F(x, t)$ reste continue entre les limites des deux variables t, x, et pour que l'équation

$$F(x, \tau) = 0$$

offre une seule racine réelle ξ non située hors des limites x', x''. Mais alors les valeurs

$$F(x', \tau), \quad F(x'', \tau)$$

de la fonction $F(x, t)$ se réduiront à deux quantités affectées de signes contraires. D'ailleurs chacune de ces valeurs variera évidemment très peu, et par suite conservera le signe qui lui appartient, si l'on y remplace τ par $\tau + i$, pourvu que l'accroissement i représente une quantité positive ou négative suffisamment rapprochée de zéro, et inférieure, abstraction faite du signe, à la plus petite des différences

$\tau - t'$, $t'' - \tau$. Donc, pour de très petites valeurs numériques de i, les deux quantités

$$F(x', \tau + i), \quad F(x'', \tau + i)$$

seront elles-mêmes affectées de signes contraires; d'où il suit que l'équation

$$(3) \qquad F(x, \tau + i) = 0$$

offrira une racine réelle $\xi + j$ comprise entre les limites

$$x', \quad x''.$$

Enfin, comme ces deux dernières limites pourront être évidemment très resserrées, quand i sera très peu différent de zéro, on peut affirmer que, dans ce cas, la valeur numérique de i deviendra très petite avec les différences

$$\xi - x', \qquad x'' - \xi,$$

qui la surpassent toutes deux. La première partie du théorème I se trouve ainsi démontrée, dans le cas où les valeurs de τ et de ξ, et la forme de la fonction $F(x, t)$ restent réelles, ξ étant d'ailleurs une racine simple de l'équation (1).

Concevons maintenant que, la forme de la fonction $F(x, t)$ étant réelle ou imaginaire,

$$\tau, \quad \xi$$

représentent deux valeurs finies correspondantes, soit réelles, soit imaginaires, des deux variables

$$t, \quad x,$$

la racine ξ de l'équation

$$F(x, t) = 0$$

pouvant être ou une racine simple, ou une racine multiple. Comme, par hypothèse, la fonction

$$F(x, t),$$

qu'on peut aussi présenter sous la forme

$$F[\xi + (x - \xi), \tau + (t - \tau)],$$

reste continue dans le voisinage des valeurs τ et ξ des deux variables t et x, si l'on nomme

$$\rho, \quad \varsigma$$

deux quantités positives, ces quantités pourront être assez rapprochées de zéro pour que la fonction dont il s'agit soit toujours continue, quand, le module de la différence $x - \xi$ étant inférieur à ρ, le module de la différence $t - \tau$ sera inférieur à ς, et pour que l'équation

$$F(x, \tau) = 0$$

n'offre aucune racine x, différente de ξ, qui produise un module de $x - \xi$ inférieur ou seulement égal à la limite ρ. Posons d'ailleurs

$$(4) \quad \xi = \alpha + 6\sqrt{-1}, \qquad x = u + v\sqrt{-1}, \qquad x - \xi = r(\cos p + \sqrt{-1}\sin p),$$

et

$$(5) \qquad F(x, \tau) = U + V\sqrt{-1},$$

α, 6 désignant deux quantités réelles, u, v deux variables réelles, r le module de $x - \xi$, p un angle réel, et U, V deux fonctions réelles de u, v. Puisqu'on ne pourra vérifier l'équation

$$F(x, \tau) = 0 \qquad \text{ou} \qquad U + V\sqrt{-1} = 0,$$

et par suite les équations réelles

$$U = 0, \qquad V = 0,$$

en supposant $r = \rho$, ou, ce qui revient au même,

$$x - \xi = \rho(\cos p + \sqrt{-1}\sin p),$$

et par suite

$$(6) \qquad u = \alpha + \rho\cos p, \qquad v = 6 + \rho\sin p;$$

il est clair que, pour ces dernières valeurs de u, v, le rapport

$$\frac{U}{V}$$

ne se présentera jamais sous la forme indéterminée

$$\frac{0}{0}.$$

Cela posé, soit Δ l'*indice intégral* de la quantité

$$\frac{U}{V},$$

considérée comme fonction de l'angle p, c'est-à-dire la différence entre les deux nombres qui expriment combien de fois, pour des valeurs croissantes de p, comprises entre les limites 0, 2π, ou plus généralement entre deux limites réelles de la forme

$$p_0, \qquad P = p_0 + 2\pi,$$

cette quantité, en devenant infinie, passe : 1° du négatif au positif; 2° du positif au négatif. La valeur de Δ correspondante aux valeurs de u, v, fournies par les équations (6), ou même à des valeurs très voisines, sera un nombre entier complètement déterminé; et l'on conclura d'un théorème démontré dans le Mémoire du 27 novembre 1831, que la moitié de cette valeur représente le nombre des racines x qui vérifient l'équation

$$F(x, \tau) = 0,$$

de manière à rendre le module de la différence $x - \xi$ inférieur à ρ. Donc, ρ étant inférieur au plus petit module que puisse offrir la différence entre deux racines distinctes dont l'une est ξ, la valeur de $\frac{1}{2}\Delta$ correspondante aux valeurs de u, v, fournies par les équations (6), représentera précisément le nombre des racines qui sont égales à ξ dans l'équation

$$F(x, \tau) = 0;$$

et, si l'on nomme m le nombre de ces racines, on aura

$$\frac{1}{2}\Delta = m.$$

D'ailleurs, si entre les valeurs extrêmes

$$p_0 \quad \text{et} \quad P = p_0 + 2\pi$$

de la variable p, on interpose d'autres valeurs

$$p_1, \quad p_2 \quad p_3, \quad \ldots,$$

choisies avec p_0 de manière qu'aucun terme de la suite croissante

$$p_0, \quad p_1, \quad p_2, \quad p_3, \quad \ldots, \quad P$$

ne vérifie l'une des deux équations

$$U = 0, \qquad V = 0,$$

et que jamais deux termes consécutifs de cette suite ne comprennent à la fois entre eux une ou plusieurs racines réelles de l'équation

$$U = 0$$

avec une ou plusieurs racines réelles de l'équation

$$V = 0,$$

la valeur de Δ sera complètement connue, dès que l'on connaîtra le signe de chacune des quantités U, V pour chacune des valeurs

$$p_0, \quad p_1, \quad p_2, \quad p_3, \quad \ldots, \quad P$$

de la variable p. En effet, nommons

$$p', \quad p''$$

deux termes consécutifs pris au hasard dans la suite

$$p_0, \quad p_1, \quad p_2, \quad \ldots, \quad P.$$

Si ces deux termes comprennent entre eux une ou plusieurs racines de l'équation

$$U = 0.$$

V ne s'évanouira point entre les limites $p = p'$, $p = p''$, et en conséquence, dans l'indice intégral Δ, la partie δ qui répondra aux valeurs de p comprises entre ces mêmes limites sera nulle. Passons au cas où la fonction U ne s'évanouit pas entre les limites $p = p'$, $p = p''$; alors la fonction U, qui demeure continue, par hypothèse, conservera constamment le même signe entre ces limites; mais dans cet intervalle la fonction V pourra changer une ou plusieurs fois de signe en passant par zéro. Soient

$$V', \quad V''$$

les deux valeurs de V correspondantes aux valeurs

$$p', \quad p''$$

de la variable p. Si V', V'' sont des quantités de même signe, tandis que p passera de la limite p' à la limite p'', la fonction V ne pourra changer plusieurs fois de signe sans passer, par exemple, du positif au négatif autant de fois qu'elle passera du négatif au positif; et comme on pourra en dire autant du rapport $\frac{U}{V}$, dont le numérateur ne changera pas de signe, il est clair que la partie δ de Δ, correspondante à des valeurs de p renfermées entre les limites p', p'', se réduira encore à zéro. Enfin, si V', V'' sont des quantités affectées de signes contraires, il suffira évidemment, pour obtenir δ, de tenir compte du dernier changement de signe que pourra subir la fonction V, avant que la variable p atteigne la limite p''; et par suite δ se réduira tantôt à $+1$, tantôt à -1, suivant que le signe de V'' sera le signe qui affecte la fonction U ou le signe contraire. Ainsi chaque partie δ de l'indice intégral Δ sera connue, comme nous l'avions avancé, dès que l'on connaîtra les signes de U et de V pour chacune des valeurs de p comprises dans la suite

$$p_0, \quad p_1, \quad p_2, \quad \ldots, \quad P.$$

Supposons à présent que, les valeurs de u, v étant toujours données par les formules (6), on nomme

$$U_{,}, \quad V_{,}, \quad \Delta_{,}$$

ce que deviennent

$$U, \quad V, \quad \Delta$$

quand on remplace τ par $\tau+i$, en sorte que $U_{\prime}$, $V_{\prime}$ désignent deux fonctions réelles de u, v, déterminées par la formule

$$F(u+v\sqrt{-1},\ \tau+i)=U_{\prime}+V_{\prime}\sqrt{-1}.$$

$\frac{1}{2}\Delta$ représentera le nombre des racines x qui vérifieront l'équation

$$F(x,\ \tau+i)=0.$$

D'ailleurs on pourra supposer le module de i assez rapproché de zéro, pour qu'une valeur de p, qui produisait une valeur de U ou de V sensiblement différente de zéro, produise encore une valeur de $U_{\prime}$ ou de $V_{\prime}$ sensiblement différente de zéro et affectée du même signe que la valeur correspondante de U ou de V. Donc le module de i pourra être assez petit pour que la substitution de $\tau+i$ à τ n'altère point les signes des valeurs de U et de V correspondantes à deux valeurs

$$p',\quad p''$$

de p, qui ne réduisaient à zéro ni U, ni V, et ne comprenaient entre elles aucune racine réelle de l'équation $U=0$. Mais alors, d'après ce qui a été dit ci-dessus, $\Delta_{\prime}$ sera complètement connu aussi bien que Δ, et aura nécessairement la même valeur. Donc, pour des valeurs du module de i inférieures à ς, et suffisamment petites, on aura

$$(8)\qquad \Delta_{\prime}=\Delta,$$

par conséquent

$$\frac{1}{2}\Delta_{\prime}=\frac{1}{2}\Delta.$$

Ajoutons que la valeur de ρ, comprise dans les formules (6), pourra décroître indéfiniment, si la quantité ς elle-même se rapproche indéfiniment de zéro. Donc, m étant le nombre des racines égales à ξ dans l'équation

$$F(x,\ \tau)=0,$$

et la fonction $F(x,\ t)$ étant supposée continue dans le voisinage des valeurs τ et ξ des variables t et x, on peut affirmer généralement que, pour de très petites valeurs du module de i, l'équation

$$F(x, \tau + i)$$

offrira m racines réelles ou imaginaires, et très peu différentes de ξ.

Le théorème que nous venons d'établir entraîne la proposition suivante :

THÉORÈME II. — *$F(x, t)$ étant une fonction réelle et déterminée des variables x, t, nommons*

$$\xi, \quad \tau$$

deux valeurs réelles et finies de ces variables qui vérifient l'équation

$$F(x, t) = o,$$

et dans le voisinage desquelles la fonction $F(x, t)$ reste continue. Si τ représente une valeur maximum ou minimum de t, c'est-à-dire si τ est toujours inférieur, ou toujours supérieur, aux valeurs réelles que t peut acquérir pour des valeurs réelles de x voisines de ξ, l'équation

$$F(x, t) = o,$$

résolue par rapport à x, offrira des racines imaginaires pour certaines valeurs réelles de t, voisines de la valeur τ.

Démonstration. — En effet, nommons m le nombre des racines x qui seront égales à ξ dans l'équation

$$F(x, \tau) = o,$$

et i une quantité infiniment petite, que nous supposerons d'ailleurs négative si τ est un minimum, positive si τ est un maximum. En vertu du théorème I, pour des valeurs de i suffisamment rapprochées de zéro, l'équation

$$F(x, \tau + i) = o$$

offrira m racines réelles ou imaginaires très peu différentes de ξ. Mais, si ces racines ou seulement quelques-unes d'entre elles étaient réelles, alors, contrairement à l'hypothèse admise, τ cesserait d'être un maximum ou un minimum. Donc elles seront imaginaires.

De ce qui vient d'être dit on déduit encore immédiatement les deux théorèmes que nous allons énoncer.

THÉORÈME III. — *Les mêmes choses étant posées que dans le théorème II, si l'équation*

$$F(x, t) = 0,$$

après avoir acquis m racines réelles égales entre elles pour une certaine valeur réelle τ *de la variable t, vient tout à coup à perdre ces racines réelles, pour une valeur réelle de t très voisine de* τ, *celles-ci se trouveront remplacées par m racines imaginaires.*

THÉORÈME IV. — *Si l'équation*

$$F(x, t) = 0,$$

résolue par rapport à x, *a toutes ses racines réelles pour une valeur réelle quelconque de la variable t, cette dernière variable, considérée comme fonction de* x, *ne pourra jamais acquérir un maximum ou un minimum* τ *correspondant à une valeur réelle* ξ *de* x *tellement choisie que* $F(x, t)$ *reste fonction continue dans le voisinage des valeurs* ξ *et* τ *des variables* x *et* t.

Lorsque l'équation (2) offre m racines égales à ξ, on a identiquement

$$F(x, \tau) = (x - \xi)^m \mathfrak{F}(x),$$

$\mathfrak{F}(x)$ désignant une fonction de x qui ne devient ni nulle, ni infinie pour $x = \xi$. Donc alors l'équation (3), ou

$$F(x, \tau + i) = 0,$$

peut être présentée sous la forme

$$F(x, \tau + i) - F(x, \tau) + (x - \xi)^m \mathfrak{F}(x) = 0. \tag{9}$$

Or, en posant pour abréger

$$\Pi(x, i) = -\frac{F(x, \tau + i) - F(x, \tau)}{i\,\mathfrak{F}(x)},$$

on verra la formule (9) se réduire à celle-ci

$$(10)\qquad (x-\xi)^m = i\,\Pi(x, i).$$

Il est important d'observer que, si l'on pose

$$D_t F(x, t) = \Psi(x, t),$$

le rapport

$$\frac{F(x, \tau+i) - F(x, \tau)}{i}$$

s'approchera indéfiniment de

$$\Psi(x, \tau),$$

tandis que i s'approchera indéfiniment de zéro. Donc, par suite, si la fonction

$$F(x, t)$$

reste continue avec sa dérivée $\Psi(x, t)$ dans le voisinage des valeurs ξ et τ des variables x et t, on pourra en dire autant de la fonction

$$\Pi(x, i)$$

qui restera continue elle-même, dans le voisinage des valeurs ξ et 0 des variables x et i.

Concevons maintenant que, les quantités

$$\tau, \quad \xi$$

étant réelles, la forme de la fonction $F(x, t)$ soit pareillement réelle, et que l'expression

$$\Psi(x, \tau) = \Pi(x, 0)$$

acquière, pour $x=\xi$, une valeur finie différente de zéro. Nommons d'ailleurs θ une racine primitive de l'équation

$$(11)\qquad \theta^{2m} = 1.$$

Si l'on attribue à i une valeur infiniment petite, l'équation (10), résolue par rapport à ξ, offrira, en vertu du théorème I, m racines très peu différentes de ξ. Or il est clair que, pour de très petites valeurs numériques de i, chacune de ces racines vérifiera l'une des m équations distinctes de la forme

$$(12) \qquad x-\xi=[i\Pi(x,i)]^{\frac{1}{m}}, \qquad x-\xi=\theta^2[i\Pi(x,i)]^{\frac{1}{m}}, \qquad \ldots,$$

si le signe de i est celui de la quantité $\Pi(\xi, 0)$, et l'une des m équations distinctes de la forme

$$(13) \qquad x-\xi=\theta[-i\Pi(x,i)]^{\frac{1}{m}}, \qquad x-\xi=\theta^3[-i\Pi(x,i)]^{\frac{1}{m}}, \qquad \ldots,$$

si le signe de i est contraire à celui de $\Pi(\xi, 0)$. D'ailleurs, comme, pour une valeur nulle de i, chacune des équations (12) ou (13) se réduit à

$$x-\xi=0,$$

et a par conséquent pour racine simple la valeur ξ de x, on conclura du théorème I que, pour des valeurs réelles de i très rapprochées de zéro, une valeur de x très peu différente de ξ vérifie comme racine ou chacune des équations (12), ou chacune des équations (13). On se trouvera ainsi conduit à la proposition suivante :

Théorème V. — *$F(x, t)$ désignant une fonction réelle des variables x, t, nommons*

$$\xi, \quad \tau$$

deux valeurs réelles de x et de t, propres à vérifier l'équation

$$F(x, t)=0,$$

et dans le voisinage desquelles la fonction $F(x, t)$ reste continue avec sa dérivée $\Psi(x, t)$ relative à la variable t. Soit m le nombre des racines égales à ξ dans l'équation

$$F(x, \tau)=0,$$

en sorte que le rapport

$$\frac{F(x,\tau)}{(x-\xi)^m}$$

acquière, pour $x=\xi$, une valeur finie différente de zéro ; et supposons que l'on puisse en dire autant de la fonction $\Psi(x, \tau)$. Enfin posons

$$F(x,\tau)=(x-\xi)^m f(x),$$

et

$$\Pi(x, i) = -\frac{F(x, \tau + i) - F(x, \tau)}{i\mathcal{F}(x)},$$

i désignant une quantité réelle. L'équation

$$F(x, \tau + i) = 0$$

offrira, pour de très petites valeurs numériques de i, m racines très peu différentes de ξ, dont chacune vérifiera l'une des équations (12), *si le signe de i est celui de la quantité*

$$\Pi(\xi, 0) = -\frac{\Psi'(\xi, \tau)}{\mathcal{F}(\xi)},$$

et l'une des équations (13) *si le signe de i est contraire à celui de* $\Pi(\xi, 0)$.

Corollaire I. — Il est bon d'observer que les termes de la suite

$$1, \quad \theta^2, \quad \theta^4, \quad \ldots,$$

renfermés dans les seconds membres des équations (12), se réduisent aux diverses racines $m^{\text{ièmes}}$ de l'unité, tandis que les termes de la suite

$$\theta, \quad \theta^3, \quad \theta^5, \quad \ldots,$$

renfermés dans les équations (13), se réduisent aux diverses racines $m^{\text{ièmes}}$ de -1. Parmi ces diverses racines, deux seulement sont réelles, et se réduisent, la première à $+1$, la seconde à

$$\theta^m = -1.$$

Par suite, des équations (12) et (13) deux seulement sont réelles, savoir, la première des équations (12) et celle des équations (12) ou (13) qui renferme le facteur $\theta^m = -1$. Ces deux équations sont aussi les seules qui fourniront des valeurs réelles de x, les racines des équations imaginaires ne pouvant être qu'imaginaires elles-mêmes. D'ailleurs la racine réelle ou imaginaire de chacune des équations (12), (13) sera immédiatement fournie par la série de Lagrange.

Corollaire II. — Si m est un nombre pair, deux des équations (12) seront réelles, les équations (13) étant toutes imaginaires. Donc alors l'équation

$$F(x, \tau + i) = 0$$

offrira deux racines réelles et $m - 2$ racines imaginaires, si le signe de i est celui de la quantité $\Pi(\xi, 0)$; mais quand le signe de i deviendra contraire à celui de $\Pi(\xi, 0)$, toutes les racines deviendront imaginaires.

Corollaire III. — Si m est un nombre impair, alors une seule des équations (12) sera réelle, ainsi qu'une seule des équations (13). Donc alors, pour une valeur réelle de i très rapprochée de zéro, soit positive, soit négative, l'équation

$$F(x, \tau + i) = 0$$

offrira une seule racine réelle et $m - 1$ racines imaginaires.

Le théorème V et ses corollaires entraînent évidemment les nouvelles propositions que nous allons énoncer.

THÉORÈME VI. — *Les mêmes choses étant posées que dans le théorème II, si la valeur ξ de x représente non une racine simple, mais une racine multiple de l'équation*

$$F(x, \tau) = 0,$$

en sorte que, m racines étant égales à ξ, le rapport

$$\frac{F(x, \tau)}{(x - \xi)^m}$$

acquière, pour $x = \xi$, une valeur finie différente de zéro, l'équation

$$F(x, t) = 0,$$

résolue par rapport à x, offrira des racines imaginaires, pour certaines valeurs réelles de t voisines de τ.

Corollaire. — Le théorème VI s'étend au cas même où la valeur particulière de t, représentée par τ, deviendrait infinie, comme on le prouverait aisément en substituant, dans ce cas, à la variable t, la variable $\frac{1}{t}$.

II. — *Sur les racines des équations de la forme $t = \varpi(x)$.*

En supposant, dans le paragraphe I, l'équation (1) réduite à la forme

$$t = \varpi(x),$$

on obtiendra, au lieu des théorèmes II, IV, V et VI, ceux que nous allons énoncer.

THÉORÈME I. — *$\varpi(x)$ étant une fonction réelle et déterminée de x; si la variable t liée à x par l'équation*

$$(1) \qquad t = \varpi(x)$$

acquiert une valeur maximum ou minimum τ pour une valeur réelle et finie de x, représentée par ξ, et dans le voisinage de laquelle la fonction $\varpi(x)$ reste continue, l'équation (1), résolue par rapport à x, offrira des racines imaginaires pour certaines valeurs réelles de t voisines de la valeur τ.

THÉORÈME II. — *Si l'équation*

$$t = \varpi(x),$$

résolue par rapport à x, a toutes ses racines réelles pour une valeur réelle quelconque de la variable t, cette dernière variable ne pourra jamais acquérir un maximum ou un minimum τ correspondant à une valeur réelle ξ de x, dans le voisinage de laquelle la fonction $\varpi(x)$ resterait continue.

THÉORÈME III. — *$\varpi(x)$ étant une fonction réelle et déterminée de x, supposons la variable t liée à la variable x par la formule*

$$t = \varpi(x).$$

Si l'équation

(2) $$\varpi(x) = \tau,$$

offre m racines égales à ξ, *en sorte qu'on ait*

$$\varpi(x) - \tau = (x - \xi)^m \mathfrak{F}(x),$$

$\mathfrak{F}(x)$ *désignant une fonction nouvelle qui acquière, pour* $x = \xi$, *une valeur finie différente de zéro; l'équation*

$$\varpi(x) = \tau + i,$$

ou

(3) $$(x - \xi)^m = \frac{i}{\mathfrak{F}(x)},$$

offrira, pour de très petites valeurs numériques de i, m *racines très peu différentes de* ξ. *Soit d'ailleurs* θ *une des racines primitives de l'équation*

$$\theta^m = 1.$$

Chacune des m racines de l'équation (3) *correspondantes à de très petites valeurs numériques de i vérifiera l'une des m formules*

(4) $$x - \xi = \left[\frac{i}{\mathfrak{F}(x)}\right]^{\frac{1}{m}}, \qquad x - \xi = \theta^2\left[\frac{i}{\mathfrak{F}(x)}\right]^{\frac{1}{m}}, \qquad \ldots,$$

si le signe de i est en même temps celui de la quantité $\mathfrak{F}(\xi)$, *et l'une des m formules*

(5) $$x - \xi = \theta\left[\frac{i}{\mathfrak{F}(x)}\right]^{\frac{1}{m}}, \qquad x - \xi = \theta^3\left[\frac{i}{\mathfrak{F}(x)}\right]^{\frac{1}{m}}, \qquad \ldots,$$

si le signe de i est contraire à celui de $\mathfrak{F}(\xi)$.

Théorème IV. — $\varpi(x)$ *étant une fonction réelle et déterminée de la variable* x, *et cette variable étant liée à la variable* t *par l'équation*

$$t = \varpi(x),$$

nommons ξ *une valeur réelle de* x, *qui représente m racines réelles égales de l'équation*

$$\varpi(x) = \tau,$$

en sorte que le rapport

$$\frac{\varpi(x) - \tau}{(x - \xi)^m}$$

acquière, pour $x = \xi$, *une valeur finie différente de zéro. Si la fonction* $\varpi(x)$ *reste continue dans le voisinage de la valeur* $x = \xi$, *l'équation* (1), *ou*

$$\varpi(x) = t,$$

résolue par rapport à x, *offrira des racines imaginaires pour certaines valeurs réelles de* t *voisines de* τ.

On peut encore déduire du théorème IV celui que nous allons énoncer.

Théorème V. — $\varpi(x)$ *étant une fonction réelle et déterminée de* x *qui ne cesse d'être continue qu'en devenant infinie, si l'équation*

$$t = \varpi(x),$$

résolue par rapport à x, *a toutes ses racines réelles pour une valeur réelle quelconque de* t, *non seulement chacune des deux équations*

$$\varpi(x) = 0, \tag{6}$$

$$\frac{1}{\varpi(x)} = 0 \tag{7}$$

aura pareillement toutes ses racines réelles; mais, de plus, deux racines réelles distinctes de l'équation (6) *comprendront toujours entre elles une seule racine réelle de l'équation* (7), *et, réciproquement, deux racines réelles distinctes de l'équation* (7) *comprendront toujours entre elles une seule racine réelle de l'équation* (6).

Démonstration. — Puisque l'équation (1), ou

$$t = \varpi(x),$$

résolue par rapport à x, aura toutes ses racines réelles pour une valeur réelle quelconque de t, ces racines ne cesseront pas d'être toutes réelles, lorsqu'on réduira l'équation (1) à l'équation (6) en posant

$t = 0$, ou à l'équation (7) en posant $t = \frac{1}{0}$. Soient maintenant

$$b, \quad b'$$

deux racines réelles distinctes de l'équation (6), et supposons, pour fixer les idées,

$$b < b'.$$

Puisque la variable t, liée à x par l'équation

$$t = \varpi(x),$$

varie avec x par degrés insensibles tant qu'elle reste finie; si l'on fait croître x depuis la limite b jusqu'à la limite b', t devra s'éloigner de la valeur zéro pour y revenir, après avoir acquis dans l'intervalle ou une valeur infinie, ou une valeur maximum ou minimum. Mais la dernière supposition serait contraire à l'hypothèse admise que l'équation (1), résolue par rapport à x, a toutes ses racines réelles pour une valeur réelle quelconque de t; donc la variable t devra prendre une valeur infinie, ou, en d'autres termes, l'équation (7) devra être vérifiée pour une certaine valeur de x comprise entre les limites b, b'.

En raisonnant de la même manière, et substituant à la variable t la variable $\frac{1}{t}$, on ferait voir que, dans l'hypothèse admise, deux racines réelles distinctes

$$a, \quad a'$$

de l'équation (7) comprennent toujours entre elles une racine réelle de l'équation (6).

Les théorèmes II et V entraînent encore le suivant :

THÉORÈME VI. — *Les mêmes choses étant posées que dans le théorème V, si les racines réunies des équations* (6) *et* (7) *sont rangées par ordre de grandeur, de manière à former une suite croissante, les divers termes de cette suite appartiendront alternativement à l'une et à l'autre équation ; si d'ailleurs on nomme*

$$a, \quad a'$$

deux racines consécutives de l'équation (7), *la seconde de ces racines* a' *pouvant être remplacée par l'infini positif* ∞ *et la première par l'infini négatif* $-\infty$, *la variable*

$$t = \varpi(x)$$

sera toujours croissante ou toujours décroissante, tandis que la variable x *passera de la limite* a *à la limite* a'.

Pour montrer une application des principes que nous venons d'établir, concevons que $\varpi(x)$ soit une fonction réelle et rationnelle. Nommons

$$a_1, \quad a_2, \quad a_3, \quad \ldots$$

les racines finies et distinctes de l'équation (7), et

$$b_1, \quad b_2, \quad b_3, \quad \ldots$$

les racines finies et distinctes de l'équation (6). Enfin posons

$$(8) \qquad \begin{cases} \varphi(x) = (x - a_1)(x - a_2)(x - a_3)\ldots, \\ \psi(x) = (x - b_1)(x - b_2)(x - b_3)\ldots; \end{cases}$$

la fonction $\varpi(x)$ sera nécessairement de la forme

$$(9) \qquad \varpi(x) = k\frac{\psi(x)}{\varphi(x)},$$

k désignant une quantité constante, et par suite l'équation (1) pourra être réduite à

$$(10) \qquad t\varphi(x) - k\psi(x) = 0.$$

Alors aussi les deux équations

$$(11) \qquad \psi(x) = 0,$$

$$(12) \qquad \varphi(x) = 0$$

auront précisément pour racines les racines finies des équations (6) et (7), pourvu qu'on suppose, comme on peut toujours le faire, que la fraction rationnelle $\varpi(x)$ est réduite à sa plus simple expression, et qu'en conséquence les fonctions entières $\varphi(x)$, $\psi(x)$ n'ont pas de commun diviseur. Il y a plus : comme aucun terme de l'une des suites

$$a_1, \quad a_2, \quad a_3, \quad \ldots,$$
$$b_1, \quad b_2, \quad b_3, \quad \ldots$$

ne pourra être en même temps un terme de l'autre, il est clair que, si l'on nomme ξ l'une quelconque des quantités

$$a_1, \quad a_2, \quad a_3, \quad \ldots, \qquad b_1, \quad b_2, \quad b_3, \quad \ldots,$$

et m le nombre des racines égales à ξ dans l'équation (6) ou (7), le rapport

$$\frac{\varpi(x)}{(x-\xi)^m} \quad \text{ou} \quad \frac{1}{(x-\xi)^m \varpi(x)}$$

se réduira pour $x = \xi$ à une constante finie différente de zéro. Cela posé, admettons que l'équation (1) ou

$$t = \varpi(x),$$

résolue par rapport à x, ait toutes ses racines réelles pour une valeur quelconque de t. On conclura du théorème IV, non seulement que les racines

$$a_1, \quad a_2, \quad a_3, \quad \ldots,$$
$$b_1, \quad b_2, \quad b_3, \quad \ldots$$

sont toutes réelles, mais encore que ces dernières racines réunies, et rangées par ordre de grandeur, de manière à former une suite croissante, appartiennent alternativement à l'une et à l'autre équation. Ce n'est pas tout; on conclura du théorème III : 1° en y posant $\tau = 0$; 2° en y remplaçant la variable t par la variable $\frac{1}{t}$, puis réduisant $\frac{1}{t}$ à zéro; que, dans l'hypothèse admise, chacune des équations (6) et (7), par conséquent chacune des équations (11) et (12) ne saurait avoir de racines égales. De ces diverses conclusions il résulte évidemment que, dans l'hypothèse admise, le nombre des racines de l'équation (12) et le nombre des racines de l'équation (11), c'est-à-dire les degrés des deux fonctions entières

$$\varphi(x), \quad \psi(x)$$

seront égaux ou différeront entre eux d'une unité. Donc, en résumé, on pourra énoncer la proposition suivante :

Théorème VII. — *$\varpi(x)$ étant une fonction réelle et rationnelle de x, si l'équation*

$$\varpi(x) = t,$$

résolue par rapport à x, a toutes ses racines réelles pour une valeur réelle quelconque de t, les degrés des deux termes de la fraction rationnelle $\varpi(x)$ seront égaux ou différeront entre eux d'une seule unité ; de plus, les racines de chacune des équations

$$\varpi(x) = 0, \qquad \frac{1}{\varpi(x)} = 0$$

seront réelles et inégales; enfin toutes ces racines réunies et rangées par ordre de grandeur, de manière à former une suite croissante, appartiendront alternativement à l'une et à l'autre équation.

Corollaire I. — Les mêmes choses étant posées que dans le théorème VII, nommons n le nombre entier qui représente ou les degrés des deux termes de la fraction rationnelle $\varpi(x)$, lorsque ces degrés sont égaux, ou lorsqu'ils deviennent inégaux, le plus grand des deux. Concevons d'ailleurs que les racines finies de chacune des équations

$$\varpi(x) = 0, \qquad \frac{1}{\varpi(x)} = 0$$

soient rangées par ordre de grandeur, de manière à former une suite croissante, et que les deux suites croissantes ainsi obtenues soient respectivement

$$b_1, \quad b_2, \quad b_3, \quad \ldots,$$
$$a_1, \quad a_2, \quad a_3, \quad \ldots.$$

Enfin, supposons toujours les fonctions entières $\varphi(x)$, $\psi(x)$ déterminées par les formules (8). Si les racines réunies de l'une et de l'autre équation sont de nouveau rangées par ordre de grandeur, on obtiendra : 1° la suite

$$(13) \qquad b_1, \quad a_1, \quad b_2, \quad a_2, \quad \ldots, \quad a_{n-1}, \quad b_n,$$

quand la fonction $\psi(x)$ sera du degré n et la fonction $\varphi(x)$ du degré $n-1$; 2° l'une des deux suites

$$(14)\qquad a_1,\ b_1,\ a_2,\ b_2,\ \ldots,\ a_n,\ b_n,$$

$$(15)\qquad b_1,\ a_1,\ b_2,\ a_2,\ \ldots,\ b_n,\ a_n,$$

quand les fonctions $\varphi(x)$, $\psi(x)$ seront l'une et l'autre du degré n; 3° enfin la suite

$$(16)\qquad a_1,\ b_1,\ a_2,\ b_2,\ \ldots,\ b_{n-1},\ a_n,$$

quand la fonction $\psi(x)$ sera du degré $n-1$ et la fonction $\varphi(x)$ du degré n. Quant aux valeurs

$$-\infty \quad \text{et} \quad +\infty$$

de la variable x, elles vérifieront, dans le premier cas, l'équation (7), et dans le troisième cas, l'équation (6); tandis que, dans le second cas, elles réduiront la valeur de $\varpi(x)$ généralement donnée par la formule (9), à la constante k.

Corollaire II. — Pour démontrer très simplement la première partie du théorème VI, il suffirait d'observer que, si l'on nomme

$$\pm l$$

la différence entre les degrés du numérateur et du dénominateur de la fraction rationnelle $\varpi(x)$, l désignant un nombre entier qui pourra se réduire à zéro, l'équation

$$\varpi(x) = t,$$

jointe à la formule (9), donnera sensiblement, pour une très grande valeur numérique ou pour un très grand module de la variable x,

$$t = kx^{\pm l},$$

par conséquent

$$x^l = \frac{t}{k} \qquad \text{ou} \qquad x^l = \frac{k}{t}.$$

Or, comme l'équation binome qui précède fournira, pour des valeurs négatives de $\frac{t}{k}$, des valeurs imaginaires de x, si le nombre l surpasse l'unité, on peut en conclure immédiatement que, si l'équation (1), résolue par rapport à x, a toutes ses racines réelles, pour une valeur réelle quelconque de t, le nombre l, c'est-à-dire la différence absolue entre les degrés des deux termes de la fraction rationnelle $\varpi(x)$, se réduira simplement à zéro ou à l'unité.

On peut démontrer encore facilement l'inverse du théorème VII, c'est-à-dire la proposition suivante :

THÉORÈME VIII. — $\varpi(x)$ *étant une fonction réelle et rationnelle de* x, *si les degrés des deux termes de cette fonction ou fraction rationnelle sont égaux ou diffèrent entre eux d'une seule unité; si d'ailleurs les racines de chacune des équations*

$$\varpi(x) = 0, \qquad \frac{1}{\varpi(x)} = 0$$

sont toutes réelles et inégales, si enfin ces racines, rangées par ordre de grandeur, appartiennent alternativement à l'une et à l'autre équation, alors, résolue par rapport à x, *l'équation*

$$\varpi(x) = t$$

aura toutes ses racines réelles, pour une valeur réelle quelconque de la variable t.

Démonstration. — Posons toujours

$$\varpi(x) = k\frac{\psi(x)}{\varphi(x)},$$

$\varphi(x)$, $\psi(x)$ désignant deux fonctions entières de x, dans chacune desquelles la plus haute puissance de x aura l'unité pour coefficient, et k une constante qui sera nécessairement réelle. Soit encore n le nombre entier qui représentera, dans l'hypothèse admise, les degrés des fonctions $\psi(x)$, $\varphi(x)$, si ces degrés sont égaux, ou, s'ils sont inégaux, le plus grand des deux. On aura trois cas à considérer suivant que les degrés des fonctions entières

$$\psi(x), \qquad \varphi(x)$$

seront

$$n \text{ et } n-1,$$

ou

$$n \text{ et } n,$$

ou enfin

$$n-1 \text{ et } n.$$

Or, supposons d'abord $\psi(x)$ du degré n, et $\varphi(x)$ du degré $n-1$. Soient dans ce même cas

$$a_1, \quad a_2, \quad \ldots, \quad a_{n-1}$$

les racines, supposées réelles et inégales, de l'équation

$$\varphi(x) = 0,$$

ces racines étant rangées par ordre de grandeur; la suite croissante des racines de l'équation

$$\frac{1}{\varpi(x)} = 0$$

sera

$$-\infty, \quad a_1, \quad a_2, \quad \ldots, \quad a_{n-1}, \quad \infty;$$

et puisque deux de ces racines, prises consécutivement, comprendront entre elles une seule racine simple et réelle de l'équation

$$\psi(x) = 0,$$

deux termes consécutifs de la suite

$$\psi(-\infty), \quad \psi(a_1), \quad \psi(a_2), \quad \ldots, \quad \psi(a_{n-1}), \quad \psi(\infty)$$

seront toujours affectés de signes contraires. D'ailleurs la dernière suite offrira les valeurs diverses de la fonction

$$\psi(x) - \frac{t}{k}\varphi(x)$$

correspondantes aux valeurs

$$-\infty, \quad a_1, \quad a_2, \quad \ldots, \quad a_{n-1}, \quad \infty$$

de la variable x, et à une valeur finie quelconque de la variable t. Donc deux de ces valeurs de x, prises consécutivement, comprendront entre elles au moins une racine réelle et simple de l'équation

$$\psi(x) - \frac{t}{k}\varphi(x) = 0;$$

donc cette équation, qui est du degré n, admettra n racines réelles pour une valeur réelle quelconque de t. En d'autres termes, pour une valeur réelle finie de t, des valeurs réelles de x pourront seules devenir racines de l'équation

$$\psi(x) - \frac{t}{k}\varphi(x) = 0,$$

ou, ce qui revient au même, de l'équation

$$t = \varpi(x).$$

Ajoutons que, si la valeur de t devenait infinie, les racines de l'équation

$$t = \varpi(x)$$

ne cesseraient pas d'être réelles, puisqu'elles se réduiraient simplement aux racines

$$a_1, \quad a_2, \quad \ldots, \quad a_{n-1} \qquad \text{et} \qquad \frac{1}{0} = \pm\infty$$

de l'équation

$$\frac{1}{\varpi(x)} = 0.$$

Si la fonction $\psi(x)$ était du degré $n-1$, et la fonction $\varphi(x)$ du degré n, alors, pour démontrer le théorème VIII, il suffirait de raisonner comme nous venons de le faire, en substituant la fonction $\frac{1}{\varpi(x)}$ à la fonction $\varpi(x)$.

Enfin, si les fonctions

$$\varphi(x), \quad \psi(x)$$

sont l'une et l'autre du degré n; alors, en représentant par

$$a_1, \quad a_2, \quad \ldots, \quad a_n$$

la suite croissante des racines de l'équation

$$\varphi(x) = 0,$$

et par

$$b_1, \quad b_2, \quad \ldots, \quad b_n$$

la suite croissante des racines de l'équation

$$\psi(x) = 0,$$

on conclura encore de raisonnements semblables à ceux dont nous venons de faire usage, que, pour une valeur réelle de t, l'équation

$$t = \varpi(x),$$

réductible à chacune des formes

$$(17) \qquad \psi(x) - \frac{t}{k}\varphi(x) = 0, \qquad \varphi(x) - \frac{t}{k}\psi(x) = 0,$$

offre toujours, dans l'hypothèse admise, non seulement $n - 1$ racines réelles dont chacune est comprise entre deux termes consécutifs de la suite

$$a_1, \quad a_2, \quad \ldots, \quad a_n,$$

mais aussi $n - 1$ racines réelles dont chacune est comprise entre deux termes consécutifs de la suite

$$b_1, \quad b_2, \quad \ldots, \quad b_n.$$

Donc cette même équation, qu'on peut réduire à une équation réelle et algébrique du degré n, ne saurait admettre une seule racine imaginaire. Donc ses n racines seront réelles pour une valeur réelle quelconque de t; et le théorème VIII, dans le cas que nous considérons, ne cessera pas d'être exact.

Corollaire I. — Les conditions énoncées dans le théorème VII étant remplies, si l'on représente par

$$b_1, \quad b_2, \quad b_3, \quad \ldots$$

la suite croissante des racines de l'équation $\varpi(x) = 0$, et par

$$a_1, \quad a_2, \quad a_3, \quad \ldots$$

la suite croissante des racines de l'équation $\frac{1}{\varpi(x)}=0$, ces diverses racines, rangées par ordre de grandeur, fourniront l'une des suites (13), (14), (15), (16). Alors aussi l'équation (1) pourra être présentée sous la forme

$$(18) \qquad t=k\frac{(x-b_1)(x-b_2)(x-b_3)\ldots}{(x-a_1)(x-a_2)(x-a_3)\ldots},$$

k désignant une constante réelle.

Corollaire II. — Si, pour fixer les idées, on suppose $n=1$, la valeur de

$$\frac{t}{k},$$

tirée de l'équation (18), prendra l'une des trois formes

$$x-b, \qquad \frac{x-b}{x-a}, \qquad \frac{1}{x-a}.$$

D'ailleurs, on reconnaîtra facilement : 1° que la différence

$$x-b$$

croît sans cesse, tandis que la variable x croît en passant de la limite $-\infty$ à la limite $+\infty$; 2° que le rapport

$$\frac{1}{x-a}$$

décroît sans cesse, tandis que la variable x croît en passant de la limite $-\infty$ à la limite a, ou de la limite a à la limite ∞; 3° que la fraction

$$\frac{x-b}{x-a}=1+\frac{a-b}{x-a}$$

est toujours décroissante avec le rapport $\frac{1}{x-a}$, quand on a

$$a>b,$$

et toujours croissante pour des valeurs croissantes de $x-a$, quand on a

$$a<b.$$

De ces observations, relatives au cas particulier où l'on suppose $n = 1$, on conclura sans peine que, dans cette supposition, et même plus généralement, pour des valeurs quelconques du nombre entier n, la valeur de t, fournie par l'équation (1) ou (18), sera toujours croissante ou toujours décroissante, tandis que la variable x croîtra en passant d'un terme quelconque de la série

$$(19) \qquad -\infty,\quad a_1,\quad a_2,\quad a_3,\quad \ldots,\quad \infty$$

au terme suivant. Pour établir, par exemple, cette dernière proposition, dans le cas où, le numérateur de la fraction rationnelle $\varpi(x)$ étant du degré n, le dénominateur est du degré $n-1$, il suffit de présenter successivement les valeurs de t sous chacune des formes

$$t = (x - b_1)\frac{x - b_2}{x - a_1}\,\frac{x - b_3}{x - a_2}\cdots\frac{x - b_n}{x - a_{n-1}},$$

$$t = \frac{x - b_1}{x - a_1}\,\frac{x - b_2}{x - a_2}\cdots\frac{x - b_{n-1}}{x - a_{n-1}}(x - a_n).$$

En conséquence, on peut énoncer la proposition suivante :

Théorème IX. — *Les mêmes choses étant posées que dans le théorème VIII, si l'on représente par*

$$a_1,\quad a_2,\quad a_3,\quad \ldots$$

la suite croissante des racines finies de l'équation

$$\frac{1}{\varpi(x)} = 0,$$

la valeur de

$$t = \varpi(x)$$

sera toujours croissante ou toujours décroissante, tandis que la variable x croîtra en passant d'un terme de la série

$$(19) \qquad -\infty,\quad a_1,\quad a_2,\quad a_3,\quad \ldots,\quad \infty$$

au terme suivant.

Corollaire. — Pour bien comprendre le théorème IX, il est nécessaire de distinguer trois cas, suivant que les degrés des deux termes de la fraction rationnelle $\varpi(x)$ sont

$$n \text{ et } n-1, \quad \text{ou} \quad n \text{ et } n, \quad \text{ou enfin} \quad n-1 \text{ et } n.$$

Dans le premier cas, $-\infty$, ∞ seront racines de l'équation

$$\frac{1}{\varpi(x)} = 0,$$

et la valeur du rapport

$$\frac{t}{k}$$

croîtra sans cesse en passant de la limite $-\infty$ à la limite $+\infty$, tandis que la variable x croîtra en passant d'un terme de la série (19) au terme suivant.

Dans le troisième cas, $-\infty$ et $+\infty$ seront racines de l'équation

$$\varpi(x) = 0;$$

et, tandis que la variable x croîtra, en passant d'un terme a' de la série (19) au terme suivant a'', la valeur du rapport

$$\frac{t}{k}$$

décroîtra sans cesse, en passant de la limite zéro à la limite $-\infty$, si l'on a $a' = -\infty$; de la limite ∞ à la limite zéro, si l'on a $a'' = \infty$; et de la limite ∞ à la limite $-\infty$, si a' et a'' conservent des valeurs finies.

Enfin, dans le second cas, $-\infty$, ∞ seront racines de l'équation

$$\varpi(x) = k;$$

et, tandis que la variable x croîtra, en passant d'un terme quelconque a de la série (19) au terme suivant a'', la valeur du rapport

$$\frac{t}{k}$$

croîtra ou décroîtra sans cesse en passant généralement de la limite $-\infty$ à la limite $+\infty$, ou réciproquement, suivant que la plus petite racine b_1 de l'équation

$$\varpi(x) = 0$$

sera supérieure ou inférieure à la plus petite racine a_1 de l'équation

$$\frac{1}{\varpi(x)} = 0.$$

Ajoutons que la première des valeurs extrêmes du rapport

$$\frac{t}{k},$$

si l'on a $a' = -\infty$, ou la seconde, si l'on a $a' = \infty$, devra cesser d'être infinie, et se réduire simplement à l'unité.

Dans les applications que nous venons de faire des principes ci-dessus établis, nous avons supposé que la fonction $\varpi(x)$ était algébrique et même rationnelle. Pour montrer une application des mêmes principes à une fonction transcendante, il nous suffira de prendre

$$\varpi(x) = \operatorname{tang} \alpha x;$$

α désignant une constante réelle. Alors l'équation (1), réduite à

$$t = \operatorname{tang} \alpha x,$$

ou, ce qui revient au même, à

$$t = \frac{\sin \alpha x}{\cos \alpha x},$$

aura, comme l'on sait, toutes ses racines x réelles. Donc, en vertu du théorème VI, les racines des deux équations (6) et (7), ou

$$\sin \alpha x = 0, \qquad \cos \alpha x = 0,$$

étant réunies et rangées par ordre de grandeur, appartiendront alternativement à l'une et à l'autre équation, ce qui est effectivement exact.

NOTE

SUR

QUELQUES THÉORÈMES D'ALGÈBRE.

Un lemme dont M. Lamé a fait usage pour démontrer l'impossibilité de résoudre en nombres entiers l'équation

$$x^7 + y^7 + z^7 = 0$$

se déduit aisément d'un théorème d'algèbre que l'on peut énoncer comme il suit :

THÉORÈME I. — *n désignant un nombre impair non divisible par 3, si la somme des $n^{ièmes}$ puissances de deux variables x, y est retranchée de la $n^{ième}$ puissance de leur somme*

$$x + y,$$

le reste

$$(x + y)^n - x^n - y^n \tag{1}$$

sera divisible algébriquement, non seulement par le produit

$$xy(x + y),$$

comme il est facile de le reconnaître, mais encore, pour des valeurs de n supérieures à 3, par le trinome

$$x^2 + xy + y^2 = \frac{x^3 - y^3}{x - y},$$

et même par le carré de ce trinome, lorsque n divisé par 3 donnera pour reste l'unité.

Démonstration. — Pour s'assurer que l'expression (1) est algébriquement divisible par chacun des facteurs

$$x, \quad y, \quad x+y,$$

il suffit de s'assurer qu'elle s'évanouit, quand on y pose

$$x=0 \quad \text{ou} \quad y=0 \quad \text{ou} \quad y=-x,$$

ce qui est effectivement exact. Pareillement, pour démontrer que l'expression (1) est divisible par le produit

$$x^2+xy+y^2,$$

il suffit de prouver qu'elle s'évanouit, quand on y pose

$$y=\alpha x \quad \text{ou} \quad y=\beta x,$$

α, β désignant les deux racines de l'équation

$$x^2+x+1=0,$$

ou, ce qui revient au même, les deux racines imaginaires de l'équation

$$x^3=1.$$

Or, comme ces deux racines vérifient non seulement la condition

$$1+\alpha+\beta=0,$$

mais encore, lorsque n n'est pas divisible par 3, la condition

$$1+\alpha^n+\beta^n=0,$$

la supposition

$$y=\alpha x \quad \text{ou} \quad y=\beta x$$

réduira l'expression (1) au produit de x^n par l'une des sommes

$$(1+\alpha)^n-1-\alpha^n=-1-\alpha^n+(-\beta)^n,$$
$$(1+\beta)^n-1-\beta^n=-1-\beta^n+(-\alpha)^n,$$

et par conséquent au produit de x^n par

$$-(1+\alpha^n+\beta^n)=0,$$

toutes les fois que n sera un nombre impair non divisible par 3. Donc alors l'expression (1) sera divisible algébriquement par le trinome

$$x^2 + xy + y^2;$$

il y a plus : elle sera divisible par le carré du même trinome, si, en supposant

$$y = \alpha x \quad \text{ou} \quad y = 6x,$$

on fait évanouir non seulement l'expression (1), mais encore sa dérivée relative à y, savoir :

$$n[(x+y)^{n-1} - y^{n-1}],$$

c'est-à-dire, en d'autres termes, si les binomes

$$(1+\alpha)^{n-1} - \alpha^{n-1} = (-6)^{n-1} - \alpha^{n-1},$$
$$(1+6)^{n-1} - 6^{n-1} = (-\alpha)^{n-1} - 6^{n-1}$$

se réduisent à zéro. Or c'est précisément ce qui arrivera toutes les fois que le nombre impair n, étant divisé par 6, donnera l'unité pour reste.

Exemples. — Si l'on prend successivement pour n les divers nombres

$$3, \quad 5, \quad 7, \quad 11, \quad 13, \quad \ldots,$$

on trouvera

$$(x+y)^3 - x^3 - y^3 = 3xy(x+y),$$
$$(x+y)^5 - x^5 - y^5 = 5xy(x+y)(x^2+xy+y^2),$$
$$(x+y)^7 - x^7 - y^7 = 7xy(x+y)(x^2+xy+y^2)^2,$$
$$(x+y)^{11} - x^{11} - y^{11}$$
$$= 11xy(x+y)(x^2+xy+y^2)\,[(x^2+xy+y^2)^3 + x^2y^2(x+y)^2],$$
$$(x+y)^{13} - x^{13} - y^{13}$$
$$= 13xy(x+y)(x^2+xy+y^2)^2[(x^2+xy+y^2)^3 + 2x^2y^2(x+y)^2],$$
. . . .

Des démonstrations semblables à celle que nous avons donnée du théorème I s'appliquent à d'autres propositions d'algèbre. Ainsi, en particulier, de ce qu'une fonction entière d'une ou de plusieurs variables indépendantes ne peut s'évanouir avec l'une quelconque de ces variables, sans être divisible par chacune d'elles, on doit conclure que, si

$$f(x), \quad f(x,y), \quad f(x,y,z), \quad \ldots$$

représentent des fonctions entières des variables indépendantes

$$x, \quad y, \quad z, \quad \ldots,$$

les sommes

$$f(x) - f(-x);$$

$$f(x, y) - f(-x, y) - f(x, -y) + f(-x, -y);$$

$$\begin{aligned} &f(x, y, z) - f(-x, y, z) - f(x, -y, z) + f(-x, -y, z) \\ &- f(x, y, -z) + f(-x, y, -z) + f(x, -y, -z) - f(-x, -y, -z); \end{aligned}$$

. . . .

seront algébriquement divisibles, la première par x, la seconde par le produit xy, la troisième par le produit xyz.... On pourra donc énoncer la proposition suivante :

Théorème II. — *Soient*

$$x, \quad y, \quad z, \quad \ldots$$

n variables indépendantes, et

$$f(x, y, z, \ldots)$$

une fonction entière de ces variables. Soit encore

$$s$$

la somme formée par l'addition de cette fonction et de celles que l'on peut en déduire à l'aide d'une ou de plusieurs opérations successives, dont chacune consiste à changer simultanément le signe de la fonction et le signe de l'une des variables. La somme s *sera divisible algébriquement par le produit de toutes les variables*

$$x, \quad y, \quad z, \quad \ldots.$$

Nota. — Les termes qui composeront la somme s seront tous compris sous la forme générale

$$\pm f(\pm x, \pm y, \pm z, \ldots),$$

le signe extérieur à la fonction f étant le produit de ceux qui affecteront intérieurement les diverses variables $x, y, z, \ldots$. Donc le nombre des termes de la somme s sera le nombre 2^n des valeurs différentes que pourra prendre l'expression

$$f(\pm x, \pm y, \pm z, \ldots),$$

eu égard au double signe qui se trouve placé devant chaque variable, et qui peut être réduit arbitrairement soit au signe $+$, soit au signe $-$.

Corollaire I. — Le produit $xyz\ldots$ étant du degré n, si la fonction

$$f(x, y, z, \ldots)$$

est d'un degré inférieur à n, la somme $\mathcal{S}$, algébriquement divisible par le produit $xyz\ldots$, vérifiera nécessairement la condition

$$\mathcal{S} = 0.$$

Corollaire II. — Si la fonction

$$f(x, y, z, \ldots)$$

est précisément du degré n, alors non seulement la somme $\mathcal{S}$ sera divisible algébriquement par le produit

$$xyz\ldots,$$

mais de plus le quotient de $\mathcal{S}$ par ce produit sera une fonction entière du degré zéro, c'est-à-dire une quantité constante. On aura donc, en désignant cette constante par $\mathcal{C}$,

$$\mathcal{S} = \mathcal{C}xyz\ldots.$$

Si, d'ailleurs, on représente par

$$\mathcal{M}xyz\ldots$$

la partie proportionnelle au produit $xyz\ldots$ dans la fonction

$$f(x, y, z, \ldots),$$

cette partie sera évidemment commune à la fonction $f(x, y, z, \ldots)$ et à toutes celles qui s'en déduisent. Donc, puisque le nombre total de ces fonctions, y compris la première, est 2^n, on aura

$$\mathcal{C} = 2^n \mathcal{M}$$

et

$$S = 2^n \mathfrak{M} xyz \ldots.$$

Si, pour fixer les idées, on prend

$$f(x, y, z, \ldots) = (x + y + z + \ldots)^n,$$

on aura

$$\mathfrak{M} = 1.2.3\ldots n,$$

et par suite

$$S = 2^n\, 1.2.3\ldots n\, xyz \ldots.$$

On peut donc énoncer la proposition suivante :

THÉORÈME III. — *n étant le nombre des variables indépendantes x, y, z, ..., soit S la somme formée par l'addition de la fonction*

$$(x + y + z + \ldots)^n$$

et de toutes celles qui se trouvent comprises sous la forme

$$\pm(\pm x \pm y \pm z \pm \ldots)^n$$

lorsqu'on réduit le signe extérieur, c'est-à-dire situé hors des parenthèses, au produit des signes intérieurs. On aura

$$S = 2^n.1.2.3\ldots n\, xyz \ldots.$$

Ainsi, par exemple, on trouvera successivement

$$x - (-x) = 2x,$$

$$(x + y)^2 - (-x + y)^2 - (x - y)^2 + (-x - y)^2 = 2^2.1.2xy,$$

$$\begin{aligned}&(x + y + z)^3 - (-x + y + z)^3 - (x - y + z)^3 + (-x - y + z)^3\\ &- (x + y - z)^3 + (-x + y - z)^3 + (x - y - z)^3 - (-x - y - z)^3\\ &= 2^3.1.2.3xyz, \ldots.\end{aligned}$$

Le théorème III, ainsi que nous l'avons montré dans les *Comptes rendus des séances de l'Académie des Sciences* pour l'année 1840 (¹), conduit facilement à la détermination complète des sommes alternées des racines primitives des équations binomes.

(¹) *Œuvres de Cauchy*, 1re série, t. V, p. 152; Extrait 82 des *Comptes rendus*.

Concevons maintenant que,

$$f(x, y, z, \ldots)$$

étant une fonction entière dont le degré surpasse le nombre n des variables $x, y, z, \ldots$, on désigne par

$$\mathcal{A}x^k y^l z^m \ldots$$

l'un quelconque des termes dont cette fonction se compose. Pour que la somme, désignée par $\mathfrak{s}$ dans le théorème II, offre une partie correspondante à ce terme, il sera nécessaire et il suffira que ce même terme change de signe avec chacune des variables

$$x, \quad y, \quad z, \quad \ldots;$$

par conséquent, il sera nécessaire et il suffira que chacun des exposants

$$k, \quad l, \quad m, \quad \ldots$$

soit un nombre impair. Sous cette condition, le terme dont il s'agit se trouvera, dans la somme $\mathfrak{s}$, multiplié par le nombre 2^n, tandis que, dans le cas contraire, il disparaîtra évidemment de la même somme. De cette simple observation on déduit immédiatement la proposition suivante :

Théorème IV. — *Soit*

$$f(x, y, z, \ldots)$$

une fonction entière de n variables $x, y, z, \ldots$. Soit, de plus,

$$F(x, y, z, \ldots)$$

la partie de cette fonction qui se compose de termes de la forme

$$\mathcal{A}x^{2a+1} y^{2b+1} z^{2c+1} \ldots,$$

$a, b, c, \ldots$ étant des nombres entiers, c'est-à-dire de termes dont chacun renferme toutes les variables élevées à des puissances impaires. La somme désignée par $\mathfrak{s}$ dans le théorème II sera liée à la fonction

$$F(x, y, z, \ldots)$$

par la formule

$$S = 2^n F(x, y, z, \ldots).$$

Corollaire I. — Puisque dans chaque terme de la fonction

$$F(x, y, z, \ldots),$$

les exposants

$$2a+1, \quad 2b+1, \quad 2c+1, \quad \ldots$$

de toutes les variables sont des nombres impairs, la somme de ces exposants, savoir,

$$2(a+b+c+\ldots)+n,$$

sera toujours l'un des nombres

$$n, \quad n+2, \quad n+4, \quad \ldots.$$

Donc si $f(x, y, z, \ldots)$ ne renferme point de termes dont le degré se réduise à l'un de ces nombres, on aura

$$S = 0.$$

C'est ce qui arrivera, en particulier, si $f(x, y, z, \ldots)$ est une fonction homogène dont le degré se réduise à l'un des termes de la progression arithmétique

$$n+1, \quad n+3, \quad n+5, \quad \ldots;$$

par exemple, si l'on prend pour $f(x, y, z, \ldots)$ l'une des fonctions

$$(x+y+z+\ldots)^{n+1}, \qquad (x+y+z+\ldots)^{n+3}, \qquad \ldots$$

Corollaire II. — Si l'on prend successivement pour $f(x, y, z, \ldots)$ chacune des fonctions homogènes

$$(x+y+z+\ldots)^n, \quad (x+y+z+\ldots)^{n+2}, \quad (x+y+z+\ldots)^{n+4}, \quad \ldots,$$

on tirera du théorème IV, joint à la formule qui fournit le développement d'une puissance entière de la somme $x+y+z+\ldots$,

$$S = 2^n.1.2.3\ldots nxyz\ldots;$$

puis

$$S = 2^n.4.5\ldots(n+2)xyz\ldots(x^2+y^2+z^2+\ldots);$$

puis

$$8 = 2^n.6.7\ldots(n+4)xyz\ldots\left[x^4+y^4+z^4+\ldots+\frac{4.5}{2.3}(x^2y^2+x^2z^2+\ldots+y^2z^2+\ldots)\right],$$

ou, ce qui revient au même,

$$8 = 2^{n+1}.7\ldots(n+4)xyz\ldots[3(x^4+y^4+z^4\ldots)+10(x^2y^2+x^2z^2+\ldots+y^2z^2+\ldots)],$$

. . . .

La première des formules qui précèdent reproduit le théorème III; la seconde donne

$$(x+y)^4-(-x+y)^4-(x-y)^4+(-x-y)^4 = 2^2.4xy(x^2+y^2),$$

$$\begin{aligned}&(x+y+z)^5-(-x+y+z)^5-(x-y+z)^5+(-x-y+z)^5\\ &-(x+y-z)^5+(-x+y-z)^5+(x-y-z)^5-(-x-y-z)^5\\ &= 2^3.4.5xyz(x^2+y^2+z^2),\end{aligned}$$

. . . . ;

la troisième ou quatrième donne

$$\begin{aligned}&(x+y)^6-(-x+y)^6-(x-y)^6+(-x-y)^6\\ &= 2^3xy[3(x^4+y^4)+10x^2y^2],\end{aligned}$$

$$\begin{aligned}&(x+y+z)^7-(-x+y+z)^7-(x-y+z)^7+(-x-y+z)^7\\ &-(x+y-z)^7+(-x+y-z)^7+(x-y-z)^7-(-x-y-z)^7\\ &= 2^4.7xyz[3(x^4+y^4+z^4)+10(x^2y^2+x^2z^2+y^2z^2)],\end{aligned}$$

. . . .

En terminant cette Note, nous remarquerons que, dans le cas où $f(x, y, z, \ldots)$ est une fonction homogène de $x, y, z, \ldots$, les différents termes dont se compose la somme 8 sont égaux deux à deux, eu égard à la formule

$$f(x, y, z, \ldots) = (-1)^n f(-x, -y, -z, \ldots).$$

Ainsi, par exemple, si l'on prend

$$f(x, y) = (x+y)^2,$$

on trouvera

$$(x+y)^2 = (-x-y)^2,$$

et par suite, en remplaçant x par $-x$,

$$(-x+y)^2 = (x-y)^2.$$

Si l'on prend au contraire

$$f(x, y, z) = (x+y+z)^3,$$

on trouvera

$$(x+y+z)^3 = -(-x-y-z)^3,$$

et par suite

$$(-x+y-z)^3 = -(x-y+z)^3,$$
$$(x-y-z)^3 = -(-x+y+z)^3,$$
$$(-x-y+z)^3 = -(x+y-z)^3,$$
$$\ldots\ldots\ldots\ldots\ldots\ldots\ldots\ldots\ldots\ldots$$

Cela posé, on tirera des formules ci-dessus établies :

1° En prenant successivement pour $f(x, y, z, \ldots)$ les fonctions

$$(x+y)^2, \qquad (x+y+z)^3 \qquad \ldots,$$
$$(x+y)^2 - (x-y)^2 = 2.2xy,$$
$$(x+y+z)^3 + (x-y-z)^3$$
$$+ (-x+y-z)^3 + (-x-y+z)^3 = 2^2.1.2.3xyz,$$
$$\ldots\ldots\ldots\ldots\ldots\ldots\ldots\ldots\ldots\ldots\ldots\ldots\ldots\ldots\ldots;$$

2° En prenant pour $f(x, y, z)$, l'une des fonctions

$$(x+y)^4, \qquad (x+y+z)^5, \qquad \ldots.$$
$$(x+y)^4 - (x-y)^4 = 2.4xy(x^2+y^2),$$
$$(x+y+z)^5 + (x-y-z)^5$$
$$+ (-x+y-z)^5 + (-x-y+z)^5 = 2^2.4.5xyz(x^2+y^2+z^2);$$

3° En prenant pour $f(x, y, z)$ l'une des fonctions

$$(x+y)^6, \quad (x+y+z)^7, \quad \ldots.$$
$$(x+y)^6 - (x-y)^6 = 2^2xy[3(x^4+y^4) + 10^2x^2y].$$
$$(x+y+z)^7 + (x-y-z)^7 + (-x+y-z)^7 + (-x-y+z)^7$$
$$= 2^3.7xyz[3(x^4+y^4+z^4) + 10(x^2y^2 + x^2z^2 + y^2z^2)].$$
$$\ldots\ldots\ldots\ldots\ldots\ldots\ldots\ldots\ldots\ldots\ldots\ldots\ldots\ldots$$

La dernière des formules auxquelles nous venons de parvenir coïncide encore avec l'une de celles dont M. Lamé a fait usage dans son Mémoire sur l'impossibilité de résoudre en nombres entiers l'équation

$$x^7 + {}^7y + z^7 = 0.$$

NOTE

SUR

LES DIVERSES SUITES QUE L'ON PEUT FORMER

AVEC DES TERMES DONNÉS.

Considérons une suite composée de divers termes

$$a,\quad b,\quad c,\quad d,\quad \ldots.$$

On pourra de cette première suite en déduire plusieurs autres, en intervertissant l'ordre dans lequel les termes se trouvent écrits. De plus, si l'on compare une quelconque des nouvelles suites à la première, on se trouvera naturellement conduit par cette comparaison à distribuer les divers termes

$$a,\quad b,\quad c,\quad d,\quad \ldots$$

en plusieurs groupes, en faisant entrer deux termes dans un même groupe toutes les fois qu'ils occuperont le même rang dans la première suite et dans la nouvelle, et en formant un groupe isolé de chaque terme qui n'aura pas changé de rang dans le passage d'une suite à l'autre. Pour indiquer un de ces groupes, nous renfermerons entre deux parenthèses les termes dont il se compose, en faisant succéder immédiatement l'un à l'autre deux termes qui occuperont le même rang dans la nouvelle suite et dans la première. Alors le premier terme de chaque groupe devra être censé succéder au dernier. On pourra d'ailleurs prendre pour premier terme l'un quelconque de ceux qui composent le groupe, ce qui permettra de représenter le même groupe par diverses notations équivalentes. Ainsi, par exemple, l'une quelconque des quatre notations

$$(a, b, c, d), \quad (b, c, d, a), \quad (c, d, a, b), \quad (d, a, b, c)$$

indiquera un groupe formé par les quatre termes

$$a, \quad b, \quad c, \quad d,$$

et il y aura effectivement lieu à former ce groupe, si, dans le passage de la première suite à la nouvelle, les quatre termes

$$a, \quad b, \quad c, \quad d$$

sont respectivement remplacés par les quatre termes

$$b, \quad c, \quad d, \quad a,$$

savoir : a par b, b par c, c par d et d par a. Il n'y aurait qu'une seule manière de représenter un groupe, si les lettres qui le composent étaient écrites, les unes après les autres, non plus sur une ligne droite, mais sur une circonférence de cercle divisée en parties égales, et disposées de telle sorte qu'en parcourant la circonférence dans un sens déterminé, on passât immédiatement d'une lettre quelconque à celle qui doit la remplacer. C'est par ce motif que dans le Tome X du *Journal de l'École Polytechnique* j'ai désigné sous le nom de *substitution circulaire* l'opération qui embrasse le système entier des remplacements indiqués par un même groupe.

Lorsqu'un groupe se composera d'une seule lettre, il indiquera simplement que cette lettre ne doit pas être déplacée, et qu'elle conserve son rang dans le passage d'une suite à l'autre. Lorsqu'un groupe se composera de deux lettres, il indiquera un *échange mutuel* opéré entre ces deux lettres. Il est d'ailleurs évident qu'à l'aide de plusieurs semblables échanges opérés entre les lettres

$$a, \quad b, \quad c, \quad d, \quad \ldots$$

prises deux à deux, on pourra faire passer successivement l'une quelconque de ces lettres à la première place, puis l'une quelconque des lettres restantes à la seconde place, etc., et par conséquent transformer la première suite

$$a, \quad b, \quad c, \quad d, \quad \ldots$$

en l'une quelconque des autres. Donc un système quelconque de substitutions circulaires, représenté par un système de groupes donnés, peut toujours être remplacé par un système d'échanges successivement opérés, et dont chacun se rapporte à deux lettres seulement.

Si l'on nomme n le nombre des lettres données

$$a, \quad b, \quad c, \quad d, \quad \ldots,$$

le nombre des diverses suites, ou, ce qui revient au même, des divers arrangements que l'on pourra former avec ces lettres, se déduira aisément du nombre n, et sera, comme l'on sait, représenté par le produit

$$1.2.3\ldots n.$$

De plus, ces mêmes suites ou arrangements se partageront en deux classes bien distinctes, la comparaison de chaque nouvel arrangement au premier

$$a, \quad b, \quad c, \quad d, \quad \ldots$$

pouvant donner naissance à un nombre pair ou à un nombre impair de groupes. J'ajoute qu'*un seul échange, opéré entre deux lettres, fera passer une suite ou un arrangement d'une classe à l'autre, en faisant croître ou diminuer le nombre des groupes d'une unité*. C'est en effet ce que l'on démontrera sans peine de la manière suivante.

Concevons d'abord que les deux lettres échangées entre elles appartiennent à deux groupes différents. On pourra supposer chacune d'elles écrite la première dans le groupe qui la renferme. Cela posé, soient, par exemple,

$$(a, b, c, \ldots, h, k), \quad (l, m, n, \ldots, r, s)$$

les deux groupes dont il s'agit. Ces groupes indiqueront que, dans le passage de la première suite à la nouvelle, les lettres

$$a, \quad b, \quad c, \quad \ldots, \quad h, \quad k \quad \text{et} \quad l, \quad m, \quad n, \quad \ldots, \quad r, \quad s$$

se trouvent respectivement remplacées par les lettres

$$b,\ c,\ \ldots,\ k,\ a \quad \text{et} \quad m,\ n,\ \ldots,\ s,\ l.$$

Donc, après un échange opéré dans la seconde suite entre les premières lettres des deux groupes, c'est-à-dire entre les lettres a et l, on devra, en passant de la première suite à la seconde, remplacer les lettres

$$a,\ b,\ c,\ \ldots,\ h,\ k,\ l,\ m,\ n,\ \ldots,\ r,\ s$$

par

$$b,\ c,\ \ldots,\ \ldots,\ k,\ l,\ m,\ n,\ \ldots,\ \ldots,\ s,\ a.$$

Donc, après cet échange, les deux groupes donnés

$$(a,\ b,\ c,\ \ldots,\ h,\ k),\quad (l,\ m,\ n,\ \ldots,\ r,\ s)$$

se trouveront réunis, et réduits à un seul groupe

$$(a,\ b,\ c,\ \ldots,\ h,\ k,\ l,\ m,\ n,\ \ldots,\ r,\ s).$$

Réciproquement, si ce dernier groupe était l'un des groupes donnés, résultants de la comparaison de la nouvelle suite à la première, un seul échange opéré entre deux lettres comprises dans ce groupe, par exemple entre les deux lettres a et l, diviserait ce groupe en deux autres

$$(a,\ b,\ c,\ \ldots,\ h,\ k) \quad \text{et} \quad (l,\ m,\ n,\ \ldots,\ r,\ s).$$

Donc, dans tous les cas, un seul échange opéré entre deux lettres, dans l'une quelconque des suites que l'on considère, fera passer cette suite d'une classe à l'autre, en faisant croître ou diminuer le nombre des groupes d'une unité.

Puisqu'un seul échange transformera les suites qui appartiennent à une classe en celles qui appartiennent à l'autre, il est clair que chaque classe offrira précisément la moitié du nombre total des suites ou des arrangements divers. Donc le nombre des arrangements qui appartiendront à chaque classe sera représenté par le produit

$$3.4\ldots n.$$

Observons encore que, n étant le nombre des lettres, la comparaison du premier arrangement

$$a, \quad b, \quad c, \quad d, \quad \ldots$$

à lui-même fournira n groupes isolés. Donc la classe qui comprendra ce premier arrangement devra correspondre à un nombre pair ou à un nombre impair de groupes, suivant que le nombre n sera lui-même pair ou impair.

Observons enfin qu'après plusieurs échanges opérés chacun entre deux lettres, le nombre total des groupes se trouvera évidemment augmenté ou diminué, soit d'un nombre pair, soit d'un nombre impair, suivant que le nombre des échanges sera lui-même pair ou impair. Donc *des échanges par lesquels deux arrangements pourront être déduits l'un de l'autre seront toujours nécessairement en nombre pair*, *si ces arrangements appartiennent à la même classe*, *et en nombre impair dans le cas contraire*.

Concevons maintenant qu'une lettre placée avant une autre lettre dans le premier arrangement se trouve au contraire placée après elle dans un second. Nous dirons alors que ce second arrangement, comparé au premier, offre une inversion relative au système des deux lettres dont il s'agit. D'ailleurs, le nombre des inversions que présentera le second arrangement ne pourra évidemment surpasser le nombre des combinaisons que l'on peut former avec n lettres prises deux à deux, c'est-à-dire le rapport

$$\frac{n(n-1)}{2}.$$

J'ajoute que *le second arrangement appartiendra ou non à la même classe que le premier*, *suivant que le nombre des inversions sera pair ou impair*. C'est, en effet, ce que l'on démontre aisément comme il suit.

Supposons que de chaque lettre prise dans le premier ou dans le second arrangement on retranche successivement chacune des suivantes. Le produit des différences ainsi formées se réduira, pour le premier arrangement, à l'expression

$$(1) \qquad P = (a-b)(a-c)\ldots(b-c)\ldots.$$

De plus, le nombre des facteurs du même produit qui changeront de signe, quand on passera du premier arrangement au second, sera précisément le nombre des inversions qu'offrira ce second arrangement, et suivant que ce nombre sera pair ou impair, le nouveau produit sera égal, soit à $+P$, soit à $-P$. Donc, pour établir la proposition énoncée, il suffira de prouver que le nouveau produit se réduit à $+P$ ou à $-P$, suivant que le second arrangement appartient ou non à la même classe que le premier, ou, ce qui revient au même, suivant que le second arrangement peut ou ne peut pas se déduire du premier par un nombre pair d'échanges opérés chacun entre deux lettres. Or cette dernière proposition est évidente. Car si deux lettres, par exemple a et b, sont échangées entre elles, dans l'un quelconque des produits formés comme il a été dit ci-dessus, le facteur qui renfermera ces deux lettres, c'est-à-dire la différence

$$a-b \quad \text{ou} \quad b-a,$$

changera de signe ; mais les deux facteurs qui renfermeront les deux lettres a et b avec une troisième c, étant multipliés l'un par l'autre, fourniront un produit partiel qui pourra être réduit à l'une des formes

$$(a-c)(b-c), \qquad -(a-c)(b-c),$$

et qui dans l'un ou l'autre cas conservera le même signe, après l'échange mutuel de deux lettres a et b.

Le théorème qui détermine la classe à laquelle appartient un arrangement, à l'aide du nombre pair ou impair des inversions, a été donné, pour la première fois, par Kramer, et démontré par M. Laplace. J'ai donné les autres théorèmes ci-dessus énoncés dans le Tome X du *Journal de l'École Polytechnique* et dans l'*Analyse algébrique*. Si je les ai rappelés ici, c'est pour rendre plus facile la lecture du Mémoire suivant.

MÉMOIRE

SUR LES FONCTIONS ALTERNÉES

ET

SUR LES SOMMES ALTERNÉES.

Concevons que, dans la suite

$$x, \quad y, \quad z, \quad \ldots,$$

on retranche successivement de chaque terme tous ceux qui le suivent, et nommons P le produit des différences ainsi formées, en sorte qu'on ait

$$(1) \qquad P = (x-y)(x-z)\ldots(y-z)\ldots.$$

Si, dans le produit P, on échange deux lettres entre elles, il changera évidemment de signe, en conservant, au signe près, la même valeur. (*Voir* la Note précédente.)

Une *fonction alternée* de plusieurs variables $x, y, z, \ldots$ est celle qui, comme le produit P, change de signe, en conservant, au signe près, la même valeur, lorsqu'on échange deux de ces variables entre elles. Il suit de cette définition même qu'une fonction alternée de $x, y, z, \ldots$ s'évanouira, si l'on pose

$$x = y \quad \text{ou} \quad x = z, \quad \ldots \quad \text{ou} \quad y = z, \quad \ldots.$$

Donc, si cette fonction est entière, elle sera divisible algébriquement par chacune des différences

$$x - y, \quad x - z, \quad \ldots, \quad y - z, \quad \ldots,$$

entre les variables $x, y, z, \ldots$, combinées deux à deux. Elle sera donc alors algébriquement divisible par le produit P de toutes ces différences. (Voir l'*Analyse algébrique*, Chap. III, § II) ([1]).

Une fonction rationnelle qui a pour dénominateur une fonction symétrique et pour numérateur une fonction alternée des variables x, y, z, ... est évidemment elle-même une fonction alternée de ces variables. Réciproquement, si une fonction alternée de x, y, z se trouve représentée par une fraction rationnelle dont le dénominateur se réduise à une fonction symétrique, le numérateur de la même fraction rationnelle sera nécessairement une autre fonction alternée de x, y, z, ...

Soit maintenant

$$f(x, y, z, \ldots)$$

une fonction quelconque des variables $x, y, z, \ldots$; et supposons que l'on ajoute à cette fonction celles que l'on peut en déduire à l'aide d'un ou de plusieurs échanges opérés entre les variables $x, y, z, \ldots$, chacune des nouvelles fonctions étant prise avec le signe $+$ ou avec le signe $-$, suivant que le nombre des échanges est pair ou impair. La somme s ainsi obtenue aura évidemment la propriété de changer de signe, en conservant, au signe près, la même valeur, lorsqu'on échangera deux variables entre elles. Cette somme sera donc une fonction alternée des variables $x, y, z, \ldots$. Nous la nommerons, pour cette raison, *somme alternée;* et en adoptant une notation dont nous avons souvent fait usage, nous la désignerons comme il suit :

$$s = S[\pm f(x, y, z, \ldots)]. \tag{2}$$

Si la fonction $f(x, y, z, \ldots)$ est entière, on pourra en dire autant de la somme alternée s. Donc alors, en vertu de ce qu'on a dit plus haut, le second membre de l'équation (2) sera divisible algébriquement par le produit P.

Si la fonction $f(x, y, z, \ldots)$ est rationnelle, on pourra en dire autant

([1]) *Œuvres de Cauchy*, 2e série, t. III, p. 73.

de la somme alternée s qui sera de la forme

$$s = \frac{U}{V},$$

U, V désignant deux fonctions entières de $x, y, z, \ldots$. Il y a plus : si l'on prend pour V, comme on peut le faire, le produit des dénominateurs des fractions rationnelles dont la somme alternée s se composera dans cette hypothèse, ou plus généralement une fonction symétrique des variables $x, y, z, \ldots$ divisible par tous ces dénominateurs, U sera nécessairement une fonction alternée des mêmes variables. Donc alors U sera divisible algébriquement par le produit P, en sorte qu'on aura

$$(3) \qquad U = PW,$$

et

$$(4) \qquad s = P\frac{W}{V},$$

W désignant, ainsi que V, une fonction entière et symétrique de $x, y, z, \ldots$. Donc la somme alternée s pourra être décomposée en deux facteurs, dont l'un sera le produit P, l'autre facteur $\frac{W}{V}$ étant une fonction rationnelle et symétrique de $x, y, z, \ldots$.

Pour montrer une application de la formule (4), supposons

$$(5) \qquad f(x, y, z, \ldots) = \frac{1}{(x-a)(y-b)(z-c)\ldots};$$

on pourra prendre évidemment

$$(6) \quad V = (x-a)(x-b)(x-c)\ldots(y-a)(y-b)(y-c)\ldots(z-a)(z-b)(z-c)\ldots,$$

et alors U sera une fonction entière de

$$x, \quad y, \quad z, \quad \ldots, \quad a, \quad b, \quad c, \quad \ldots,$$

algébriquement divisible, non seulement par le produit P, mais encore par le suivant

$$(7) \qquad \mathfrak{P} = (a-b)(a-c)\ldots(b-c)\ldots.$$

On aura donc

$$(8) \qquad U = k P \mathfrak{P},$$

et

$$(9) \qquad S\left[\pm \frac{1}{(x-a)(y-b)(z-c)\ldots}\right] = k\frac{P\mathfrak{P}}{V},$$

k désignant ou une constante ou une fonction entière de x, y, z, ..., a, b, c, ... D'ailleurs, si l'on nomme n le nombre des variables x, y, z, ..., chacun des produits de la forme

$$(x-a)(x-b)(x-c)\ldots,$$

considéré comme fonction de

$$x, \quad y, \quad z, \quad \ldots, \quad a, \quad b, \quad c, \quad \ldots,$$

sera du degré n, d'où il suit que, dans l'hypothèse admise, n sera la différence entre les degrés des fonctions V et U. Donc, V étant du degré n^2, U sera du degré

$$n^2 - n.$$

D'autre part, la moitié de la différence $n^2 - n$ ou le nombre

$$\frac{n(n-1)}{2}$$

représente à la fois le degré de P considéré comme fonction de x, y, z, ..., et de $\mathfrak{P}$ considéré comme fonction de a, b, c, ... Donc le degré de la fonction

$$k = \frac{U}{P\mathfrak{P}}$$

se réduira simplement à zéro, et cette fonction à une constante. Ajoutons que, pour déterminer la constante k, il suffira de poser

$$x = a, \qquad y = b, \qquad z = c, \qquad \ldots$$

dans l'équation (9) réduite à la forme

$$kP\mathfrak{P} = S\left[\pm \frac{V}{(x-a)(y-b)(z-c)\ldots}\right].$$

En effet, on trouvera ainsi

$$\mathrm{k}\,\mathfrak{L}^2 = \frac{\mathrm{V}}{(x-a)(y-b)(z-c)\ldots},$$

ou, ce qui revient au même,

$$\mathrm{k}\,\mathfrak{L}^2 = (a-b)(a-c)\ldots(b-a)(b-c)\ldots(c-a)(c-b)\ldots = (-1)^{\frac{n(n-1)}{2}}\mathfrak{L}^2,$$

et par conséquent

$$\mathrm{k} = (-1)^{\frac{n(n-1)}{2}}.$$

Donc la formule (9) donnera

$$\mathrm{S}\left[\pm\frac{1}{(x-a)(y-b)(z-c)\ldots}\right] = (-1)^{\frac{n(n-1)}{2}}\frac{\mathrm{P}\,\mathfrak{L}}{\mathrm{V}}, \tag{10}$$

les valeurs de

$$\mathrm{P},\quad \mathfrak{L},\quad \mathrm{V}$$

étant toujours celles que fournissent les équations (1), (7) et (6).

Si dans la formule (10) on pose successivement

$$n=1,\qquad n=2,\qquad \ldots,$$

on obtiendra les suivantes :

$$\frac{1}{(x-a)(y-b)} - \frac{1}{(x-b)(y-a)} = -\frac{(a-b)(x-y)}{(x-a)(x-b)(y-a)(y-b)},$$

$$\frac{1}{(x-a)(y-b)(z-c)} + \frac{1}{(x-b)(y-c)(z-a)} + \frac{1}{(x-c)(y-a)(z-b)}$$
$$-\frac{1}{(x-a)(y-c)(z-b)} - \frac{1}{(x-b)(y-a)(z-c)} - \frac{1}{(x-c)(y-b)(z-a)}$$
$$= -\frac{(a-b)(a-c)(b-c)(x-y)(x-z)(y-z)}{(x-a)(x-b)(x-c)(y-a)(y-b)(y-c)(z-a)(z-b)(z-c)},$$

. . . .

Jusqu'à présent nous avons supposé que les diverses variables qui concouraient à la formation d'une fonction alternée ou d'une somme alternée étaient représentées par des lettres diverses. Quelquefois on représente ces mêmes variables par une seule lettre affectée de divers indices

$$0,\quad 1,\quad 2,\quad 3,\quad \ldots,\quad n,$$

et l'on peut dire alors que la fonction ou la somme dont il s'agit est *alternée par rapport à ces indices*. Ainsi, par exemple, le produit

$$(x_0 - x_1)(x_0 - x_2)(x_1 - x_2)$$

est une fonction alternée par rapport aux variables

$$x_0, \quad x_1, \quad x_2,$$

ou, ce qui revient au même, par rapport aux indices

$$0, \quad 1, \quad 2.$$

Dans ce qui précède, nous avons seulement considéré les fonctions alternées ou les sommes alternées qui changent de signe, en conservant, au signe près, la même valeur, quand on échange entre eux deux termes quelconques d'une suite donnée. On pourrait obtenir aussi des fonctions et des sommes qui seraient *alternées par rapport à diverses suites*, c'est-à-dire des fonctions et des sommes qui auraient la propriété de changer de signe, en conservant, au signe près, la même valeur, quand on échangerait entre eux les termes correspondants de ces mêmes suites. Considérons, par exemple, m suites différentes, composées chacune de n termes, qui se trouvent représentés, pour la première suite, par

$$x_0, \quad x_1, \quad \ldots, \quad x_{n-1};$$

pour la seconde suite, par

$$y_0, \quad y_1, \quad \ldots, \quad y_{n-1};$$

pour la troisième suite, par

$$z_0, \quad z_1, \quad \ldots, \quad z_{n-1},$$

etc.; et soit

$$f(x_0, x_1, \ldots, x_{n-1}; y_0, y_1, \ldots, y_{n-1}; z_0, z_1, \ldots, z_{n-1}, \ldots)$$

une fonction donnée de ces divers termes. Si à cette fonction l'on ajoute toutes celles que l'on peut en déduire, à l'aide d'un ou de plusieurs échanges opérés entre les lettres

$$x, \quad y, \quad z, \quad \ldots,$$

prises deux à deux, chacune des nouvelles fonctions étant prise avec le signe + ou avec le signe −, suivant qu'elle se déduit de la première par un nombre pair ou par un nombre impair d'échanges, le résultat de cette addition sera une somme alternée par rapport aux suites dont il s'agit. Nous désignerons toujours cette somme s à l'aide de la même notation dont nous avons déjà précédemment fait usage, et nous écrirons en conséquence

$$s = \mathrm{S}[\pm f(x_0, x_1, \ldots, x_{n-1}; y_0, y_1, \ldots, y_{n-1}; z_0, z_1, \ldots, z_{n-1}; \ldots)].$$

Si l'on place les uns au-dessous des autres, dans diverses colonnes verticales, les termes correspondants des diverses suites, on obtiendra le tableau ci-après :

$$(11)\qquad \left\{\begin{array}{llll} x_0, & x_1, & \ldots, & x_{n-1}, \\ y_0, & y_1, & \ldots, & y_{n-1}, \\ z_0, & z_1, & \ldots, & z_{n-1}, \\ \ldots, & \ldots, & \ldots, & \ldots\ldots \end{array}\right.$$

Concevons à présent qu'une fonction entière s des variables comprises dans le tableau (11) soit alternée par rapport aux suites formées avec ces variables, et que l'on développe cette fonction suivant les puissances ascendantes et entières des variables dont il s'agit. Un terme quelconque sera de la forme

$$(12)\qquad k x_0^a x_1^b \ldots y_0^f y_1^g \ldots z_0^i z_1^j \ldots,$$

$a, b, \ldots, f, g, \ldots, i, j, \ldots$ désignant des nombres entiers, et k un coefficient constant. D'ailleurs la fonction s, devant changer de signe, en vertu d'un échange opéré entre deux lettres, par exemple entre x et y, le développement de s ne pourra renfermer le produit (12) sans renfermer encore le produit résultant de cet échange, pris avec un signe contraire ; et ce second produit détruira le premier, si l'on a

$$a = f, \qquad b = g, \qquad \ldots.$$

On peut donc énoncer la proposition suivante :

Théorème I. — *Si une fonction entière d'un système de variables comprises dans plusieurs suites est alternée par rapport à ces mêmes suites, le développement de la fonction, suivant les puissances entières des variables, ne pourra renfermer aucun produit dans lequel les termes correspondants de deux suites données se trouvent toujours élevés aux mêmes puissances.*

Au lieu de représenter les termes de plusieurs suites par plusieurs lettres affectées d'un seul indice, on pourrait les représenter par une seule lettre affectée de deux espèces d'indices, le premier indice étant variable dans le passage d'une suite à une autre. Ainsi, par exemple, au système des termes compris dans le tableau (11), on pourrait substituer le système des termes compris dans le tableau suivant :

$$(13)\qquad \left\{\begin{array}{llll} x_{0,0}, & x_{0,1}, & \ldots, & x_{0,n-1}, \\ x_{1,0}, & x_{1,1}, & \ldots, & x_{1,n-1}, \\ x_{2,0}, & x_{2,1}, & \ldots, & x_{2,n-1}, \\ \ldots, & \ldots, & \ldots, & \ldots\ldots \end{array}\right.$$

Il est maintenant facile d'établir la proposition que nous allons énoncer.

Théorème II. — *Considérons deux systèmes de termes, savoir :*

$$(14)\qquad \left\{\begin{array}{llll} x_0, & x_1, & x_2, & \ldots, \\ y_0, & y_1, & y_2, & \ldots, \\ z_0, & z_1, & z_2, & \ldots, \\ \ldots, & \ldots, & \ldots, & \ldots \end{array}\right.$$

$$(15)\qquad \left\{\begin{array}{llll} \mathrm{x}_0, & \mathrm{x}_1, & \mathrm{x}_2, & \ldots, \\ \mathrm{y}_0, & \mathrm{y}_1, & \mathrm{y}_2, & \ldots, \\ \mathrm{z}_0, & \mathrm{z}_1, & \mathrm{z}_2, & \ldots, \\ \ldots, & \ldots, & \ldots, & \ldots \end{array}\right.$$

les termes de chaque système étant répartis entre plusieurs suites, comme on le voit dans les tableaux (14) *et* (15); *et nommons s une fonction entière de tous ces termes qui soit alternée, non seulement par rapport aux suites comprises dans le tableau* (14), *mais aussi par rapport aux suites comprises dans le tableau* (15). *La fonction s sera équivalente à* *une somme de produits de la forme*

$$\mathit{K}\mathrm{K},$$

K désignant une fonction alternée par rapport aux suites comprises dans le tableau (14), *et* K *une fonction alternée par rapport aux suites comprises dans le tableau* (15).

Démonstration. — On prouve aisément que, si deux fonctions entières de plusieurs variables $x, y, z, \ldots$ sont égales entre elles, pour toutes les valeurs possibles, ou même seulement pour toutes les valeurs entières attribuées à ces variables, les coefficients des puissances semblables de $x, y, z, \ldots$ et des produits des puissances semblables seront égaux dans les termes correspondants des deux fonctions développées suivant les puissances entières de $x, y, z, \ldots$. (Voir l'*Analyse algébrique*, Chap. IV, p. 97.) Par suite, si deux fonctions entières de plusieurs variables $x, y, z, \ldots$ sont égales entre elles, au signe près, mais affectées de signes contraires pour toutes les valeurs possibles, ou seulement pour toutes les valeurs entières attribuées à ces variables, les coefficients des puissances semblables de $x, y, z, \ldots$ et des produits des puissances semblables seront égaux, au signe près, mais affectés de signes contraires, dans les termes correspondants des deux fonctions développées suivant les puissances entières de $x, y, z, \ldots$. Cela posé, concevons que la fonction s, étant alternée par rapport aux suites comprises dans le tableau (14), et par rapport aux suites comprises dans le tableau (15), soit développée suivant les puissances ascendantes des variables comprises dans le tableau (14). Chaque terme du développement sera de la forme

$$\mathrm{K} x_0^a x_1^b \ldots y_0^f y_1^g \ldots z_0^i z_1^j \ldots,$$

$a, b, \ldots, f, g, \ldots, i, j, \ldots$ désignant des nombres entiers, et le coefficient K une fonction des seules variables comprises dans le Tableau (15). D'ailleurs, en vertu de ce qu'on vient de dire, puisque la fonction s changera de signe, en conservant, au signe près, la même valeur, quand on échangera entre elles deux des suites comprises dans le tableau (15), ou, ce qui revient au même, deux des lettres x, y, z, ..., le coefficient K jouira de la même propriété. Ce coefficient sera donc une fonction alternée par rapport aux suites comprises dans le tableau (15). De plus, la fonction s, étant alternée par rapport aux suites comprises dans le tableau (14), devra renfermer, avec le produit

$$\mathrm{K}\, x_0^a x_1^b \ldots y_0^f y_1^g \ldots z_0^i z_1^j \ldots,$$

tous ceux qu'on peut déduire à l'aide d'un ou de plusieurs échanges opérés entre les suites que renferme le tableau (14) ou, ce qui revient au même, entre les lettres $x, y, z, \ldots$, chacun des nouveaux produits étant pris avec le signe $+$ ou le signe $-$, suivant qu'il se déduira du premier par un nombre pair ou par un nombre impair d'échanges. Enfin les nouveaux produits, étant ajoutés au premier, fourniront une somme de la forme

$$\mathrm{K}\,\mathrm{S}[\pm x_0^a x_1^b \ldots y_0^f y_1^g \ldots z_0^i z_1^j \ldots],$$

par conséquent de la forme

$$\mathrm{K}K,$$

la valeur de K étant

$$K = \mathrm{S}[\pm x_0^a x_1^b \ldots y_0^f y_1^g \ldots z_0^i z_1^j \ldots]. \tag{16}$$

Or cette dernière valeur de K sera évidemment une fonction alternée par rapport aux suites comprises dans le tableau (14).

Les propriétés des fonctions alternées forment l'objet spécial, non seulement d'un paragraphe du Chapitre III de mon *Analyse algébrique*, imprimée en 1821, mais aussi d'un Mémoire publié par M. Jacobi dans le Tome XXI du *Journal de M. Crelle* (4ᵉ Cahier, 1841).

MÉMOIRE

SUR

LES SOMMES ALTERNÉES,

CONNUES SOUS LE NOM DE RÉSULTANTES.

I. — *Propriétés diverses des résultantes.*

Soit

$$\mathrm{f}(x, y, z, \ldots)$$

une fonction quelconque de n variables

$$x, \quad y, \quad z, \quad \ldots,$$

et ajoutons à cette fonction toutes celles qu'on peut en déduire par la transposition des variables, ou, ce qui revient au même, par un ou plusieurs échanges opérés chacun entre deux variables seulement, chaque nouvelle fonction étant prise avec le signe + ou avec le signe —, suivant qu'elle se déduit de la première à l'aide d'un nombre pair ou impair de semblables échanges. La somme s ainsi obtenue sera la *somme alternée* que nous représentons par la notation

$$\mathrm{S}[\pm \mathrm{f}(x, y, z, \ldots)].$$

On trouvera, par exemple, en supposant $n = 2$,

$$s = \mathrm{f}(x, y) - \mathrm{f}(y, x);$$

en supposant $n = 3$,

$$s = \mathrm{f}(x, y, z) - \mathrm{f}(x, z, y) + \mathrm{f}(y, z, x) - \mathrm{f}(y, x, z) + \mathrm{f}(z, x, y) - \mathrm{f}(z, y, x).$$

Concevons maintenant que la fonction

$$\mathrm{f}(x, y, z, \ldots)$$

se réduise au produit de divers facteurs dont chacun renferme une seule des variables

$$x,\quad y,\quad z,\quad \ldots,$$

en sorte qu'on ait, par exemple,

$$f(x, y, z, \ldots) = \varphi(x)\chi(y)\psi(z)\ldots.$$

Alors, pour obtenir la somme alternée

$$(1)\qquad s = S[\pm\varphi(x)\chi(y)\psi(z)\ldots],$$

il suffira de construire le tableau

$$(2)\qquad \begin{cases} \varphi(x), & \chi(x), & \psi(x), & \ldots,\\ \varphi(y), & \chi(y), & \psi(y), & \ldots,\\ \varphi(z), & \chi(z), & \psi(z), & \ldots,\\ \ldots, & \ldots, & \ldots, & \ldots, \end{cases}$$

composé d'autant de termes qu'il y a d'unités dans le carré de n, puis de chercher tous les produits qu'on peut former en multipliant l'un par l'autre n termes de ce tableau, dont un seul appartienne à chaque colonne verticale et un seul à chaque ligne horizontale, puis enfin d'ajouter tous ces produits, pris tantôt avec le signe $+$, tantôt avec le signe $-$, suivant qu'ils se déduiront, par un nombre pair ou impair d'échanges, du produit

$$\varphi(x)\chi(y)\psi(z)\ldots$$

formé avec les termes qui occupent l'une des diagonales du tableau. Les sommes de cette espèce sont celles que M. Laplace a désignées sous le nom de *résultantes*. Si, pour fixer les idées, on pose successivement

$$n = 2,\qquad n = 3,\qquad \ldots,$$

la résultante s des termes que renferme le tableau (2) deviendra, dans le premier cas,

$$(3)\qquad s = \varphi(x)\chi(y) - \varphi(y)\chi(x);$$

dans le second cas,

$$(4)\quad s = \varphi(x)\chi(y)\psi(z) + \varphi(y)\chi(z)\psi(x) + \varphi(z)\chi(x)\psi(y) - \varphi(x)\chi(z)\psi(y) - \varphi(y)\chi(x)\psi(z) - \varphi(z)\chi(y)\psi(x), \quad \ldots.$$

Les formes des fonctions désignées par

$$\varphi(x),\quad \chi(x),\quad \psi(x),\quad \ldots$$

étant arbitraires, aussi bien que les variables

$$x,\quad y,\quad z,\quad \ldots,$$

permettent aux divers termes qui composent le tableau (2) d'acquérir des valeurs quelconques. Substituons en conséquence à ces divers termes des variables quelconques, et représentons ces variables à l'aide de lettres diverses

$$x,\quad y,\quad z,\quad \ldots,\quad t$$

affectées d'indices différents

$$0,\quad 1,\quad 2,\quad \ldots,\quad n-1$$

dans les diverses lignes verticales. Alors, au lieu du tableau (2), on obtiendra le suivant :

$$(5)\quad \left\{\begin{array}{lllll} x_0, & x_1, & x_2, & \ldots, & x_{n-1}, \\ y_0, & y_1, & y_2, & \ldots, & y_{n-1}, \\ z_0, & z_1, & z_2, & \ldots, & z_{n-1}, \\ \ldots, & \ldots, & \ldots, & \ldots, & \ldots, \\ t_0, & t_1, & t_2, & \ldots, & t_{n-1}; \end{array}\right.$$

et la résultante s des termes compris dans ce dernier tableau sera

$$(6)\quad s = \mathrm{S}[\pm x_0 y_1 z_2 \ldots t_{n-1}].$$

Pour obtenir cette résultante s, on devra construire non seulement le produit

$$x_0 y_1 z_2 \ldots t_{n-1},$$

qui renferme tous les termes situés sur une diagonale du tableau dont il s'agit, mais encore tous les produits que l'on peut former en multipliant l'un par l'autre n termes, dont un seul appartienne à chaque ligne verticale du tableau, et un seul à chaque ligne horizontale; puis ajouter entre eux tous ces produits, pris les uns avec le signe $+$, les autres avec le signe $-$, suivant qu'ils se déduiront du produit

$$x_0 y_1 z_2 \ldots t_{n-1}$$

à l'aide d'un nombre pair ou impair d'échanges opérés entre deux des lettres

$$x, \quad y, \quad z, \quad \ldots, \quad t.$$

Cela posé, il est clair qu'un seul échange opéré entre deux lettres, x et y par exemple, transformera, dans la résultante s, les termes qui étaient affectés du signe $+$ en ceux qui étaient affectés du signe $-$, et réciproquement. Donc, après un semblable échange, la résultante s se transformera en une autre résultante égale à $-s$. Au reste, la même conclusion peut immédiatement se déduire de cette seule considération que la résultante s est une fonction alternée par rapport aux diverses suites horizontales du tableau (5). On déduit aussi de cette considération le théorème que nous allons énoncer :

Théorème I. — *Si, dans la résultante s formée avec les diverses variables que renferme le tableau (5), on remplace une lettre x par une autre lettre y, sans remplacer en même temps la lettre y par la lettre x, on obtiendra, au lieu de cette résultante s, une somme précisément égale à zéro.*

Démonstration. — En effet, la somme obtenue aura la propriété de ne pas changer de valeur en changeant de signe, et cette propriété ne convient qu'à une somme identiquement nulle.

Les diverses variables

$$x_0, \; x_1, \; \ldots, \; x_{n-1}; \; y_0, \; y_1, \; \ldots, \; y_{n-1}; \; z_0, \; z_1, \; \ldots, \; z_{n-1}; \; \ldots; \; t_0, \; t_1, \; \ldots, \; t_{n-1}$$

étant représentées, dans chaque ligne horizontale du tableau (5), à l'aide d'une seule lettre affectée d'indices divers, et dans chaque colonne verticale du même tableau, à l'aide de lettres diverses affectées d'un même indice, il est clair que, pour opérer un échange mutuel entre deux lettres du produit

$$x_0 y_1 z_2 \ldots t_{n-1},$$

ou entre deux lettres des produits semblables qui composeront la résultante s, il suffira d'opérer un échange mutuel entre les indices dont ces deux lettres seront affectées. Donc la résultante s ne sera point altérée si, dans le tableau (5), on transforme les lignes horizontales en lignes verticales, et réciproquement, c'est-à-dire si au tableau (5) on substitue le suivant :

$$(7) \qquad \left\{ \begin{array}{lllll} x_0, & y_0, & z_0, & \ldots, & t_0, \\ x_1, & y_1, & z_1, & \ldots, & t_1, \\ x_2, & y_2, & z_2, & \ldots, & t_2, \\ \ldots, & \ldots, & \ldots, & \ldots, & \ldots, \\ x_{n-1}, & y_{n-1}, & z_{n-1}, & \ldots, & t_{n-1}. \end{array} \right.$$

Observons encore qu'il est facile d'établir la proposition suivante :

Théorème II. — *Si, avec les variables comprises dans le tableau (5), on forme une fonction entière, du degré n, qui offre, dans chaque terme, n facteurs dont un seul appartienne à chacune des suites horizontales de ce tableau, et qui soit alternée par rapport à ces mêmes suites, la fonction entière dont il s'agit devra se réduire, au signe près, à la résultante s.*

Démonstration. — Dans l'hypothèse admise, chaque terme sera de la forme

$$\pm x_a y_b z_c \ldots t_h,$$

chacun des indices

$$a, \quad b, \quad c, \quad \ldots, \quad h$$

désignant l'un des nombres

$$0, \quad 1, \quad 2, \quad \ldots, \quad n-1;$$

et, comme à chaque terme on devra joindre tous ceux qu'on en déduit à l'aide d'un ou de plusieurs échanges opérés entre les lettres x, y, z, …. chaque nouveau terme étant affecté du même signe que le premier ou d'un signe contraire, suivant que le nombre des échanges sera pair ou impair, la fonction entière que l'on considère se réduira nécessairement ou à une somme alternée de la forme

$$(8) \qquad \pm S[\pm x_a y_b z_c \ldots t_h],$$

dans laquelle on pourra supposer les indices

$$a, \quad b, \quad c, \quad \ldots, \quad h$$

rangés d'après l'ordre de leur grandeur, ou à un polynome résultant de l'addition de plusieurs sommes de cette espèce. D'ailleurs, la somme (8) s'évanouit, toutes les fois que dans le produit

$$x_a y_b z_c \ldots t_h$$

deux lettres diverses, par exemple x et y, sont affectées d'un même indice

$$a = b,$$

puisque alors deux termes qui se déduisent l'un de l'autre, à l'aide d'un échange opéré entre ces lettres, sont égaux, au signe près, mais affectés de signes contraires, et qu'en conséquence deux semblables termes se détruisent mutuellement. Donc, pour que la somme (8) ne s'évanouisse pas, il sera nécessaire que les indices

$$a, \quad b, \quad c, \quad \ldots, \quad h$$

soient tous différents les uns des autres, et que ces indices, rangés d'après leur ordre de grandeur, deviennent respectivement égaux aux nombres

$$0, \quad 1, \quad 2, \quad \ldots, \quad n-1.$$

Mais alors la somme (8) se réduira précisément à la résultante $\pm s$. Donc une fonction entière des variables comprises dans le tableau (5), lorsqu'elle remplira les conditions énoncées dans le théorème II, se réduira toujours à l'une des résultantes

$$+s, \quad -s.$$

Considérons maintenant, outre les variables

$$x_0,\ x_1,\ \ldots,\ x_{n-1};\ y_0,\ y_1,\ \ldots,\ y_{n-1};\ z_0,\ z_1,\ \ldots,\ z_{n-1};\ \ldots;\ t_0,\ t_1,\ \ldots,\ t_{n-1},$$

comprises dans le tableau (5), d'autres variables

$$\mathrm{x}_0,\ \mathrm{x}_1,\ \ldots,\ \mathrm{x}_{n-1};\ \mathrm{y}_0,\ \mathrm{y}_1,\ \ldots,\ \mathrm{y}_{n-1};\ \mathrm{z}_0,\ \mathrm{z}_1,\ \ldots,\ \mathrm{z}_{n-1};\ \ldots;\ \mathrm{t}_0,\ \mathrm{t}_1,\ \ldots,\ \mathrm{t}_{n-1},$$

que nous supposerons indépendantes des premières, et distribuées en plusieurs suites, comme l'indique le Tableau suivant :

$$(9)\qquad \left\{\begin{array}{lllll} \mathrm{x}_0, & \mathrm{x}_1, & \mathrm{x}_2, & \ldots, & \mathrm{x}_{n-1}, \\ \mathrm{y}_0, & \mathrm{y}_1, & \mathrm{y}_2, & \ldots, & \mathrm{y}_{n-1}, \\ \mathrm{z}_0, & \mathrm{z}_1, & \mathrm{z}_2, & \ldots, & \mathrm{z}_{n-1}, \\ \ldots, & \ldots, & \ldots, & \ldots, & \ldots, \\ \mathrm{t}_0, & \mathrm{t}_1, & \mathrm{t}_2, & \ldots, & \mathrm{t}_{n-1}. \end{array}\right.$$

Désignons d'ailleurs par la notation

$$(x, \mathrm{x})$$

la somme des produits de la forme

$$x_n \mathrm{x}_n,$$

en sorte qu'on ait

$$(10)\qquad (x, \mathrm{x}) = x_0\mathrm{x}_0 + x_1\mathrm{x}_1 + \ldots + x_{n-1}\mathrm{x}_{n-1},$$

et, par des notations semblables, les sommes du même genre qu'on obtient en substituant à la lettre x l'une des lettres y, z, ..., t, ou à la lettre x l'une des lettres y, z, ..., t. Enfin nommons $\mathcal{S}$ la résultante formée avec les divers termes du tableau

$$(11)\qquad \left\{\begin{array}{lllll} (x, \mathrm{x}), & (x, \mathrm{y}), & (x, \mathrm{z}), & \ldots, & (x, \mathrm{t}), \\ (y, \mathrm{x}), & (y, \mathrm{y}), & (y, \mathrm{z}), & \ldots, & (y, \mathrm{t}), \\ (z, \mathrm{x}), & (z, \mathrm{y}), & (z, \mathrm{z}), & \ldots, & (z, \mathrm{t}), \\ \ldots\ldots, & \ldots\ldots, & \ldots\ldots, & \ldots, & \ldots\ldots, \\ (t, \mathrm{x}), & (t, \mathrm{y}), & (t, \mathrm{z}), & \ldots, & (t, \mathrm{t}); \end{array}\right.$$

en sorte qu'on ait

$$(12)\qquad \mathcal{S} = \mathrm{S}[\pm (x, \mathrm{x})(y, \mathrm{y})(z, \mathrm{z})\ldots(t, \mathrm{t})].$$

La résultante $\mathfrak{s}$ aura la propriété de changer de signe en conservant, au signe près, la même valeur, quand on échangera entre elles ou deux des lettres

$$x, \quad y, \quad z, \quad \ldots, \quad t,$$

ou bien encore deux des lettres

$$\mathrm{x}, \quad \mathrm{y}, \quad \mathrm{z}, \quad \ldots \quad \mathrm{t};$$

elle sera donc une fonction alternée, non seulement par rapport aux suites que renferme le tableau (5), mais aussi par rapport aux suites que renferme le tableau (9). Donc, en vertu du théorème II du Mémoire précédent, la résultante $\mathfrak{s}$ sera décomposable en produits de la forme

$$P\mathrm{P},$$

P étant une fonction alternée par rapport aux suites que renferme le tableau (5), et P une fonction alternée par rapport aux suites que renferme le tableau (9). Il y a plus : d'après la formation des sommes représentées par les notations

$$(x, \mathrm{x}), \quad (x, \mathrm{y}), \quad \ldots, \quad (y, \mathrm{y}), \quad \ldots,$$

il est clair que chaque terme de la fonction alternée P ou P sera le produit de n facteurs dont un seul appartiendra à chacune des suites horizontales comprises dans le tableau (5) ou (9). Donc, en vertu du théorème II (p. 187), la fonction alternée P, quand elle ne sera pas nulle, se réduira, au signe près, à la résultante s déterminée par la formule (6). Pareillement, la fonction alternée P, quand elle ne sera pas nulle, se réduira, au signe près, à la résultante s, déterminée par la formule

$$(13) \qquad \mathrm{s} = \mathrm{S}[\pm \mathrm{x}_0 \mathrm{y}_1 \mathrm{z}_2 \ldots \mathrm{t}_{n-1}].$$

Donc le produit

$$P\mathrm{P},$$

quand il ne s'évanouira pas, se réduira, au signe près, au produit

$$s\mathrm{s}.$$

Donc ce dernier produit représentera la résultante $\mathcal{S}$, au signe près, et même eu égard aux signes, attendu qu'il renfermera, comme la résultante $\mathcal{S}$, le produit partiel

$$x_0 y_1 z_2 \ldots t_{n-1} \mathrm{x}_0 \mathrm{y}_1 \mathrm{z}_2 \ldots \mathrm{t}_{n-1},$$

pris avec le signe $+$. On peut donc énoncer la proposition suivante, que j'ai donnée pour la première fois dans le 17e Cahier du *Journal de l'École Polytechnique* (1) : [Voir aussi dans le même Cahier un Mémoire de M. Binet.]

Théorème III. — *Si l'on se sert des notations*

$$(x, \mathrm{x}), \quad (x, \mathrm{y}), \quad \ldots, \quad (y, \mathrm{y}), \quad \ldots$$

pour représenter les sommes que déterminent l'équation (10) *et autres semblables, la résultante $\mathcal{S}$ des divers termes compris dans le tableau* (11) *sera le produit des résultantes*

$$s \quad \text{et} \quad \mathrm{s}$$

respectivement formées avec les divers termes des tableaux (5) *et* (9), *en sorte qu'on aura*

$$\mathcal{S} = s\mathrm{s}. \tag{14}$$

Nous observerons, en terminant ce paragraphe, que chacune des résultantes

$$s, \quad \mathrm{s}, \quad \mathcal{S}$$

prend une forme digne de remarque, lorsque, dans chacun des tableaux (5) et (9), on transforme en exposants les indices

$$0, \quad 1, \quad 2, \quad 3, \quad \ldots, \quad n-1,$$

écrits au bas des lettres

$$x, \quad y, \quad z, \quad \ldots, \quad t$$

ou

$$\mathrm{x}, \quad \mathrm{y}, \quad \mathrm{z}, \quad \ldots, \quad \mathrm{t}.$$

(1) *OEuvres de Cauchy*, 2e série, t. I.

Alors, en effet, la résultante s, déterminée par la formule

(15) $$s = S[\pm x^0 y^1 z^2 \dots t^{n-1}],$$

devient une fonction alternée des variables

$$x, \quad y, \quad z, \quad \dots, \quad t.$$

Elle est donc divisible par le produit

(16) $$(x - y)(x - z)\dots(y - z)\dots,$$

ou, ce qui revient au même, par le produit

(17) $$(y - x)(z - x)\dots(z - y)\dots$$

de toutes les différences qu'on peut former avec les termes de la suite

$$x, \quad y, \quad z, \quad \dots, \quad t,$$

en retranchant successivement de chaque terme celui qui le précède. D'ailleurs le degré de la fonction s, déterminée par la formule (15), est représenté par la somme

$$0 + 1 + 2 + \dots + (n - 1) = \frac{n(n-1)}{2},$$

et, par conséquent, égal au nombre des différences calculées, ainsi qu'au degré du produit (17). Donc la résultante s, divisée par le produit (17), donnera pour quotient une constante. Enfin, comme le produit

$$x^0 y^1 z^2 \dots t^{n-1},$$

qui se trouve pris avec le signe $+$ dans la valeur de s, est en même temps le produit partiel formé avec les premiers termes des binomes

$$y - x, \quad z - x, \quad \dots, \quad z - y, \quad \dots,$$

qui entrent comme facteurs dans l'expression (17), la constante dont il s'agit devra évidemment se réduire à l'unité. On aura donc

(18) $$s = (y - x)(z - x)\dots(z - y)\dots$$

et, par suite,

(19) $$S[\pm x^0 y^1 z^2 \ldots t^{n-1}] = (y-x)(z-x)\ldots(z-y)\ldots.$$

On trouvera de même

(20) $$S[\pm \mathrm{x}^0 \mathrm{y}^1 \mathrm{z}^2 \ldots \mathrm{t}^{n-1}] = (\mathrm{y}-\mathrm{x})(\mathrm{z}-\mathrm{x})\ldots(\mathrm{z}-\mathrm{y})\ldots.$$

De plus, en supposant les notations

$$(x, \mathrm{x}), \quad (x, \mathrm{y}), \quad \ldots, \quad (y, \mathrm{y}), \quad \ldots$$

définies par la formule

(21) $$(x, \mathrm{x}) = 1 + x\mathrm{x} + x^2\mathrm{x}^2 + \ldots + x^{n-1}\mathrm{x}^{n-1},$$

et autres semblables, on tirera de la formule (14)

(22) $$S[\pm (x, \mathrm{x})(y, \mathrm{y})(z, \mathrm{z})\ldots(t, \mathrm{t})]$$
$$= (y-x)(z-x)\ldots(z-y)\ldots(\mathrm{y}-\mathrm{x})(\mathrm{z}-\mathrm{x})\ldots(\mathrm{z}-\mathrm{y})\ldots.$$

Enfin, puisque l'équation (21) peut être réduite à

(23) $$(x, \mathrm{x}) = \frac{1 - x^n \mathrm{x}^n}{1 - x\mathrm{x}},$$

la formule (22) pourra évidemment s'écrire comme il suit :

(24) $$S\left[\pm \frac{1 - x^n\mathrm{x}^n}{1 - x\mathrm{x}} \frac{1 - y^n\mathrm{y}^n}{1 - y\mathrm{y}} \frac{1 - z^n\mathrm{z}^n}{1 - z\mathrm{z}} \cdots \frac{1 - t^n\mathrm{t}^n}{1 - t\mathrm{t}}\right]$$
$$= (y-x)(z-x)\ldots(z-y)\ldots(\mathrm{y}-\mathrm{x})(\mathrm{z}-\mathrm{x})\ldots(\mathrm{z}-\mathrm{y})\ldots.$$

II. — *Emploi des résultantes dans la résolution des équations linéaires*

Soient données entre n inconnues

$$x, \quad y, \quad z, \quad \ldots, \quad t$$

n équations linéaires de la forme

(1) $$\begin{cases} a_0 x + b_0 y + c_0 z + \ldots + h_0 t = k_0, \\ a_1 x + b_1 y + c_1 z + \ldots + h_1 t = k_1, \\ a_2 x + b_2 y + c_2 z + \ldots + h_2 t = k_2, \\ \ldots\ldots\ldots\ldots\ldots\ldots\ldots\ldots, \\ a_{n-1} x + b_{n-1} y + c_{n-1} z + \ldots + h_{n-1} t = k_{n-1}. \end{cases}$$

La résolution de ces équations pourra se déduire immédiatement d'une propriété de la résultante formée avec les coefficients

$$(2)\qquad \left\{\begin{array}{lllll} a_0, & b_0, & c_0, & \ldots, & h_0, \\ a_1, & b_1, & c_1, & \ldots, & h_1, \\ a_2, & b_2, & c_2, & \ldots, & h_2, \\ \ldots, & \ldots, & \ldots, & \ldots, & \ldots \\ a_{n-1}, & b_{n-1}, & c_{n-1}, & \ldots, & h_{n-1}, \end{array}\right.$$

par lesquels les diverses inconnues s'y trouvent respectivement multipliées. En effet, soit K cette résultante, dont la valeur est donnée par la formule

$$(3)\qquad \mathrm{K} = \mathrm{S}[\pm a_0 b_1 c_2 \ldots h_{n-1}],$$

et soient

$$\mathbf{A}_0,\quad \mathbf{A}_1,\quad \mathbf{A}_2,\quad \ldots,\quad \mathbf{A}_{n-1}$$

les coefficients respectifs des quantités

$$a_0,\quad a_1,\quad a_2,\quad \ldots,\quad a_{n-1}$$

dans la résultante K.

$$\mathbf{A}_0,\quad \mathbf{A}_1,\quad \mathbf{A}_2,\quad \ldots,\quad \mathbf{A}_{n-1}$$

représenteront des fonctions des seules quantités

$$\begin{array}{llll} b_0, & c_0, & \ldots, & h_0, \\ b_1, & c_1, & \ldots, & h_1, \\ b_2, & c_2, & \ldots, & h_2, \\ \ldots & \ldots, & \ldots, & \ldots, \\ b_{n-1}, & c_{n-1}, & \ldots, & h_{n-1}. \end{array}$$

D'ailleurs, en vertu du théorème I du paragraphe précédent, la résultante K se trouvera réduite à une somme nulle, si l'on y remplace la lettre a par une autre lettre b, sans remplacer en même temps b

par a. On aura donc

$$(4)\quad \begin{cases} A_0 a_0 + A_1 a_1 + A_2 a_2 + \ldots + A_{n-1} a_{n-1} = K, \\ A_0 b_0 + A_1 b_1 + A_2 b_2 + \ldots + A_{n-1} b_{n-1} = 0, \\ A_0 c_0 + A_1 c_1 + A_2 c_2 + \ldots + A_{n-1} c_{n-1} = 0, \\ \ldots\ldots\ldots\ldots\ldots\ldots\ldots\ldots\ldots \\ A_0 h_0 + A_1 h_1 + A_2 h_2 + \ldots + A_{n-1} h_{n-1} = 0. \end{cases}$$

Cela posé, concevons que l'on combine entre elles par voie d'addition les équations (1), après les avoir respectivement multipliées par les facteurs

$$A_0, \quad A_1, \quad A_2, \quad \ldots, \quad A_{n-1};$$

et posons, pour abréger,

$$(5)\qquad A_0 k_0 + A_1 k_1 + A_2 k_2 + \ldots + A_{n-1} k_{n-1} = X.$$

Cette opération suffira pour éliminer les inconnues y, z, ... de l'équation résultante qui se trouvera réduite à

$$Kx = X$$

et donnera pour valeur de x

$$(6)\qquad x = \frac{X}{K}.$$

D'ailleurs la valeur de X, déterminée par la formule (5), est évidemment ce que devient la valeur de K donnée par la première des formules (4), quand on y remplace la lettre a par la lettre k. Donc, puisqu'on a

$$K = S[\pm a_0 b_1 c_2 \ldots h_{n-1}],$$

on aura encore

$$X = S[\pm k_0 b_1 c_2 \ldots h_{n-1}],$$

et la formule (6) pourra s'écrire comme il suit :

$$(7)\quad \begin{cases} x = \dfrac{S[\pm k_0 b_1 c_2 \ldots h_{n-1}]}{S[\pm a_0 b_1 c_2 \ldots h_{n-1}]}. \\ \text{On aura de même} \\ y = \dfrac{S[\pm a_0 k_1 c_2 \ldots h_{n-1}]}{S[\pm a_0 b_1 c_2 \ldots h_{n-1}]}, \\ \ldots\ldots\ldots\ldots\ldots\ldots, \\ t = \dfrac{S[\pm a_0 b_1 c_2 \ldots k_{n-1}]}{S[\pm a_0 b_1 c_2 \ldots h_{n-1}]}. \end{cases}$$

En résumé, les valeurs de

$$x,\quad y,\quad z,\quad \ldots,\quad t,$$

tirées des équations (1), se présenteront sous la forme de fractions et seront respectivement

$$(8)\qquad x=\frac{X}{K},\qquad y=\frac{Y}{K},\qquad z=\frac{Z}{K},\qquad \ldots,\qquad t=\frac{T}{K},$$

le dénominateur commun K des diverses fractions désignant la résultante des coefficients que renferme le tableau (2), et les numérateurs

$$X,\quad Y,\quad Z,\quad \ldots,\quad T$$

étant ce que devient le dénominateur quand la lettre k est substituée successivement aux lettres

$$a,\quad b,\quad c,\quad \ldots,\quad h.$$

Observons d'ailleurs qu'en vertu de la formule (5) et autres semblables, les équations (8) pourront s'écrire comme il suit :

$$(9)\qquad \left\{\begin{array}{l} x=\dfrac{A_0k_0+A_1k_1+\ldots+A_{n-1}k_{n-1}}{K},\\ y=\dfrac{B_0k_0+B_1k_1+\ldots+B_{n-1}k_{n-1}}{K},\\ z=\dfrac{C_0k_0+C_1k_1+\ldots+C_{n-1}k_{n-1}}{K},\\ \ldots\ldots\ldots\ldots\ldots\ldots\ldots\ldots\\ t=\dfrac{H_0k_0+H_1k_1+\ldots+H_{n-1}k_{n-1}}{K},\end{array}\right.$$

les termes qui composent le tableau

$$(10)\qquad \left\{\begin{array}{lllll} A_0, & B_0, & C_0, & \ldots, & H_0,\\ A_1, & B_1, & C_1, & \ldots, & H_1,\\ A_2, & B_2, & C_2, & \ldots, & H_2,\\ \ldots, & \ldots, & \ldots, & \ldots, & \ldots\\ A_{n-1}, & B_{n-1}, & C_{n-1}, & \ldots, & H_{n-1},\end{array}\right.$$

étant les coefficients respectifs de ceux qui composent le tableau (2) dans la valeur de la résultante K. Ajoutons que ces divers termes se trouveront liés entre eux par n^2 équations semblables aux formules (4), et dont le système sera

$$(11)\quad \left\{\begin{array}{l} A_0 a_0 + \ldots + A_{n-1} a_{n-1} = K, \\ A_0 b_0 + \ldots + A_{n-1} b_{n-1} = 0, \\ \ldots\ldots\ldots\ldots\ldots\ldots\ldots\ldots, \\ A_0 h_0 + \ldots + A_{n-1} h_{n-1} = 0, \\ \\ B_0 a_0 + \ldots + B_{n-1} a_{n-1} = 0, \\ B_0 b_0 + \ldots + B_{n-1} b_{n-1} = K, \\ \ldots\ldots\ldots\ldots\ldots\ldots\ldots\ldots, \\ B_0 h_0 + \ldots + B_{n-1} h_{n-1} = 0, \\ \ldots\ldots\ldots\ldots\ldots\ldots\ldots\ldots \\ H_0 a_0 + \ldots + H_{n-1} a_{n-1} = 0, \\ H_0 b_0 + \ldots + H_{n-1} b_{n-1} = 0, \\ \ldots\ldots\ldots\ldots\ldots\ldots\ldots\ldots, \\ H_0 h_0 + \ldots + H_{n-1} h_{n-1} = K. \end{array}\right.$$

Or, en vertu des formules (11) et du théorème III du paragraphe I, la résultante K^n des n^2 termes compris dans le tableau

$$(12)\quad \left\{\begin{array}{llllll} K, & 0, & 0, & \ldots, & 0, \\ 0, & K, & 0, & \ldots, & 0, \\ \ldots, & \ldots, & \ldots, & \ldots, & \ldots, \\ 0, & 0, & 0, & \ldots, & K \end{array}\right.$$

sera évidemment égale au produit de la résultante K par la résultante

$$S[\pm A_0 B_1 C_2 \ldots H_{n-1}]$$

des termes compris dans le tableau (10). On aura donc

$$(13)\quad S[\pm A_0 B_1 C_2 \ldots H_{n-1}] = K^{n-1}.$$

Cette dernière formule est aussi l'une de celles que j'ai données dans le 17ᵉ Cahier du *Journal de l'École Polytechnique*.

Observons encore que chacun des termes du tableau (10) est lui-même une résultante. Ainsi, en particulier, à l'inspection seule de la formule (3), on reconnaît immédiatement que le coefficient de a_0

dans K, savoir A_0, se réduit à

$$A_0 = S[\pm b_1 c_2 \ldots h_{n-1}]. \tag{14}$$

En d'autres termes, A_0 est la résultante des termes du tableau

$$\left\{\begin{matrix} b_1, & c_1, & \ldots, & h_1, \\ b_2, & c_2, & \ldots, & h_2, \\ \ldots & \ldots & \ldots, & \ldots \\ b_{n-1}, & c_{n-1}, & \ldots, & h_{n-1}, \end{matrix}\right. \tag{15}$$

qu'on obtient en effaçant, dans le tableau (2), la première ligne horizontale et la première ligne verticale.

Dans le cas particulier où les indices

$$0, \quad 1, \quad 2, \quad \ldots, \quad n-1,$$

placés dans le tableau (2) au bas des lettres

$$a, \quad b, \quad c, \quad \ldots, \quad h,$$

se changent en exposants, les équations (1) se réduisent aux suivantes:

$$\left\{\begin{array}{l} x + y + z + \ldots + t = 1, \\ ax + by + cz + \ldots + ht = k, \\ \ldots\ldots\ldots\ldots\ldots\ldots\ldots\ldots\ldots, \\ a^{n-1}x + b^{n-1}y + c^{n-1}z + \ldots + h^{n-1}t = k^{n-1}; \end{array}\right. \tag{16}$$

et, en vertu de la formule (19) du paragraphe I, les valeurs de

$$x, \quad y, \quad z, \quad \ldots, \quad t,$$

fournies par les équations (7), donnent, après la suppression des facteurs communs aux deux termes de chaque fraction,

$$\left\{\begin{array}{l} x = \dfrac{(b-k)(c-k)\ldots(h-k)}{(b-a)(c-a)\ldots(h-a)}, \\[2ex] y = \dfrac{(a-k)(c-k)\ldots(h-k)}{(a-b)(c-b)\ldots(h-b)}, \\[2ex] \ldots\ldots\ldots\ldots\ldots\ldots\ldots\ldots, \\[1ex] t = \dfrac{(a-k)(b-k)\ldots(g-k)}{(a-h)(b-h)\ldots(g-h)}. \end{array}\right. \tag{17}$$

Si l'on ne supprimait pas les facteurs communs aux deux termes de chaque fraction, alors des valeurs de

$$x, \quad y, \quad z, \quad \ldots, \quad t,$$

propres à vérifier les formules (16), on déduirait aisément les valeurs de $x, y, z, \ldots, t$ propres à vérifier les formules (1); et, pour retrouver par exemple la première des équations (7), il suffirait de développer, suivant les puissances de

$$a, \quad b, \quad c, \quad \ldots, \quad h,$$

les deux termes de la fraction

$$(18) \qquad x = \frac{(b-k)(c-k)\ldots(h-k)(c-b)\ldots(h-b)\ldots(h-g)}{(b-a)(c-a)\ldots(h-a)(c-b)\ldots(h-b)\ldots(h-g)},$$

puis de remplacer, dans les développements obtenus, l'exposant de chaque lettre par un indice. Sous cette condition, l'équation (18) pourrait être considérée comme une *formule symbolique* propre à représenter la valeur de x tirée des équations (1). (Voir l'*Analyse algébrique*, Chap. III, § 2.)

Concevons maintenant que n variables

$$x, \quad y, \quad z, \quad \ldots, \quad t$$

se trouvent liées à n autres variables

$$\mathrm{x}, \quad \mathrm{y}, \quad \mathrm{z}, \quad \ldots, \quad \mathrm{t}$$

par n équations linéaires de la forme

$$(19) \qquad \left\{ \begin{array}{l} a_0 x + b_0 y + c_0 z + \ldots + h_0 t = \mathrm{x}, \\ a_1 x + b_1 y + c_1 z + \ldots + h_1 t = \mathrm{y}, \\ a_2 x + b_2 y + c_2 z + \ldots + h_2 t = \mathrm{z}, \\ \ldots\ldots\ldots\ldots\ldots\ldots\ldots\ldots\ldots\ldots, \\ a_{n-1} x + b_{n-1} y + c_{n-1} z + \ldots + h_{n-1} t = \mathrm{t}. \end{array} \right.$$

Il suffira de résoudre ces équations par rapport aux variables

$$x, \quad y, \quad z, \quad \ldots, \quad t$$

pour obtenir n autres équations linéaires de la forme

$$(20) \qquad \left\{ \begin{array}{l} x = \mathrm{a}_0 \mathrm{x} + \mathrm{a}_1 \mathrm{y} + \mathrm{a}_2 \mathrm{z} + \ldots + \mathrm{a}_{n-1} \mathrm{t}, \\ y = \mathrm{b}_0 \mathrm{x} + \mathrm{b}_1 \mathrm{y} + \mathrm{b}_2 \mathrm{z} + \ldots + \mathrm{b}_{n-1} \mathrm{t}, \\ z = \mathrm{c}_0 \mathrm{x} + \mathrm{c}_1 \mathrm{y} + \mathrm{c}_2 \mathrm{z} + \ldots + \mathrm{c}_{n-1} \mathrm{t}, \\ \ldots\ldots\ldots\ldots\ldots\ldots\ldots\ldots\ldots\ldots, \\ t = \mathrm{h}_0 \mathrm{x} + \mathrm{h}_1 \mathrm{y} + \mathrm{h}_2 \mathrm{z} + \ldots + \mathrm{h}_{n-1} \mathrm{t}. \end{array} \right.$$

Les seconds membres de ces dernières équations devant être précisément ce que deviennent les seconds membres des formules (9), quand on y remplace

$$k_0,\quad k_1,\quad k_2,\quad \ldots,\quad k_{n-1}$$

par

$$\mathrm{x},\quad \mathrm{y},\quad \mathrm{z},\quad \ldots,\quad \mathrm{t},$$

il en résulte que les coefficients

$$(21)\qquad \begin{cases} \mathfrak{a}_0, & \mathfrak{a}_1, & \mathfrak{a}_2, & \ldots, & \mathfrak{a}_{n-1},\\ \mathfrak{b}_0, & \mathfrak{b}_1, & \mathfrak{b}_2, & \ldots, & \mathfrak{b}_{n-1},\\ \mathfrak{c}_0, & \mathfrak{c}_1, & \mathfrak{c}_2, & \ldots, & \mathfrak{c}_{n-1},\\ \ldots, & \ldots, & \ldots, & \ldots, & \ldots,\\ \mathfrak{h}_0, & \mathfrak{h}_1, & \mathfrak{h}_2, & \ldots & \mathfrak{h}_{n-1} \end{cases}$$

doivent se réduire aux quotients qu'on obtient en divisant par la résultante K les divers termes du tableau (10). Donc les formules (11) entraînent les suivantes :

$$(22)\qquad \begin{cases} \mathfrak{a}_0 a_0 + \ldots + \mathfrak{h}_0 h_0 = 1, \\ \mathfrak{a}_0 a_1 + \ldots + \mathfrak{h}_0 h_1 = 0 \\ \ldots\ldots\ldots\ldots\ldots\ldots\ldots\ldots, \\ \mathfrak{a}_0 a_{n-1} + \ldots + \mathfrak{h}_0 h_{n-1} = 0, \\ \mathfrak{a}_1 a_0 + \ldots + \mathfrak{h}_1 h_0 = 0, \\ \mathfrak{a}_1 a_1 + \ldots + \mathfrak{h}_1 h_1 = 1, \\ \ldots\ldots\ldots\ldots\ldots\ldots\ldots\ldots, \\ \mathfrak{a}_1 a_{n-1} + \ldots + \mathfrak{h}_1 h_{n-1} = 0, \\ \ldots\ldots\ldots\ldots\ldots\ldots\ldots\ldots, \\ \mathfrak{a}_{n-1} a_0 + \ldots + \mathfrak{h}_{n-1} h_0 = 0, \\ \mathfrak{a}_{n-1} a_1 + \ldots + \mathfrak{h}_{n-1} h_1 = 0, \\ \ldots\ldots\ldots\ldots\ldots\ldots\ldots\ldots, \\ \mathfrak{a}_{n-1} a_{n-1} + \ldots + \mathfrak{h}_{n-1} h_{n-1} = 1. \end{cases}$$

Au reste on arrive directement aux formules (22) en substituant dans les équations (19) les valeurs de $x, y, z, \ldots, t$ tirées des formules (20) et observant que les nouvelles équations ainsi obtenues doivent être identiques, c'est-à-dire qu'elles doivent subsister indépendamment des valeurs attribuées aux variables $x, y, z, \ldots, t$.

Il suit des formules (22), jointes au théorème III du paragraphe I, que la résultante 1 des n^2 termes renfermés dans le tableau

$$(23)\qquad \left\{\begin{matrix} 1, & 0, & 0, & \ldots, & 0,\\ 0, & 1, & 0, & \ldots, & 0,\\ 0, & 0, & 1, & \ldots, & 0,\\ ., & ., & ., & \ldots, & .,\\ 0, & 0, & 0, & \ldots, & 1 \end{matrix}\right.$$

est égale au produit des deux résultantes

$$S[\pm a_0 b_1 c_2 \ldots h_{n-1}], \qquad S[\mp \mathrm{a}_0 \mathrm{b}_1 \mathrm{c}_2 \ldots \mathrm{h}_{n-1}]$$

des termes que renferment les tableaux (2) et (21). On aura donc

$$(24)\qquad S[\pm a_0 b_1 c_2 \ldots h_{n-1}]\, S[\pm \mathrm{a}_0 \mathrm{b}_1 \mathrm{c}_2 \ldots \mathrm{h}_{n-1}] = 1,$$

et l'on peut énoncer la proposition suivante :

Théorème. — *Si, n variables*

$$x, \quad y, \quad z, \quad \ldots, \quad t$$

étant liées à n autres variables

$$\mathrm{x}, \quad \mathrm{y}, \quad \mathrm{z}, \quad \ldots, \quad \mathrm{t}$$

par n équations linéaires, on suppose les unes exprimées en fonctions linéaires des autres, et réciproquement ; les deux résultantes formées avec les coefficients que renfermeront ces fonctions linéaires dans les deux hypothèses offriront un produit équivalent à l'unité.

MÉMOIRE

SUR LES

FONCTIONS DIFFÉRENTIELLES ALTERNÉES.

I. — *Considérations générales.*

Une expression qui renferme les différentielles ou les dérivées d'une ou de plusieurs fonctions différentiées par rapport à une ou à plusieurs variables, est ce qu'on peut nommer une *fonction différentielle*. Si cette même expression change de signe en conservant, au signe près, la même valeur, tandis qu'on échange entre elles deux quelconques des variables qu'elle renferme, elle deviendra ce que nous appellerons une *fonction différentielle alternée*. Parmi les fonctions de cette espèce, on doit particulièrement remarquer certaines résultantes, dont j'ai déjà parlé dans le 19e Cahier du *Journal de l'École Polytechnique* [p. 536 et suivantes (1)], et dont je vais m'occuper encore quelques instants.

Soient

$$x, \quad y, \quad z, \quad \dots, \quad t$$

n variables indépendantes entre elles, et

$$\mathrm{x}, \quad \mathrm{y}, \quad \mathrm{z}, \quad \dots, \quad \mathrm{t}$$

n autres variables liées aux premières par n équations linéaires ou non linéaires. On pourra considérer

$$\mathrm{x}, \quad \mathrm{y}, \quad \mathrm{z}, \quad \dots, \quad \mathrm{t}$$

(1) *OEuvres de Cauchy*, 2e série, t. I.

comme des fonctions des variables indépendantes

$$x,\quad y,\quad z,\quad \ldots,\quad t,$$

et calculer, dans cette hypothèse, les dérivées du premier ordre qui forment les divers termes du Tableau

$$(1)\qquad \left\{\begin{array}{lllll} D_x \mathrm{x}, & D_y \mathrm{x}, & D_z \mathrm{x}, & \ldots, & D_t \mathrm{x}, \\ D_x \mathrm{y}, & D_y \mathrm{y}, & D_z \mathrm{y}, & \ldots, & D_t \mathrm{y}, \\ D_x \mathrm{z}, & D_y \mathrm{z}, & D_z \mathrm{z}, & \ldots, & D_t \mathrm{z}, \\ \ldots & \ldots & \ldots & \ldots & \ldots, \\ D_x \mathrm{t}, & D_y \mathrm{t}, & D_z \mathrm{t}, & \ldots, & D_t \mathrm{t}. \end{array}\right.$$

Cela posé, concevons que, suivant les conventions adoptées dans le précédent Mémoire, on se serve de la notation

$$(2)\qquad S[\pm D_x \mathrm{x}\, D_y \mathrm{y}\, D_z \mathrm{z} \ldots D_t \mathrm{t}]$$

pour indiquer la somme faite du produit partiel

$$D_x \mathrm{x}\, D_y \mathrm{y}\, D_z \mathrm{z} \ldots D_t \mathrm{t},$$

et de tous ceux dans lesquels il se transforme, quand on échange entre elles, une ou plusieurs fois de suite, les variables

$$x,\quad y,\quad z,\quad \ldots,\quad t$$

prises deux à deux, en changeant chaque fois le signe du produit obtenu. L'expression (2) sera tout à la fois la résultante des termes compris dans le tableau (1), et ce que nous appelons une *fonction différentielle alternée*. Observons d'ailleurs que, pour déduire les uns des autres les divers termes de cette résultante, il revient au même d'échanger entre elles, ou les variables

$$x,\quad y,\quad z,\quad \ldots,\quad t,$$

ou les fonctions

$$\mathrm{x},\quad \mathrm{y},\quad \mathrm{z},\quad \ldots,\quad \mathrm{t}.$$

En vertu des n équations de condition qu'on suppose exister entre les deux systèmes de variables

$$x,\quad y,\quad z,\quad \ldots,\quad t \quad \text{et} \quad \mathrm{x},\quad \mathrm{y},\quad \mathrm{z}.\quad \ldots,\quad \mathrm{t},$$

on peut à volonté, ou considérer, ainsi que nous venons de le faire,

$$\mathrm{x},\quad \mathrm{y},\quad \mathrm{z},\quad \ldots,\quad \mathrm{t}$$

comme des fonctions données des variables indépendantes

$$x,\quad y,\quad z,\quad \ldots,\quad t,$$

ou, réciproquement, considérer

$$x,\quad y,\quad z,\quad \ldots,\quad t$$

comme des fonctions données des variables indépendantes

$$\mathrm{x},\quad \mathrm{y},\quad \mathrm{z},\quad \ldots,\quad \mathrm{t}.$$

Dans cette dernière hypothèse, la résultante formée avec les termes du tableau

$$(3)\qquad \left\{\begin{array}{lllll} D_{\mathrm{x}}x, & D_{\mathrm{y}}x, & D_{\mathrm{z}}x, & \ldots, & D_{\mathrm{t}}x, \\ D_{\mathrm{x}}y, & D_{\mathrm{y}}y, & D_{\mathrm{z}}y, & \ldots, & D_{\mathrm{t}}y, \\ D_{\mathrm{x}}z, & D_{\mathrm{y}}z, & D_{\mathrm{z}}z, & \ldots, & D_{\mathrm{t}}z, \\ \ldots & \ldots & \ldots & \ldots & \ldots, \\ D_{\mathrm{x}}t, & D_{\mathrm{y}}t, & D_{\mathrm{z}}t, & \ldots, & D_{\mathrm{t}}t, \end{array}\right.$$

et représentée par la notation

$$(4)\qquad S[\pm D_{\mathrm{x}}x\, D_{\mathrm{y}}y\, D_{\mathrm{z}}z \ldots D_{\mathrm{t}}t],$$

serait une fonction différentielle alternée par rapport aux variables indépendantes x, y, z, ..., t. Or il existe entre les résultantes (2) et (4) une relation remarquable, et qu'on peut aisément établir comme il suit.

Soit φ une fonction quelconque des variables $x, y, z, \ldots, t$, ou, ce qui revient au même, des variables x, y, z, ..., t. On aura, en considérant d'abord φ comme fonction des variables $x, y, z, \ldots, t$,

$$(5)\qquad d\varphi = D_x\varphi\, dx + D_y\varphi\, dy + D_z\varphi\, dz + \ldots + D_t\varphi\, dt;$$

puis, en considérant φ comme une fonction des variables x, y, z, ..., t,

$$(6)\qquad d\varphi = D_{\mathrm{x}}\varphi\, d\mathrm{x} + D_{\mathrm{y}}\varphi\, d\mathrm{y} + D_{\mathrm{z}}\varphi\, d\mathrm{z} + \ldots + D_{\mathrm{t}}\varphi\, d\mathrm{t}.$$

Si, dans la formule (5), on remplace successivement φ par chacune des variables

$$\mathrm{x},\quad \mathrm{y},\quad \mathrm{z},\quad \ldots,\quad \mathrm{t}$$

considérée comme fonction de $x, y, z, \ldots, t$, on trouvera

$$(7)\qquad \left\{\begin{aligned}
d\mathrm{x} &= D_x \mathrm{x}\,dx + D_y \mathrm{x}\,dy + D_z \mathrm{x}\,dz + \ldots + D_t \mathrm{x}\,dt,\\
d\mathrm{y} &= D_x \mathrm{y}\,dx + D_y \mathrm{y}\,dy + D_z \mathrm{y}\,dz + \ldots + D_t \mathrm{y}\,dt,\\
d\mathrm{z} &= D_x \mathrm{z}\,dx + D_y \mathrm{z}\,dy + D_z \mathrm{z}\,dz + \ldots + D_t \mathrm{z}\,dt,\\
&\ldots\ldots\ldots\ldots\ldots\ldots\ldots\ldots\ldots\ldots\ldots\ldots,\\
d\mathrm{t} &= D_x \mathrm{t}\,dx + D_y \mathrm{t}\,dy + D_z \mathrm{t}\,dz + \ldots + D_t \mathrm{t}\,dt.
\end{aligned}\right.$$

Pareillement, si, dans la formule (6), on remplace successivement la fonction φ par chacune des variables

$$x,\quad y,\quad z,\quad \ldots,\quad t,$$

considérée comme fonction de $\mathrm{x}, \mathrm{y}, \mathrm{z}, \ldots, \mathrm{t}$, on trouvera

$$(8)\qquad \left\{\begin{aligned}
dx &= D_{\mathrm{x}} x\,d\mathrm{x} + D_{\mathrm{y}} x\,d\mathrm{y} + D_{\mathrm{z}} x\,d\mathrm{z} + \ldots + D_{\mathrm{t}} x\,d\mathrm{t},\\
dy &= D_{\mathrm{x}} y\,d\mathrm{x} + D_{\mathrm{y}} y\,d\mathrm{y} + D_{\mathrm{z}} y\,d\mathrm{z} + \ldots + D_{\mathrm{t}} y\,d\mathrm{t},\\
dz &= D_{\mathrm{x}} z\,d\mathrm{x} + D_{\mathrm{y}} z\,d\mathrm{y} + D_{\mathrm{z}} z\,d\mathrm{z} + \ldots + D_{\mathrm{t}} z\,d\mathrm{t},\\
&\ldots\ldots\ldots\ldots\ldots\ldots\ldots\ldots\ldots\ldots\ldots\ldots,\\
dt &= D_{\mathrm{x}} t\,d\mathrm{x} + D_{\mathrm{y}} t\,d\mathrm{y} + D_{\mathrm{z}} t\,d\mathrm{z} + \ldots + D_{\mathrm{t}} t\,d\mathrm{t}.
\end{aligned}\right.$$

Les formules (7) et (8), qui fournissent le moyen d'opérer un changement de variables indépendantes, quand on s'arrête aux différentielles du premier ordre, doivent certainement s'accorder entre elles. Donc les équations (7) deviendront identiques, si l'on y substitue les valeurs de

$$dx,\quad dy,\quad dz,\quad \ldots\quad dt$$

tirées des formules (8). Cette seule considération fournit immédiatement n^2 équations diverses, dont les unes, en nombre égal à n, sont de la forme

$$(9)\qquad D_x \mathrm{x}\, D_{\mathrm{x}} x + D_y \mathrm{x}\, D_{\mathrm{x}} y + D_z \mathrm{x}\, D_{\mathrm{x}} z + \ldots + D_t \mathrm{x}\, D_{\mathrm{x}} t = 1,$$

tandis que les autres, en nombre égal à $n^2 - n$, sont de la forme

$$(10)\qquad D_x \mathrm{x}\, D_{\mathrm{y}} x + D_y \mathrm{x}\, D_{\mathrm{y}} y + D_z \mathrm{x}\, D_{\mathrm{y}} z + \ldots + D_t \mathrm{x}\, D_{\mathrm{y}} t = 0.$$

D'ailleurs, comme les formules (7) et (8) servent à exprimer les différentielles

$$d\mathrm{x},\quad d\mathrm{y},\quad d\mathrm{z},\quad \ldots,\quad d\mathrm{t}$$

en fonctions linéaires des différentielles

$$dx,\quad dy,\quad dz,\quad \ldots,\quad dt$$

et réciproquement, on conclura du théorème énoncé à la page 201 que les résultantes formées avec les termes des tableaux (1) et (3), c'est-à-dire les expressions (2) et (4), fournissent un produit équivalent à l'unité. On aura donc

$$(11)\qquad S[\pm D_x\mathrm{x}\, D_y\mathrm{y}\, D_z\mathrm{z}\ldots D_t\mathrm{t}]\, S[\pm D_{\mathrm{x}}x\, D_{\mathrm{y}}y\, D_{\mathrm{z}}z\ldots D_{\mathrm{t}}t] = 1.$$

La formule (11) ne diffère que par la notation d'une formule déjà connue. (Voir un Mémoire de M. Jacobi, inséré dans le *Journal de M. Crelle*, 1841, p. 337.)

Non seulement les résultantes (2) et (4) se trouvent liées entre elles par la formule (11), mais, de plus, chacune de ces résultantes peut être exprimée par le rapport de deux autres. En effet, représentons par

$$(12)\qquad \Phi = 0,\qquad \mathrm{X} = 0,\qquad \Psi = 0,\qquad \ldots,\qquad \Omega = 0$$

les n équations en vertu desquelles les n variables

$$x,\quad y,\quad z,\quad \ldots,\quad t$$

se trouvent liées aux n variables

$$\mathrm{x},\quad \mathrm{y},\quad \mathrm{z},\quad \ldots,\quad \mathrm{t}.$$

En différentiant la première des équations (12), on trouvera

$$(13)\qquad D_x\Phi\, dx + \ldots + D_t\Phi\, dt + D_{\mathrm{x}}\Phi\, d\mathrm{x} + \ldots + D_{\mathrm{t}}\Phi\, d\mathrm{t} = 0;$$

puis, en substituant dans la formule (13) les valeurs de

$$d\mathrm{x},\quad d\mathrm{y},\quad \ldots,\quad d\mathrm{t},$$

tirées des formules (7), on obtiendra une équation qui devra être identique et donnera par suite

$$(14)\qquad \left\{\begin{aligned} -\mathrm{D}_x\Phi &= \mathrm{D}_{\mathrm{x}}\Phi\,\mathrm{D}_x\mathrm{x}+\mathrm{D}_{\mathrm{y}}\Phi\,\mathrm{D}_x\mathrm{y}+\ldots+\mathrm{D}_{\mathrm{t}}\Phi\,\mathrm{D}_x\mathrm{t},\\ -\mathrm{D}_y\Phi &= \mathrm{D}_{\mathrm{x}}\Phi\,\mathrm{D}_y\mathrm{x}+\mathrm{D}_{\mathrm{y}}\Phi\,\mathrm{D}_y\mathrm{y}+\ldots+\mathrm{D}_{\mathrm{t}}\Phi\,\mathrm{D}_y\mathrm{t},\\ &\ldots\ldots\ldots\ldots\ldots\ldots\ldots\ldots\ldots\ldots\\ -\mathrm{D}_t\Phi &= \mathrm{D}_{\mathrm{x}}\Phi\,\mathrm{D}_t\mathrm{x}+\mathrm{D}_{\mathrm{y}}\Phi\,\mathrm{D}_t\mathrm{y}+\ldots+\mathrm{D}_{\mathrm{t}}\Phi\,\mathrm{D}_t\mathrm{t}. \end{aligned}\right.$$

Or, de ces dernières formules et de celles qu'on en déduit en remplaçant la lettre Φ par l'une des lettres X, Ψ, ..., Ω, il résulte que les divers termes du tableau

$$(15)\qquad \left\{\begin{array}{lllll} \mathrm{D}_x\Phi, & \mathrm{D}_x\mathrm{X}, & \mathrm{D}_x\Psi, & \ldots, & \mathrm{D}_x\Omega,\\ \mathrm{D}_y\Phi, & \mathrm{D}_y\mathrm{X}, & \mathrm{D}_y\Psi, & \ldots, & \mathrm{D}_y\Omega,\\ \mathrm{D}_z\Phi, & \mathrm{D}_z\mathrm{X}, & \mathrm{D}_z\Psi, & \ldots, & \mathrm{D}_z\Omega,\\ \ldots & \ldots & \ldots & \ldots & \ldots\\ \mathrm{D}_t\Phi, & \mathrm{D}_t\mathrm{X}, & \mathrm{D}_t\Psi, & \ldots, & \mathrm{D}_t\Omega, \end{array}\right.$$

pris chacun avec le signe —, se trouveront liés à ceux du tableau (1) et du suivant :

$$(16)\qquad \left\{\begin{array}{lllll} \mathrm{D}_{\mathrm{x}}\Phi, & \mathrm{D}_{\mathrm{x}}\mathrm{X}, & \mathrm{D}_{\mathrm{x}}\Psi, & \ldots, & \mathrm{D}_{\mathrm{x}}\Omega,\\ \mathrm{D}_{\mathrm{y}}\Phi, & \mathrm{D}_{\mathrm{y}}\mathrm{X}, & \mathrm{D}_{\mathrm{y}}\Psi, & \ldots, & \mathrm{D}_{\mathrm{y}}\Omega,\\ \mathrm{D}_{\mathrm{z}}\Phi, & \mathrm{D}_{\mathrm{z}}\mathrm{X}, & \mathrm{D}_{\mathrm{z}}\Psi, & \ldots, & \mathrm{D}_{\mathrm{z}}\Omega,\\ \ldots & \ldots & \ldots & \ldots & \ldots\\ \mathrm{D}_{\mathrm{t}}\Phi, & \mathrm{D}_{\mathrm{t}}\mathrm{X}, & \mathrm{D}_{\mathrm{t}}\Psi, & \ldots, & \mathrm{D}_{\mathrm{t}}\Omega, \end{array}\right.$$

par des équations semblables à la formule (14) de la page 191. Donc, en vertu du théorème III de cette même page, la résultante des termes qui composent le tableau (15), multipliée par $(-1)^n$, sera le produit des résultantes des termes qui composent les tableaux (1) et (16). On aura donc

$$\begin{aligned} &(-1)^n\,\mathrm{S}[\pm\mathrm{D}_x\Phi\,\mathrm{D}_y\mathrm{X}\,\mathrm{D}_z\Psi\ldots\mathrm{D}_t\Omega]\\ &\quad=\mathrm{S}[\pm\mathrm{D}_x\mathrm{x}\,\mathrm{D}_y\mathrm{y}\,\mathrm{D}_z\mathrm{z}\ldots\mathrm{D}_t\mathrm{t}]\,\mathrm{S}[\pm\mathrm{D}_{\mathrm{x}}\Phi\,\mathrm{D}_{\mathrm{y}}\mathrm{X}\,\mathrm{D}_{\mathrm{z}}\Psi\ldots\mathrm{D}_{\mathrm{t}}\Omega], \end{aligned}$$

et par suite

$$(17)\qquad \mathrm{S}[\pm\mathrm{D}_x\mathrm{x}\,\mathrm{D}_y\mathrm{y}\,\mathrm{D}_z\mathrm{z}\ldots\mathrm{D}_t\mathrm{t}]=(-1)^n\frac{\mathrm{S}[\pm\mathrm{D}_x\Phi\,\mathrm{D}_y\mathrm{X}\,\mathrm{D}_z\Psi\ldots\mathrm{D}_t\Omega]}{\mathrm{S}[\pm\mathrm{D}_{\mathrm{x}}\Phi\,\mathrm{D}_{\mathrm{y}}\mathrm{X}\,\mathrm{D}_{\mathrm{z}}\Psi\ldots\mathrm{D}_{\mathrm{t}}\Omega]}.$$

L'équation (17), en vertu de laquelle la résultante (2) s'exprime par le rapport de deux autres résultantes, a encore été obtenue par M. Jacobi, dans le Mémoire déjà cité, page 344. Elle conduit à la formule donnée par M. Catalan pour la transformation d'une intégrale multiple, dans le cas où aux variables que renfermait cette intégrale on substitue d'autres variables liées aux premières par certaines équations.

Si, dans la formule (17), on échange l'un avec l'autre les deux systèmes de variables

$$x,\ y,\ z,\ \ldots,\ t \quad \text{et} \quad \mathrm{x},\ \mathrm{y},\ \mathrm{z},\ \ldots,\ \mathrm{t},$$

on obtiendra l'équation

$$(18) \qquad S[\pm D_{\mathrm{x}}x\, D_{\mathrm{y}}y\, D_{\mathrm{z}}z \ldots D_{\mathrm{t}}t] = (-1)^n \frac{S[\pm D_{\mathrm{x}}\Phi\, D_{\mathrm{y}}X\, D_{\mathrm{z}}\Psi \ldots D_{\mathrm{t}}\Omega]}{S[\pm D_x\Phi\, D_y X\, D_z\Psi \ldots D_t\Omega]},$$

en vertu de laquelle la résultante (4) s'exprime par le rapport de deux autres résultantes. En combinant entre elles, par voie de multiplication, les formules (17) et (18), on retrouve évidemment la formule (11).

II. — *Exemples.*

Considérons, comme dans le paragraphe précédent, n variables

$$x,\ y,\ z,\ \ldots,\ t$$

liées à n autres variables

$$\mathrm{x},\ \mathrm{y},\ \mathrm{z},\ \ldots,\ \mathrm{t}$$

par n équations diverses ; et supposons d'abord que ces équations soient de la forme

$$(1) \qquad \begin{cases} \mathrm{x} = a_0 x + b_0 y + c_0 z + \ldots + h_0 t, \\ \mathrm{y} = a_1 x + b_1 y + c_1 z + \ldots + h_1 t, \\ \mathrm{z} = a_2 x + b_2 y + c_2 z + \ldots + h_2 t, \\ \ldots\ldots\ldots\ldots\ldots\ldots\ldots\ldots \\ \mathrm{t} = a_{n-1} x + b_{n-1} y + c_{n-1} z + \ldots + h_{n-1} t. \end{cases}$$

Dans ce cas, les termes qui composeront le tableau (1) du paragraphe I seront précisément les coefficients

$$(2)\qquad \begin{cases} a_0, & b_0, & c_0, & \ldots, & h_0, \\ a_1, & b_1, & c_1, & \ldots, & h_1, \\ a_2, & b_2, & c_2, & \ldots, & h_2, \\ \ldots & \ldots & \ldots & \ldots & \ldots, \\ a_{n-1}, & b_{n-1}, & c_{n-1}, & \ldots, & h_{n-1}. \end{cases}$$

On aura donc

$$(3)\qquad S[\pm D_x \mathrm{x}\, D_y \mathrm{y}\, D_z \mathrm{z} \ldots D_t \mathrm{t}] = S[\pm a_0 b_1 c_2 \ldots h_{n-1}].$$

Concevons maintenant que les équations (1), étant résolues par rapport à $x, y, z, \ldots, t$, donnent

$$(4)\qquad \begin{cases} x = \mathrm{a}_0 \mathrm{x} + \mathrm{a}_1 \mathrm{y} + \mathrm{a}_2 \mathrm{z} + \ldots + \mathrm{a}_{n-1} \mathrm{t}, \\ y = \mathrm{b}_0 \mathrm{x} + \mathrm{b}_1 \mathrm{y} + \mathrm{b}_2 \mathrm{z} + \ldots + \mathrm{b}_{n-1} \mathrm{t}, \\ z = \mathrm{c}_0 \mathrm{x} + \mathrm{c}_1 \mathrm{y} + \mathrm{c}_2 \mathrm{z} + \ldots + \mathrm{c}_{n-1} \mathrm{t}, \\ \ldots\ldots\ldots\ldots\ldots\ldots, \\ t = \mathrm{h}_0 \mathrm{x} + \mathrm{h}_1 \mathrm{y} + \mathrm{h}_2 \mathrm{z} + \ldots + \mathrm{h}_{n-1} \mathrm{t}. \end{cases}$$

On trouvera encore

$$(5)\qquad S[\pm D_{\mathrm{x}} x\, D_{\mathrm{y}} y\, D_{\mathrm{z}} z \ldots D_{\mathrm{t}} t] = S[\pm \mathrm{a}_0 \mathrm{b}_1 \mathrm{c}_2 \ldots \mathrm{h}_{n-1}].$$

D'ailleurs, en vertu du théorème de la page 201, on aura

$$(6)\qquad S[\pm a_0 b_1 c_2 \ldots h_{n-1}]\, S[\pm \mathrm{a}_0 \mathrm{b}_1 \mathrm{c}_2 \ldots \mathrm{h}_{n-1}] = 1.$$

Donc les formules (3) et (5) donneront, dans l'hypothèse admise,

$$(7)\qquad S[\pm D_x \mathrm{x}\, D_y \mathrm{y}\, D_z \mathrm{z} \ldots D_t]\, S[\pm D_{\mathrm{x}} x\, D_{\mathrm{y}} y\, D_{\mathrm{z}} z \ldots D_{\mathrm{t}} t] = 1,$$

en sorte qu'on se trouvera précisément ramené à la formule (11) du paragraphe I.

Supposons en second lieu que

$$\mathrm{x}, \quad \mathrm{y}, \quad \mathrm{z}, \quad \ldots, \quad \mathrm{t}$$

soient déterminés en fonction de

$$x, \quad y, \quad z, \quad \ldots, \quad t$$

par des équations de la forme

$$(8)\qquad \left\{\begin{array}{l} \mathrm{x} = A\,(x-a)\,(y-a)\,(z-a)\ldots(t-a), \\ \mathrm{y} = B\,(x-b)\,(y-b)\,(z-b)\ldots(t-b), \\ \mathrm{z} = C\,(x-c)\,(y-c)\,(z-c)\ldots(t-c), \\ \ldots\ldots\ldots\ldots\ldots\ldots\ldots\ldots\ldots\ldots \\ \mathrm{t} = H\,(x-h)\,(y-h)\,(z-h)\ldots(t-h). \end{array}\right.$$

Il suffira de différentier par rapport à x, y, z, ..., t les logarithmes des fonctions x, y, z, ..., t pour obtenir immédiatement les termes du tableau (1) du paragraphe I sous les formes suivantes :

$$(9)\qquad \left\{\begin{array}{lllll} \dfrac{\mathrm{x}}{x-a}, & \dfrac{\mathrm{x}}{y-a}, & \dfrac{\mathrm{x}}{z-a}, & \ldots, & \dfrac{\mathrm{x}}{t-a}, \\ \dfrac{\mathrm{y}}{x-b}, & \dfrac{\mathrm{y}}{y-b}, & \dfrac{\mathrm{y}}{z-b}, & \ldots, & \dfrac{\mathrm{y}}{t-b}, \\ \dfrac{\mathrm{z}}{x-c}, & \dfrac{\mathrm{z}}{y-c}, & \dfrac{\mathrm{z}}{z-c}, & \ldots, & \dfrac{\mathrm{z}}{t-c}, \\ \ldots\ldots & \ldots\ldots & \ldots\ldots & \ldots & \ldots\ldots \\ \dfrac{\mathrm{t}}{x-h}, & \dfrac{\mathrm{t}}{y-h}, & \dfrac{\mathrm{t}}{z-h}, & \ldots, & \dfrac{\mathrm{t}}{t-h}. \end{array}\right.$$

On trouvera donc

$$(10)\qquad \begin{aligned} &S[\pm D_x\mathrm{x}\,D_y\mathrm{y}\,D_z\mathrm{z}\ldots D_t\mathrm{t}] \\ &\quad = \mathrm{xyz}\ldots\mathrm{t}\,S\left[\pm\frac{1}{(x-a)\,(y-b)\,(z-c)\ldots(t-h)}\right], \end{aligned}$$

ou, ce qui revient au même, eu égard à la formule (10) de la page 177,

$$(11)\qquad \begin{aligned} &S[\pm D_x\mathrm{x}\,D_y\mathrm{y}\,D_z\mathrm{z}\ldots D_t\mathrm{t}] \\ &\quad = (-1)^{\frac{n(n-1)}{2}}\,\mathrm{xyz}\ldots\mathrm{t} \\ &\quad \times \frac{(b-a)(c-a)\ldots(c-b)\ldots(y-x)(z-x)\ldots(z-y)\ldots}{(x-a)(x-b)(x-c)\ldots(y-a)(y-b)(y-c)\ldots(z-a)(z-b)(z-c)\ldots}. \end{aligned}$$

Si, dans la formule (11), on substitue les valeurs de x, y, z, ..., t, tirées des équations (8), on trouvera simplement

$$(12)\qquad S[\pm D_x\mathrm{x}\,D_y\mathrm{y}\,D_z\mathrm{z}\ldots D_t\mathrm{t}] = (-1)^{\frac{n(n-1)}{2}}\,ABC\ldots H\mathfrak{P}\,\mathrm{P},$$

les valeurs de P et de $\mathfrak{P}$ étant

$$(13)\quad \begin{cases} P = (y-x)(z-x)\ldots(z-y)\ldots = S[\pm x^0 y^1 z^2 \ldots t^{n-1}], \\ \mathfrak{P} = (b-a)(c-a)\ldots(c-b)\ldots = S[\pm a^0 b^1 c^2 \ldots h^{n-1}]. \end{cases}$$

On peut aisément, des formules (8), déduire n autres formules dont chacune renferme une seule des variables

$$x,\quad y,\quad z,\quad \ldots,\quad t.$$

En effet, posons pour abréger

$$(14)\qquad f(r) = (r-a)(r-b)(r-c)\ldots(r-h),$$

et

$$(15)\qquad F(r) = (r-x)(r-y)(r-z)\ldots(r-t).$$

Chacun des rapports

$$\frac{F(r)}{r-x},\quad \frac{F(r)}{r-y},\quad \ldots,\quad \frac{F(r)}{r-t}$$

sera une fonction entière de r, du degré $n-1$, et dans laquelle le coefficient de r^{n-1} se réduira simplement à l'unité. On aura donc, par suite, en vertu d'un théorème connu,

$$(16)\qquad \mathcal{E}\frac{1}{r-x}\frac{F(r)}{[f(r)]_r} = 1,\quad \ldots\quad \mathcal{E}\frac{1}{r-t}\frac{F(r)}{[f(r)]_r} = 1.$$

Or, la première des équations (16), pouvant s'écrire comme il suit,

$$\frac{(a-y)\ldots(a-t)}{f'(a)} + \frac{(b-y)\ldots(b-t)}{f'(b)} + \ldots + \frac{(h-y)\ldots(h-t)}{f'(h)} = 1,$$

donnera, eu égard aux formules (8),

$$(17)\quad \begin{cases} \dfrac{1}{A\,f'(a)}\dfrac{X}{x-a} + \dfrac{1}{B\,f'(b)}\dfrac{Y}{x-b} + \ldots + \dfrac{1}{H\,f'(h)}\dfrac{T}{x-h} = (-1)^{n-1}. \\ \text{On aura de même} \\ \dfrac{1}{A\,f'(a)}\dfrac{X}{y-a} + \dfrac{1}{B\,f'(b)}\dfrac{Y}{y-b} + \ldots + \dfrac{1}{H\,f'(h)}\dfrac{T}{y-h} = (-1)^{n-1}, \\ \ldots\ldots\ldots\ldots\ldots\ldots\ldots\ldots\ldots\ldots\ldots\ldots\ldots\ldots, \\ \dfrac{1}{A\,f'(a)}\dfrac{X}{t-a} + \dfrac{1}{B\,f'(b)}\dfrac{Y}{t-b} + \ldots + \dfrac{1}{H\,f'(h)}\dfrac{T}{t-h} = (-1)^{n-1}. \end{cases}$$

En d'autres termes,

$$x, \quad y, \quad z, \quad \ldots, \quad t,$$

considérés comme fonctions de

$$\mathrm{x}, \quad \mathrm{y}, \quad \mathrm{z}, \quad \ldots, \quad \mathrm{t},$$

représenteront les n racines de l'équation

$$(18) \qquad \frac{1}{A\,\mathrm{f}'(a)}\,\frac{\mathrm{x}}{r-a} + \frac{1}{B\,\mathrm{f}'(b)}\,\frac{\mathrm{y}}{r-b} + \ldots + \frac{1}{H\,\mathrm{f}'(h)}\,\frac{\mathrm{t}}{r-h} = (-1)^{n-1},$$

résolue par rapport à r.

En partant des formules (17), on déterminerait aisément la valeur de la résultante

$$\mathrm{S}[\pm \mathrm{D}_{\mathrm{x}} x \, \mathrm{D}_{\mathrm{y}} y \, \mathrm{D}_{\mathrm{z}} z \ldots \mathrm{D}_{\mathrm{t}} t],$$

et en appliquant à cette résultante les méthodes de réduction employées par M. Catalan, dans son Mémoire sur la transformation des intégrales multiples, on trouverait qu'elle se réduit, comme cela doit être, à l'unité divisée par le second membre de la formule (12).

Si l'on supposait les variables

$$\mathrm{x}, \quad \mathrm{y}, \quad \mathrm{z}, \quad \ldots, \quad \mathrm{t}$$

déterminées en fonctions de

$$x, \quad y, \quad z, \quad \ldots, \quad t$$

par des équations de la forme

$$(19) \qquad \left\{ \begin{array}{l} \mathrm{x} = A\dfrac{(x-a)(y-a)(z-a)\ldots(t-a)}{(x-k)(y-k)(z-k)\ldots(t-k)}, \\ \mathrm{y} = B\dfrac{(x-b)(y-b)(z-b)\ldots(t-b)}{(x-k)(y-k)(z-k)\ldots(t-k)}, \\ \mathrm{z} = C\dfrac{(x-c)(y-c)(z-c)\ldots(t-c)}{(x-k)(y-k)(z-k)\ldots(t-k)}, \\ \ldots\ldots\ldots\ldots\ldots\ldots\ldots\ldots\ldots\ldots\ldots\ldots, \\ \mathrm{t} = H\dfrac{(x-h)(y-h)(z-h)\ldots(t-h)}{(x-k)(y-k)(z-k)\ldots(t-k)}, \end{array} \right.$$

alors, en opérant toujours de la même manière, on trouverait

$$\begin{array}{lll} D_x x = x \dfrac{a-k}{(x-a)(x-k)}, & D_y x = x \dfrac{a-k}{(y-a)(y-k)}, & \ldots, \\ D_x y = y \dfrac{b-k}{(x-b)(x-k)}, & D_y y = y \dfrac{b-k}{(y-b)(y-k)}, & \ldots, \\ \ldots\ldots\ldots\ldots, & \ldots\ldots\ldots\ldots, & \ldots, \end{array}$$

et par suite

$$(20)\quad S[\pm D_x x\, D_y y\, D_z z \ldots D_t t] = xyz\ldots t \frac{(a-k)\ldots(h-k)}{(x-k)\ldots(t-k)} S\left[\pm \frac{1}{(x-a)(y-b)(z-c)\ldots(t-h)}\right],$$

ou, ce qui revient au même,

$$(21)\quad S[\pm D_x x\, D_y y\, D_z z \ldots D_t t] = (-1)^{\frac{n(n-1)}{2}} xyz\ldots t \times \frac{(a-k)\ldots(h-k)}{(x-k)\ldots(t-k)} \frac{\mathfrak{P} P}{(x-a)(x-b)\ldots(x-h)\ldots(t-a)\ldots(t-h)},$$

les valeurs de P, $\mathfrak{P}$ étant toujours déterminées par les formules (13).

Si, dans la formule (20), on substitue les valeurs de

$$x,\quad y,\quad z,\quad \ldots,\quad t$$

tirées des équations (19), elle donnera simplement

$$(22)\quad S[\pm D_x x\, D_y y\, D_z z \ldots D_t t] = (-1)^{\frac{n(n-1)}{2}} ABC\ldots H \frac{(a-k)(b-k)\ldots(h-k)}{[(x-k)(y-k)\ldots(t-k)]^{n+1}} \mathfrak{P} P.$$

MÉMOIRE

SUR LE RAPPORT DIFFÉRENTIEL

DE DEUX GRANDEURS QUI VARIENT SIMULTANÉMENT.

Les principes que nous allons établir dans le présent Mémoire permettent de résoudre aisément un grand nombre de questions diverses, dont la plupart étaient ordinairement traitées par les méthodes que fournit le Calcul différentiel. D'ailleurs, l'exposition de ces principes repose sur des notions tellement simples qu'elles peuvent être introduites sans inconvénient même dans la Géométrie élémentaire et dans l'Analyse algébrique. Tels sont les motifs qui nous ont porté à entreprendre la rédaction de ce Mémoire, en nous donnant lieu de croire qu'il rendra plus facile l'étude du Calcul infinitésimal et de celles des sciences mathématiques qui sont intimement liées à ce même calcul.

I. — *Définition et propriétés générales des rapports différentiels.*

Nous appelons *grandeurs* ou quantités *coexistantes* deux grandeurs ou quantités qui existent ensemble et varient simultanément, de telle sorte que les éléments de l'une existent et varient, ou s'évanouissent, en même temps que les éléments de l'autre. Tels sont, par exemple, le volume d'un corps et la masse ou le poids de ce corps. Tels sont aussi le temps pendant lequel un point se meut et l'espace parcouru par ce point. Tels sont encore le rayon d'un cercle et sa surface, le rayon d'une sphère et son volume, la hauteur et la surface d'un triangle ou d'un parallélogramme, la hauteur et le volume d'un prisme ou d'une pyramide, etc., la base et le volume d'un cylindre, etc.

Des grandeurs ou quantités coexistantes peuvent d'ailleurs varier simultanément dans un ou plusieurs sens divers. Ainsi, par exemple, le volume d'un prisme ou d'un cylindre, dont la base est constante, varie avec la hauteur dans un seul sens. Mais, si l'on suppose la hauteur constante et la base variable, le volume pourra varier avec cette base dans deux sens divers. De même encore, la masse d'un parallélépipède ou généralement d'un corps quelconque, pourra varier avec le volume de ce corps dans trois sens correspondants aux trois dimensions de l'espace, etc.

Cela posé, soient

$$A \quad \text{et} \quad B$$

deux grandeurs ou quantités coexistantes, qui varient simultanément dans un ou plusieurs sens divers. Concevons d'ailleurs que la grandeur B soit décomposée en éléments

$$b_1, \quad b_2, \quad \ldots, \quad b_n,$$

dont les valeurs numériques soient très petites ; et nommons

$$a_1, \quad a_2, \quad \ldots, \quad a_n$$

les éléments correspondants de la grandeur A. Enfin supposons que, l'un quelconque des éléments de la grandeur B étant représenté par b, et l'élément correspondant de la grandeur A par a, la valeur numérique de l'élément b vienne à décroître indéfiniment dans un ou plusieurs sens. L'élément a s'approchera lui-même indéfiniment de zéro ; mais on ne pourra en dire autant du rapport

$$\frac{a}{b},$$

qui convergera en général vers une limite finie différente de zéro. Cette limite est ce que nous appellerons le *rapport différentiel* de la grandeur A à la grandeur B. Ce rapport différentiel sera d'ailleurs du *premier ordre* ou du *second*, ou du *troisième*, etc., suivant que, pour l'obtenir, on aura fait décroître l'élément b dans un, ou deux, ou trois, ... sens différents.

Une des propriétés les plus générales et les plus utiles du rapport différentiel est celle que nous allons établir.

Concevons qu'on indique à l'aide de la lettre M, placée devant plusieurs quantités, une moyenne entre ces quantités, c'est-à-dire une quantité nouvelle comprise entre la plus petite et la plus grande de celles qu'on considérait d'abord. Si les éléments

$$b_1, \quad b_2, \quad \ldots, \quad b_n$$

de la grandeur ou quantité désignée par B sont positifs, les éléments

$$a_1, \quad a_2, \quad \ldots, \quad a_n$$

de la grandeur ou quantité désignée par A pouvant être affectés de signes quelconques ; on aura, en vertu d'un théoréme connu (Voir l'*Analyse algébrique*, p. 17),

$$\frac{a_1+a_2+\ldots+a_n}{b_1+b_2+\ldots+b_n}=\mathrm{M}\left(\frac{a_1}{b_1}, \frac{a_2}{b_2}, \ldots, \frac{a_n}{b_n}\right),$$

et, par suite, les deux équations

$$A=a_1+a_2+\ldots+a_n,$$
$$B=b_1+b_2+\ldots+b_n$$

entraîneront la suivante :

$$\frac{A}{B}=\mathrm{M}\left(\frac{a_1}{b_1}, \frac{a_2}{b_2}, \ldots, \frac{a_n}{b_n}\right). \tag{1}$$

D'ailleurs cette dernière équation continuera de subsister si, le nombre n devenant de plus en plus grand, chacun des éléments

$$b_1, \quad b_2, \quad \ldots, \quad b_n$$

devient de plus en plus petit ; et alors chacun des rapports

$$\frac{a_1}{b_1}, \quad \frac{a_2}{b_2}, \quad \ldots, \quad \frac{a_n}{b_n}$$

finira par différer aussi peu qu'on voudra d'une certaine valeur du rapport différentiel. On pourra donc, de la formule (1), déduire le théorème suivant :

Théorème I. — *Le rapport entre deux grandeurs ou quantités coexistantes A et B, dont la première varie dans un ou plusieurs sens avec la seconde supposée toujours positive, est une moyenne entre les diverses valeurs de leur rapport différentiel.*

Corollaire. — Le théorème I s'étend évidemment, avec la formule (1), au cas même où la seconde quantité B serait toujours négative.

Lorsque deux grandeurs coexistantes varient proportionnellement l'une à l'autre, leur rapport est constant, aussi bien que le rapport de leurs éléments, et la limite de ce dernier rapport, ou le rapport différentiel. On peut donc énoncer encore la proposition suivante :

Théorème II. — *Si deux grandeurs ou quantités coexistantes A et B sont entre elles dans un rapport constant, ce rapport constant sera aussi leur rapport différentiel.*

La proposition inverse peut s'énoncer comme il suit :

Théorème III. — *Si le rapport différentiel de la grandeur ou quantité A à la grandeur ou quantité constante B est constant, ce rapport constant sera aussi celui des grandeurs ou quantités elles-mêmes.*

Démonstration. — Supposons d'abord que la grandeur B, étant positive, puisse être considérée comme uniquement formée d'éléments positifs. Alors le troisième théorème sera une conséquence immédiate du premier théorème; et, par suite, si l'on nomme ρ le rapport différentiel des grandeurs A et B, on aura

$$\frac{A}{B} = \rho. \tag{2}$$

Ajoutons qu'en vertu du corollaire du premier théorème, l'équation (2) subsistera encore si la quantité B, étant négative, peut être considérée comme uniquement composée d'éléments négatifs.

Supposons, en second lieu, la grandeur ou quantité B formée d'éléments dont les uns soient positifs, les autres négatifs. On pourra la décomposer en diverses parties

$$B_{\prime}, \quad B_{\prime\prime}, \quad B_{\prime\prime\prime}, \quad \ldots,$$

dont chacune soit considérée comme uniquement formée d'éléments affectés du même signe; et, en nommant

$$A_{\prime}, \quad A_{\prime\prime}, \quad A_{\prime\prime\prime}, \quad \ldots$$

les parties correspondantes de la grandeur ou quantité A, on aura, en vertu de l'équation (2),

$$\frac{A_{\prime}}{B_{\prime}} = \rho, \qquad \frac{A_{\prime\prime}}{B_{\prime\prime}} = \rho, \qquad \frac{A_{\prime\prime\prime}}{B_{\prime\prime\prime}} = \rho, \qquad \ldots$$

par conséquent

$$A_{\prime} = \rho B_{\prime}, \qquad A_{\prime\prime} = \rho B_{\prime\prime}, \qquad A_{\prime\prime\prime} = \rho B_{\prime\prime\prime}, \qquad \ldots$$

et

$$A_{\prime} + A_{\prime\prime} + A_{\prime\prime\prime} + \ldots = \rho(B_{\prime} + B_{\prime\prime} + B_{\prime\prime\prime} + \ldots),$$

ou, ce qui revient au même,

$$A = \rho B. \tag{3}$$

Or cette dernière formule entraîne évidemment l'équation (1).

Corollaire. — Si le coefficient différentiel ρ est constamment nul, l'équation (3) donnera simplement

$$A = 0. \tag{4}$$

On peut donc énoncer encore la proposition suivante :

THÉORÈME IV. — *Une grandeur ou quantité s'évanouit toujours, lorsque le rapport différentiel de cette grandeur ou quantité à une autre grandeur ou quantité coexistante est constamment nul.*

Le rapport différentiel de deux grandeurs, constant ou variable, reçoit souvent divers noms particuliers relatifs à la nature même de ces grandeurs. Donnons à ce sujet quelques exemples.

Considérons d'abord une certaine masse ou quantité de matière M, renfermée dans un solide dont le volume est V, ou concentrée sur une surface dont l'aire est A, ou enfin concentrée sur une ligne dont la longueur est S. Si la masse M varie proportionnellement à la quantité

$$V, \quad \text{ou} \quad A, \quad \text{ou} \quad S,$$

le rapport constant

$$\frac{M}{V}, \quad \text{ou} \quad \frac{M}{A}, \quad \text{ou} \quad \frac{M}{S}$$

sera la *densité* constante du corps ou de la surface, ou de la ligne donnée. Soient, dans la même hypothèse,

$$m$$

un élément de la masse M, et

$$v, \quad \text{ou} \quad a, \quad \text{ou} \quad s,$$

l'élément correspondant de la quantité

$$V, \quad \text{ou} \quad A, \quad \text{ou} \quad S.$$

La densité constante du corps, ou de la surface, ou de la ligne donnée, pourra encore être représentée par le rapport

$$\frac{m}{v}, \quad \text{ou} \quad \frac{m}{a}, \quad \text{ou} \quad \frac{m}{s},$$

ainsi que par la limite de ce rapport. Cette densité constante sera donc le rapport différentiel de la masse M à la quantité

$$V, \quad \text{ou} \quad A, \quad \text{ou} \quad S.$$

Supposons maintenant que la masse M varie par exemple avec le volume V, mais sans lui être proportionnelle. Alors les rapports

$$\frac{M}{V} \quad \text{et} \quad \frac{m}{v}$$

pourront différer l'un de l'autre, et représenteront ce qu'on nomme la *densité moyenne* du corps sous le volume V ou sous le volume v. Si d'ailleurs le volume élémentaire v change graduellement de forme, sans jamais cesser de renfermer un certain point P du corps que l'on considère, et si, en vertu de ce changement de forme, les trois dimensions du volume viennent à décroître indéfiniment, la masse élémentaire m décroîtra indéfiniment avec le volume élémentaire v; mais le rapport $\frac{m}{v}$, ou la densité moyenne du corps sous le volume v, convergera en général vers une certaine limite différente de zéro. Or cette limite, qu'on nomme la *densité du corps au point* P, représentera évidemment, pour le même point, le rapport différentiel de la masse au volume. En d'autres termes, ce rapport différentiel est la limite vers laquelle converge la densité moyenne d'un élément infiniment petit, appartenant au corps que l'on considère, et renfermant le point P.

Pareillement, si la masse M, concentrée sur une surface ou sur un élément de surface, varie avec l'aire A ou a de cette surface ou de cet élément, sans être proportionnelle à cette aire, le rapport

$$\frac{M}{A}, \quad \text{ou} \quad \frac{m}{a},$$

représentera ce qu'on nomme la *densité moyenne* de la surface ou de l'élément dont il s'agit. Soit maintenant P un point renfermé dans la surface élémentaire a; et concevons que les deux dimensions de cette surface élémentaire décroissent indéfiniment, sans qu'elle cesse jamais de renfermer le point P. La masse élémentaire m décroîtra indéfiniment avec a; mais le rapport $\frac{m}{a}$, ou la densité moyenne de l'élément de surface, convergera en général vers une certaine limite différente de zéro. Cette limite, qu'on nomme la *densité de la surface au point* P, ne sera autre chose que le rapport différentiel de la masse M à l'aire A, calculé pour le point P.

Pareillement encore, si la masse M, concentrée sur une ligne ou sur un élément de cette ligne, varie avec la longueur S ou s de cette ligne ou de cet élément, sans être proportionnelle à cette longueur, le rapport

$$\frac{M}{S}, \quad \text{ou} \quad \frac{m}{s}$$

représentera ce qu'on nomme la *densité moyenne* de la ligne ou de l'élément dont il s'agit. Soit maintenant P un point situé sur la ligne élémentaire s; et concevons que cette ligne décroisse en longueur sans cesser jamais de renfermer le point P. La masse élémentaire m décroîtra indéfiniment avec s; mais le rapport $\frac{m}{s}$, ou la densité moyenne de la ligne élémentaire, convergera en général vers une certaine limite différente de zéro. Cette limite, qu'on nomme la *densité de la ligne au point* P, ne sera autre chose que le rapport différentiel de la masse M à la longueur S, mesuré au point P.

Considérons maintenant un point mobile qui parcoure une certaine ligne droite ou courbe. Si l'espace parcouru est au temps que le point mobile emploie à le parcourir dans un rapport constant, ce rapport sera ce qu'on nomme la *vitesse constante du point mobile*. Dans le cas contraire, le rapport variable de l'espace au temps, ou de l'élément de l'espace à l'élément du temps, sera la *vitesse moyenne du point mobile* pendant le temps fini ou infiniment petit que l'on considère. Enfin, la vitesse moyenne du mobile, pendant un temps infiniment petit compté à partir d'un instant donné, aura pour limite ce qu'on nomme la *vitesse du point mobile à cet instant même*. Or il est clair que cette dernière vitesse sera précisément le rapport différentiel de l'espace au temps, et que ce rapport deviendra constant avec la vitesse dans le cas que nous avons d'abord indiqué.

Considérons encore une surface plane pressée par un liquide pesant. Si cette surface est horizontale, elle supportera une pression proportionnelle à son aire, et le rapport constant de cette pression à l'aire sera ce qu'on nomme la *pression hydrostatique*. Mais, si la surface pressée cesse d'être horizontale, le rapport de la pression à l'aire deviendra, pour la surface donnée, ou pour un élément de cette surface, ce qu'on peut appeler la *pression hydrostatique moyenne*, calculée pour cette surface ou pour cet élément. Enfin la pression hydrostatique moyenne, calculée pour un élément infiniment petit de surface qui renfermera un point donné P, aura pour limite, si les deux dimensions de l'élément viennent à décroître indéfiniment, ce qu'on nomme la *pression hydrostatique au point* P; et il est clair que cette dernière pression hydrostatique sera le rapport différentiel de la pression à l'aire, calculé pour le point P.

Si l'on applique successivement le théorème I aux diverses espèces de grandeurs que nous venons de passer en revue, on obtiendra les propositions suivantes :

Le rapport de la masse d'un corps à son volume est une moyenne entre les densités correspondantes aux divers points de ce volume.

Lorsqu'une masse est concentrée sur une surface ou sur une ligne, le rapport entre cette masse et l'aire de la surface ou la longueur de la ligne est une moyenne entre les densités correspondantes aux divers points de cette surface ou de cette ligne.

Lorsqu'un point mobile parcourt une ligne droite ou courbe, le rapport de l'espace au temps est une moyenne entre les vitesses que le point mobile acquiert successivement dans ses diverses positions sur cette ligne.

Lorsqu'une surface plane est pressée par un liquide pesant, le rapport entre la pression totale et l'aire de cette surface est une moyenne entre les diverses valeurs de la pression hydrostatique correspondantes aux divers points de la surface.

Ces diverses propositions justifient les noms de *densité moyenne*, de *vitesse moyenne*, de *pression hydrostatique moyenne*, précédemment donnés aux divers rapports qui s'y trouvent mentionnés.

Le rapport différentiel d'une grandeur à une autre n'est un rapport constant que dans le cas où ces deux grandeurs sont proportionnelles l'une à l'autre (Théorème III). Dans le cas contraire, non seulement le rapport différentiel des deux grandeurs est variable; mais il peut varier dans un ou dans plusieurs sens, suivant que la seconde grandeur peut varier elle-même dans un seul sens ou dans plusieurs sens divers. Il en résulte qu'un rapport différentiel peut être fonction d'une ou de plusieurs variables indépendantes. Ainsi, en particulier, si la seconde grandeur est une ligne, ou une surface, ou un volume, le rapport différentiel sera généralement déterminé pour chaque point de la ligne donnée, de la surface donnée, ou du volume donné. Mais il pourra varier d'un point à l'autre et dépendre des coordonnées de ce point, savoir, d'une seule coordonnée si la seconde grandeur est une ligne, de deux coordonnées si la seconde grandeur est une surface, de trois coordonnées si elle est un volume.

Si la seconde grandeur est un temps, le rapport différentiel de la première grandeur à la seconde sera généralement déterminé à chaque instant, ou, si l'on peut ainsi s'exprimer, à chaque point du temps que l'on considère; mais ce même rapport différentiel variera pour l'ordinaire d'un instant à l'autre.

Lorsqu'une grandeur varie dans un seul sens, elle offre deux bouts, ou deux extrémités; elle commence à l'une, et finit à l'autre. Alors, si, la première extrémité demeurant fixe, la seconde extrémité se déplace, on verra varier en même temps et la grandeur dont il s'agit, et un rapport différentiel qui serait relatif à cette seconde extrémité. Alors aussi ce rapport différentiel sera du premier ordre, et dépendra d'une seule variable. Considérons, pour fixer les idées, une longueur, ou un temps, ou même simplement un nombre variable qui, en croissant, atteint une certaine limite. On pourra regarder chacune de ces grandeurs comme variant dans un seul sens, et passant par degrés insensibles d'une valeur nulle à une valeur finale. Or, si à l'une de ces grandeurs on compare une grandeur nouvelle qui croisse avec elle-même, et si, après avoir partagé les deux grandeurs en éléments correspondants, mais très petits, on divise le dernier élément de la nouvelle grandeur par le dernier élément de l'autre, le quotient ainsi obtenu aura pour limite, quand les deux éléments deviendront infiniment petits, un rapport différentiel du premier ordre, qui dépendra de la valeur définitivement acquise par la longueur, ou le temps, ou le nombre variable dont il s'agit. Le plus souvent, ce rapport différentiel sera une fonction continue de la variable dont il dépend, c'est-à-dire qu'il changera de valeur avec elle par degrés insensibles; et alors, pour l'obtenir, on pourra indifféremment, ou chercher la limite du rapport entre les derniers éléments des deux grandeurs que l'on compare l'une à l'autre, ou chercher la limite des éléments nouveaux, mais correspondants, qu'elles pourraient acquérir, si chacune d'elles venait à croître au delà de sa seconde extrémité.

Dans le cas particulier où la seconde grandeur est une longueur mesurée sur une certaine ligne droite ou courbe, l'extrémité de cette longueur, avec laquelle varie le rapport différentiel que l'on considère, peut d'ailleurs être un point quelconque P de la ligne donnée; et, comme une seule coordonnée suffit pour déterminer la position du point P sur la même ligne, le rapport différentiel correspondant au point P peut être regardé comme fonction de cette seule coordonnée.

Concevons maintenant que les deux grandeurs coexistantes A et B puissent varier simultanément dans deux, trois, quatre... sens divers. On pourra en dire autant de leurs éléments correspondants; et l'on obtiendra pour limite du rapport entre ces éléments un rapport différentiel ρ, du second, du troisième, du quatrième... ordre, qui sera une fonction de deux, trois, quatre... variables indépendantes. Dans un grand nombre de cas, le rapport différentiel ρ est une fonction continue des variables dont il dépend, c'est-à-dire une fonction qui prend une valeur unique et déterminée pour chaque système de valeurs attribuées à ces variables, et qui varie avec elles par degrés insensibles. Dans cette hypothèse, si un élément b de la grandeur B devient infiniment petit dans tous les sens, on pourra dire en quelque sorte qu'à cet élément b correspond un seul système de valeurs des variables indépendantes, et par suite une seule valeur de ρ. Mais aux diverses parties de la grandeur B, ou plutôt à ses divers éléments infiniment petits, correspondront divers systèmes de valeurs des variables indépendantes, et par conséquent en général diverses valeurs de ρ. Les limites, entre lesquelles les variables devront rester comprises dans ces divers systèmes, dépendront de la valeur attribuée à la grandeur B; et, si la grandeur B est toujours positive, ces limites s'étendront de plus en plus avec cette valeur même. Dans les problèmes de Géométrie et de Mécanique, les variables indépendantes peuvent être les coordonnées d'un point mobile et le temps.

Supposons, pour fixer les idées, que la seconde grandeur soit une aire, ou un volume; et nommons P un point quelconque de cette aire, ou de ce volume. La position du point P se trouvera déterminée par deux ou trois coordonnées qui seront les variables indépendantes. Cela posé, prenons, dans la seconde grandeur, un élément infiniment petit qui renferme le point P, et divisons par cet élément l'élément correspondant de la première. Le quotient obtenu différera généralement très peu de sa limite, qui sera le rapport différentiel de la première grandeur à la seconde, correspondant au point P. Ajoutons que ce rapport différentiel, variable avec les coordonnées du point P, en sera, dans beaucoup de cas, une fonction continue. D'ailleurs les divers systèmes de valeurs de ces coordonnées, correspondants aux divers éléments de l'aire ou du volume que l'on considère, devront être censés connus, dès que l'on connaîtra cette aire ou ce volume; et les limites, entre lesquelles resteront comprises les valeurs des coordonnées dans ces divers systèmes, seront évidemment déterminées par les équations des lignes qui envelopperont cette aire, ou de la surface qui enveloppera ce volume.

Lorsque, la seconde grandeur étant toujours positive, le rapport différentiel ρ est une fonction continue des variables dont il dépend, et par suite varie avec elles par degrés insensibles, une moyenne entre les diverses valeurs de ρ, correspondantes aux divers éléments de la seconde grandeur, est encore nécessairement l'une de ces valeurs. Donc le théorème I entraîne la proposition suivante :

Théorème V. — *Si le rapport différentiel d'une première grandeur à une grandeur coexistante et toujours positive est une fonction continue de la variable ou des variables dont il dépend, une des valeurs de ce rapport différentiel correspondantes à la seconde grandeur représentera le rapport qu'on obtient en divisant la première grandeur par la seconde.*

Corollaire I. — Concevons, pour fixer les idées, que la seconde grandeur se réduise à une longueur S mesurée sur une certaine ligne droite ou courbe, et la première grandeur à une masse M concentrée sur cette courbe. Les diverses valeurs du rapport différentiel ρ, correspondantes aux divers éléments infiniment petits de la longueur S, ne seront autre chose que les diverses valeurs de la densité dans les divers points que renferme cette longueur. D'ailleurs la position de chaque point P, sur la ligne que l'on considère, pourra être déterminée à l'aide d'une seule coordonnée x; et la densité ρ sera fonction continue de x, lorsque, étant complètement déterminée pour un point donné P, elle variera, avec la position du point P, par degrés insensibles. Donc le théorème V entraîne la proposition suivante :

S désignant la longueur d'une ligne droite ou courbe sur laquelle se trouve concentrée une masse M, si la densité ρ, étant complètement déterminée en chaque point P *de la longueur S, varie avec la position du point* P *par degrés insensibles, le rapport de M à S, ou, en d'autres termes, la densité moyenne de la ligne, sera l'une des valeurs de ρ correspondantes aux divers points que renferme la longueur S.*

Corollaire II. — Concevons que la seconde grandeur se réduise à une aire A, mesurée sur une certaine surface plane ou courbe, et la première grandeur à une masse M concentrée sur cette surface. Les diverses valeurs du rapport différentiel ρ, correspondantes aux divers éléments infiniment petits de l'aire A, ne seront autre chose que les diverses valeurs de la densité relatives aux divers points que renferme cette aire. D'ailleurs la position de chaque point P, sur la surface que l'on considère, pourra être déterminée à l'aide de deux coordonnées rectangulaires x, y, ou de deux coordonnées polaires r, p, ou même à l'aide de deux coordonnées quelconques; et la densité ρ sera une fonction continue de ces coordonnées, lorsque, étant complètement déterminée pour un point donné P, elle variera, avec la position du point P, par degrés insensibles. Donc le théorème V entraîne la proposition suivante :

A désignant l'aire d'une surface plane ou courbe sur laquelle se trouve concentrée une masse M, si la densité ρ, *étant complètement déterminée en chaque point* P *de l'aire A, varie avec la position du point* P *par degrés insensibles, le rapport de M à A, ou, en d'autres termes, la densité moyenne de la surface, sera l'une des valeurs de* ρ *correspondantes aux divers points que renferme l'aire A.*

Corollaire III. — Concevons que la seconde grandeur se réduise au volume V d'un solide dont la masse soit M. Les diverses valeurs du rapport différentiel ρ, correspondantes aux divers éléments infiniment petits du volume V, ne seront autre chose que les diverses valeurs de la densité relatives aux divers points que renferme ce volume. D'ailleurs la position de chaque point P, dans ce volume, pourra être déterminée à l'aide de trois coordonnées rectangulaires x, y, z, ou de trois coordonnées polaires r, p, q, ou généralement à l'aide de trois coordonnées quelconques; et la densité ρ sera fonction continue de ces coordonnées, lorsque, étant complètement déterminée en un point quelconque P, elle variera, avec la position du point P, par degrés insensibles. Donc le théorème V entraîne encore la proposition suivante :

V désignant le volume d'un solide dont la masse est M, si la densité ρ *de ce solide, étant complètement déterminée en chaque point quelconque* P *du volume V, varie avec la position du point* P *par degrés insensibles, le rapport de M à V, ou, en d'autres termes, la densité moyenne du solide, sera l'une des valeurs de* ρ *correspondantes aux divers points que renferme le volume V.*

La comparaison des éléments correspondants

$$a \quad \text{et} \quad b$$

de deux grandeurs coexistantes

$$A \quad \text{et} \quad B$$

peut donner lieu à la formation de l'un ou l'autre des deux rapports

$$\frac{a}{b}, \quad \frac{b}{a},$$

suivant que l'on divise le premier élément par le second, ou le second par le premier. Or, ces deux rapports inverses l'un de l'autre, auront pour limites, si les éléments a et b viennent à décroître indéfiniment, deux quantités inverses l'une de l'autre, c'est-à-dire deux quantités dont le produit sera l'unité. On peut donc, aux propositions précédemment énoncées, joindre la suivante :

Théorème VI. — *Si deux grandeurs ou quantités coexistent et varient simultanément, le rapport différentiel de la première à la seconde sera l'inverse du rapport différentiel de la seconde à la première.*

Observons encore que, si l'on désigne par λ, μ deux facteurs ou coefficients constants, et par a, b les éléments de deux grandeurs ou quantités coexistantes A, B, les produits

$$\lambda a, \quad \mu b$$

représenteront les éléments des grandeurs exprimées par les produits

$$\lambda A, \quad \mu B.$$

Cela posé, soit α la limite du rapport $\frac{a}{b}$, ou, ce qui revient au même, le rapport différentiel de A à B. Le rapport différentiel de λA à μB sera évidemment la limite du rapport

$$\frac{\lambda a}{\mu b} = \frac{\lambda}{\mu} \frac{a}{b};$$

il se réduira donc au produit

$$\frac{\lambda}{\mu}\alpha.$$

Si l'un des facteurs μ, λ est l'unité, le même produit, réduit à

$$\lambda\alpha \quad \text{ou à} \quad \frac{\alpha}{\mu},$$

représentera le rapport différentiel de λA à B, ou de A à μB. On peut donc énoncer encore le théorème suivant :

THÉORÈME VII. — *Soient λ, μ deux facteurs constants, et α le rapport différentiel de deux grandeurs ou quantités coexistantes*

$$A, \quad B.$$

Les rapports différentiels

$$\text{de } \lambda A \ \text{ à } \ B, \qquad \text{de } A \ \text{ à } \ \mu B, \qquad \text{de } \lambda A \ \text{ à } \ \mu B,$$

seront respectivement

$$\lambda\alpha, \quad \frac{\alpha}{\mu}, \quad \frac{\lambda}{\mu}\alpha.$$

Jusqu'ici nous nous sommes bornés à comparer deux grandeurs entre elles. Si les grandeurs que l'on compare l'une à l'autre sont au nombre de trois, de quatre, ..., ou même en nombre quelconque, on obtiendra, sur les rapports différentiels, de nouvelles propositions que nous allons successivement établir.

Observons d'abord que, si

$$A, \quad B, \quad C$$

désignent trois grandeurs coexistantes, et

$$a, \quad b, \quad c$$

trois éléments correspondants de ces grandeurs, on aura identiquement

$$\frac{a}{c} = \frac{a}{b}\,\frac{b}{c}. \tag{5}$$

Or, en supposant que, dans l'équation (5), les éléments a, b, c deviennent infiniment petits, on obtiendra immédiatement la proposition suivante :

THÉORÈME VIII. — *Si trois grandeurs ou quantités coexistent et varient simultanément, le rapport différentiel de la première à la seconde, multiplié par le rapport différentiel de la seconde à la troisième, donnera pour produit le rapport différentiel de la première à la troisième.*

On démontrerait de la même manière le théorème que nous allons énoncer :

THÉORÈME IX. — *Si plusieurs grandeurs ou quantités coexistent et varient simultanément, le rapport différentiel de la première à la dernière sera le produit des rapports différentiels de la première à la seconde, de la seconde à la troisième, de la troisième à la quatrième, ..., enfin de l'avant-dernière à la dernière.*

Le théorème VIII entraîne évidemment le suivant :

THÉORÈME X. — *Lorsque trois grandeurs coexistent et varient simultanément, si l'on divise le rapport différentiel de la première à la troisième par le rapport différentiel de la seconde à la troisième, on obtiendra pour quotient le rapport différentiel de la première à la seconde.*

Nota. — En vertu des théorèmes II et III, si le rapport de la première grandeur à la seconde est constant, ce rapport constant sera en même temps leur rapport différentiel; et réciproquement, si le rapport différentiel de la première grandeur à la seconde est constant, ce rapport différentiel constant sera le rapport des grandeurs elles-mêmes. Cela posé, il est clair que le théorème X entraîne encore les deux propositions suivantes :

THÉORÈME XI. — *Supposons que deux grandeurs ou quantités coexistantes A et B soient entre elles, tandis qu'elles varient, dans un rapport constant μ, les rapports différentiels α et 6 de ces deux grandeurs A et B*

à une troisième grandeur ou quantité coexistante C seront entre eux dans le même rapport constant ; en d'autres termes, l'équation

$$(6) \qquad A = \mu B$$

entraînera la suivante

$$(7) \qquad \alpha = \mu \beta.$$

Théorème XII. — *Réciproquement, si les rapports différentiels* α, β *de deux grandeurs ou quantités coexistantes A et B, successivement comparées à une troisième grandeur ou quantité C, sont entre eux dans un rapport constant* μ, *ce rapport constant sera aussi celui de A à B ; en d'autres termes, l'équation* (7) *entraînera toujours l'équation* (6).

Corollaire. — En supposant dans le théorème XII le nombre μ réduit à l'unité, on obtient la proposition suivante :

Théorème XIII. — *Si les rapports différentiels de deux grandeurs ou quantités A et B, successivement comparées à une troisième grandeur ou quantité C, sont égaux, les grandeurs ou quantités A, B seront égales entre elles.*

Considérons maintenant la somme de plusieurs grandeurs ou quantités coexistantes

$$A, \quad B, \quad C, \quad \ldots.$$

Nommons S cette somme, et

$$a, \quad b, \quad c, \quad \ldots, \quad s$$

les éléments correspondants des grandeurs ou quantités

$$A, \quad B, \quad C, \quad \ldots, \quad S.$$

Enfin comparons celles-ci à une nouvelle grandeur ou quantité K, dont l'élément soit k. On aura non seulement

$$(8) \qquad S = A + B + C + \ldots,$$

mais aussi

(9) $$s = a + b + c + \dots,$$

et par suite

(10) $$\frac{s}{k} = \frac{a}{k} + \frac{b}{k} + \frac{c}{k} + \dots.$$

Or, si l'on conçoit que, dans cette dernière équation, les éléments

$$a, \quad b, \quad c, \quad \dots, \quad s, \quad k$$

deviennent infiniment petits, on obtiendra, en passant aux limites, la proposition suivante :

THÉORÈME XIV. — *Si l'on calcule non seulement les rapports différentiels*

$$\alpha, \quad \beta, \quad \gamma, \quad \dots$$

de plusieurs grandeurs ou quantités coexistantes

$$A, \quad B, \quad C, \quad \dots,$$

mais aussi le rapport différentiel ς *de la somme*

$$A + B + C + \dots$$

à une nouvelle grandeur ou quantité K, *le dernier rapport* ς, *ou le rapport différentiel de la somme* $A + B + C + \dots$ *à* K, *sera en même temps la somme des autres rapports différentiels; en sorte qu'on aura*

(11) $$\varsigma = \alpha + \beta + \gamma + \dots.$$

Supposons à présent que, dans la somme S, les grandeurs ou quantités

$$A, \quad B, \quad C, \quad \dots$$

se trouvent respectivement multipliées par des facteurs constants

$$\lambda, \quad \mu, \quad \nu, \quad \dots.$$

En d'autres termes, supposons que la grandeur ou quantité S représente une fonction linéaire des grandeurs ou quantités

$$A, \quad B, \quad C, \quad \dots,$$

déterminée par la formule

(12) $$S = \lambda A + \mu B + \nu C + \ldots.$$

Si l'on nomme toujours

$$a,\quad b,\quad c,\quad \ldots,\quad s$$

les éléments des grandeurs

$$A,\quad B,\quad C,\quad \ldots,\quad S,$$

et si l'on compare encore ces diverses grandeurs ou quantités à une nouvelle grandeur ou quantité K, dont l'élément soit k, on trouvera, eu égard à la formule (12), non seulement

(13) $$s = \lambda a + \mu b + \nu c + \ldots,$$

mais aussi

(14) $$\frac{s}{k} = \lambda \frac{a}{k} + \mu \frac{b}{k} + \nu \frac{c}{k} + \ldots;$$

puis, en supposant que, dans cette dernière équation, les éléments

$$a,\quad b,\quad c,\quad \ldots,\quad s,\quad k$$

s'approchent indéfiniment de la limite zéro, on se trouvera conduit à la proposition suivante :

Théorème XV. — *Si l'on calcule, non seulement les rapports différentiels*

$$\alpha,\quad \beta,\quad \gamma,\quad \ldots,$$

de plusieurs grandeurs ou quantités coexistantes

$$A,\quad B,\quad C,\quad \ldots,$$

mais aussi le rapport différentiel ς *d'une autre grandeur ou quantité*

$$\lambda A + \mu B + \nu C + \ldots,$$

représentée par une fonction linéaire des premières à une nouvelle grandeur ou quantité coexistante K, *le dernier rapport* ς *sera exprimé en fonction linéaire de tous les autres, tout comme S s'exprime en fonction linéaire de A, B, C, ...; en sorte qu'on aura*

(15) $$\varsigma = \lambda\alpha + \mu\beta + \nu\gamma + \ldots.$$

Il est bon d'observer que, dans le théorème XV, les coefficients

$$\lambda, \quad \mu, \quad \nu, \quad \ldots$$

peuvent être ou positifs ou négatifs. Si, pour fixer les idées, on supposait

$$\lambda = 1, \qquad \mu = -1, \qquad \nu = 0, \qquad \ldots,$$

le théorème XVI pourrait être énoncé comme il suit :

Théorème XVI. — *Si l'on calcule, non seulement les rapports différentiels*

$$\alpha, \quad \beta$$

de deux grandeurs ou quantités coexistantes

$$A, \quad B,$$

mais aussi le rapport différentiel de leur différence

(16) $$S = A - B$$

à une nouvelle grandeur ou quantité coexistante K, le dernier rapport ς, ou le rapport différentiel de la différence A — B à K, sera en même temps la différence des deux autres rapports différentiels α, β, en sorte qu'on aura

(17) $$\varsigma = \alpha - \beta.$$

Observons aussi que le rapport différentiel, désigné par ς dans le théorème XII, s'évanouira toujours avec la somme S, et que réciproquement, en vertu du théorème IV, cette somme s'évanouira toujours avec le rapport différentiel ς. Donc l'équation

(18) $$\lambda A + \mu B + \nu C + \ldots = 0$$

entraînera toujours la formule

$$(19) \qquad \lambda\alpha + \mu\beta + \nu\gamma + \ldots = 0,$$

et réciproquement cette formule entraînera toujours l'équation (18). On peut donc énoncer encore la proposition suivante :

Théorème XVII. — *Si plusieurs grandeurs ou quantités coexistantes sont liées entre elles par une équation linéaire quelconque, la même équation linéaire existera entre les rapports différentiels de ces grandeurs ou quantités à une autre; et réciproquement, si ces coefficients différentiels sont liés entre eux par une équation linéaire, la même équation linéaire existera entre les grandeurs données.*

Remarquons encore que les formules (8), (12), (16), et les formules (11), (15), (17) sont, tout comme les formules (18) et (19), des équations linéaires qui lient entre elles, d'une part les grandeurs ou quantités coexistantes

$$A, \quad B, \quad C, \quad \ldots \quad \text{et} \quad S,$$

d'autre part les rapports différentiels

$$\alpha, \quad \beta, \quad \gamma, \quad \ldots \quad \text{et} \quad \varsigma$$

des grandeurs ou quantités dont il s'agit à une nouvelle grandeur ou quantité K. Par suite on pourra remonter de la formule (11), (15) ou (17) à la formule (8), (12) ou (16), tout comme on remonte de la formule (19) à la formule (18). Donc aux théorèmes XIV, XV, XVI on pourra joindre les théorèmes inverses qui sont compris, comme eux, dans le théorème XVII, et que nous allons énoncer.

Théorème XVIII. — *Soient*

$$A, \quad B, \quad C, \quad \ldots, \quad S$$

plusieurs grandeurs ou quantités coexistantes, et

$$\alpha, \quad \beta, \quad \gamma, \quad \ldots, \quad \varsigma$$

les rapports différentiels de ces mêmes grandeurs ou quantités comparées à une nouvelle grandeur ou quantité coexistante K. Si le rapport différentiel ς *est la somme de tous les autres* α, β, γ, ..., *la grandeur ou quantité S sera pareillement la somme des grandeurs ou quantités A, B, C, ... En d'autres termes, l'équation*

$$\varsigma = \alpha + \beta + \gamma + \ldots$$

entraînera l'équation

$$S = A + B + C + \ldots.$$

Théorème XIX. — *Les mêmes choses étant posees que dans le théorème précédent, si le rapport différentiel* ς *s'exprime en fonction linéaire de tous les autres, la grandeur ou quantité S s'exprimera de la même manière en fonction linéaire des quantités A, B, C, ... En d'autres termes, la formule*

$$\varsigma = \lambda\alpha + \mu\beta + \nu\gamma + \ldots$$

entraînera la suivante

$$S = \lambda A + \mu B + \nu C + \ldots.$$

Théorème XX. — *Soient*

$$A, \quad B, \quad S$$

trois grandeurs ou quantités coexistantes, et

$$\alpha, \quad \beta, \quad \varsigma$$

les rapports différentiels de ces mêmes grandeurs ou quantités, comparées à une grandeur ou quantité coexistante K. Si le rapport différentiel ς *est la différence des deux autres* α *et* β, *la grandeur ou quantité S sera pareillement la différence des grandeurs ou quantités A et B. En d'autres termes, l'équation*

$$\varsigma = \alpha - \beta$$

entraînera l'équation

$$S = A - B.$$

Lorsque deux grandeurs ou quantités coexistantes se réduisent à une variable x et à une fonction y de cette variable, le rapport différentiel de la fonction à la variable est précisément ce qu'on nomme la *dérivée* de la fonction ou le *coefficient différentiel.*

Lorsque deux grandeurs ou quantités coexistantes se réduisent au produit de n variables $x, y, z, \ldots$ et à une fonction φ de ces variables, le rapport différentiel de la fonction φ au produit $xyz\ldots$ est précisément ce qu'on nomme la *dérivée de l'ordre n* de la fonction φ, prise par rapport à toutes ces variables.

D'ailleurs, pour que la variable x ou le produit $xyz\ldots$, et la fonction φ de x ou de $x, y, z, \ldots$, représentent deux grandeurs coexistantes, il suffit que la fonction φ s'évanouisse avec la variable x, ou avec les variables $x, y, z, \ldots$.

Nous terminerons ce paragraphe en donnant la solution d'un problème dont nous ferons plus tard de nombreuses applications.

PROBLÈME. — *Soit K une grandeur toujours positive, dont chaque élément varie dans un ou plusieurs sens, avec une ou plusieurs variables indépendantes; et supposons que, pour chaque système de valeurs attribuées à ces variables, le rapport différentiel* ρ *d'une seconde grandeur ou quantité S à la première, ait une valeur connue et déterminée, qui varie avec elle par degrés insensibles. On demande une méthode qui puisse servir à calculer la grandeur S, avec un degré d'approximation aussi grand que l'on voudra.*

Solution. — En vertu du théorème V, le rapport

$$\frac{S}{K}$$

sera, dans l'hypothèse admise, une des valeurs du rapport différentiel ρ correspondantes à la grandeur K. On aura donc, pour l'une de ces valeurs de ρ,

$$\frac{S}{K} = \rho,$$

ou, ce qui revient au même,

(20) $$S = \rho K.$$

Pareillement, si l'on nomme k un élément de K, et s l'élément correspondant de S, l'une des valeurs du rapport différentiel ρ correspondantes à l'élément k vérifiera la formule

$$s = \rho k. \tag{21}$$

Mais, si l'élément k décroît indéfiniment dans tous les sens, les diverses valeurs de ρ correspondantes à cet élément se déduiront les unes des autres par des variations de plus en plus petites des variables indépendantes, et, en conséquence, ces diverses valeurs finiront par différer entre elles de quantités inférieures à tout nombre donné ε. Donc alors, en prenant l'une quelconque d'entre elles pour la valeur de ρ qui devra satisfaire à la formule (21), on commettra sur la valeur de s une erreur dont la valeur numérique ne dépassera pas le produit

$$\varepsilon k.$$

Cela posé, divisons la grandeur K en éléments

$$k_1, \quad k_2, \quad \ldots, \quad k_n,$$

dont chacun soit assez petit pour que les valeurs correspondantes de ρ diffèrent entre elles de quantités inférieures au nombre ε. Multiplions ensuite chacun de ces éléments k par l'une quelconque des valeurs de ρ correspondantes à ce même élément, et considérons le produit obtenu comme représentant une valeur approchée de l'élément s de la grandeur S, correspondant à l'élément k de la grandeur K. La somme des produits ainsi calculés, représentée par un polynome de la forme

$$\rho_1 k_1 + \rho_2 k_2 + \ldots + \rho_n k_n,$$

représentera une valeur approchée de S, et en posant

$$S = \rho_1 k_1 + \rho_2 k_2 + \ldots + \rho_n k_n, \tag{22}$$

on commettra une erreur qui ne pourra dépasser la somme des produits de la forme

$$\varepsilon k,$$

c'est-à-dire le produit

$$\varepsilon(k_1 + k_2 + \ldots + k_n) = \varepsilon K.$$

Donc l'équation (22), qui fournirait la valeur exacte de S, si l'on pouvait choisir convenablement les coefficients

$$\rho_1, \quad \rho_2, \quad \ldots, \quad \rho_n,$$

fournira seulement une valeur approchée de S, si l'on prend pour ρ_1 l'une quelconque des valeurs de ρ correspondantes à l'élément k_1, pour ρ_2 l'une quelconque des valeurs de ρ correspondantes à l'élément k_2, ..., pour ρ_n l'une quelconque des valeurs de ρ correspondantes à l'élément k_n. Mais, en prenant pour n un nombre suffisamment grand, et pour

$$k_1, \quad k_2, \quad \ldots, \quad k_n$$

des éléments suffisamment petits, on fera décroître autant qu'on voudra le nombre ε, et avec lui la limite εK de l'erreur commise; et, par suite, on rendra le degré d'approximation aussi grand qu'on voudra.

Corollaire I. — La formule (22) fournirait encore une valeur très approchée de la somme S, pour de très petites valeurs des éléments

$$k_1, \quad k_2, \quad \ldots, \quad k_n,$$

si l'on prenait pour coefficient de chaque élément k, non plus l'une des valeurs de ρ correspondantes à cet élément, mais une quantité très peu différente de ces mêmes valeurs, la différence étant assujettie à décroître indéfiniment avec l'élément k. En effet, si les coefficients désignés dans la formule (22) par

$$\rho_1, \quad \rho_2, \quad \ldots, \quad \rho_n$$

sont altérés de telle sorte que, pour des valeurs de

$$k_1, \quad k_2, \quad \ldots, \quad k_n$$

suffisamment petites, la variation de chaque coefficient devienne inférieure à un très petit nombre ε, la valeur de S, déterminée par la formule (22), se trouvera elle-même altérée, mais de manière que sa variation soit inférieure au produit

$$\varepsilon(k_1 + k_2 + \ldots + k_n) = \varepsilon K.$$

Or cette dernière variation deviendra évidemment très petite quand le nombre ε sera lui-même très petit.

Corollaire II. — La formule (22) fournirait encore une valeur très approchée de la grandeur S pour de très petites valeurs des éléments

$$k_1, \quad k_2, \quad \ldots, \quad k_n,$$

si, dans le calcul de cette somme, on faisait abstraction de quelques-uns des éléments dont il s'agit, pourvu que la somme des éléments omis s'approchât indéfiniment de zéro par des valeurs croissantes du nombre n. En effet, nommons

$$k', \quad k'', \quad \ldots$$

les éléments omis et $\varkappa$ leur somme. La somme des termes dans la valeur de S fournie par l'équation (22) sera de la forme

$$\rho' k' + \rho'' k'' + \ldots,$$

et pourra être représentée par le produit

$$(k' + k'' + \ldots)\,\mathbf{M}(\rho', \rho'', \ldots) = \varkappa\,\mathbf{M}(\rho', \rho'', \ldots).$$

Or ce produit décroîtra indéfiniment pour des valeurs décroissantes du facteur $\varkappa$, ou, ce qui revient au même, pour des valeurs croissantes du nombre n.

Corollaire III. — D'après ce qui a été dit dans les corollaires précédents, on peut énoncer la proposition suivante :

Théorème XXI. — *Étant donnée une grandeur* K *toujours positive, dont chaque élément varie dans un ou plusieurs sens, avec une ou plusieurs variables indépendantes, si, pour chaque système de valeurs attribuées à ces variables, le rapport différentiel* ρ *d'une seconde grandeur ou quan-*

tité S *à la première, obtient une valeur déterminée qui varie avec elles par degrés insensibles, alors, pour calculer* S *avec un degré d'approximation aussi grand que l'on voudra, on pourra se contenter de partager la grandeur positive* K *en éléments suffisamment petits*

$$k_1, \quad k_2, \quad \ldots, \quad k_n,$$

puis de recourir à la formule

$$S = \rho_1 k_1 + \rho_2 k_2 + \ldots + \rho_n k_n, \tag{22}$$

dans laquelle chaque élément k aura pour coefficient ou l'une des valeurs de ρ *correspondantes à cet élément, ou du moins une quantité très peu différente de l'une de ces valeurs, la différence étant assujettie à décroître indéfiniment avec l'élément k. Ajoutons que, dans le calcul de la grandeur* S, *on pourra faire abstraction de quelques-uns des éléments*

$$k_1, \quad k_2, \quad \ldots, \quad k_n,$$

pourvu que la somme $\varkappa$ *des éléments omis décroisse indéfiniment avec* $\frac{1}{n}$.

Corollaire I. — Si tous les éléments

$$k_1, \quad k_2, \quad \ldots, \quad k_n,$$

ou du moins ceux dont on ne fait pas abstraction, deviennent égaux, en désignant par k leur valeur commune, on aura

$$k = \frac{1}{n}\mathrm{K},$$

ou du moins

$$k = \frac{1}{n}(\mathrm{K} - \varkappa),$$

$\varkappa$ désignant la somme des éléments omis; et, par suite, la formule (22) donnera

$$S = \rho \mathrm{K}, \tag{23}$$

ou du moins

$$S = \rho(\mathrm{K} - \varkappa) = \rho\mathrm{K} - \rho\varkappa, \tag{24}$$

la valeur de ρ étant celle que détermine l'équation

$$(25)\qquad \rho = \frac{1}{n}(\rho_1 + \rho_2 + \ldots + \rho_n).$$

Or, en vertu de l'équation (25), la valeur de ρ sera la somme des rapports différentiels

$$\rho_1, \quad \rho_2, \quad \ldots, \quad \rho_n,$$

divisée par leur nombre, ou ce qu'on nomme la moyenne arithmétique entre ces rapports. Elle sera donc inférieure au plus grand de ces rapports, et si $\varkappa$ décroît indéfiniment pour des valeurs croissantes de n, on pourra en dire autant du produit $\rho\varkappa$. Donc alors, pour de grandes valeurs de n, la formule (24) se réduira sensiblement à la formule (23). On peut donc énoncer encore la proposition suivante :

Théorème XXII. — *Les mêmes choses étant posées que dans le théorème* XXI, *pour obtenir* S *avec un degré d'approximation aussi grand que l'on voudra, on pourra se contenter de partager la grandeur* K *en éléments suffisamment petits, qui soient tous égaux entre eux, à l'exception de quelques-uns dont la somme* $\varkappa$ *décroisse indéfiniment, tandis que le nombre total n des éléments égaux devient de plus en plus considérable, puis de calculer n valeurs*

$$\rho_1, \quad \rho_2, \quad \ldots, \quad \rho_n$$

du rapport différentiel ρ, *qui correspondent respectivement aux n éléments égaux, ou qui du moins diffèrent très peu de n valeurs respectivement correspondantes à ces mêmes éléments, les différences étant assujetties à décroître indéfiniment avec* $\frac{1}{n}$, *et enfin de multiplier la grandeur* K *par la moyenne arithmétique entre les quantités*

$$\rho_1, \quad \rho_2, \quad \ldots, \quad \rho_n.$$

Pour montrer une application des théorèmes XXI ou XXII, considérons une droite matérielle dont la longueur soit désignée par H, et sur laquelle on ait concentré une certaine masse M. Soit d'ailleurs ρ le rapport différentiel de M à H, ou, en d'autres termes, la densité de la droite matérielle pour le point P dont l'abscisse est n, et supposons que la densité ρ, étant fonction continue de cette abscisse, varie en conséquence avec elle par degrés insensibles. Les quantités désignées par

$$\rho_1, \quad \rho_2, \quad \ldots, \quad \rho_n,$$

dans les formules (22) et (25), devront représenter rigoureusement, ou à très peu près, les valeurs de la densité correspondantes à divers points

$$P_1, \quad P_2, \quad \ldots, \quad P_n,$$

respectivement situés sur des éléments égaux ou inégaux, mais toujours très petits, de la longueur H. Cela posé, le théorème XXI entraînera évidemment la proposition suivante :

H *étant la longueur d'une droite matérielle sur laquelle se trouve concentrée une certaine masse* M, *si la densité* ρ *de cette droite est connue et déterminée en chaque point* P *de la longueur* H, *et varie avec la position du point* P *par degrés insensibles, alors, pour obtenir la valeur de la masse* M *avec un degré d'approximation aussi grand que l'on voudra, on pourra se contenter de partager la longueur* H *en éléments suffisamment petits*

$$h_1, \quad h_2, \quad \ldots, \quad h_n,$$

puis de recourir à la formule

$$M = \rho_1 h_1 + \rho_2 h_2 + \ldots + \rho_n h_n,$$

dans laquelle chaque élément h *aura pour coefficient ou la densité correspondante à l'un quelconque des points de cet élément, ou une quantité très peu différente de cette densité, la différence étant assujettie à décroître indéfiniment avec l'élément lui-même. Ajoutons que dans le calcul de la masse* M *on pourra faire abstraction de quelques-uns des éléments*

$$h_1, \quad h_2, \quad \ldots, \quad h_n,$$

pourvu que la somme $\varkappa$ *des éléments omis décroisse indéfiniment avec* $\frac{1}{n}$.

Si les éléments de la longueur H, ou du moins ceux de ces éléments que l'on n'omet pas, deviennent égaux entre eux, on pourra faire coïncider

$$\rho_1, \quad \rho_2, \quad \ldots, \quad \rho_n$$

avec les valeurs de la densité correspondantes aux points

$$P_1, \quad P_2, \quad \ldots, \quad P_n,$$

qui représentent les origines ou les extrémités des éléments égaux, c'est-à-dire à des points équidistants, mais très rapprochés les uns des autres, et situés sur la longueur H. D'ailleurs si, entre les extrémités de la longueur H, on place des points équidistants, cette ligne pourra être par ce moyen divisée en éléments qui soient tous égaux entre eux, ou tous égaux à l'exception des deux extrêmes, et qui pourront être supposés inférieurs aux autres; et comme, dans cette dernière supposition, les éléments extrêmes pourront être évidemment omis, leur somme étant très petite aussi bien que chacun d'eux, il est clair que le théorème XXII entraînera la proposition suivante :

H *étant la longueur d'une droite matérielle sur laquelle se trouve concentrée une certaine masse* M, *si la densité* ρ *de cette droite est connue et déterminée en chaque point* P *de la longueur* H, *et varie avec la position du point* P *par degrés insensibles, pour obtenir la masse* M *avec un degré d'approximation aussi grand que l'on voudra, il suffira de partager la longueur* H *par des points équidistants en éléments qui soient tous égaux entre eux, ou même tous égaux à l'exception des éléments extrêmes que l'on pourra supposer inférieurs aux autres, puis de multiplier la longueur* H *par la moyenne arithmétique entre les valeurs de la densité correspondantes aux origines ou aux extrémités des éléments égaux.*

Les théorèmes XXI et XXII s'appliqueraient encore immédiatement à la détermination des masses concentrées sur des lignes courbes ou sur des surfaces planes ou courbes, ou même des masses comprises sous des volumes donnés. Cette détermination se trouverait ainsi ramenée à celle des longueurs, des surfaces et des volumes.

II. — *Sur les grandeurs proportionnelles.*

Deux grandeurs coexistantes, qui varient proportionnellement l'une à l'autre, c'est-à-dire dans un rapport constant, sont dites *proportionnelles*.

En vertu des théorèmes II et III du premier paragraphe, non seulement *le rapport différentiel de deux grandeurs proportionnelles l'une à l'autre coïncide avec le rapport constant de ces mêmes grandeurs*, mais de plus, *si le rapport différentiel de deux grandeurs coexistantes est un rapport constant, ces deux grandeurs seront proportionnelles l'une à l'autre*. D'ailleurs le rapport différentiel de deux grandeurs données A et B est certainement un rapport constant, lorsque à deux éléments égaux de l'une correspondent toujours des éléments égaux de l'autre. En effet, soient

$$\alpha, \quad \alpha'$$

deux valeurs du rapport différentiel de A et B, propres à représenter : 1° la limite du rapport de deux éléments correspondants

$$a \quad \text{et} \quad b;$$

2° la limite du rapport de deux autres éléments correspondants

$$a' \quad \text{et} \quad b'.$$

Si l'équation

$$b' = b$$

entraîne toujours la suivante

$$a' = a,$$

quelque petite que soit la valeur numérique de b, on en conclura

$$\frac{a'}{b'} = \frac{a}{b},$$

puis, en passant aux limites,

$$\alpha' = \alpha.$$

On peut donc énoncer le théorème suivant :

Théorème I. — *Deux grandeurs coexistantes sont certainement proportionnelles l'une à l'autre, lorsqu'à des éléments égaux de l'une correspondent des éléments égaux de l'autre.*

En s'appuyant sur ce théorème, on peut aisément reconnaître la proportionnalité d'une multitude de grandeurs diverses. Donnons à ce sujet quelques exemples.

On sait que la *projection orthogonale* d'un point sur un axe est le nouveau point où cet axe se trouve rencontré par une droite ou un plan perpendiculaire à l'axe, et qui renferme le point donné. On sait encore que la projection orthogonale d'une longueur, ou d'une surface, ou d'un volume sur un axe, est la portion de l'axe sur laquelle tombent les projections de tous les points renfermés dans cette longueur, cette surface ou ce volume. D'autre part il est aisé de s'assurer qu'une longueur mesurée, entre deux droites parallèles, ou entre deux plans parallèles dont la distance est donnée, sur une nouvelle droite, dépend uniquement de l'angle formé par cette droite avec les deux premières ou avec les deux plans, ou bien encore, avec un axe qui leur serait perpendiculaire. Donc, par suite, une longueur rectiligne se trouvera toujours partagée en éléments égaux en même temps que sa projection sur un axe avec lequel elle formera un angle donné. Donc, en vertu du théorème I, on pourra énoncer la proposition suivante :

Théorème II. — *Une longueur mesurée sur une droite est toujours proportionnelle à sa projection orthogonale sur un axe qui forme avec cette droite un angle donné.*

Nota. — Si l'axe et la droite donnée ne se rencontraient pas, l'angle formé par cette droite avec l'axe sera l'angle qu'elle forme avec un axe parallèle mené par l'une de ses extrémités.

Corollaire. — Les angles d'un triangle ne varient pas lorsque la base se déplace parallèlement à elle-même ; et, dans cette hypothèse, les deux autres côtés forment toujours le même angle avec l'axe mené par le sommet perpendiculairement à la base, c'est-à-dire avec l'axe sur lequel se mesure la hauteur du triangle; donc ils restent proportionnels à cette hauteur qui représente leur projection commune sur l'axe dont il s'agit; donc, par suite, ces deux côtés restent proportionnels l'un à l'autre. D'ailleurs des triangles qui offrent des angles égaux peuvent toujours être superposés en partie l'un à l'autre, de manière à présenter un sommet et un angle communs avec des bases parallèles opposées à ce sommet. Donc le théorème II entraîne encore la proposition suivante :

Théorème III. — *Si, dans un triangle, les côtés varient sans les angles, ces côtés resteront proportionnels l'un à l'autre.*

Observons à présent que, si la base d'un triangle commence par se déplacer en restant parallèle à elle-même, puis tourne ensuite autour de l'une de ses extrémités, le rapport des deux autres côtés commencera par demeurer constant, puis ensuite variera, tandis que, l'un de ces côtés restant invariable, l'autre changera de longueur. Donc, si la base se déplace, en cessant d'être parallèle à elle-même, le rapport des deux autres côtés variera toujours. Or cette remarque entraîne évidemment la proposition suivante :

Théorème IV. — *Si la base d'un triangle se déplace, de manière que les deux autres côtés restent proportionnels l'un à l'autre, cette base restera nécessairement parallèle à elle-même.*

Du théorème III, joint au théorème IV, on déduit encore immédiatement celui que nous allons énoncer :

Théorème V. — *Deux rayons vecteurs étant menés d'un centre fixe à deux points mobiles, si ces deux rayons varient dans le même rapport, sans changer de directions, la distance des deux points mobiles variera dans ce même rapport, en restant parallèle à elle-même.*

Considérons maintenant un système quelconque de points ou de figures donné dans un plan ou dans l'espace; et d'un centre fixe, arbitrairement choisi, menons des rayons vecteurs à tous les points du système. Si ces rayons vecteurs varient simultanément dans un rapport donné, on obtiendra un nouveau système de points qui correspondront respectivement aux points du premier; et les deux systèmes seront précisément ce qu'on appelle deux systèmes *semblables*, le centre fixe étant ce qu'on nomme *centre de similitude*. D'ailleurs, en vertu du théorème V, non seulement la droite qui joindra deux points du nouveau système sera parallèle à la droite qui joindra les points correspondants du premier; mais de plus les longueurs de ces deux droites seront entre elles dans le rapport donné de deux rayons vecteurs correspondants. En conséquence, si l'on nomme *points homologues* les points correspondants, *droites homologues* les droites qui joignent, dans les deux systèmes, les points homologues, et *angles homologues* les angles formés de part et d'autre par des droites homologues, on pourra énoncer la proposition suivante :

Théorème VI. — *Lorsque deux systèmes de points sont semblables entre eux, les angles homologues sont égaux dans ces deux systèmes, et les droites homologues proportionnelles.*

Corollaire I. — Étant donnés trois points situés dans le premier système sur une même droite, les trois points homologues seront situés dans le second système sur une seconde droite homologue à la première.

Corollaire II. — Étant donné un triangle quelconque formé avec trois points du premier système, le triangle semblable, formé avec les trois points correspondants du second système, offrira les mêmes angles avec des côtés homologues proportionnels.

Corollaire III. — Étant donnés quatre points dans le premier système, si les trois droites, menées du quatrième point aux trois autres, sont perpendiculaires à un même axe, c'est-à-dire situées dans un même plan, les trois droites homologues sont perpendiculaires à un axe homologue, c'est-à-dire situées dans un second plan. Donc si un plan renferme divers points ou diverses figures qui appartiennent au premier système, un autre plan renfermera les points correspondants ou les figures correspondantes du second système, et si une courbe donnée est plane, la courbe semblable sera encore une courbe plane.

Corollaire IV. — Étant donnée une pyramide triangulaire formée avec quatre points du premier système, la pyramide semblable formée avec les quatre points correspondants du second système, aura pour faces des triangles semblables à ceux qui limitent la première pyramide et disposés dans le même ordre.

Corollaire V. — Si deux droites sont égales dans le premier système, les droites homologues seront égales dans le second système. Par suite, si un point est le milieu d'une droite ou le centre d'une figure ou d'une courbe plane dans le premier système, le point homologue dans le second système sera le milieu d'une droite homologue, ou le centre d'une figure semblable. Par suite encore, si une courbe plane ou une surface courbe offre un centre, et si les diamètres menés par ce centre sont égaux, la courbe semblable ou la surface semblable jouira des mêmes propriétés. En d'autres termes, une courbe semblable à une circonférence de cercle est une autre circonférence de cercle, et une surface courbe semblable à la surface d'une sphère est une autre surface de sphère.

Le rapport suivant lequel varient les diverses longueurs rectilignes, lorsqu'on passe d'un système de points ou de figures à un système semblable, détermine ce qu'on nomme l'*échelle* du second système comparé au premier. Ce rapport pourra d'ailleurs être inférieur ou supérieur à l'unité, suivant que les dimensions du nouveau système seront inférieures ou supérieures à celles du premier. Ainsi, par exemple, ce rapport serait $\frac{1}{10}$, si le nouveau système était construit sur une échelle d'un décimètre pour un mètre et, au contraire, le même rapport serait 10, si le nouveau système était construit sur une échelle d'un décamètre pour un mètre.

Il est bon d'observer que divers systèmes de points semblables à un système donné peuvent être construits sur une même échelle, à l'aide de divers centres de similitude, et après divers déplacements du premier système dans l'espace. Mais, en vertu du théorème VI, lorsque deux systèmes semblables à un troisième seront construits sur une même échelle, les droites homologues dans ces deux systèmes seront égales. Donc les triangles semblables formés avec les droites homologues se réduiront à des triangles égaux. Pareillement les pyramides triangulaires semblables, formées avec des arêtes homologues, se réduiront à des pyramides égales, et non à des pyramides symétriques, puisque les faces correspondantes seront, pour les deux systèmes, disposées dans le même ordre [théorème V, corollaire II]. Or, concevons que l'on superpose l'un à l'autre deux triangles égaux qui aient pour sommets respectifs trois points du premier système et trois points homologues du second. Il est clair qu'à un autre point quelconque du premier système se trouvera superposé le point homologue du second système, ces deux points pouvant être considérés comme les sommets de pyramides égales qui auraient pour bases les deux triangles égaux dont il s'agit. Ces conclusions s'étendent évidemment au cas même où chacun des nouveaux points se trouverait situé dans le plan du triangle correspondant et où, par suite, chacune des pyramides se transformerait en un quadrilatère plan. On peut donc énoncer la proposition suivante :

THÉORÈME VII. — *Deux systèmes de points, semblables à un troisième et construits sur la même échelle, pourront être superposés l'un à l'autre.*

Ajoutons que, pour opérer la superposition, il suffit de déplacer l'un des deux systèmes, de manière à faire coïncider trois points du premier système non situés en ligne droite avec les trois points homologues ou correspondants du second système.

Jusqu'à présent les grandeurs proportionnelles que nous avons considérées étaient des lignes, par conséquent des grandeurs de même espèce. Nous allons maintenant appliquer le théorème I à des grandeurs proportionnelles d'espèces diverses que nous passerons rapidement en revue.

Il est aisé de s'assurer que, dans un cercle donné, à deux arcs égaux correspondent toujours des angles au centre égaux. Donc le théorème I entraîne la proposition suivante :

THÉORÈME VIII. — *Dans un cercle donné, un arc variable mesuré sur la circonférence et l'angle au centre correspondant sont deux grandeurs proportionnelles.*

Il est encore facile de s'assurer que deux parallélogrammes, ou deux prismes, ou deux cylindres construits sur la même base, sont superposables, et par conséquent égaux en surface ou en valeur, quand ils offrent des hauteurs égales. Donc le théorème I entraîne encore les propositions suivantes :

THÉORÈME IX. — *Un parallélogramme construit sur une base donnée offre une surface proportionnelle à sa hauteur.*

THÉORÈME X. — *Un prisme ou un cylindre construit sur une base donnée offre un volume proportionnel à sa hauteur.*

Si un parallélogramme se réduit à un rectangle, alors des deux côtés qui aboutiront à un même sommet, et qui mesureront les deux dimensions de ce rectangle, l'un quelconque pourra être pris pour base, l'autre pour hauteur.

Pareillement, si un prisme se réduit à un parallélépipède rectangle, alors des trois côtés qui aboutiront à un même sommet, et qui mesureront les trois dimensions de ce parallélépipède, l'un quelconque pourra être pris pour hauteur.

On peut donc encore énoncer les propositions suivantes :

THÉORÈME XI. — *La surface d'un parallélogramme rectangle est proportionnelle à l'un et à l'autre des deux côtés qui aboutissent à un même sommet.*

THÉORÈME XII. — *La surface d'un parallélépipède rectangle est proportionnelle à chacun des trois côtés qui aboutissent à un même sommet.*

On nomme *corps homogène* un corps dont toutes les parties sont de même nature, et qui par conséquent offre partout, sous le même volume, la même masse et le même poids. Pareillement, une surface matérielle ou une ligne matérielle, c'est-à-dire une surface ou une ligne sur laquelle une certaine masse se trouve concentrée, est appelée *homogène*, lorsque des portions égales de la masse ont été concentrées sur des portions égales de la surface ou de la ligne. Cela posé, comme des portions égales de masse offrent toujours des poids égaux, il est clair que le théorème I entraîne encore les propositions suivantes :

La masse et le poids d'un corps homogène sont proportionnels à son volume.

La masse et le poids d'une surface matérielle homogène, ou d'une ligne matérielle homogène, sont proportionnels à l'aire de cette surface ou à la longueur de cette ligne.

On appelle *mouvement uniforme* un mouvement rectiligne dans lequel un point mobile parcourt des espaces égaux en temps égaux, et mouvement uniformément accéléré un mouvement rectiligne dans lequel la vitesse croît de quantités égales en temps égaux. Donc, en vertu du théorème I, on pourra encore énoncer les propositions suivantes :

Un point mobile, doué d'un mouvement uniforme, parcourt dans un temps donné un espace proportionnel à ce temps.

Un point mobile, dont le mouvement est uniformément varié, acquiert dans un temps donné une vitesse proportionnelle à ce temps.

Lorsqu'un liquide pesant presse une surface plane horizontale, des portions égales de la surface supportent la même pression.

Donc, en vertu du théorème I, *la pression supportée par une surface plane et horizontale dans un liquide pesant est proportionnelle à l'aire de cette surface.*

Les grandeurs proportionnelles jouissent de propriétés diverses parmi lesquelles on doit remarquer celles que nous allons rappeler en peu de mots.

Lorsqu'une grandeur K est proportionnelle à une seule variable x, le rapport

$$\frac{K}{x}$$

est constant; et par suite, si l'on nomme $\mathcal{K}$ la valeur particulière de K qui correspond à $x = 1$, on aura

$$\frac{K}{x} = \frac{\mathcal{K}}{1} = \mathcal{K},$$

$$K = \mathcal{K} x. \tag{1}$$

Supposons maintenant que la grandeur K dépende de deux variables x, y, et soit proportionnelle à chacune d'elles. Alors, si l'on nomme $\mathcal{K}$ la valeur de K correspondante à

$$x = 1, \qquad y = 1,$$

et $\mathcal{K}_{,}$ la valeur que reçoit K lorsque, x restant variable, on pose seulement

$$y = 1,$$

on aura, en vertu de la formule (1),

$$\mathcal{K}_{,} = \mathcal{K} x, \qquad K = \mathcal{K}_{,} y,$$

par conséquent

$$K = \mathcal{K} xy. \tag{2}$$

Supposons encore que la grandeur K dépende de trois variables x, y, z, et soit proportionnelle à chacune d'elles. Alors, si l'on nomme

$$\mathcal{K} \quad \text{ou} \quad \mathcal{K}_{,} \quad \text{ou} \quad \mathcal{K}_{,,}$$

la valeur particulière que prend la grandeur K lorsqu'on réduit à l'unité les trois variables x, y, z, ou seulement les deux variables y, z, ou enfin la seule variable z, on aura, en vertu de la formule (1),

$$\mathcal{K}_{,} = \mathcal{K} x, \qquad \mathcal{K}_{,,} = \mathcal{K}_{,} y, \qquad K = \mathcal{K}'' z,$$

par conséquent

$$(3) \qquad K = \mathcal{K}xyz.$$

Supposons enfin que la grandeur K dépende de n variables diverses

$$x, \quad y, \quad z, \quad \ldots, \quad t$$

et soit proportionnelle à chacune d'elles. Nommons d'ailleurs $\mathcal{K}$ la valeur particulière que reçoit la grandeur K quand on suppose toutes les valeurs réduites à l'unité. Pour passer de cette hypothèse au cas général, en faisant varier successivement x, puis y, puis z, ..., puis t, il suffira, en vertu de la formule (1), de multiplier successivement $\mathcal{K}$ par x, puis le produit obtenu par y, puis le nouveau produit par z, ..., et enfin l'avant-dernier produit par t. On aura donc définitivement

$$(4) \qquad K = \mathcal{K}xyz\ldots t,$$

ou, ce qui revient au même,

$$(5) \qquad \frac{K}{xyz\ldots t} = \mathcal{K}.$$

Or, en vertu de la formule (4), le rapport de K au produit $xyz\ldots t$ sera constant, ou, en d'autres termes, la grandeur K sera proportionnelle à ce produit. On peut donc énoncer la proposition suivante :

Théorème XIII. — *Lorsqu'une grandeur est proportionnelle à plusieurs autres, elle est proportionnelle à leur produit.*

Cela posé, les théorèmes XI et XII entraîneront immédiatement les suivants :

Théorème XIV. — *La surface d'un parallélogramme rectangle est proportionnelle au produit de ses deux dimensions, c'est-à-dire au produit des deux côtés qui aboutissent à un même sommet.*

Théorème XV. — *La surface d'un parallélépipède rectangle est proportionnelle au produit de ses trois dimensions, c'est-à-dire au produit des trois côtés qui aboutissent à un même sommet.*

Lorsque, dans l'équation (1), la variable x se réduit à une longueur mesurée sur une certaine droite, et la grandeur K à la projection orthogonale de cette longueur sur un axe qui forme avec la droite un angle aigu τ, la quantité $\mathfrak{K}$ représente la projection de l'unité de longueur sur le même axe, et cette projection est précisément ce qu'on nomme le *cosinus* de l'angle τ. Si l'on trace, dans un plan qui renferme la droite, non seulement l'axe dont il s'agit, mais encore un second axe perpendiculaire au premier, la projection orthogonale de l'unité de longueur sur le second axe sera ce qu'on nomme le *sinus* de l'angle τ. Le rapport du sinus au cosinus, et le rapport inverse du cosinus au sinus, sont la *tangente* et la *cotangente* de l'angle τ. L'inverse du sinus et l'inverse du cosinus sont la *sécante* et la *cosécante* du même angle. Le sinus, le cosinus, la tangente, la cotangente, la sécante et la cosécante de l'angle τ sont les diverses lignes trigonométriques de l'angle τ et s'expriment, comme l'on sait, à l'aide des notations

$$\sin\tau, \quad \cos\tau, \quad \operatorname{tang}\tau, \quad \cot\tau, \quad \operatorname{séc}\tau, \quad \operatorname{coséc}\tau.$$

Ces lignes, qui vérifient les formules

$$(6) \qquad \operatorname{tang}\tau = \frac{\sin\tau}{\cos\tau}, \qquad \cot\tau = \frac{\cos\tau}{\sin\tau}, \qquad \operatorname{séc}\tau = \frac{1}{\cos\tau}, \qquad \operatorname{coséc}\tau = \frac{1}{\sin\tau},$$

peuvent devenir négatives, quand l'angle τ cesse d'être aigu (voir l'*Analyse algébrique*, p. 425, et les *Résumés analytiques*, 4e livraison) (1).

En vertu de l'équation (1), jointe au théorème II du paragraphe I, la quantité désignée par $\mathfrak{K}$ dans l'équation (1) est tout à la fois le rapport constant et le rapport différentiel de K à x. De cette remarque, jointe aux définitions qui précèdent, on déduit immédiatement la proposition suivante :

Théorème XVI. — *Le rapport constant et le rapport différentiel de la projection orthogonale d'une longueur rectiligne sur un axe, à cette longueur même, sont tous deux représentés par le cosinus de l'angle aigu que forme avec cet axe la droite sur laquelle la longueur est mesurée.*

(1) *OEuvres de Cauchy*, 2e série, t. X, p. 99, et t. III, p. 353.

De la proposition que nous venons d'énoncer, jointe à l'avant-dernière des formules (6) au théorème VI du paragraphe I, on déduit encore cet autre théorème :

THÉORÈME XVII. — *Le rapport constant et le rapport différentiel d'une longueur rectiligne à sa projection orthogonale sur un axe, sont tous deux représentés par la sécante de l'angle aigu que forme avec cet axe la droite sur laquelle la longueur est mesurée.*

La *projection orthogonale* d'un point sur un plan n'est autre chose que le pied de la perpendiculaire abaissée de ce point sur le plan ; et la projection orthogonale d'une ligne, ou d'une surface, ou d'un volume sur un plan, est la nouvelle ligne ou la surface sur laquelle tombent les projections de tous les points de la ligne donnée, ou de la surface donnée, ou du volume donné. Ainsi, en particulier, la projection orthogonale d'une droite sur un plan sera la nouvelle droite qui renfermera les projections de tous les points de la première, ou, ce qui revient au même, la ligne d'intersection du plan donné avec un plan perpendiculaire, mené par la droite donnée; et si l'on projette sur la nouvelle droite une longueur mesurée sur la première, la projection obtenue sera aussi la projection de la même longueur sur le plan. Enfin l'angle formé par une droite avec un plan est précisément l'angle que forme cette droite avec la projection sur le plan. Cela posé, les théorèmes XVI et XVII entraînent évidemment les suivants :

THÉORÈME XVIII. — *Le rapport constant et le rapport différentiel de la projection d'une longueur rectiligne sur un plan à cette longueur même, sont tous deux représentés par le cosinus de l'angle aigu que forme ce plan avec la droite sur laquelle la longueur est mesurée.*

THÉORÈME XIX. — *Le rapport constant et le rapport différentiel entre une longueur rectiligne et sa projection orthogonale sur un plan, sont tous deux représentés par la sécante de l'angle aigu que forme avec ce plan la droite sur laquelle la longueur est mesurée.*

Lorsque la grandeur K se réduit à l'unité en même temps que la variable x, on a, dans l'équation (1),

$$\mathcal{K} = 1,$$

et par suite cette équation donne simplement

$$K = x.$$

Donc alors la grandeur K et la variable x se trouvent toujours représentées par le même nombre qui sert de *mesure* à l'une et à l'autre. Alors aussi l'on peut dire que l'une des grandeurs est *mesurée* par l'autre. On peut donc énoncer la proposition suivante :

Théorème XX. — *Deux grandeurs proportionnelles sont représentées par le même nombre, ou, en d'autres termes, l'une sera mesurée par l'autre, si ces deux grandeurs, étant de même espèce, se réduisent simultanément à l'unité, ou si, l'une et l'autre étant d'espèces différentes, on choisit convenablement l'unité des grandeurs de première espèce, en prenant pour cette unité la grandeur correspondante à l'unité des grandeurs de seconde espèce.*

Cela posé, on déduira immédiatement du théorème VIII le suivant :

Théorème XXI. — *Dans un cercle dont le rayon est l'unité, un angle au centre sera représenté par le même nombre que l'arc compris entre ses côtés, si l'on prend pour unité d'angle celui qui correspond à l'arc dont la longueur est le rayon même.*

Le produit de plusieurs variables $x, y, z, \ldots$, se réduisant à l'unité en même temps que ces variables, on déduit encore des théorèmes XIII et XX la proposition suivante :

Théorème XXII. — *Une grandeur proportionnelle à plusieurs autres sera représentée par leur produit, si parmi les grandeurs de la première espèce on prend pour unité la grandeur qu'on obtient quand on réduit chacune des autres à l'unité de son espèce.*

Cela posé, les théorèmes XI et XII entraînent les suivants :

Théorème XXIII. — *Si l'on prend pour unité de surface l'aire du carré dont le côté est l'unité de longueur, l'aire d'un parallélogramme rectangle sera représentée par le produit de ses deux dimensions, c'est-à-dire des deux côtés qui aboutissent à un même sommet.*

Corollaire I. — L'aire d'un rectangle dont les côtés sont x et y, est représentée par le produit xy.

Corollaire II. — L'aire d'un carré dont le côté est x se trouve représentée par le produit $xx = x^2$.

Théorème XXIV. — *Si l'on prend pour unité de volume le volume du cube dont le côté est l'unité de longueur, le volume d'un parallélépipède rectangle sera représenté par le produit de ses trois dimensions, c'est-à-dire des trois côtés qui aboutissent à un même sommet.*

Corollaire I. — Le volume d'un parallélépipède rectangle dont les côtés sont x, y, z, est représenté par le produit xyz. Ce volume a donc encore pour mesure le produit de l'aire

$$yz \quad \text{ou} \quad zx \quad \text{ou} \quad xy$$

de l'une des faces par la hauteur

$$x \quad \text{ou} \quad y \quad \text{ou} \quad z,$$

mesurée perpendiculairement à cette face.

Corollaire II. — Le volume d'un cube dont le côté est x se trouve représenté par le produit $xxx = x^3$.

On déduit immédiatement, comme l'on sait, du théorème XXIII, un grand nombre de propositions diverses. Nous nous bornerons à en rappeler quelques-unes.

Un rectangle se trouve divisé par l'une quelconque de ses diagonales en deux triangles rectangles égaux, dont chacun a pour côtés ceux du rectangle même. Donc, en vertu du théorème XXIII, on peut énoncer la proposition suivante :

L'aire d'un triangle rectangle est la moitié de l'aire d'un rectangle construit sur les deux côtés qui comprennent l'angle droit ; elle est donc représentée par la moitié du produit de ces côtés. En prenant un de ces côtés pour base, on pourra dire que l'*aire du triangle rectangle est la moitié du produit de sa base par sa hauteur*.

Considérons maintenant un triangle quelconque. L'un des côtés, pris pour base, pourra être regardé comme la somme ou la différence des bases de deux triangles rectangles, dont les aires offriront pour somme ou pour différence l'aire du triangle donné. Donc, l'aire du triangle donné sera la somme ou la différence des produits qu'on obtient en multiplant la moitié de sa hauteur par les bases des triangles rectangles. Mais cette somme ou différence sera précisément la moitié du produit de la hauteur par la somme ou différence des bases dont il s'agit. On peut donc énoncer la proposition suivante :

Théorème XXV. — *Un côté quelconque d'un triangle étant pris pour base, l'aire du triangle a pour mesure la moitié du produit de cette base par la hauteur correspondante.*

Corollaire. — Un polygone plan pouvant toujours être décomposé en triangles, le théorème XXV fournit le moyen de calculer l'aire d'un semblable polygone. Ainsi, par exemple, un trapèze pouvant être décomposé en deux triangles qui offrent la même hauteur, leurs bases étant les côtés parallèles du trapèze, on peut énoncer le théorème suivant :

Théorème XXVI. — *L'aire d'un trapèze a pour mesure le produit de la hauteur par la demi-somme des côtés parallèles.*

Corollaire I. — Si deux carrés construits avec des côtés différents ont le même centre et des diagonales dirigées suivant les mêmes droites, la différence de ces deux carrés sera la somme de quatre trapèzes égaux dont chacun aura pour côtés parallèles les deux côtés donnés, et pour hauteur leur demi-différence. L'aire de chaque trapèze sera donc le produit de la demi-somme donnée par leur demi-différence, et le quadruple de ce produit, ou l'*aire du rectangle construit avec la somme et la différence des côtés donnés*, *représentera la différence entre les aires des carrés construits sur ces mêmes côtés.*

Cette proposition est d'ailleurs une conséquence immédiate du théorème XXIII. Car si l'on nomme x et X les côtés deux carrés, on aura

$$X^2 - x^2 = (X - x)(X + x).$$

Corollaire II. — Si les deux côtés parallèles d'un trapèze deviennent égaux, ce trapèze deviendra un parallélogramme. On peut donc énoncer encore la proposition suivante :

THÉORÈME XXVII. — *L'aire d'un parallélogramme quelconque est le produit de l'un des côtés pris pour base par la hauteur correspondante.*

Considérons maintenant deux rectangles, ou deux triangles, ou deux parallélogrammes différents. Le rapport de leurs aires sera, en vertu du théorème XXIII, ou XXV, ou XXVII, le produit du rapport des bases par le rapport des hauteurs. D'ailleurs, si les deux rectangles ou triangles, ou parallélogrammes sont semblables l'un à l'autre, le rapport des hauteurs sera équivalent au rapport des bases (théorème VI). Donc alors le carré de ce dernier rapport, ou le rapport des carrés des bases, sera le rapport des aires, et l'on peut énoncer le théorème suivant :

THÉORÈME XXVIII. — *Deux rectangles, ou deux triangles, ou deux parallélogrammes, quand ils deviennent semblables l'un à l'autre, offrent des aires proportionnelles aux carrés des côtés homologues.*

Au reste, les principales propositions ici déduites du théorème XXIII, et les propositions analogues auxquelles on parviendrait en partant du théorème XXIV, peuvent être facilement démontrées par la considération des rapports différentiels, comme on le verra plus tard.

En terminant le présent paragraphe, nous rappellerons une propriété fort utile des grandeurs proportionnelles.

Étant donnés deux systèmes de grandeurs, dont les unes sont proportionnelles aux autres, pour passer du premier système au second, il suffira de multiplier chacune des grandeurs comprises dans le premier système par un certain rapport qui sera le même pour toutes. Cela posé, si plusieurs grandeurs du premier système sont liées entre elles par une équation linéaire, cette équation continuera de subsister, quand on multipliera chacun des termes qui la composent par le rapport dont il s'agit, ou ce qui revient au même, quand on passera du premier système au second.

On peut donc énoncer la proposition suivante :

Théorème XXIX. — *Toute équation linéaire qui subsiste entre diverses grandeurs, subsiste aussi entre des grandeurs proportionnelles.*

Corollaire I. — Ainsi, par exemple, étant donné, avec un premier système de grandeurs, un second système de grandeurs proportionnelles, si deux grandeurs du premier système sont entre elles dans un certain rapport, ou si l'une de ces grandeurs est la somme ou la différence de deux ou de plusieurs autres, on pourra en dire autant des grandeurs correspondantes du second système.

Corollaire II. — L'hypoténuse d'un triangle rectangle étant prise pour base de ce triangle, la perpendiculaire abaissée sur cette base du sommet opposé divise le triangle rectangle en deux autres semblables à lui, qui ont pour hypoténuses respectives les deux côtés du premier. Donc, en vertu du théorème XXVIII, les aires des trois triangles seront respectivement proportionnelles aux carrés construits sur l'hypoténuse et sur les côtés du triangle donné. Mais l'aire de celui-ci sera la somme des aires des deux autres. Donc, en vertu du corollaire II, *le carré construit sur l'hypoténuse d'un triangle rectangle sera la somme des carrés construits sur les deux côtés.*

Corollaire III. — Considérons dans un plan donné un centre fixe, un axe fixe et une courbe tracée de manière que les distances d'un point quelconque de la courbe au centre fixe, et à l'axe fixe, soient entre elles dans un rapport constant. En vertu des théorèmes VI et XXIX, une seconde courbe semblable à la première jouira de la même propriété relativement à un centre fixe et à un axe fixe tracés dans le plan de cette seconde courbe. D'ailleurs, il est aisé de s'assurer que, dans l'ellipse, la parabole et l'hyperbole, l'excentricité représente constamment le rapport entre les distances d'un point de la courbe à l'un des foyers et à une droite correspondante que l'on appelle la *directrice*. Il y a plus, cette propriété des courbes du second degré suffit pour les définir complètement et permet d'ailleurs de les distinguer facilement les unes des autres, puisque l'excentricité, nulle dans le cercle, et toujours inférieure à l'unité dans l'ellipse, devient équivalente à l'unité dans la parabole, et supérieure à l'unité dans l'hyperbole. En conséquence, on pourra énoncer la proposition suivante :

THÉORÈME XXX. — *Une courbe semblable à une ellipse, à une parabole, ou à une hyperbole, est une autre ellipse, une autre parabole, ou une autre hyperbole, qui offre la même excentricité.*

Corollaire. — Une courbe du second degré est complètement déterminée quand on connaît, avec l'excentricité, la distance d'un foyer à la directrice correspondante. Si l'on fait varier cette distance, sans altérer l'excentricité, la courbe restera semblable à elle-même. Comme pour la parabole en particulier, l'excentricité se réduit toujours à l'unité, il est clair que les diverses paraboles seront des courbes semblables entre elles, tout comme les diverses circonférences de cercle (théorème VI, corollaire V).

Dans un autre Mémoire, nous donnerons de nouveaux développements aux principes ci-dessus exposés, en les appliquant d'une manière spéciale à l'évaluation des longueurs, des aires et des volumes.

NOTE

SUR LA

NATURE DES PROBLÈMES

QUE PRÉSENTE

LE CALCUL INTÉGRAL.

Dans l'introduction qui précède mon *Analyse algébrique*, j'ai dit combien il était important de donner aux méthodes de calcul toute la rigueur qu'on exige en Géométrie, de manière à ne jamais recourir aux raisons tirées de la généralité de l'Algèbre. J'ai ajouté que les raisons de cette espèce tendaient à faire attribuer aux formules algébriques une étendue indéfinie, tandis que, dans la réalité, la plupart de ces formules subsistent uniquement sous certaines conditions, et pour certaines valeurs, des quantités qu'elles renferment. J'ai observé que la recherche de ces conditions et de ces valeurs, entraînant l'heureuse nécessité de fixer d'une manière précise le sens des notations diverses, et d'apporter des restrictions utiles à des assertions trop étendues, tournait au profit de l'Analyse; qu'ainsi, par exemple, avant d'effectuer la sommation d'aucune série, j'avais dû examiner dans quels cas ces séries peuvent être sommées, ou, en d'autres termes, quelles sont les conditions de leur convergence, et que cet examen m'avait conduit à établir des règles générales de convergence qui paraissent dignes de quelque attention.

Les observations que je viens de rappeler ne sont pas seulement applicables à l'Algèbre et à l'Analyse algébrique. Elles s'appliquent encore, et à plus forte raison, au Calcul infinitésimal. Guidé par cette conviction, j'ai cherché, dans l'exposition du *Calcul différentiel*, à concilier la rigueur, dont je m'étais fait une loi dans l'Analyse algébrique, avec la simplicité qui résulte de la considération directe des quantités infiniment petites. Pour cette raison, j'ai cru devoir rejeter les développements des fonctions ou séries infinies, toutes les fois que les séries obtenues ne sont pas convergentes; et je me suis vu forcé de renvoyer à la fin du Calcul différentiel la formule de Taylor, que l'illustre auteur de la *Mécanique analytique* avait prise pour base de sa théorie des fonctions dérivées. La bienveillance avec laquelle les géomètres ont accueilli mon Ouvrage m'a donné lieu de croire que je ne m'étais pas trompé en pensant que les principes du Calcul différentiel et ses applications les plus importantes pouvaient être facilement et rigoureusement exposés sans l'intervention des séries.

Si du Calcul différentiel on passe au Calcul intégral, on obtiendra de nouveaux et nombreux exemples des avantages que l'on trouve à bien définir les questions, à ne rien laisser de vague ni d'arbitraire dans les notations et dans les formules. Ces précautions deviennent alors d'autant plus nécessaires que chaque problème de Calcul intégral semble, au premier abord, être, par sa nature même, un problème indéterminé. En effet, l'intégrale d'une expression différentielle ou d'une équation différentielle du premier ordre renferme, comme l'on dit, une constante arbitraire. Pareillement, plusieurs constantes arbitraires entrent dans les intégrales de plusieurs équations différentielles du premier ordre, ou d'une équation différentielle d'ordre supérieur. Enfin les intégrales d'une ou de plusieurs équations aux dérivées partielles renferment une ou plusieurs fonctions arbitraires. Mais, quand on examine attentivement le rôle que jouent ces diverses intégrales dans une question de Géométrie ou de Mécanique, on reconnaît bientôt que les constantes et fonctions dont il s'agit deviennent, dans chaque question, complètement déterminées. Toutefois, comme elles restent arbitraires quand on envisage le problème de l'intégration d'une manière générale et sous un point de vue purement analytique, on avait coutume, dans les traités de Calcul intégral, de renvoyer la détermination de ces constantes ou de ces fonctions après la recherche des intégrales générales des expressions différentielles ou des équations proposées. Dans mes leçons données à l'École Polytechnique, comme dans la plupart des Ouvrages ou Mémoires que j'ai publiés sur le Calcul intégral, j'ai cru devoir renverser cet ordre et placer en premier lieu la recherche, non pas des intégrales générales, mais des intégrales particulières; en sorte que la détermination des constantes ou des fonctions arbitraires ne fût plus séparée de la recherche des intégrales. Alors chaque problème est devenu complètement déterminé, et c'est surtout cette circonstance qui m'a permis, non seulement de simplifier les solutions de problèmes déjà traités par d'autres auteurs, mais encore de résoudre des questions qui avaient résisté jusque-là aux efforts des géomètres. La marche ou, si l'on veut, la méthode que je viens de rappeler en peu de mots, me paraît évidemment propre à éclaircir les points les plus difficiles de l'Analyse infinitésimale; et, comme l'illustre géomètre de Kœnigsberg, avec lequel j'en causais, il y a peu de temps, partage mon avis à cet égard, j'ai pensé qu'il pourrait être utile d'indiquer ici diverses applications de cette méthode. Je vais donc entrer à ce sujet dans quelques détails.

Dans les traités de Calcul intégral on admettait, sans la démontrer, l'existence des intégrales générales des expressions et des équations différentielles; il importait de combler cette lacune. Pour y parvenir, j'ai suivi la marche que j'indiquais tout à l'heure; et, avant de prouver qu'à toute expression différentielle qui dépend d'une seule variable, correspond une intégrale ou fonction primitive, j'ai commencé par établir, dans le *Résumé des Leçons données à l'École Polytechnique*, la nature des *intégrales prises entre des limites données ou intégrales définies*. J'ai démontré par l'Analyse leur existence, qui pouvait se déduire de considérations géométriques; et, comme ces dernières intégrales peuvent devenir infinies ou indéterminées, j'ai dû rechercher dans quels cas elles conservent une valeur unique et finie. J'ai été ainsi conduit à la théorie des *intégrales définies singulières*, et cette théorie m'a fourni, avec les valeurs d'intégrales déjà connues, un grand nombre d'intégrales nouvelles, et même des formules générales propres à la détermination des intégrales définies. J'ai été conduit de la même manière, non seulement à reconnaître qu'il existe des intégrales indéterminées, mais encore à signaler certaines valeurs de ces intégrales, savoir, les *valeurs principales* qui méritent une attention particulière, et à expliquer le phénomène que présentent des intégrales doubles dont la valeur dépend de l'ordre dans lequel on effectue les intégrations; enfin à déterminer, dans un Mémoire spécial, la nature et les propriétés des *intégrales définies prises entre des limites imaginaires*. D'ailleurs, l'existence et la nature des intégrales définies étant bien connues, il a été facile d'en conclure l'existence des intégrales indéfinies, c'est-à-dire des intégrales qui renferment une constante arbitraire.

C'est aussi, en substituant aux intégrales indéfinies des intégrales prises chacune à partir d'une origine fixe, que je suis parvenu, dans le *Résumé* des Leçons déjà citées, à présenter, sous une forme très simple, l'intégration d'une fonction différentielle qui dépend de plusieurs variables.

C'est en opérant toujours de la même manière que j'ai réussi, d'une part, à simplifier, dans certains cas, la recherche des intégrales correspondantes aux équations différentielles très peu nombreuses que l'on savait intégrer en termes finis, spécialement la recherche des intégrales des équations linéaires, et, d'autre part, à établir sur des bases rigoureuses l'intégration des équations différentielles de forme quelconque.

Considérons d'abord, pour fixer les idées, une équation différentielle du premier ordre entre une variable indépendante et une fonction inconnue de cette variable, et supposons que l'on soit parvenu, soit à séparer les variables, soit à rendre l'équation intégrable par le moyen d'un facteur. Après avoir fait passer tous les termes de l'équation dans le premier membre, on pourra immédiatement intégrer ce premier membre, de manière qu'il s'évanouisse après l'intégration pour des valeurs particulières correspondantes des deux variables, et l'on obtiendra ainsi l'intégrale générale, dans laquelle l'une ou l'autre de ces deux valeurs particulières, qui pourront être arbitrairement choisies, tiendra lieu de constante arbitraire. La même observation s'applique à un système d'équations différentielles du premier ordre, dont chacune offrirait pour premier membre une différentielle exacte d'une fonction de plusieurs variables, le second membre étant réduit à zéro. Dans ce cas encore, pour obtenir les intégrales générales du système, il suffira d'intégrer chacun des premiers membres, de manière qu'il s'évanouisse après l'intégration pour des valeurs particulières correspondantes de toutes les variables; et ces valeurs particulières, qui pourront être arbitrairement choisies, tiendront lieu des constantes arbitraires. Pour mieux faire saisir les avantages qu'offre ce procédé, concevons que l'on se propose d'intégrer un système d'équations différentielles linéaires et à coefficients constants, dont chacune même pourra offrir un dernier terme qui soit fonction de la variable indépendante. En suivant la méthode de d'Alembert, et à l'aide de facteurs auxiliaires convenablement choisis, on réduira facilement le problème à l'intégration d'une seule équation du premier ordre, et à la résolution d'une certaine équation finie que j'ai nommée l'*équation caractéristique*. Cela posé, en opérant comme il a été dit ci dessus, on reconnaîtra que, pour obtenir le système des intégrales générales des équations données, il suffit d'égaler à zéro une certaine fonction des diverses variables $x, y, z, \ldots$ et de l'inconnue θ qui doit vérifier l'équation caractéristique, puis de réduire successivement l'inconnue θ aux diverses racines de cette dernière équation supposées inégales. Il y a plus : on reconnaîtra encore, comme je l'ai observé dans mes Leçons données à l'École Polytechnique, que, si l'équation caractéristique acquiert une racine double, triple, quadruple, etc., on doit, en prenant cette racine pour valeur de θ, égaler à zéro, avec la fonction dont il s'agit, une ou plusieurs dérivées de cette fonction différentiée une ou plusieurs fois par rapport à θ.

Si maintenant on considère un système quelconque d'équations différentielles du premier ordre, il ne sera plus généralement possible de les intégrer en termes finis. Mais on pourra du moins démontrer l'existence des intégrales générales, et même intégrer les équations proposées avec une approximation aussi grande que l'on voudra, soit à l'aide de la méthode que j'ai donnée dans mes Leçons de seconde année à l'École Polytechnique et que j'ai rappelée dans le paragraphe I du Mémoire sur l'intégration des équations différentielles (Vol. I des *Exercices d'Analyse et de Physique mathématique*, p. 327) (¹), soit à l'aide des principes nouveaux que j'ai développés dans ce Mémoire, et qui transforment en méthode rigoureuse le procédé de l'intégration par séries. Or, dans l'une et l'autre méthode, les constantes arbitraires, que doivent renfermer les intégrales générales d'un système d'équations différentielles du premier ordre, se trouvent remplacées par des valeurs particulières des inconnues, correspondantes à une valeur particulière de la variable indépendante, et par conséquent le problème de l'intégration se trouve réduit à un problème complètement déterminé.

Quant aux équations différentielles ou aux systèmes d'équations différentielles du second ordre, ou d'un ordre plus élevé, on peut toujours, comme je l'ai observé dans mes Leçons données à l'École Polytechnique, les réduire à des systèmes d'équations différentielles du premier ordre; et, pour y parvenir, il suffit d'augmenter le nombre des inconnues primitives en prenant pour inconnues nouvelles plusieurs de leurs dérivées, représentées chacune par une seule lettre. Cette réduction offre l'avantage de rendre les méthodes que je viens de rappeler immédiatement applicables à l'intégration d'équations différentielles d'un ordre supérieur au premier, et de simplifier ainsi la théorie de cette intégration. Pour s'en convaincre, il suffit de considérer une équation différentielle linéaire et à coefficients constants, qui soit d'un ordre supérieur au premier, et qui renferme un dernier terme représenté par une fonction de la variable indépendante. On sait que Lagrange a intégré cette équation différentielle, en ramenant l'in-

(¹) *Œuvres de Cauchy*, S. II, t. XI, p. 399.

tégration à la résolution d'une équation finie que nous nommerons encore l'*équation caractéristique;* mais la méthode employée par l'illustre géomètre exige d'assez longs calculs lorsque le terme variable dont nous avons parlé ne s'évanouit pas, et ces calculs deviennent encore plus compliqués, quand l'équation caractéristique offre des racines égales. Au contraire, l'intégration de l'équation traitée par Lagrange, ou même d'un système d'équations linéaires à coefficients constants d'un ordre quelconque, et dont chacune offrirait un dernier terme fonction de la variable indépendante, s'effectuera très facilement si l'on commence par réduire cette équation ou ce système d'équations à un système d'équations du premier ordre, en augmentant, comme on l'a dit, le nombre des inconnues. Alors aux constantes arbitraires, que doivent renfermer les intégrales générales, se trouvent substituées des valeurs particulières correspondantes des inconnues primitives et des inconnues nouvelles, ou, ce qui revient au même, des valeurs particulières simultanément acquises par les inconnues primitives et par celles de leurs dérivées que ne détermine point le système des équations différentielles (¹).

Le principe que je viens d'exposer s'applique avec un égal succès à

(¹) Déjà depuis longtemps on avait remarqué qu'il peut être avantageux, dans certains cas, de remplacer les constantes arbitraires introduites dans les intégrales des équations différentielles par des valeurs particulières des variables et de leurs dérivées. C'est ainsi, par exemple, que, pour obtenir l'intégrale d'une équation linéaire du second ordre, dans le cas où les deux racines de l'équation caractéristique deviennent égales entre elles, M. Lacroix (*Calcul différentiel*, t. II, p. 320) commence par exprimer les deux constantes arbitraires comprises dans l'intégrale générale en fonction de deux valeurs correspondantes de l'inconnue et de sa dérivée. Il y a plus : on avait remarqué que les valeurs particulières des inconnues et de leurs dérivées s'introduisent naturellement à la place des constantes arbitraires ou des fonctions arbitraires dans les développements des intégrales en séries. Mais on avait fait peu d'applications de la première remarque; et, pour que les conclusions que l'on tirait de la seconde devinssent rigoureuses, il fallait prouver que les séries obtenues étaient convergentes, au moins pour des valeurs des variables indépendantes renfermées entre certaines limites. Enfin, pour que l'emploi des séries même convergentes ne laissât aucun doute sur la nature des approximations, il fallait pouvoir assigner des limites aux erreurs que l'on commettait en arrêtant chaque série après un certain nombre de termes. On parvient à ce double but à l'aide du nouveau calcul que j'ai nommé *calcul des limites*. (Voir le Mémoire déjà cité sur l'*Intégration des équations différentielles*.)

l'intégration des équations aux dérivées partielles. Concevons d'abord, pour fixer les idées, qu'il s'agisse d'intégrer une équation aux dérivées partielles du premier ordre, entre une certaine inconnue et plusieurs variables indépendantes

$$x, \quad y, \quad z, \quad \ldots, \quad t,$$

dont la dernière t pourra être censée représenter le temps. L'intégrale cherchée pourra renfermer une fonction arbitraire, et par suite l'intégration de l'équation proposée, considérée sous un point de vue général, sera un problème indéterminé. Mais il importe d'observer : 1° que la valeur particulière de l'inconnue correspondante à une valeur particulière du temps t sera nécessairement une fonction des autres variables indépendantes; 2° que l'équation donnée ne fixe en aucune manière la forme de cette fonction, et qu'après avoir choisi cette forme arbitrairement, on pourra toujours intégrer l'équation dont il s'agit. On pourra donc assujettir l'inconnue, non seulement à vérifier l'équation proposée aux dérivées partielles, mais encore à se réduire, pour une valeur donnée du temps t, à une fonction donnée des autres variables indépendantes $x, y, z, \ldots$; et nous devons ajouter qu'alors le problème de l'intégration deviendra complètement déterminé. Or, cette seule considération fournit le moyen de lever entièrement les difficultés qui avaient arrêté les géomètres dans la recherche de l'intégrale générale d'une équation aux dérivées partielles du premier ordre, lorsque cette équation renfermait plus de deux variables indépendantes, et c'est en substituant ainsi, à un problème qui paraît indéterminé de sa nature, un autre problème complètement déterminé, que je suis parvenu, dans le *Bulletin de la Société philomatique* de janvier et février 1819, à faire dépendre l'intégration d'une équation quelconque aux dérivées partielles du premier ordre, de l'intégration d'un seul système d'équations différentielles du même ordre.

Considérons maintenant un système quelconque d'équations aux dérivées partielles du premier ordre. Il ne sera plus généralement possible de ramener leur intégration à celle d'un système d'équations différentielles du même ordre. Mais si, dans le système proposé, chaque équation est linéaire au moins par rapport aux dérivées partielles des inconnues, on pourra démontrer l'existence des intégrales générales, et même intégrer les équations avec une approximation aussi grande que l'on voudra, en développant les intégrales en séries, et fixant, non seulement les règles de convergence des séries obtenues, mais encore les limites des restes, à l'aide des principes développés dans le Mémoire déjà cité sur l'intégration des équations différentielles, c'est-à-dire à l'aide du calcul des limites. D'ailleurs, dans les divers développements, les fonctions arbitraires introduites par l'intégration se trouveront encore remplacées par des fonctions qui devront être censées connues, savoir, par des valeurs particulières attribuées aux diverses inconnues, et correspondantes à une valeur donnée de l'une des variables indépendantes.

Si les équations proposées aux dérivées partielles cessaient d'être linéaires par rapport aux dérivées des inconnues, ou si ces mêmes équations n'étaient plus du premier ordre, mais d'un ordre quelconque, alors, pour revenir au cas précédent, il suffirait d'employer un artifice d'analyse semblable à celui par lequel nous avons réduit l'intégration des équations différentielles d'ordre quelconque à l'intégration des équations différentielles du premier ordre.

Au reste, je développerai, dans plusieurs nouveaux articles, les applications diverses des principes généraux que je viens d'établir.

MÉMOIRE SUR L'INTÉGRATION

DES

ÉQUATIONS AUX DÉRIVÉES PARTIELLES

DU PREMIER ORDRE.

Lagrange a donné, en 1779, une méthode propre à fournir l'intégrale générale d'une équation aux dérivées partielles du premier ordre, dans le cas où cette équation est linéaire par rapport aux dérivées qu'elle renferme. D'ailleurs, dès l'année 1772, le même géomètre avait prouvé que l'intégration d'une équation quelconque, à trois variables et aux dérivées partielles du premier ordre, pouvait être ramenée à la recherche d'une intégrale particulière d'une équation linéaire du même ordre à quatre variables, savoir, d'une intégrale qui renferme une constante arbitraire. En effet, cette intégrale particulière de l'équation à quatre variables fournit, pour l'équation à trois variables, une intégrale correspondante, appelée *solution* ou *intégrale complète*, qui renferme deux constantes arbitraires, et Lagrange a fait voir que, pour déduire de cette intégrale complète l'intégrale générale de l'équation à trois variables, il suffit de substituer à la dernière des deux constantes arbitraires une fonction arbitraire de la première, puis de différentier, par rapport à celle-ci, l'intégrale complète, puis enfin d'éliminer la première constante entre l'intégrale complète et la nouvelle équation ainsi obtenue.

D'autre part, comme Charpit l'a remarqué dans un Mémoire présenté à l'Institut en 1784, on peut à volonté déduire, de la méthode donnée par Lagrange en 1779, ou l'intégrale générale d'une équation linéaire à quatre variables, ou simplement une intégrale particulière qui renferme une constante arbitraire. Il est donc facile de concevoir comment, en s'appuyant sur les principes établis par Lagrange, Charpit est parvenu à intégrer généralement toute équation du premier ordre à trois variables, c'est-à-dire toute équation du premier ordre qui renferme avec deux variables indépendantes une inconnue et ses dérivées partielles du premier ordre. Lagrange lui-même a cherché depuis à lever les difficultés que l'on rencontrait quand on voulait déduire l'intégrale générale d'une semblable équation, non plus d'une intégrale particulière, mais de l'intégrale générale de l'équation linéaire à quatre variables. Au reste, après de nouvelles recherches des géomètres sur le même sujet, les difficultés dont il s'agit ont fini par disparaître complètement. Ajoutons que, parmi les diverses méthodes à l'aide desquelles on est parvenu à intégrer l'équation du premier ordre à trois variables, on doit distinguer la méthode de M. Ampère, fondée sur le changement d'une seule variable indépendante.

Charpit essaya d'étendre, aux équations qui renferment avec une seule inconnue plus de deux variables indépendantes, la méthode qui l'avait conduit à l'intégration des équations à trois variables. Mais il rencontra des difficultés qui ne lui permirent pas de résoudre complètement la question. Plus tard, en 1814, M. Pfaff parvint à une solution exacte et rigoureuse; mais la méthode qu'il proposa ramenait en général l'intégration d'une équation aux dérivées partielles du premier ordre à l'intégration de plusieurs systèmes d'équations différentielles. J'ai démontré le premier que la question dont il s'agit pouvait être réduite à l'intégration d'un seul système d'équations différentielles, de celles-là mêmes auxquelles on arrive en suivant la méthode de Charpit. Telle est en effet la conclusion à laquelle je suis parvenu dans une Note que renferme le *Bulletin de la Société philomatique* pour l'année 1819 (voir les livraisons de janvier et février 1819) (¹). M. Jacobi, qui ne

(¹) *OEuvres de Cauchy*, S. II, T. II.

connaissait pas cette Note, ayant été conduit, par la lecture du Mémoire de M. Pfaff et d'un Mémoire de M. Hamilton sur les formules de la Dynamique, à examiner de nouveau la question, est arrivé à la même conclusion que moi. Seulement, en intégrant le système des équations différentielles substitué à l'équation proposée, il a tiré immédiatement de ce système, non plus l'intégrale générale, mais une *intégrale complète* de cette équation, c'est-à-dire une intégrale particulière qui renferme autant de constantes arbitraires qu'il y a de variables indépendantes. Cette intégrale complète, dont l'existence avait été déjà constatée par Lagrange et par moi-même dans divers cas particuliers, est précisément celle que l'on tire du système des équations différentielles en cherchant à établir une relation entre les variables de l'équation proposée et des valeurs particulières, mais correspondantes, de ces mêmes variables. D'ailleurs, cette intégrale complète étant formée, on en déduit aisément l'intégrale générale. J'ajouterai que la formule à l'aide de laquelle M. Jacobi a démontré généralement l'existence de l'intégrale complète dont nous venons de parler, se déduit d'une certaine équation différentielle donnée par M. Pfaff, ou plutôt de l'équation finie que M. Jacobi en a tirée par l'intégration, et que j'avais déjà obtenue moi-même dans le *Bulletin de la Société philomatique*. M. Binet a fait voir dernièrement qu'à l'aide du calcul des variations on pouvait simplifier la recherche de cette formule, et à la remarque de M. Binet j'en ai joint une autre, savoir que, de la formule dont il s'agit, on peut immédiatement déduire le système des équations propres à représenter l'intégrale générale, telle que je l'avais obtenue dans la Note de 1819.

Dans le premier paragraphe de ce Mémoire, je reproduirai la méthode que j'ai appliquée, dans le *Bulletin de la Société philomatique*, à l'intégration des équations aux dérivées partielles du premier ordre. On reconnaîtra que le succès de cette méthode, à l'aide de laquelle j'ai pu surmonter, dans tous les cas, les difficultés que la question avait présentées aux géomètres, tient surtout à ce que le problème de l'intégration, indéterminé de sa nature quand on le considère sous un point de vue général, devient ici complètement déterminé. Pour le rendre tel, il m'a suffi de mettre au nombre des données du problème la fonction à laquelle se réduit l'inconnue pour une valeur particulière de l'une des variables indépendantes, et de substituer cette fonction, qui d'ailleurs peut être arbitrairement choisie, à la fonction arbitraire que doit renfermer l'intégrale générale de l'équation proposée.

Dans le second paragraphe, après avoir reproduit, à l'aide du calcul des variations, la formule à laquelle sont parvenus MM. Binet et Jacobi, je montrerai comment cette formule peut être appliquée à la recherche non seulement d'une intégrale complète de l'équation donnée, mais encore de l'intégrale générale, ou plutôt du système d'équations que représente cette intégrale.

I. — *Recherche de l'intégrale générale d'une équation aux dérivées partielles du premier ordre.*

Jusqu'à présent, il n'est aucun traité de Calcul différentiel et intégral où l'on ait donné les moyens d'intégrer complètement les équations aux dérivées partielles du premier ordre, quel que soit le nombre des variables indépendantes. M'étant occupé, il y a plusieurs mois [1], de cet objet, je fus assez heureux pour obtenir une méthode générale propre à remplir le but désiré. Mais, après avoir terminé mon travail, j'ai appris que M. Pfaff, géomètre allemand, était parvenu de son côté aux intégrales des équations ci-dessus mentionnées. Comme il s'agit ici d'une des questions les plus importantes du Calcul intégral, comme d'ailleurs la méthode de Pfaff est différente de la mienne, je pense que les géomètres ne verront pas sans intérêt une analyse abrégée de l'une et de l'autre. Je vais d'abord exposer la méthode dont je me suis servi, en profitant, pour simplifier l'exposition, de quelques remarques

[1] On ne doit pas oublier que ce qu'on va lire a été écrit en l'année 1818 ou 1819, et que le premier paragraphe du présent Mémoire offre le texte même de la Note publiée au commencement de l'année 1819, dans le *Bulletin de la Société philomatique*. Toutefois, pour rendre les notations du premier paragraphe pareilles à celles du second, nous avons changé la forme de quelques lettres, et, suivant notre usage, nous indiquons ici la dérivée d'une fonction, prise par rapport à une variable indépendante, à l'aide de la lettre D, au bas de laquelle nous plaçons cette variable même.

faites par M. Coriolis, ingénieur des Ponts et Chaussées, et de quelques autres qui me sont depuis peu venues à l'esprit.

Supposons en premier lieu qu'il s'agisse d'intégrer une équation aux dérivées partielles du premier ordre à deux variables indépendantes. On a déjà, pour une intégration de cette espèce, plusieurs méthodes différentes, dont l'une, celle de M. Ampère, est fondée sur le changement d'une seule variable indépendante. La méthode que je propose, appuyée sur le même principe dans l'hypothèse admise, se réduit alors à ce qui suit :

Soit

$$F(x, t, \varpi, p, s) = 0 \tag{1}$$

l'équation donnée, dans laquelle x et t désignent les deux variables indépendantes, ϖ la fonction inconnue de ces deux variables, et p, s les dérivées partielles de ϖ relatives aux variables x et t. Pour qu'on puisse déterminer complètement la fonction cherchée ϖ, il ne suffira pas de savoir qu'elle doit vérifier l'équation (1) : il sera encore nécessaire qu'elle soit assujettie à une autre condition, par exemple, à obtenir une certaine valeur particulière fonction de x pour une valeur donnée de la variable t. Supposons, en conséquence, que la fonction ϖ doive recevoir, pour $t = \tau$, la valeur particulière $f(x)$; la fonction p ou la dérivée partielle de ϖ, différentiée par rapport à x, recevra dans cette hypothèse la valeur $f'(x)$. Dans la même hypothèse, la valeur générale de ϖ sera, comme on sait, complètement déterminée. Il s'agit maintenant de calculer cette valeur : on y parviendra de la manière suivante :

Remplaçons x par une fonction de t et d'une nouvelle variable indépendante ξ. Les quantités ϖ, p, s, qui étaient fonctions de x et de t, deviendront elles-mêmes fonctions de t et de ξ, et l'on aura, en différentiant dans cette supposition,

$$D_t \varpi = s + p D_t x, \tag{2}$$

$$D_\xi \varpi = p D_\xi x. \tag{3}$$

Si l'on retranche l'une de l'autre les deux équations précédentes, après avoir différentié la première par rapport à ξ et la seconde par rapport à t, on en conclura

$$(4) \qquad D_\xi s = D_t p D_\xi x - D_t x D_\xi p.$$

Si, de plus, on désigne par

$$X\,dx + T\,dt + \Pi\,d\varpi + P\,dp + S\,ds$$

la différentielle totale du premier membre de l'équation (1), on trouvera, en différentiant cette équation par rapport à ξ,

$$(5) \qquad X D_\xi x + \Pi D_\xi \varpi + P D_\xi p + S D_\xi s = 0$$

et par suite, en ayant égard aux équations (3) et (4),

$$(6) \qquad (X + p\Pi + S D_t p) D_\xi x + (P - S D_t x) D_\xi p = 0.$$

Observons maintenant que, la valeur de x en fonction de t et de ξ étant tout à fait arbitraire, on peut en disposer de manière qu'elle vérifie l'équation

$$(7) \qquad P - S D_t x = 0,$$

et qu'elle se réduise à ξ (1) dans la supposition particulière $t = \tau$. La valeur de x en t et ξ étant choisie comme on vient de le dire, les valeurs particulières de ϖ et de p correspondantes à $t = \tau$, savoir $f(x)$ et $f'(x)$, deviendront respectivement $f(\xi)$ et $f'(\xi)$. Représentons ces mêmes valeurs par ω, φ; on aura

$$(8) \qquad \omega = f(\xi), \qquad \varphi = f'(\xi).$$

Quant à la formule (6), elle se trouvera réduite par l'équation (7) à

$$(X + p\Pi + S D_t p) D_\xi x = 0,$$

et comme, x renfermant ξ par hypothèse, $D_\xi x$ ne peut être constam-

(1) Nous supposions ici que la valeur ξ de x, correspondante à $t = \tau$, se réduit à la nouvelle variable indépendante. Mais cette réduction n'est pas nécessaire, et l'on peut tirer de la supposition contraire des conséquences qui méritent d'être remarquées, comme on le verra ci-après.

ment nul, la même formule deviendra

$$\text{(9)} \qquad \mathrm{X} + p\Pi + \mathrm{S}\mathrm{D}_t p = 0.$$

Cela posé, l'intégration de l'équation (1) se trouvera ramenée à la question suivante : *Trouver pour x, ϖ, p, s, quatre fonctions de t et de ξ, qui soient propres à vérifier les équations* (1), (2), (3), (7), (9), *et dont trois, savoir x, ϖ, p, se réduisent respectivement à ξ, ω, φ, dans la supposition $t = \tau$.*

Nous ne parlons pas de l'équation (4), parce qu'elle est une suite nécessaire des équations (2) et (3). Quant à la valeur particulière de s correspondante à $t = \tau$, elle n'entrera pas dans les valeurs générales de x, ϖ, p, s, déterminées par les conditions précédentes. Si on la désigne par ς, elle se déduira de la formule

$$\text{(10)} \qquad \mathrm{F}(\xi, \tau, \omega, \varphi, \varsigma) = 0.$$

Il est essentiel de remarquer que les valeurs générales de x, ϖ, p, s en fonction de t et de ξ resteront complètement déterminées si, parmi les conditions auxquelles elles doivent satisfaire, on s'abstient de compter la vérification de l'équation (3). Cette dernière condition doit donc être une conséquence immédiate de toutes les autres. Pour le démontrer, supposons un instant que, les autres étant vérifiées, les deux membres de l'équation (3) soient inégaux. La différence entre ces deux membres ne pourra être qu'une fonction de t et de ξ. Soient I cette fonction et i ce qu'elle devient pour $t = \tau$. On aura

$$\text{(11)} \qquad \begin{cases} \mathrm{I} = \mathrm{D}_\xi \varpi - p \mathrm{D}_\xi x, \\ i = \mathrm{D}_\xi \omega - \varphi \mathrm{D}_\xi \xi = \varphi - \varphi = 0. \end{cases}$$

On trouvera par suite, au lieu des équations (3) et (4),

$$\text{(12)} \qquad \begin{cases} \mathrm{D}_\xi \varpi = \phantom{\mathrm{D}_t} p \mathrm{D}_\xi x + \mathrm{I}, \\ \mathrm{D}_\xi s = \mathrm{D}_t p \mathrm{D}_\xi x - \mathrm{D}_t x \mathrm{D}_\xi p + \mathrm{D}_t \mathrm{I}. \end{cases}$$

puis, au lieu de l'équation (6), la suivante :

$$\text{(13)} \qquad (\mathrm{X} + p\Pi + \mathrm{S}\mathrm{D}_t p)\mathrm{D}_\xi x + (\mathrm{P} - \mathrm{S}\mathrm{D}_t x)\mathrm{D}_\xi p + \Pi \mathrm{I} + \mathrm{S}\mathrm{D}_t \mathrm{I} = 0.$$

Cette dernière sera réduite par les équations (7) et (9), qu'on suppose vérifiées, à

$$\Pi I + S D_t I = 0. \tag{14}$$

En l'intégrant et considérant $\frac{\Pi}{S}$ comme une fonction de t et de ξ, on trouvera ([1])

$$I = i e^{-\int_\tau^t \frac{\Pi}{S} dt}, \tag{15}$$

et par suite, en ayant égard à la seconde des équations (11), on aura généralement

$$I = 0. \tag{16}$$

Les deux membres de l'équation (3) ne sauraient donc être inégaux

([1]) Comme on le voit, la formule (15) se déduit uniquement des équations (1), (2), (7), (9) et de leurs intégrales qui renfermeront généralement, avec les inconnues

$$x, \quad \varpi, \quad p, \quad s$$

considérées comme fonctions des deux variables t, ξ, les quantités

$$\xi, \quad \omega, \quad \varphi,$$

c'est-à-dire les valeurs particulières de x, ϖ, p, correspondantes à $t = \tau$. Donc la fonction

$$I = D_\xi \varpi - p D_\xi x$$

et sa valeur particulière

$$i = D_\xi \omega - \varphi D_\xi \xi,$$

correspondante à $t = \tau$, continueront de vérifier la formule (15) dans le cas même où, les valeurs générales des inconnues

$$x, \quad \varpi, \quad p, \quad s$$

étant fournies par les intégrales des équations (1), (2), (7), (9), les quantités

$$\xi, \quad \omega, \quad \varphi$$

ne seraient plus assujetties aux conditions (8), et où, par suite, i, I cesseraient de s'évanouir.

Si l'on pose, pour abréger,

$$\theta = -\frac{\Pi}{S}, \qquad \Theta = e^{\int_\tau^t \theta dt},$$

la formule (15) deviendra

$$I = \Theta i.$$

Si la nouvelle variable indépendante et la valeur de x correspondante à $t = \tau$ étaient

dans l'hypothèse admise. On doit en conclure que les quantités x, ϖ, p, s satisferont à toutes les conditions requises, si ces quantités, considérées comme fonctions de t, vérifient les équations (1), (2), (7), (9) et si de plus

$$x, \quad \varpi, \quad p$$

se réduisent respectivement à

$$\xi, \qquad \omega = \mathrm{f}(\xi) \qquad \text{et à} \qquad \varphi = \mathrm{f}'(\xi),$$

pour $t = \tau$. Il est inutile d'ajouter que s doit obtenir, dans la même supposition, la valeur ς; en effet, cette valeur particulière ne sera pas comprise dans les intégrales des équations (1), (2), (7), (9), attendu qu'aucune de ces équations ne renferme $D_t s$.

Si, dans l'équation (2), on substitue la valeur de $D_t x$ tirée de l'équation (7), on trouvera

$$D_t \varpi = s + \frac{P}{S} p = \frac{Pp + Ss}{S}. \tag{17}$$

De plus, si l'on différentie l'équation (1) par rapport à t, on obtiendra la suivante :

$$T + X D_t x + \Pi D_t \varpi + P D_t p + S D_t s = 0, \tag{18}$$

que les valeurs de $D_t x$, $D_t \varpi$, $D_t p$, tirées des formules (7), (17) et (9),

supposées distinctes et représentées par deux lettres différentes α, ξ, alors on devrait remplacer l'équation (3) par la suivante :

$$D_\alpha \varpi - p D_\alpha x = 0,$$

qu'on réduirait encore à la formule (16), en prenant

$$I = D_\alpha \varpi - p D_\alpha x.$$

Alors aussi, en considérant, dans les intégrales des équations (1), (2), (7), (9), les quantités

$$\xi, \quad \omega, \quad \varphi$$

comme des fonctions de α, on obtiendrait encore la formule (15), ou

$$I = \Theta i,$$

la lettre i désignant toujours la valeur de I correspondante à $t = \tau$, et par conséquent celle que fournit l'équation

$$i = D_\alpha \omega - \varphi D_\alpha \xi.$$

réduisent à

$$\text{(19)}\qquad \mathrm{T} + s\Pi + \mathrm{SD}_t s = 0.$$

Cela posé, on pourra substituer l'équation (17) à l'équation (2), et l'équation (19) à l'une des équations (1), (17), (7), (9). Si d'ailleurs on observe que, dans le cas où l'on considère x, ϖ, p, s comme fonctions de t seulement, on peut comprendre les équations (7), (9), (17) et (19) dans la formule algébrique

$$\text{(20)}\qquad \frac{dt}{\mathrm{S}} = \frac{dx}{\mathrm{P}} = \frac{d\varpi}{\mathrm{P}p + \mathrm{S}s} = -\frac{dp}{\mathrm{X} + p\Pi} = -\frac{ds}{\mathrm{T} + s\Pi},$$

on conclura définitivement que, *pour déterminer les valeurs cherchées des quantités*

$$x, \quad \varpi, \quad p, \quad s,$$

il suffit de les assujettir à quatre des cinq équations comprises dans les deux formules

$$\text{(21)}\qquad \begin{cases} \mathrm{F}(x, t, \varpi, p, s) = 0, \\ \dfrac{dt}{\mathrm{S}} = \dfrac{dx}{\mathrm{P}} = \dfrac{d\varpi}{\mathrm{P}p + \mathrm{S}s} = -\dfrac{dp}{\mathrm{X} + p\Pi} = -\dfrac{ds}{\mathrm{T} + s\Pi}, \end{cases}$$

et à recevoir, pour $t = \tau$, *les valeurs particulières*

$$\xi, \quad \omega, \quad \varphi, \quad \varsigma,$$

dont les trois dernières sont déterminées, en fonction de la première, par les équations (8) *et* (10).

Supposons, pour fixer les idées, qu'à l'aide de l'équation

$$\mathrm{F}(x, t, \varpi, p, s) = 0$$

on élimine s des trois équations comprises dans la formule

$$\text{(22)}\qquad \frac{dt}{\mathrm{S}} = \frac{dx}{\mathrm{P}} = \frac{d\varpi}{\mathrm{P}p + \mathrm{S}s} = -\frac{dp}{\mathrm{X} + p\Pi}.$$

En intégrant ces trois dernières, on obtiendra trois équations finies qui renfermeront avec les quantités

$$t, \quad x, \quad \varpi, \quad p,$$

les valeurs particulières représentées par

$$\tau, \quad \xi, \quad f(\xi), \quad f'(\xi).$$

Si, après l'intégration, on élimine p, les deux équations restantes renfermeront seulement, avec les quantités variables t, x, ϖ et la quantité constante τ, la nouvelle variable ξ dont l'élimination ne pourra s'effectuer que lorsqu'on aura assigné une forme particulière à la fonction arbitraire désignée par f. Quoi qu'il en soit, *le système des deux équations dont il s'agit pourra être considéré comme équivalent à l'intégrale générale de l'équation* (1) ([1]).

([1]) La règle que nous donnons ici pour la recherche de l'intégrale générale de l'équation (1) peut s'énoncer comme il suit :

Éliminez s de la formule (22) *à l'aide de l'équation* (1) ; *alors les trois équations différentielles comprises dans la formule* (22) *ne renfermeront plus que les seules inconnues*

$$x, \quad \varpi, \quad p,$$

considérées comme fonctions de la variable indépendante t. Intégrez ces trois équations de manière que, pour $t = \tau$, *on ait*

$$x = \xi, \qquad \varpi = \omega, \qquad p = \varphi,$$

puis éliminez p entre les trois intégrales. Vous obtiendrez deux équations finies, dans lesquelles entreront seulement

$$t, \quad x, \quad \varpi, \quad \tau, \quad \xi, \quad \omega, \quad \varphi.$$

Cela posé, il ne restera plus qu'à éliminer ξ *entre ces deux équations finies, jointes aux formules*

$$\omega = f(\xi), \qquad \varphi = f'(\xi),$$

pour arriver immédiatement à l'intégrale générale de l'équation (1).

Il est bon d'observer que, la fonction $f(x)$ pouvant être arbitrairement choisie, les formules

$$\omega = f(\xi), \qquad \varphi = f'(\xi)$$

présentent simplement des valeurs de ω, φ propres à vérifier la condition $D_\xi\omega - \varphi = 0$, ou

(a) $$i = 0,$$

à laquelle se réduit, pour $t = \tau$, la condition (3) ou (16), savoir

(b) $$I = 0.$$

Il devait en être ainsi, puisque, suivant une remarque déjà faite, le changement de variable indépendante ramène l'intégration de l'équation (1), considérée comme une

Comme, dans tout ce qui précède, on peut substituer la variable t à la variable x, et réciproquement, il en résulte que les intégrales des équations (21) fourniront encore la solution de la question proposée, si l'on considère, dans ces intégrales, ξ comme constante, τ comme une nouvelle variable qu'on doit éliminer, et ω, φ, ς comme des

équation aux dérivées partielles, à l'intégration des équations simultanées (1), (2), (7), (9) entre les inconnues

$$x, \quad \varpi, \quad p, \quad s,$$

considérées comme fonctions de t, et à la vérification de la condition (16) ou (b), qui se déduit elle-même de la condition (a), en vertu de la formule (15), ou

$$(c) \qquad \mathrm{I} = \Theta i.$$

Si la nouvelle variable indépendante et la valeur de x correspondante à $t = \tau$ étaient supposées distinctes et représentées par deux lettres différentes α, ξ, alors on devrait remplacer l'équation (a) par la suivante :

$$\mathrm{D}_\alpha \varpi - p \mathrm{D}_\alpha x = 0,$$

qu'on réduirait encore à la formule (16) ou (b) en posant

$$\mathrm{I} = \mathrm{D}_\alpha \varpi - p \mathrm{D}_\alpha x.$$

Alors aussi, en considérant, dans les intégrales des équations (1), (2), (7), (9), les quantités

$$\xi, \quad \omega, \quad \varphi$$

comme des fonctions de α, on obtiendrait encore la formule (15) ou (c), de laquelle on conclurait encore que, pour satisfaire à la condition (3) ou (b), il suffit de vérifier la condition (a). Mais, comme on aurait

$$i = \mathrm{D}_\alpha \omega - \varphi \mathrm{D}_\alpha \xi,$$

on pourrait vérifier la condition (a) ou

$$\mathrm{D}_\alpha \omega - \varphi \mathrm{D}_\alpha \xi = 0,$$

soit en prenant, comme ci-dessous,

$$\omega = \mathrm{f}(\xi), \qquad \varphi = \mathrm{f}'(\xi),$$

soit en supposant

$$\mathrm{D}_\alpha \omega = 0, \qquad \mathrm{D}_\alpha \xi = 0,$$

c'est-à-dire, en supposant ω et ξ constantes et indépendantes de la variable α. D'ailleurs, dans cette dernière supposition, l'élimination de α entre les deux équations finies qui renferment

$$t, \quad x, \quad \varpi, \quad \tau, \quad \xi, \quad \omega, \quad \varphi$$

se réduira simplement à l'élimination de φ ; et les conditions (a), (b), étant vérifiées,

fonctions de cette nouvelle variable déterminées par des équations de la forme

(23) $$\omega = f(\tau), \qquad \varsigma = f'(\tau),$$

(24) $$F(\xi, \tau, \omega, \varphi, \varsigma) = 0.$$

Appliquons les principes que nous venons d'établir à l'intégration de l'équation aux différences partielles

(25) $$ps - xt = 0.$$

On aura, dans cette hypothèse,

$$P = s, \qquad S = p, \qquad \Pi = 0, \qquad X = -t, \qquad T = -x,$$

entraîneront la vérification de l'équation (1), considérée comme une équation aux dérivées partielles. On peut donc énoncer encore la proposition suivante :

L'élimination de p et de φ entre les trois intégrales tirées de la formule (22) produira une équation résultante qui sera une intégrale de l'équation (1).

L'intégrale dont il s'agit ici est non plus l'intégrale générale de l'équation proposée, mais seulement une intégrale particulière qui renferme deux constantes arbitraires ω, ξ.

Si l'on voulait déduire cette intégrale particulière de l'équation $i = 0$, présentée sous la forme

(d) $$\varphi = D_\xi \omega,$$

il suffirait d'observer que, dans le cas où l'on substitue à la variable indépendante ξ une autre variable indépendante α, on a identiquement

$$D_\xi \omega = \frac{D_\alpha \omega}{D_\alpha \xi},$$

et qu'en conséquence l'équation (d) peut être généralement remplacée par la suivante :

$$\varphi = \frac{D_\alpha \omega}{D_\alpha \xi}.$$

Or cette dernière se vérifie quand ω et ξ deviennent indépendants de α, attendu que le second membre se présente sous la forme $\frac{0}{0}$.

Lorsqu'une fois on a obtenu l'intégrale particulière qui renferme les deux constantes arbitraires ω, ξ, alors, pour arriver à l'intégrale générale, il suffit de poser, suivant la méthode de Lagrange,

$$\omega = f(\xi),$$

puis de joindre à l'intégrale particulière sa dérivée prise par rapport à ξ, et enfin d'éliminer ξ entre l'une et l'autre équation.

C'est pour cette raison que l'intégrale générale de chacune des équations (25) et (36) peut être représentée par le système de deux équations finies, dont la seconde est la dérivée de la première différentiée par rapport à ξ.

et par suite la seconde des formules (21) deviendra

$$\frac{dt}{p} = \frac{dx}{s} = \frac{d\varpi}{2xt} = \frac{dp}{t} = \frac{ds}{x};$$

ou, si l'on réduit toutes les fractions au même dénominateur $ps = xt$, pour le supprimer ensuite,

(26) $$s\,dt = p\,dx = \frac{1}{2}d\varpi = x\,dp = t\,ds.$$

On tire successivement de la formule précédente

(27) $$\frac{ds}{s} = \frac{dt}{t}, \qquad \frac{dp}{p} = \frac{dx}{x}, \qquad d\varpi = \frac{s}{t}2t\,dt = \frac{p}{x}2x\,dx,$$

puis, en intégrant et ayant égard à l'équation de condition $\varphi\varsigma = \xi\tau$,

(28) $$\frac{s}{\varsigma} = \frac{t}{\tau}, \qquad \frac{p}{\varphi} = \frac{x}{\xi},$$

(29) $$\varpi - \omega = \frac{\varsigma}{\tau}(t^2 - \tau^2) = \frac{\varphi}{\xi}(x^2 - \xi^2) = \frac{\xi}{\varphi}(t^2 - \tau^2) = \frac{\tau}{\varsigma}(x^2 - \xi^2).$$

Si l'on multiplie l'une par l'autre les deux valeurs de $\varpi - \omega$ que fournit l'équation (29), on aura

(30) $$(\varpi - \omega)^2 = (x^2 - \xi^2)(t^2 - \tau^2).$$

En joignant cette dernière à l'équation (29) mise sous la forme

(31) $$(\varpi - \omega)\varphi = (t^2 - \tau^2)\xi$$

et remplaçant ω par $\mathrm{f}(\xi)$, φ par $\mathrm{f}'(\xi)$, on trouvera, pour les deux formules dont le système doit représenter l'intégrale générale de l'équation (25),

(32) $$\begin{cases} [\varpi - \mathrm{f}(\xi)]^2 = (x^2 - \xi^2)(t^2 - \tau^2), \\ [\varpi - \mathrm{f}(\xi)]\,\mathrm{f}'(\xi) = (t^2 - \tau^2)\xi. \end{cases}$$

Dans ces deux dernières formules, τ désigne une constante choisie à volonté, et ξ une nouvelle variable qu'on ne peut éliminer qu'après avoir fixé la valeur de la fonction arbitraire f. Il est bon de remarquer que la seconde des équations (32) n'est autre chose que la dérivée de la première relativement à la variable ξ.

Si l'on réunit l'équation (31) à l'équation (29) mise sous la forme

$$(\varpi - \omega)\varsigma = (x^2 - \xi^2)\tau: \tag{33}$$

si d'ailleurs, en considérant ξ comme constante et τ comme variable, on remplace ω par $f(\tau)$ et ς par $f'(\tau)$, on obtiendra deux nouvelles équations, savoir

$$\left\{\begin{array}{l}[\varpi - f(\tau)]^2 = (x^2 - \xi^2)(t^2 - \tau^2), \\ {[\varpi - f(\tau)]\, f'(\tau) = (x^2 - \xi^2)\tau,}\end{array}\right. \tag{34}$$

dont le système sera encore propre à représenter l'intégrale générale de l'équation (25). La seconde des équations (34) est la dérivée de la première relativement à τ.

On prouverait absolument de la même manière que l'intégrale générale de l'équation aux différences partielles

$$ps - \varpi = 0, \tag{35}$$

est représentée par le système de deux formules très simples, savoir de l'équation

$$\left(\varpi^{\frac{1}{2}} - \omega^{\frac{1}{2}}\right)^2 = (x - \xi)(t - \tau) \tag{36}$$

et de sa dérivée prise relativement à l'une des quantités ξ, τ considérée comme variable, ω étant censée fonction arbitraire de cette même variable.

La méthode que l'on vient d'exposer n'est pas seulement applicable à l'intégration des équations aux dérivées partielles à deux variables indépendantes; elle subsiste, quel que soit le nombre des variables indépendantes, ainsi qu'on peut aisément s'en assurer.

Prenons pour exemple le cas où il s'agit d'une équation aux dérivées partielles à trois variables indépendantes. Soit

$$F(x, y, t, \varpi, p, q, s) = 0 \tag{37}$$

cette équation, dans laquelle ϖ désigne toujours une fonction inconnue des variables indépendantes x, y, t et p, q, s les dérivées partielles de ϖ relatives à ces mêmes variables. Pour déterminer complètement la fonction ϖ, il ne suffira pas de savoir qu'elle doit vérifier l'équation (37):

il sera de plus nécessaire que cette fonction soit assujettie à une autre condition, par exemple à obtenir une certaine valeur particulière pour une valeur donnée de t. Supposons en conséquence que la fonction ϖ doive recevoir, pour $t=\tau$, la valeur particulière $\mathrm{f}(x,y)$. Les fonctions p et q, ou les dérivées partielles de ϖ, relatives à x et à y, obtiendront dans la même hypothèse les valeurs particulières

$$\mathrm{D}_x \mathrm{f}(x,y), \quad \mathrm{D}_y \mathrm{f}(x,y)$$

que je désignerai, pour abréger, par

$$\mathrm{f}'(x,y) \quad \text{et} \quad \mathrm{f}_{\prime}(x,y).$$

Il s'agit maintenant de calculer la valeur générale de ϖ. On y parviendra de la manière suivante :

Remplaçons x et y par des fonctions de t et de deux nouvelles variables indépendantes ξ, η. Les quantités ϖ, p, q, s, qui étaient fonctions de x, y, t, deviendront elles-mêmes fonctions de ξ, η, t, et l'on aura, dans cette supposition,

$$\mathrm{D}_t\varpi = s + p\,\mathrm{D}_t x + q\,\mathrm{D}_t y, \tag{38}$$

$$\left\{\begin{aligned} \mathrm{D}_\xi \varpi &= p\,\mathrm{D}_\xi x + q\,\mathrm{D}_\xi y,\\ \mathrm{D}_\eta \varpi &= p\,\mathrm{D}_\eta x + q\,\mathrm{D}_\eta y. \end{aligned}\right. \tag{39}$$

On tire des trois équations précédentes

$$\left\{\begin{aligned} \mathrm{D}_\xi s &= \mathrm{D}_t p\,\mathrm{D}_\xi x - \mathrm{D}_t x\,\mathrm{D}_\xi p + \mathrm{D}_t q\,\mathrm{D}_\xi y - \mathrm{D}_t y\,\mathrm{D}_\xi q,\\ \mathrm{D}_\eta s &= \mathrm{D}_t p\,\mathrm{D}_\eta x - \mathrm{D}_t x\,\mathrm{D}_\eta p + \mathrm{D}_t q\,\mathrm{D}_\eta y - \mathrm{D}_t y\,\mathrm{D}_\eta q. \end{aligned}\right. \tag{40}$$

Si de plus on désigne par

$$\mathrm{X}\,dx + \mathrm{Y}\,dy + \mathrm{T}\,dt + \Pi\,d\varpi + \mathrm{P}\,dp + \mathrm{Q}\,dq + \mathrm{S}\,ds$$

la différentielle totale du premier membre de l'équation (37), on trouvera, en différentiant successivement cette équation par rapport à ξ et par rapport à η,

$$\left\{\begin{aligned} &(\mathrm{X} + p\Pi + \mathrm{S}\mathrm{D}_t p)\,\mathrm{D}_\xi x + (\mathrm{Y} + q\Pi + \mathrm{S}\mathrm{D}_t q)\,\mathrm{D}_\xi y\\ &\qquad + (\mathrm{P} - \mathrm{S}\mathrm{D}_t x)\,\mathrm{D}_\xi p + (\mathrm{Q} - \mathrm{S}\mathrm{D}_t y)\,\mathrm{D}_\xi q = 0,\\ &(\mathrm{X} + p\Pi + \mathrm{S}\mathrm{D}_t p)\,\mathrm{D}_\eta x + (\mathrm{Y} + q\Pi + \mathrm{S}\mathrm{D}_t q)\,\mathrm{D}_\eta y\\ &\qquad + (\mathrm{P} - \mathrm{S}\mathrm{D}_t x)\,\mathrm{D}_\eta p + (\mathrm{Q} - \mathrm{S}\mathrm{D}_t y)\,\mathrm{D}_\eta q = 0. \end{aligned}\right. \tag{41}$$

Observons maintenant que, les valeurs de x et de y en fonction de ξ, η, t, étant tout à fait arbitraires, on peut en disposer de manière qu'elles vérifient les équations différentielles

$$(42)\qquad P - SD_t x = 0, \qquad Q - SD_t y = 0,$$

et que de plus elles se réduisent ([1]), pour $t = \tau$, la première à ξ, la seconde à η. Les valeurs de x et de y étant choisies comme on vient de le dire, les équations (42) donneront

$$(43)\qquad X + p\Pi + SD_t p = 0, \qquad Y + q\Pi + SD_t q = 0;$$

et si l'on fait en outre

$$(44)\qquad \omega = f(\xi, \eta), \qquad \varphi = f'(\xi, \eta), \qquad \chi = f_{,}(\xi, \eta),$$

on reconnaîtra facilement que la question proposée se réduit à intégrer les équations (38), (42) et (43), après y avoir substitué la valeur de s tirée de l'équation (37), et en y considérant

$$x, \quad y, \quad \varpi, \quad p, \quad q$$

comme des fonctions de t, qui doivent respectivement se réduire à

$$\xi, \quad \eta, \quad \omega, \quad \varphi, \quad \chi$$

pour $t = \tau$. Si entre les intégrales des cinq équations (38), (42) et (43), on élimine p et q, il restera seulement trois équations finies entre les quantités x, y, ϖ, la quantité constante τ, les nouvelles variables ξ, η et trois fonctions de ces nouvelles variables, savoir : $\omega = f(\xi, \eta)$, $\varphi = f'(\xi, \eta)$, $\chi = f_{,}(\xi, \eta)$. *Le système de ces trois équations finies, entre lesquelles on ne pourra éliminer ξ et η qu'après avoir fixé la valeur de la fonction arbitraire* $f(x, y)$, *doit être considéré comme équivalent à l'intégrale générale de l'équation* (37).

Les valeurs de x, y, ϖ, p, q, déterminées par la méthode précédente,

([1]) Nous supposions ici que les valeurs ξ, η de x et de y, correspondantes à $t = \tau$, se réduisent aux nouvelles variables indépendantes; mais cette réduction n'est pas nécessaire, et l'on peut tirer de la supposition contraire des conséquences qui méritent d'être remarquées, comme on le verra ci-après.

satisfont d'elles-mêmes aux équations (39). En effet, si l'on suppose

$$\begin{gathered}D_\eta\varpi - pD_\eta x - qD_\eta y = J,\\ D_\xi\varpi - pD_\xi x - qD_\xi y = I,\end{gathered}$$

puis que l'on différentie successivement l'équation (37), par rapport à ξ et par rapport à η, en ayant égard aux équations (38), (42) et (43), on trouvera

$$\begin{gathered}I\Pi + SD_t I = 0,\\ J\Pi + SD_t J = 0.\end{gathered}$$

et par suite [1]

$$I = ie^{-\int_\tau^t \frac{\Pi}{S}dt}, \qquad J = je^{-\int_\tau^t \frac{\Pi}{S}dt},$$

[1] Il est bon d'observer que les deux formules ici obtenues se déduisent uniquement des équations (37), (38), (42), (43) et de leurs intégrales qui renfermeront généralement, avec les inconnues

$$x,\quad y,\quad \varpi,\quad p,\quad q,\quad s,$$

considérées comme fonctions des variables indépendantes ξ, η, t, les quantités

$$\xi,\quad \eta,\quad \omega,\quad \varphi,\quad \chi;$$

c'est-à-dire les valeurs particulières de x, y, ϖ, p, q, correspondantes à $t = \tau$. Donc ces deux formules continueront d'être vérifiées par les valeurs générales des fonctions

$$I = D_\xi\varpi - pD_\xi x - qD_\xi y, \qquad J = D_\eta\varpi - pD_\eta x - qD_\eta y$$

et par leurs valeurs particulières

$$i = D_\xi\omega - \varphi D_\xi\xi - \chi D_\xi\eta, \qquad j = D_\eta\omega - \varphi D_\eta\xi - \chi D_\eta\eta,$$

correspondantes à $t = \tau$, dans le cas même où, les valeurs générales des inconnues

$$x,\quad y,\quad \varpi,\quad p,\quad q,\quad s$$

étant fournies par les intégrales des équations (37), (38), (42), (43), les quantités

$$\xi,\quad \eta,\quad \omega,\quad \varphi,\quad \chi$$

ne seraient plus assujetties aux conditions (44).

Si, dans les deux formules dont il s'agit, on pose, pour abréger,

$$\theta = -\frac{\Pi}{S}, \qquad \Theta = e^{\int_\tau^t \theta dt},$$

elles deviendront

$$I = \Theta i, \qquad J = \Theta j.$$

Si les nouvelles variables indépendantes étaient supposées distinctes des valeurs ξ, η de x, y correspondantes à $t = \tau$ et représentées par d'autres lettres α, β, alors on devrait

$\frac{\Pi}{S}$ étant considéré comme une fonction de ξ, η, t, et i, j désignant les valeurs de I et de J correspondantes à $t = \tau$. De plus, comme ces valeurs

remplacer les équations (39) par les suivantes

(e) $$D_\alpha \varpi - p D_\alpha x - q D_\alpha y = 0, \qquad D_\beta \varpi - p D_\beta x - q D_\beta y = 0,$$

que l'on réduirait à la forme

$$I = 0, \qquad J = 0,$$

en posant, pour abréger,

$$I = D_\alpha \varpi - p D_\alpha x - q D_\alpha y, \qquad J = D_\beta \varpi - p D_\beta x - q D_\beta y.$$

Alors aussi, en considérant, dans les intégrales des équations (37), (38), (42), (43), les quantités

$$\xi, \ \eta, \ \omega, \ \varphi, \ \chi$$

comme des fonctions de α, β, on obtiendrait encore les formules

$$I = \theta i, \qquad J = \theta j,$$

les lettres i, j désignant toujours les valeurs de I, J, correspondantes à $t = \tau$, et par conséquent celles que fournissent les équations

$$i = D_\alpha \omega - \varphi D_\alpha \xi - \chi D_\alpha \eta, \qquad j = D_\beta \omega - \varphi D_\beta \xi - \chi D_\beta \eta.$$

D'ailleurs, pour que le système des trois équations résultantes de l'élimination des variables p, q, s entre la formule (37) et les cinq intégrales des équations (38), (42), (43) puisse représenter une intégrale de la formule (37), considérée comme une équation aux dérivées partielles, il suffit encore, dans la nouvelle hypothèse, que les conditions

$$I = 0, \qquad J = 0$$

se trouvent vérifiées, et c'est ce qui aura effectivement lieu si les valeurs de i, j, liées avec celles de I, J par les formules

$$I = \theta i, \qquad J = \theta j,$$

se réduisent à zéro, c'est-à-dire si l'on a

$$i = 0, \qquad j = 0,$$

ou, en d'autres termes,

(f) $$D_\alpha \omega - \varphi D_\alpha \xi - \chi D_\alpha \eta = 0, \qquad D_\beta \omega - \varphi D_\beta \xi - \chi D_\beta \eta = 0.$$

Or on satisfait à ces dernières conditions, soit en prenant comme ci-dessus

$$\omega = f(\xi, \eta), \qquad \varphi = f'(\xi, \eta), \qquad \chi = f_1(\xi, \eta),$$

soit en supposant ω, ξ, η, constants et indépendants des nouvelles variables α, β. Enfin, dans cette supposition, l'élimination de α, β, entre les équations finies qui renfer-

seront évidemment données par les équations

$$i = D_\xi \omega - \varphi D_\xi \xi = f'(\xi, \eta) - f'(\xi, \eta) = 0,$$
$$j = D_\eta \omega - \chi D_\eta \eta = f_{,}(\xi, \eta) - f_{,}(\xi, \eta) = 0,$$

meront

$$x, \quad y, \quad t, \quad \varpi, \quad \xi, \quad \eta, \quad \omega, \quad \varphi, \quad \chi$$

se réduira simplement à l'élimination de φ, χ. On peut donc énoncer encore la proposition suivante :

L'élimination de p, q, φ et χ entre les cinq intégrales tirées des équations (38), (42), (43), *produira une équation résultante qui sera une intégrale de l'équation* (37).

L'intégrale dont il s'agit ici est non plus l'intégrale générale de la formule (37), considérée comme représentant une équation aux dérivées partielles du premier ordre, mais seulement une intégrale particulière qui renferme trois constantes arbitraires ω, ξ, η.

Lorsqu'une fois on a obtenu cette intégrale particulière, alors, pour arriver à l'intégrale générale, il suffit de poser

$$\omega = f(\xi, \eta),$$

puis de joindre à l'intégrale particulière ses dérivées prises par rapport à ξ et à η, puis enfin d'éliminer ξ et η entre cette intégrale et ses deux dérivées. C'est pour cette raison que l'intégrale générale de chacune des équations (48) et (59) peut être représentée par le système de trois équations dont les deux dernières sont les dérivées de la première différentiée par rapport à ξ et à η.

En résumé, on voit qu'étant donnée une équation du premier ordre entre plusieurs variables indépendantes

$$x, \quad y, \quad z, \quad \ldots, \quad t,$$

une inconnue ϖ et les dérivées

$$p, \quad q, \quad \ldots, \quad s$$

de cette inconnue, relatives aux variables x, y, ..., t, l'intégrale générale de cette équation pourra toujours être obtenue par la méthode que j'ai donnée en 1819. Alors cette intégrale se trouvera exprimée par le système de plusieurs équations dont le nombre sera celui des variables indépendantes. Ces équations renfermeront avec les variables

$$x, \quad y, \quad z, \quad \ldots,$$

d'autres variables

$$\xi, \quad \eta, \quad \zeta, \quad \ldots,$$

qui devront être éliminées, et qui représenteront des valeurs particulières de

$$x, \quad y, \quad z, \quad \ldots,$$

correspondantes à une valeur donnée τ de t, dans les intégrales des équations différentielles substituées à l'équation proposée. Observons d'ailleurs que l'une des équations dont il s'agit sera elle-même une intégrale particulière de laquelle on déduira aisément toutes les autres équations et par suite l'intégrale générale. Cette intégrale particulière, qui avait été déjà mise en évidence dans les applications de la méthode générale à des cas

on en conclura généralement

$$I = 0, \qquad J = 0.$$

Si l'on différentie par rapport à x l'équation (37), et que dans l'équation dérivée ainsi obtenue on substitue pour

$$D_t x, \quad D_t y, \quad D_t \varpi, \quad D_t p, \quad D_t q,$$

leurs valeurs tirées des formules (38), (42) et (43), on trouvera que cette équation se réduit à

$$\text{(45)} \qquad T + s\Pi + SD_t s = 0.$$

Si de plus on désigne par ς la valeur particulière de s correspondante à $t = \tau$, cette valeur particulière satisfera évidemment à l'équation

$$\text{(46)} \qquad F(\xi, \eta, \tau, \omega, \varphi, \chi, \varsigma) = 0.$$

Enfin, si l'on observe que, dans le cas où l'on considère

$$x, \quad y, \quad \varpi, \quad p, \quad q, \quad s,$$

comme fonctions de t, on peut comprendre les équations (38), (42),

déterminés, est précisément celle à laquelle M. Jacobi est parvenu en 1836. Pour établir généralement l'existence de cette intégrale, il suffit, comme nous l'avons vu, de recourir aux formules

$$\text{(g)} \qquad D_\alpha \omega - \varphi D_\alpha \xi - \chi D_\alpha \eta \ldots = 0, \qquad D_6 \omega - \varphi D_6 \xi - \chi D_6 \eta \ldots = 0, \quad \ldots,$$

et, pour déduire ces formules mêmes de celles que j'avais trouvées, il suffit de concevoir que les nouvelles variables indépendantes, substituées à $x, y, \ldots$, sont distinctes de $\xi, \eta, \ldots$.

Si l'on se sert de la lettre caractéristique δ pour indiquer une différentiation relative à l'une quelconque des variables indépendantes

$$\alpha, \quad 6, \quad \ldots,$$

l'une quelconque des équations (g) pourra être présentée sous la forme

$$\text{(h)} \qquad \delta\omega - \varphi\,\delta\xi - \chi\,\delta\eta - \ldots = 0.$$

Il y a plus : cette dernière équation comprendra le système entier des formules (g), si, comme l'a fait M. Binet, on se sert de la caractéristique δ pour indiquer une différentiation relative, non plus à une seule des nouvelles variables α, 6, ..., mais au système entier de ces variables. (*Voir* ci-après le second paragraphe du Mémoire.)

(43) et (45) dans la formule algébrique

$$(47)\qquad \frac{dx}{P}=\frac{dy}{Q}=\frac{dt}{S}=\frac{d\varpi}{Pp+Qq+Ss}=-\frac{dp}{X+p\Pi}$$
$$=-\frac{dq}{Y+q\Pi}=-\frac{ds}{T+s\Pi},$$

on conclura, en définitive, que, pour déterminer complètement les quantités

$$x,\quad y,\quad \varpi,\quad p,\quad q,\quad s,$$

il suffit de les assujettir à six des équations comprises dans les formules (37), (47) et à recevoir, pour $t=\tau$, les valeurs particulières

$$\xi,\quad \eta,\quad \omega,\quad \varphi,\quad \chi,\quad \varsigma,$$

dont les quatre dernières se trouvent exprimées en fonction des deux premières par les équations (44) et (46).

Appliquons ces principes à l'intégration de l'équation aux dérivées partielles

$$(48)\qquad pqs=xyt.$$

Dans cette hypothèse, la formule (47) deviendra

$$\frac{dx}{qs}=\frac{dy}{ps}=\frac{dt}{pq}=\frac{d\varpi}{3pqs}=\frac{dp}{yt}=\frac{dq}{xt}=\frac{ds}{xy},$$

ou, si l'on réduit toutes les fractions au même dénominateur $pqs=xyt$, pour le supprimer ensuite,

$$(49)\qquad p\,dx=q\,dy=s\,dt=\frac{1}{3}d\varpi=x\,dp=y\,dq=t\,ds.$$

On tire de cette dernière formule

$$(50)\qquad \left\{\begin{array}{l}\dfrac{dp}{p}=\dfrac{dx}{x},\qquad \dfrac{dq}{q}=\dfrac{dy}{y},\qquad \dfrac{ds}{s}=\dfrac{dt}{t},\\ d\varpi=3\dfrac{p}{x}x\,dx=3\dfrac{q}{y}y\,dy=3\dfrac{s}{t}t\,dt,\end{array}\right.$$

puis, en intégrant,

$$(51)\qquad \frac{p}{\varphi}=\frac{x}{\xi},\qquad \frac{q}{\chi}=\frac{y}{\eta},\qquad \frac{s}{\varsigma}=\frac{t}{\tau},$$

$$(52)\qquad \varpi-\omega=\frac{3}{2}\frac{\varphi}{\xi}(x^2-\xi^2)=\frac{3}{2}\frac{\chi}{\eta}(y^2-\eta^2)=\frac{3}{2}\frac{\varsigma}{\tau}(t^2-\tau^2).$$

Si maintenant on multiplie l'une par l'autre les trois valeurs de $\varpi-\omega$ que fournit la formule (52), ou seulement deux de ces valeurs, en ayant égard à l'équation de condition

$$(53)\qquad \varphi\chi\varsigma=\xi\eta\tau,$$

on trouvera

$$(54)\qquad (\varpi-\omega)^3=\frac{27}{8}(x^2-\xi^2)(y^2-\eta^2)(t^2-\tau^2),$$

$$(55)\qquad \begin{cases} (\varpi-\omega)^2=\dfrac{9}{4}\dfrac{\xi}{\varphi}(y^2-\eta^2)(t^2-\tau^2), \\ (\varpi-\omega)^2=\dfrac{9}{4}\dfrac{\eta}{\chi}(x^2-\xi^2)(t^2-\tau^2), \\ (\varpi-\omega)^2=\dfrac{9}{4}\dfrac{\tau}{\varsigma}(x^2-\xi^2)(y^2-\eta^2). \end{cases}$$

Enfin, si dans l'équation (54) et dans les deux premières des équations (55) on remplace

ω par $\mathrm{f}(\xi,\eta)$, φ par $\mathrm{f}'(\xi,\eta)$, χ par $\mathrm{f}_{\prime}(\xi,\eta)$,

on obtiendra trois formules dont le système représentera l'intégrale générale de l'équation (48), savoir :

$$(56)\qquad [\varpi-\mathrm{f}(\xi,\eta)]^3=\frac{27}{8}(x^2-\xi^2)(y^2-\eta^2)(t^2-\tau^2),$$

$$(57)\qquad \begin{cases} [\varpi-\mathrm{f}(\xi,\eta)]^2\,\mathrm{f}'(\xi,\eta)=\dfrac{9}{4}(y^2-\eta^2)(t^2-\tau^2)\xi, \\ [\varpi-\mathrm{f}(\xi,\eta)]^2\,\mathrm{f}_{\prime}(\xi,\eta)=\dfrac{9}{4}(x^2-\xi^2)(t^2-\tau^2)\eta. \end{cases}$$

Dans ces trois formules, τ désigne une quantité constante, et ξ, η deux nouvelles quantités variables qu'on doit éliminer, après avoir fixé la valeur de la fonction arbitraire $f(x,y)$. On peut remarquer que les équations (57) sont les dérivées de l'équation (56) prises successivement par rapport à ξ et par rapport à η.

En général, si l'on considère ω comme fonction de ξ, η, τ et que l'on fasse

$$(58)\qquad D_\xi\omega = \varphi,\qquad D_\eta\omega = \chi,\qquad D_\tau\omega = \varsigma,$$

les trois équations (55) ne seront que les dérivées de l'équation (54) prises relativement à ξ, η, τ; et, si dans l'équation (54), réunie à deux des équations (55), on regarde l'une des trois quantités

$$\xi,\quad \eta,\quad \tau,$$

comme constante et les deux autres comme variables, on obtiendra un système de trois équations finies propres à représenter l'intégrale générale de l'équation aux dérivées partielles

$$pqs - xyt = 0.$$

En appliquant la méthode ci-dessus exposée à l'équation aux dérivées partielles

$$(59)\qquad pqs - \varpi = 0,$$

on trouverait que l'intégrale générale de cette dernière peut être représentée par le système de trois formules très simples, savoir, de l'équation

$$(60)\qquad \left(\varpi^{\frac{1}{2}} - \omega^{\frac{1}{2}}\right)^3 = 8(x-\xi)(y-\eta)(t-\tau),$$

dans laquelle ω est censée fonction arbitraire de ξ, η, τ, et des deux dérivées de la même équation relatives à deux des trois quantités ξ, η, τ, lorsque l'on considère une de ces trois quantités comme constante et les deux autres comme variables.

L'extension des méthodes précédentes à l'intégration des équations aux différences partielles qui renferment plus de trois variables indépendantes ne présentant aucune difficulté, je passerai, dans un second article, à l'exposition du travail important de M. Pfaff sur les objets que je viens de traiter.

II. — *Sur une formule de laquelle on déduit à volonté ou l'intégrale générale d'une équation aux dérivées partielles du premier ordre, ou une intégrale particulière qui renferme des constantes arbitraires dont le nombre est précisément celui des variables indépendantes.*

Intégrer l'équation aux dérivées partielles

$$F(x, y, z, \dots, t, \varpi, p, q, r, \dots, s) = 0, \tag{1}$$

dans laquelle

$$p = D_x \varpi, \qquad q = D_y \varpi, \qquad r = D_z \varpi, \qquad \dots, \qquad s = D_t \varpi, \tag{2}$$

c'est trouver pour

$$\varpi, \quad p, \quad q, \quad r, \quad \dots, \quad s,$$

des fonctions de

$$x, \quad y, \quad z, \quad \dots, \quad t,$$

qui vérifient simultanément la formule (1) et l'équation

$$d\varpi = p\,dx + q\,dy + r\,dz + \dots + s\,dt. \tag{3}$$

Lorsque les n variables $x, y, z, \dots, t$ restent indépendantes entre elles, l'équation (3) doit être vérifiée, quelles que soient leurs valeurs. Donc elle doit être vérifiée quand toutes ces valeurs, à l'exception d'une seule, deviennent constantes, c'est-à-dire qu'alors l'équation (3) entraîne les formules (2).

Supposons maintenant que les $n - 1$ variables

$$x, \quad y, \quad z, \quad \dots$$

deviennent fonctions de t et de constantes arbitraires. Les valeurs de

$$\varpi, \quad p, \quad q, \quad r, \quad \dots, \quad s,$$

qui vérifient les formules (1) et (3), pourront elles-mêmes être considérées comme des fonctions de t et des constantes arbitraires dont il s'agit. Désignons, dans cette hypothèse, à l'aide de la caractéristique δ, une différentiation relative à une ou à plusieurs de ces constantes arbitraires, devenues variables, mais variant indépendamment de t. On tirera de l'équation (3)

$$d\,\delta\varpi = pd\,\delta x + qd\,\delta y + \ldots + dx\,\delta p + dy\,\delta q + \ldots + dt\,\delta s,$$

ou, ce qui revient au même,

$$d(\delta\varpi - p\,\delta x - q\,\delta y - \ldots) = dx\,\delta p + dy\,\delta q + \ldots + dt\,\delta s - dp\,\delta x - dq\,\delta y - \ldots.$$

Or, cette dernière équation se réduira simplement à une équation différentielle linéaire de la forme

$$(4)\quad d(\delta\varpi - p\,\delta x - q\,\delta y - r\,\delta z - \ldots) = \theta(\delta\varpi - p\,\delta x - q\,\delta y - r\,\delta z - \ldots)\,dt,$$

si l'on choisit le facteur θ de manière à vérifier la condition

$$(5)\quad \begin{gathered}(\theta p\,dt - dp)\,\delta x + (\theta q\,dt - dq)\,\delta y + (\theta r\,dt - dr)\,\delta z + \ldots - \theta\,dt\,\delta\varpi \\ + dx\,\delta p + dy\,\delta q + dz\,\delta r + \ldots + dt\,\delta s = 0.\end{gathered}$$

D'ailleurs, si l'on nomme

$$\mathrm{X},\ \mathrm{Y},\ \mathrm{Z},\ \ldots,\ \mathrm{T},\ \Pi,\ \mathrm{P},\ \mathrm{Q},\ \mathrm{R},\ \ldots,\ \mathrm{S}$$

les dérivées partielles de la fonction

$$\mathrm{F}(x, y, z, \ldots, t, \varpi, p, q, r, \ldots, s)$$

prises par rapport aux quantités

$$x,\ y,\ z,\ \ldots,\ t,\ \varpi,\ p,\ q,\ r,\ \ldots,\ s,$$

on tirera de l'équation (1), différentiée par rapport aux constantes arbitraires,

$$(6)\quad \mathrm{X}\,\delta x + \mathrm{Y}\,\delta y + \mathrm{Z}\,\delta z + \ldots + \Pi\,\delta\varpi + \mathrm{P}\,\delta p + \mathrm{Q}\,\delta q + \mathrm{R}\,\delta r + \ldots + \mathrm{S}\,\delta s = 0;$$

et par suite, pour vérifier l'équation (5), il suffira d'assujettir

$$\theta,\ x,\ y,\ z,\ \ldots,\ \varpi,\ p,\ q,\ r,\ \ldots,\ s,$$

considérés comme fonctions de t, à vérifier la condition

$$(7)\qquad \frac{\theta p\,dt - dp}{X} = \frac{\theta q\,dt - dq}{Y} = \frac{\theta r\,dt - dr}{Z} = \ldots = \frac{-\theta\,dt}{\Pi}$$
$$= \frac{dx}{P} = \frac{dy}{Q} = \frac{dz}{R} = \ldots = \frac{dt}{S}.$$

Or on tire de la formule (7)

$$(8)\qquad \theta = -\frac{\Pi}{S},$$

puis de cette même formule, combinée avec l'équation (3),

$$(9)\quad \frac{dx}{P} = \frac{dy}{Q} = \frac{dz}{R} = \ldots = \frac{ds}{S} = \frac{d\varpi}{Pp + Qq + Rr + \ldots + Ss}$$
$$= \frac{dp}{-(X + p\Pi)} = \frac{dq}{-(Y + q\Pi)} = \frac{dr}{-(Z + r\Pi)} = \ldots.$$

Pour passer immédiatement de la formule (7) à la formule (9), il suffit d'observer que les fractions égales entre elles sont encore égales à celles qu'on obtient quand on divise la somme des numérateurs de quelques-unes de ces fractions par la somme de leurs dénominateurs, et qu'on peut même, dans ces deux sommes, substituer aux deux termes de chaque fraction le produit de ces deux termes par un facteur arbitrairement choisi.

Concevons à présent que, s étant éliminé de la formule (9) à l'aide de l'équation (1), on intègre les $2n-1$ équations différentielles que comprend la formule (9). Leurs intégrales générales renfermeront $2n-1$ constantes arbitraires

$$\xi,\quad \eta,\quad \zeta,\quad \ldots,\quad \omega,\quad \varphi,\quad \chi,\quad \psi,\quad \ldots$$

qui pourront être censées représenter des valeurs particulières des variables

$$x,\quad y,\quad z,\quad \ldots,\quad \varpi,\quad p,\quad q,\quad r,\quad \ldots$$

correspondantes à une valeur donnée τ de la variable t; et ces intégrales elles-mêmes pourront être présentées sous les formes

$$(10)\qquad \begin{cases} \mathfrak{X} = \xi, & \mathfrak{Y} = \eta, & \mathfrak{Z} = \zeta, & \ldots, & \Omega = \omega, \\ \mathfrak{P} = \varphi, & \mathfrak{Q} = \chi, & \mathfrak{R} = \psi, & \ldots. \end{cases}$$

les lettres

$$\mathfrak{X},\quad \mathfrak{Y},\quad \mathfrak{Z},\quad \ldots,\quad \Omega,\quad \mathfrak{P},\quad \mathfrak{Q},\quad \mathfrak{R},\quad \ldots$$

désignant des fonctions déterminées de $x, y, z, \ldots, t, \varpi, p, q, r, \ldots,$ qui ne renfermeront aucune des constantes arbitraires, et qui se réduiront respectivement à

$$x,\quad y,\quad z,\quad \ldots,\quad \varpi,\quad p,\quad q,\quad r,\quad \ldots,$$

pour la valeur τ de t, en sorte qu'on aura, pour $t=\tau$,

$$(11)\qquad \begin{cases} x=\xi, & y=\eta, \quad z=\zeta, \quad \ldots, \quad \varpi=\omega, \\ p=\varphi, & q=\chi, \quad r=\psi, \quad \ldots. \end{cases}$$

Lorsque

$$\theta,\quad x,\quad y,\quad z,\quad \ldots,\quad \varpi,\quad p,\quad q,\quad r,\quad \ldots$$

sont déterminés, en fonctions de t et des constantes arbitraires, par les formules (8) et (10), alors en posant, pour abréger,

$$(12)\qquad \Theta = e^{\int_\tau^t \theta\,dt},$$

et intégrant la formule (4), considérée comme une équation différentielle linéaire, on obtient, entre la valeur générale du polynome

$$\delta\varpi - p\,\delta x - q\,\delta y - r\,\delta z,\quad \ldots$$

et sa valeur initiale

$$\delta\omega - \varphi\,\delta\xi - \chi\,\delta\eta - \psi\,\delta\zeta,\quad \ldots,$$

correspondante à $t=\tau$, une relation exprimée par la formule

$$(13)\quad \delta\varpi - p\,\delta x - q\,\delta y - r\,\delta z - \ldots = \Theta(\delta\omega - \varphi\,\delta\xi - \chi\,\delta\eta - \psi\,\delta\zeta - \ldots).$$

Jusqu'ici nous avons supposé que, dans les formules (10), les constantes arbitraires

$$\xi,\quad \eta,\quad \zeta,\quad \ldots,\quad \omega,\quad \varphi,\quad \chi,\quad \psi,\quad \ldots$$

restaient indépendantes les unes des autres. Supposons maintenant qu'elles se trouvent assujetties à vérifier certaines équations de condition

$$(14) \qquad \lambda = 0, \qquad \mu = 0, \qquad \nu = 0, \qquad \ldots,$$

dont les premiers membres

$$\lambda, \quad \mu, \quad \nu, \quad \ldots$$

représentent des fonctions données de

$$\xi, \quad \eta, \quad \zeta, \quad \ldots, \quad \omega, \quad \varphi, \quad \chi, \quad \psi, \quad \ldots.$$

Si ces équations de condition sont telles qu'on ait

$$(15) \qquad \delta\omega = \varphi\,\delta\xi + \chi\,\delta\eta + \psi\,\delta\zeta + \ldots,$$

la formule (13) donnera généralement

$$(16) \qquad \delta\varpi = p\,\delta x + q\,\delta y + r\,\delta z + \ldots;$$

en d'autres termes, pour que la différence

$$\delta\varpi - p\,\delta x - q\,\delta y - r\,\delta z - \ldots$$

s'évanouisse, il suffira généralement que la différence

$$\delta\omega - \varphi\,\delta\xi - \chi\,\delta\eta - \psi\,\delta\zeta - \ldots$$

se réduise à zéro. Observons d'ailleurs que, chacune des équations (14) étant de la forme

$$f(\xi, \eta, \zeta, \ldots, \omega, \varphi, \chi, \psi, \ldots) = 0,$$

si l'on en élimine les constantes arbitraires à l'aide des formules (10), on obtiendra une autre équation de la forme

$$f(\mathfrak{X}, \mathfrak{Y}, \mathfrak{Z}, \ldots, \Omega, \mathfrak{P}, \mathfrak{Q}, \mathfrak{R}, \ldots) = 0,$$

qui établira une relation entre les quantités variables

$$x, \quad y, \quad z, \quad \ldots, \quad t, \qquad \varpi, \quad p, \quad q, \quad r, \quad \ldots.$$

Concevons à présent que les équations de condition, c'est-à-dire les formules (14), soient en nombre égal à n. Si l'on en élimine

$$\xi, \quad \eta, \quad \zeta, \quad \ldots, \quad \omega, \qquad \varphi, \quad \chi, \quad \psi, \quad \ldots,$$

à l'aide des formules (10), elles se transformeront en n autres équations

$$(17) \qquad \mathfrak{L} = 0, \qquad \mathfrak{M} = 0, \qquad \mathfrak{N} = 0, \qquad \ldots,$$

qui ne renfermeront plus que

$$x, \ y, \ z, \ \ldots, \ t, \qquad \varpi, \ p, \ q, \ r, \ \ldots,$$

et pourront servir à déterminer

$$\varpi, \ p, \ q, \ r, \ \ldots$$

en fonction de

$$x, \ y, \ z, \ \ldots, \ t.$$

Voyons maintenant dans quels cas les valeurs de

$$\varpi, \ p, \ q, \ r, \ \ldots,$$

ainsi obtenues, et la valeur correspondante de s tirée de l'équation (1), vérifieront la formule (3).

Pour que les valeurs de

$$x, \ y, \ z, \ \ldots, \ \varpi, \qquad p, \ q, \ r, \ \ldots, \ s,$$

tirées des formules (1) et (10), et représentées par des fonctions déterminées de

$$t, \ \xi, \ \eta, \ \zeta, \ \ldots, \ \omega, \qquad \varphi, \ \chi, \ \psi, \ \ldots,$$

deviennent propres à vérifier les équations (17), il suffira que, dans ces valeurs, les constantes arbitraires

$$\xi, \ \eta, \ \zeta, \ \ldots, \ \omega, \qquad \varphi, \ \chi, \ \psi, \ \ldots,$$

cessant d'être indépendantes les unes des autres et de la variable t, soient assujetties à vérifier les conditions (14). Mais alors la valeur du polynome

$$d\varpi - p\,dx - q\,dy - r\,dz - \ldots - s\,dt,$$

qui était nulle, en vertu de l'équation (3), se trouvera augmentée de la quantité

$$\delta\varpi - p\,\delta x - q\,\delta y - r\,\delta z - \ldots,$$

le signe δ indiquant une différentiation relative au système entier des constantes arbitraires. Donc, pour que l'équation (3) continue de subsister, il suffira que les équations de condition établies entre les constantes arbitraires, c'est-à-dire les équations (14), entraînent la formule (16), ou, ce qui revient au même, la formule (15). Donc, si les constantes arbitraires

$$\xi,\quad \eta,\quad \zeta,\quad \ldots,\quad \omega,\quad \varphi,\quad \chi,\quad \psi,\quad \ldots$$

sont assujetties à vérifier n équations qui entraînent la formule (15), l'équation (1), considérée comme une équation aux dérivées partielles du premier ordre, sera intégrée, c'est-à-dire vérifiée, en même temps que l'équation (3), par les valeurs de

$$\varpi,\quad p,\quad q,\quad r,\quad \ldots,$$

tirées des formules (17).

En résumé, par la méthode précédente, l'intégration de l'équation différentielle

$$d\varpi = p\,dx + q\,dy + r\,dz + \ldots + s\,dt,$$

dans laquelle les $2n+1$ variables

$$x,\quad y,\quad z,\quad \ldots,\quad t,\qquad \varpi,\quad p,\quad q,\quad r,\quad \ldots,\quad s$$

sont liées entre elles par la formule (1), se trouve ramenée à l'intégration de la seule équation différentielle

$$\partial\omega = \varphi\,\partial\xi + \chi\,\partial\eta + \psi\,\partial\zeta + \ldots,$$

qui ne renferme plus que $2n-1$ variables. D'ailleurs, en vertu de cette dernière équation, dont le second membre renferme les différentielles des seules variables

$$\xi,\quad \eta,\quad \zeta,\quad \ldots,$$

ω ne peut être qu'une fonction de ces variables, et rien n'empêche de supposer ces mêmes variables indépendantes. Or, dans cette supposition, la formule (15) donnera

$$(18)\qquad D_\xi\omega = \varphi,\qquad D_\eta\omega = \chi,\qquad D_\zeta\omega = \psi,\qquad \ldots.$$

Si, pour fixer les idées, on représente par

$$f(\xi, \eta, \zeta, \ldots)$$

la valeur de ω, $f(\xi, \eta, \zeta, \ldots)$ pourra être une fonction quelconque de $\xi, \eta, \zeta, \ldots$, et les formules (18) donneront

$$(19)\quad \begin{cases} \omega = f(\xi, \eta, \zeta, \ldots), \\ \varphi = D_\xi f(\xi, \eta, \zeta, \ldots), \quad \chi = D_\eta f(\xi, \eta, \zeta, \ldots), \quad \psi = D_\zeta f(\xi, \eta, \zeta, \ldots), \quad \ldots. \end{cases}$$

Ces dernières formules représenteront en effet les intégrales les plus générales possibles de l'équation différentielle

$$\delta\omega = \varphi\,\delta\xi + \chi\,\delta\eta + \psi\,\delta\zeta + \ldots.$$

Si l'on y substitue les valeurs de

$$\xi, \quad \eta, \quad \zeta, \quad \ldots, \quad \omega, \qquad \varphi, \quad \chi, \quad \psi, \quad \ldots,$$

tirées des formules (10), on obtiendra n autres équations

$$\mathcal{L} = 0, \qquad \mathcal{M} = 0, \qquad \mathcal{N} = 0, \qquad \ldots,$$

qui représenteront n intégrales de l'équation (3) jointe à la formule (1). Enfin, si entre ces n autres équations on élimine

$$p, \quad q, \quad r, \quad \ldots,$$

on obtiendra une équation définitive

$$(20)\qquad \mathcal{K} = 0,$$

qui renfermera seulement les variables

$$x, \quad y, \quad z, \quad \ldots, \quad t, \quad \varpi.$$

Donc cette équation définitive sera une intégrale de la formule (1), considérée comme une équation aux dérivées partielles. Elle en sera même l'intégrale générale, puisque la relation, établie par cette intégrale entre les n variables indépendantes

$$x, \quad y, \quad z, \quad \ldots, \quad t$$

et l'inconnue ϖ, dépendra de la fonction

$$f(x, y, z, \ldots),$$

c'est-à-dire d'une fonction arbitraire de $n-1$ variables indépendantes.

Si l'on veut savoir à quoi se réduiront, pour $t=\tau$, les valeurs de

$$\varpi, \quad p, \quad q, \quad r, \quad \ldots,$$

tirées des formules

$$\mathcal{L}=0, \qquad \mathfrak{M}=0, \qquad \mathfrak{N}=0, \qquad \ldots,$$

il suffira d'observer que, pour $t=\tau$, les formules (10) se réduisent aux formules (11), et que l'élimination des constantes arbitraires

$$\xi, \quad \eta, \quad \zeta, \quad \ldots, \quad \omega, \quad \varphi, \quad \chi, \quad \psi, \quad \ldots$$

entre les formules (11) et (19) fournit les équations

$$(21)\quad \begin{cases} \varpi = f(x, y, z, \ldots), \\ p = D_x f(x, y, z, \ldots), \quad q = D_y f(x, y, z, \ldots), \quad r = D_z f(x, y, z, \ldots), \quad \ldots. \end{cases}$$

Donc la valeur générale de ϖ, fournie par l'équation (20), sera précisément celle qui a la double propriété de vérifier, quel que soit t, l'équation (1) considérée comme une équation aux dérivées partielles, et, pour $t=\tau$, la condition

$$(22)\qquad \varpi = f(x, y, z, \ldots).$$

Il est bon d'observer qu'étant donnée la valeur initiale $f(x, y, z, \ldots)$ de l'inconnue ϖ, l'équation (22), combinée avec les formules (2), entraînera, pour $t=\tau$, toutes les formules (21), desquelles on déduira immédiatement les formules (19), en substituant aux lettres

$$x, \quad y, \quad z, \quad \ldots, \quad \varpi, \quad p, \quad q, \quad r, \quad \ldots,$$

les lettres

$$\xi, \quad \eta, \quad \zeta, \quad \ldots, \quad \omega, \quad \varphi, \quad \chi, \quad \psi, \quad \ldots.$$

La même substitution suffira pour déduire la formule (15) de l'équation (3) réduite, pour une valeur constante τ de t, à la formule

$$d\varpi = p\,dx + q\,dy + r\,dz + \ldots.$$

Nous avons jusqu'à présent laissé la fonction $f(x, y, z, \ldots)$, ou la valeur initiale de l'inconnue ϖ, entièrement arbitraire. Si cette valeur initiale était réduite à une fonction déterminée de ϖ et de n constantes arbitraires $\alpha, 6, \gamma, \ldots$, l'équation (20) représenterait non plus l'intégrale générale, mais ce que Lagrange appelle une *solution complète* de l'équation (1).

Enfin, au lieu de laisser les constantes arbitraires

$$\xi, \quad \eta, \quad \zeta, \quad \ldots$$

indépendantes l'une de l'autre, ce qui permet de passer de la formule (15) aux équations (18), on pourrait réduire séparément à zéro chaque terme de l'équation (15) en posant

$$\delta\xi = 0, \qquad \delta\eta = 0, \qquad \delta\zeta = 0, \qquad \ldots \qquad \delta\omega = 0,$$

c'est-à-dire en supposant

$$\xi, \quad \eta, \quad \zeta, \quad \ldots, \quad \omega$$

indépendants des variables

$$x, \quad y, \quad z, \quad \ldots, \quad t, \qquad \varpi, \quad p, \quad q, \quad r, \quad \ldots$$

Donc les seules équations

(23) $$\mathfrak{X} = \xi, \qquad \mathfrak{Y} = \eta, \qquad \mathfrak{Z} = \zeta, \qquad \ldots \qquad \Omega = \omega$$

fourniront des valeurs de

$$\varpi, \quad p, \quad q, \quad r, \quad \ldots$$

qui, étant exprimées en fonction de

$$x, \quad y, \quad z, \quad \ldots, \quad t$$

et de

$$\xi, \quad \eta, \quad \zeta, \quad \ldots, \quad \omega,$$

vérifieront simultanément les équations (1) et (3), quand on continuera de considérer $\xi, \eta, \zeta, \ldots, \omega$ comme propres à représenter des constantes arbitraires. Si, entre les formules (23), on élimine

$$p, \quad q, \quad r, \quad \ldots;$$

on obtiendra une certaine équation

$$K = 0 \tag{24}$$

très distincte de la formule (20), et qui représentera non plus une solution complète quelconque de l'équation (1), mais la solution complète dont j'ai signalé une propriété [1] remarquable dans les *Comptes rendus des séances de l'Académie des Sciences* [2]. Cette solution complète sera encore celle dont l'existence peut être constatée à l'aide des formules établies dans mon Mémoire de 1819, pour les cas particuliers traités dans ce Mémoire, et a été démontrée, pour tous les cas, dans les Mémoires de M. Jacobi et de M. Binet.

Les calculs ci-dessus développés deviennent plus symétriques, lorsqu'aux divers rapports compris dans la formule (9) on joint le suivant :

$$\frac{ds}{-(T + s\Pi)},$$

qui équivaut lui-même à chacun des autres. Alors aux intégrales (10)

[1] Cette propriété consiste en ce que la solution complète dont il s'agit résulte de l'élimination de $p, q, r, \ldots$ entre n intégrales particulières de l'équation caractéristique

$$\begin{aligned} P D_x 8 + Q D_y 8 + R D_z 8 + \ldots + S D_t 8 + (Pp + Qq + Rr + \ldots + Ss) D_\varpi 8 \\ - (X + p\Pi) D_p 8 - (Y + q\Pi) D_q 8 - (Z + r\Pi) D_r 8 - \ldots = 0, \end{aligned}$$

correspondante au système des équations différentielles comprises dans la formule (9). En effet les formules (23) représentent n intégrales particulières de cette équation caractéristique, savoir : celles qu'on obtient lorsqu'on prend successivement chacune des quantités variables

$$x, \quad y, \quad z, \quad \ldots, \quad \varpi$$

pour valeur initiale de l'inconnue 8, c'est-à-dire, pour la valeur de 8 correspondante à une valeur donnée τ de la variable t, et qu'en conséquence on réduit successivement l'inconnue 8 à chacun des termes de la suite

$$\xi, \quad \eta, \quad \zeta, \quad \ldots, \quad \omega,$$

considéré comme fonction de $x, y, z, \ldots, t, \varpi, p, q, r, \ldots$

[2] Voir : *Œuvres de Cauchy*, S. I, T. VI. Extraits 161, 162, 163.

se joint une nouvelle intégrale de la forme

$$\mathcal{S} = \varsigma,$$

les lettres $\mathfrak{X}$, $\mathfrak{Y}$, $\mathfrak{Z}$, ..., Ω, $\mathfrak{P}$, $\mathfrak{Q}$, $\mathfrak{R}$, ..., $\mathcal{S}$ désignant des fonctions déterminées de $x, y, z, \ldots, t, \varpi, p, q, r, \ldots, s$, et ς une constante arbitraire liée avec les autres par la formule

$$F(\xi, \eta, \zeta, \ldots, \tau, \omega, \varphi, \chi, \psi, \ldots, \varsigma) = 0.$$

Observons encore qu'on pourrait réduire à une constante donnée et non arbitraire, non plus la valeur particulière τ de t, mais la valeur particulière de l'une quelconque des autres variables indépendantes, ou même de l'inconnue ϖ, ou bien encore d'une autre variable liée à

$$x, \quad y, \quad z, \quad \ldots, \quad t, \quad \varpi$$

par une équation donnée. Dans ces diverses hypothèses, en opérant toujours de la même manière, on obtiendrait, au lieu de la formule (13), d'autres formules qui seraient toutes comprises, comme cas particuliers, dans la suivante :

$$(25) \qquad \begin{aligned} &\delta\varpi - p\,\delta x - q\,\delta y - r\,\delta z - \ldots - s\,\delta t \\ &= \Theta(\delta\omega - \varphi\,\delta\xi - \chi\,\delta\eta - \psi\,\delta\zeta - \ldots - \varsigma\,\delta\tau). \end{aligned}$$

Dans l'équation (25), tout comme dans l'équation (13), on peut supposer à volonté que le signe δ indique les différentiations relatives, soit à tout le système des constantes arbitraires, soit à une partie de ce système. D'ailleurs, si ω, φ, χ, ψ, ... étant fonctions de ξ, η, ζ, ..., la formule (13) se trouve une fois démontrée pour le cas où l'on fait varier une seule des quantités

$$\xi, \quad \eta, \quad \zeta, \quad \ldots,$$

elle se trouvera démontrée par cela même, pour le cas où l'on fera varier toutes ces quantités simultanément. Cette simple observation suffit pour prouver que la formule (13) pourrait se déduire des équations établies dans le paragraphe I [*voir* l'équation (15) du paragraphe I et les équations analogues de la page 289]. Il est vrai que, dans le paragraphe I, nous avons, d'une part, supposé les différentiations qu'indique ici la lettre δ, relatives aux seules constantes arbitraires

$$\xi,\quad \eta,\quad \zeta,\quad \ldots,$$

et, d'autre part, établi entre ces constantes arbitraires des relations qui réduisent à zéro le second membre de la formule (13). Mais, comme nous l'avons remarqué dans les notes placées au bas des pages 279 et 289, l'analyse dont nous nous étions servis fournit encore des équations semblables à celles que nous avions obtenues, lorsque les relations dont il s'agit disparaissent, et même lorsqu'on suppose les différentiations relatives à des constantes arbitraires distinctes des quantités ξ, η, ζ, ...

La formule (4) avait été donnée par M. Pfaff. En intégrant cette formule, on obtient l'équation (13) qui est digne de remarque, et qui pourrait se déduire, comme on vient de le voir, des formules comprises dans mon Mémoire de 1819. La formule (13) elle-même a été obtenue par M. Binet. Enfin, une formule analogue à l'équation (13), et à laquelle on parvient en posant, dans l'équation (21),

$$\delta\omega = 0,$$

savoir

$$(26)\qquad \begin{aligned} &\delta\varpi - (p\,\delta x + q\,\delta y + r\,\delta z + \ldots + s\,\delta t) \\ &\quad = -\Theta(\varphi\,\delta\xi + \chi\,\delta\eta + \psi\,\delta\zeta + \ldots + \varsigma\,\delta\tau), \end{aligned}$$

a été donnée par M. Jacobi. Les principales différences qui existent entre l'analyse dont j'ai fait usage dans le Mémoire de 1819, et les calculs employés par MM. Jacobi et Binet, sont les suivantes. Je me suis servi de la formule (13), ou plutôt de celles qu'on en tire, en supposant successivement la caractéristique δ relative à chacune des constantes arbitraires ξ, η, ζ, ..., pour établir l'équation (20); tandis que MM. Jacobi et Binet se sont servis, l'un de la formule (26), l'autre de la formule (13), pour établir l'équation (24). De plus, dans la Note de M. Binet comme dans les calculs qui précèdent, les différentiations sont relatives au système entier des constantes arbitraires, tandis que dans mon Mémoire de 1819 elles se rapportaient, pour chaque formule, à une seule des constantes arbitraires

$$\xi, \quad \eta, \quad \zeta, \quad \ldots.$$

Enfin, dans mon Mémoire de 1819, les constantes arbitraires qui représentent les valeurs initiales des diverses variables étaient, comme on vient encore de le faire, immédiatement introduites dans les calculs, et non substituées à d'autres constantes, comme dans les Mémoires des deux géomètres dont il s'agit.

MÉMOIRE SUR DIVERS THÉORÈMES

RELATIFS A LA

TRANSFORMATION DES COORDONNÉES RECTANGULAIRES.

I. — *Équations fondamentales.*

Nous allons, dans ce paragraphe, rappeler quelques équations fondamentales, desquelles se déduisent aisément les divers théorèmes que nous nous proposons d'établir.

Soient

$$x, \quad y, \quad z$$

les coordonnées rectilignes d'un point A, relatives à trois axes rectangulaires, et

$$\mathrm{x}, \quad \mathrm{y}, \quad \mathrm{z},$$

ce que deviennent ces coordonnées quand on fait tourner, d'une manière quelconque, le système de ces trois axes autour de l'origine. On aura, comme on sait,

$$(1) \qquad \begin{cases} \mathrm{x} = ax + by + cz, \\ \mathrm{y} = a'x + b'y + c'z, \\ \mathrm{z} = a''x + b''y + c''z, \end{cases}$$

les neuf coefficients

$$(2) \qquad \begin{cases} a, & b, & c, \\ a', & b', & c', \\ a'', & b'', & c'' \end{cases}$$

désignant les cosinus des angles formés par le demi-axe des x positives, ou des y positives, ou des z positives, avec les trois demi-axes des coordonnées positives x, y, z. D'ailleurs, six de ces neuf coefficients pourront se déduire des trois autres, attendu qu'on doit avoir, quels que soient x, y, z,

$$(3)\qquad \mathrm{x}^2+\mathrm{y}^2+\mathrm{z}^2=x^2+y^2+z^2,$$

et par suite

$$(4)\quad \begin{cases} a^2+a'^2+a''^2=1, & b^2+b'^2+b''^2=1, \quad c^2+c'^2+c''^2=1, \\ bc+b'c'+b''c''=0, & ca+c'a'+c''a''=0, \quad ab+a'b'+a''b''=0. \end{cases}$$

De plus, on tirera des équations (1), jointes aux formules (4),

$$(5)\qquad \begin{cases} x=a\mathrm{x}+a'\mathrm{y}+a''\mathrm{z}, \\ y=b\mathrm{x}+b'\mathrm{y}+b''\mathrm{z}, \\ z=c\mathrm{x}+c'\mathrm{y}+c''\mathrm{z}, \end{cases}$$

puis de ces dernières, jointes à la formule (3),

$$(6)\quad \begin{cases} a^2+b^2+c^2=1, & a'^2+b'^2+c'^2=1, \quad a''^2+b''^2+c''^2=1, \\ a'a''+b'b''+c'c''=0, & a''a+b''b+c''c=0, \quad aa'+bb'+cc'=0. \end{cases}$$

Il est bon de remarquer que les équations (6) donnent

$$(7)\quad \begin{cases} aa+bb+cc=1, & a'a+b'b+c'c=0, \quad a''a+b''b+c''c=0, \\ aa'+bb'+cc'=0, & a'a'+b'b'+c'c'=1, \quad a''a'+b''b'+c''c'=0, \\ aa''+bb''+cc''=0, & a'a''+b'b''+c'c''=0, \quad a''a''+b''b''+c''c''=1. \end{cases}$$

Ces dernières équations, étant semblables aux formules (22) de la page 200 du présent Volume, entraîneront des conséquences analogues, et l'on en conclura

$$(8)\qquad 8^2=1,$$

8 étant la *résultante* des quantités comprises dans le Tableau (2). D'autre part, on tirera de la formule (8)

$$8=\pm 1,$$

et puisque la valeur de la résultante 8 sera

$$8=\mathrm{S}(\pm ab'c'')=ab'c''-ab''c'+a'b''c-a'bc''+a''bc'-a''b'c,$$

on aura définitivement

$$(9) \qquad ab'c'' - ab''c' + a'b''c - a'bc'' + a''bc' - a''b'c = \pm 1.$$

On arrive à la même conclusion, en observant que les deux dernière des formules (6) donnent

$$(10) \quad \frac{b'c'' - b''c'}{a} = \frac{c'a'' - c''a'}{b} = \frac{a'b'' - a''b'}{c}$$
$$= \frac{ab'c'' - ab''c' + bc'a'' - bc''a' + ca'b'' - ca''b'}{a^2 + b^2 + c^2}$$
$$= \pm \frac{[(b'c'' - b''c')^2 + (c'a'' - c''a')^2 + (a'b'' - a''b')^2]^{\frac{1}{2}}}{(a^2 + b^2 + c^2)^{\frac{1}{2}}}.$$

Mais on a d'ailleurs, en vertu des formules (6),

$$a^2 + b^2 + c^2 = 1$$

et

$$(b'c'' - b''c')^2 + (c'a'' - c''a')^2 + (a'b'' - a''b')^2$$
$$= (a'^2 + b'^2 + c'^2)(a''^2 + b''^2 + c''^2) - (a'a'' + b'b'' + c'c'')^2 = 1.$$

Donc la formule (10) entraînera immédiatement l'équation (9). Enfin on arrivera encore à la formule (9) en observant que les neuf quantités comprises dans le Tableau (2) représentent les projections algébriques de trois longueurs égales à l'unité, mesurées sur les axes des x, y, z, et projetées sur les axes des x, y, z. En effet, le volume qui aura pour côtés ces trois longueurs se réduira simplement à l'unité, et, d'après ce qui a été dit dans les préliminaires des *Leçons sur les applications du Calcul infinitésimal à la Géométrie* (p. 29) ([1]), le volume dont il s'agit sera représenté au signe près par la résultante

$$ab'c'' - ab''c' + a'b''c - a'bc'' + a''bc' - a''b'c.$$

Ajoutons qu'en vertu des principes exposés dans ces préliminaires, la formule (9) devra se réduire à la suivante :

$$(11) \qquad ab'c'' - ab''c' + a'b''c - a'bc'' + a''bc' - a''b'c = 1.$$

Car nous avons supposé que, pour obtenir le second système d'axes

([1]) *Œuvres de Cauchy*, S. II, T. V, p. 37.

coordonnés, il suffisait de faire tourner le premier autour de l'origine ; et, par suite de cette hypothèse, les mouvements de rotation, exécutés de droite à gauche dans les plans coordonnés autour des demi-axes des coordonnées positives, seront, pour l'un et l'autre systèmes d'axes, des mouvements *directs*, ou pour l'un et l'autre des mouvements *rétrogrades* ([1]). Cela posé, la formule (10) donne

$$b'c'' - b''c' = a, \qquad c'a'' - c''a' = b, \qquad a'b'' - a''b' = c.$$

Donc les trois quantités a, b, c seront respectivement égales aux binomes qui multiplient ces trois quantités dans le premier membre de la formule (1). Cette proposition devant évidemment demeurer vraie dans le cas où l'on remplace

$$a, \quad b, \quad c$$

par

$$a', \quad b', \quad c'$$

ou par

$$a'', \quad b'', \quad c'',$$

il en résulte qu'on aura généralement, dans l'hypothèse admise,

$$(12)\quad \begin{cases} b'c'' - b''c' = a, & b''c - bc'' = a', & bc' - b'c = a'', \\ c'a'' - c''a' = b, & c''a - ca'' = b', & ca' - c'a = b'', \\ a'b'' - a''b' = c, & a''b - ab'' = c', & ab' - a'b = c''. \end{cases}$$

Soient maintenant

$$x_{,}, \quad y_{,}, \quad z_{,}$$

et

$$\mathrm{x}_{,}, \quad \mathrm{y}_{,}, \quad \mathrm{z}_{,}$$

([1]) Soit O l'origine des coordonnées; soient encore

OX, OY, OZ

les demi-axes de x, y et z positives, et supposons qu'un rayon vecteur mobile, en s'appliquant successivement sur chacun des plans coordonnés, fasse le tour de l'angle solide trièdre OXYZ. Le mouvement exécuté par ce rayon vecteur dans chacun des plans coordonnés sera ce que nous appelons un *mouvement de rotation direct*, si le rayon passe successivement de la position OX à la position OY, puis de celle-ci à la position OZ, pour revenir ensuite de cette dernière à la position OX. Le mouvement de rotation exécuté par le rayon vecteur dans chacun des plans coordonnés deviendrait *rétrograde* dans le cas contraire.

les coordonnées d'un nouveau point B, relatives au premier et au second système d'axes coordonnés. On aura

$$(13)\qquad \begin{cases} \mathrm{x}_{,} = a x_{,} + a y_{,} + c z_{,}, \\ \mathrm{y}_{,} = a' x_{,} + b' y_{,} + c' z_{,}, \\ \mathrm{z}_{,} = a'' x_{,} + b'' y_{,} + c'' z_{,}, \end{cases}$$

et des formules (13), jointes aux équations (1) et (4), on tirera

$$(14)\qquad \mathrm{x}\mathrm{x}_{,} + \mathrm{y}\mathrm{y}_{,} + \mathrm{z}\mathrm{z}_{,} = x x_{,} + y y_{,} + z z_{,}.$$

Donc, comme nous l'avons déjà remarqué (p. 104) [1], *la transformation des coordonnées n'altère point la valeur de la somme*

$$x x_{,} + y y_{,} + z z_{,}.$$

Cette somme représente effectivement une quantité indépendante de la direction des axes coordonnés, savoir, le produit des rayons vecteurs OA, OB, menés de l'origine O des coordonnées aux points A et B, par le cosinus de l'angle que ces rayons vecteurs forment entre eux.

Dans le cas particulier où les deux points A, B se confondent l'un avec l'autre, l'équation (14) se réduit à la formule (3), dont chaque membre représente le carré du rayon vecteur OA mené de l'origine au point A.

On tire encore des équations (1) et (13), jointes aux formules (12),

$$(15)\qquad \begin{cases} \mathrm{y}\mathrm{z}_{,} - \mathrm{y}_{,}\mathrm{z} = a\,(y z_{,} - y_{,} z) + b\,(z x_{,} - z_{,} x) + c\,(x y_{,} - x_{,} y), \\ \mathrm{z}\mathrm{x}_{,} - \mathrm{z}_{,}\mathrm{x} = a'(y z_{,} - y_{,} z) + b'(z x_{,} - z_{,} x) + c'(x y_{,} - x_{,} y), \\ \mathrm{x}\mathrm{y}_{,} - \mathrm{x}_{,}\mathrm{y} = a''(y z_{,} - y_{,} z) + b''(z x_{,} - z_{,} x) + c''(x y_{,} - x_{,} y); \end{cases}$$

puis on en conclut

$$(16)\qquad \begin{aligned} &(\mathrm{y}\mathrm{z}_{,} - \mathrm{y}_{,}\mathrm{z})^2 + (\mathrm{z}\mathrm{x}_{,} - \mathrm{z}_{,}\mathrm{x})^2 + (\mathrm{x}\mathrm{y}_{,} - \mathrm{x}_{,}\mathrm{y})^2 \\ &= (y z_{,} - y_{,} z)^2 + (z x_{,} - z_{,} x)^2 + (x y_{,} - x_{,} y)^2. \end{aligned}$$

Donc *la transformation des coordonnées n'altère pas la valeur de la somme*

$$(y z_{,} - y_{,} z)^2 + (z x_{,} - z_{,} x)^2 + (x y_{,} - x_{,} y)^2.$$

(1) *OEuvres de Cauchy*, S. II, T. XI, p. 137.

Cette somme représente effectivement une quantité indépendante de la direction des axes coordonnés, savoir, le carré de la surface du parallélogramme qui a pour côtés les rayons vecteurs OA, OB; et d'ailleurs la formule (16) peut se déduire des équations (3) et (14), combinées avec l'équation identique

$$\begin{aligned}(yz_{\prime}-y_{\prime}z)^2+(zx_{\prime}-z_{\prime}x)^2+(xy_{\prime}-x_{\prime}y)^2\\ =(x^2+y^2+z^2)(x_{\prime}^2+y_{\prime}^2+z_{\prime}^2)-(xx_{\prime}+yy_{\prime}+zz_{\prime})^2.\end{aligned}$$

Quant aux trois binomes

$$zy_{\prime}-z_{\prime}y,\quad xz_{\prime}-x_{\prime}z,\quad yx_{\prime}-y_{\prime}x,$$

ils représentent les projections algébriques de l'aire du parallélogramme dont il s'agit, successivement projetée sur les trois plans coordonnés des y, z, des z, x et des x, y, ou, ce qui revient au même, les projections algébriques d'une longueur mesurée sur une perpendiculaire au plan du parallélogramme, numériquement égale à l'aire de ce parallélogramme et successivement projetée sur les axes des x, des y et des z. Ajoutons qu'en partant de cette simple remarque, on pourrait immédiatement déduire les formules (15) des formules (1).

Concevons enfin que l'on considère, outre les points A et B, un troisième point C dont les coordonnées, relatives aux deux systèmes d'axes rectangulaires, soient respectivement

$$x_{\prime\prime},\quad y_{\prime\prime},\quad z_{\prime\prime}$$

et

$$\mathrm{x}_{\prime\prime},\quad \mathrm{y}_{\prime\prime},\quad \mathrm{z}_{\prime\prime}.$$

On aura encore

$$(17)\qquad \begin{cases}\mathrm{x}_{\prime\prime}=ax_{\prime\prime}+by_{\prime\prime}+cz_{\prime\prime},\\ \mathrm{y}_{\prime\prime}=a'x_{\prime\prime}+b'y_{\prime\prime}+c'z_{\prime\prime},\\ \mathrm{z}_{\prime\prime}=a''x_{\prime\prime}+b''y_{\prime\prime}+c''z_{\prime\prime},\end{cases}$$

et des équations (17), jointes aux formules (15) et (3), on tirera

$$(18)\qquad \begin{aligned}\mathrm{x}\mathrm{y}_{\prime}\mathrm{z}_{\prime\prime}-\mathrm{x}\mathrm{y}_{\prime\prime}\mathrm{z}_{\prime}+\mathrm{x}_{\prime}\mathrm{y}_{\prime\prime}\mathrm{z}-\mathrm{x}_{\prime}\mathrm{y}\mathrm{z}_{\prime\prime}+\mathrm{x}_{\prime\prime}\mathrm{y}\mathrm{z}_{\prime}-\mathrm{x}_{\prime\prime}\mathrm{y}_{\prime}\mathrm{z}\\ =xy_{\prime}z_{\prime\prime}-xy_{\prime\prime}z_{\prime}+x_{\prime}y_{\prime\prime}z-x_{\prime}yz_{\prime\prime}+x_{\prime\prime}yz_{\prime}-x_{\prime\prime}y_{\prime}z.\end{aligned}$$

Donc *la transformation des coordonnées n'altère point la valeur de la somme*

$$xy_{\prime}z_{\prime\prime} - xy_{\prime\prime}z_{\prime} + x_{\prime}y_{\prime\prime}z - x_{\prime}yz_{\prime\prime} + x_{\prime\prime}yz_{\prime} - x_{\prime\prime}y_{\prime}z.$$

Cette somme représente effectivement, au signe près, le volume du parallélépipède construit sur les trois rayons vecteurs OA, OB, OC; et d'ailleurs son signe dépend uniquement des positions respectives des trois demi-axes

OA, OB, OC.

Elle sera positive si le mouvement de rotation, exécuté autour du demi-axe OC par un rayon vecteur mobile passant de la position OA à la position OB, est un mouvement de même espèce qu'un mouvement direct, par exemple, un mouvement de droite à gauche, dans le cas où un autre rayon mobile, doué d'un mouvement de rotation direct dans le plan des x, y, tournerait lui-même de droite à gauche autour de l'axe des z.

II. — *Conséquences diverses des formules obtenues dans le premier paragraphe.*

Considérons une grandeur qui puisse être représentée par une droite, par exemple une force ou le moment linéaire de cette force, une vitesse ou le moment linéaire de cette vitesse. Les projections algébriques de cette grandeur sur trois axes rectangulaires dépendront uniquement de la longueur de la droite et de sa direction. D'ailleurs, si la grandeur en question se confond avec un rayon vecteur r mené de l'origine des coordonnées à un certain point A, les projections algébriques de cette grandeur seront précisément les coordonnées du point A. Donc les relations qui subsistent entre les coordonnées rectangulaires d'un ou de plusieurs points rapportés à un ou à plusieurs systèmes d'axes coordonnés, subsisteront aussi entre les projections algébriques d'une ou de plusieurs grandeurs diverses projetées sur ces mêmes axes. Ainsi, en particulier, si l'on nomme

$$X, \quad Y, \quad Z$$

les projections algébriques d'une certaine force R sur trois axes rectangulaires x, y, z, et

$$\mathrm{X},\ \mathrm{Y},\ \mathrm{Z}$$

les projections algébriques de la même force sur trois autres axes rectangulaires des x, y, z ; si, d'ailleurs, les neuf coefficients

$$a,\ b,\ c,\quad a',\ b',\ c',\quad a'',\ b'',\ c''$$

représentent, comme dans le paragraphe I, les cosinus des angles formés par les demi-axes des coordonnées positives x, y, z avec les demi-axes des coordonnées positives x, y, z ; alors, à la place des formules (1), (3), (5) du paragraphe I, on obtiendra les suivantes :

$$(1)\qquad \left\{\begin{aligned} \mathrm{X} &= a\,X + b\,Y + c\,Z,\\ \mathrm{Y} &= a'X + b'Y + c'Z,\\ \mathrm{Z} &= a''X + b''Y + c''Z; \end{aligned}\right.$$

$$(2)\qquad \mathrm{X}^2 + \mathrm{Y}^2 + \mathrm{Z}^2 = X^2 + Y^2 + Z^2;$$

$$(3)\qquad \left\{\begin{aligned} X &= a\mathrm{X} + a'\mathrm{Y} + a''\mathrm{Z},\\ Y &= b\mathrm{X} + b'\mathrm{Y} + b''\mathrm{Z},\\ Z &= c\mathrm{X} + c'\mathrm{Y} + c''\mathrm{Z}. \end{aligned}\right.$$

Il y a plus : si, en supposant la force R appliquée au point A dont les coordonnées sont x, y, z ou x, y, z, on nomme

$$L,\ M,\ N$$

et

$$\mathrm{L},\ \mathrm{M},\ \mathrm{N}$$

les projections algébriques du moment linéaire de la force R, successivement projeté sur les axes des

$$x,\ y,\ z$$

et sur les axes des

$$\mathrm{x},\ \mathrm{y},\ \mathrm{z},$$

on aura encore, en vertu des équations (1), (3), (5) du paragraphe I,

$$(4)\qquad \begin{cases} \mathrm{L} = a\,L + b\,M + c\,N, \\ \mathrm{M} = a'\,L + b'\,M + c'\,N, \\ \mathrm{N} = a''L + b''M + c''N; \end{cases}$$

$$(5)\qquad \mathrm{L}^2 + \mathrm{M}^2 + \mathrm{N}^2 = L^2 + M^2 + N^2;$$

$$(6)\qquad \begin{cases} L = a\mathrm{L} + a'\mathrm{M} + a''\mathrm{N}, \\ M = b\,\mathrm{L} + b'\mathrm{M} + b''\mathrm{N}, \\ N = c\,\mathrm{L} + c'\,\mathrm{M} + c''\,\mathrm{N}. \end{cases}$$

Ajoutons que les équations (4) et (6) pourraient elles-mêmes se déduire des formules (15) du paragraphe I. Effectivement, pour obtenir en particulier les équations (4), il suffira de remplacer, dans les formules (15) du paragraphe I, les projections algébriques

$$\mathrm{x}_{,},\ \mathrm{y}_{,},\ \mathrm{z}_{,} \quad \text{ou} \quad x_{,},\ y_{,},\ z_{,}$$

de la distance $r_{,}$ comprise entre l'origine des coordonnées et un certain point B, par les projections algébriques

$$\mathrm{X},\ \mathrm{Y},\ \mathrm{Z} \quad \text{ou} \quad X,\ Y,\ Z$$

de la force R, puis d'avoir égard aux six formules

$$(7)\qquad \begin{cases} L = yZ - zY, & M = zX - xZ, & N = xY - yX, \\ \mathrm{L} = \mathrm{y}\mathrm{Z} - \mathrm{z}\mathrm{Y}, & \mathrm{M} = \mathrm{z}\mathrm{X} - \mathrm{x}\mathrm{Z}, & \mathrm{N} = \mathrm{x}\mathrm{Y} - \mathrm{y}\mathrm{X}. \end{cases}$$

D'ailleurs les formules (4), une fois établies, entraînent immédiatement les formules (5) et (6), dont la première peut s'écrire comme il suit :

$$(8)\qquad \begin{aligned} &(\mathrm{y}\mathrm{Z} - \mathrm{z}\mathrm{Y})^2 + (\mathrm{z}\mathrm{X} - \mathrm{x}\mathrm{Z})^2 + (\mathrm{x}\mathrm{Y} - \mathrm{y}\mathrm{X})^2 \\ &= (yZ - zY)^2 + (zX - xZ)^2 + (xY - yX)^2. \end{aligned}$$

On peut remarquer encore que chaque membre de la formule (2) représente le carré de la force R, et chaque membre de la formule (5) ou (8) le carré de son moment linéaire. Donc, si l'on nomme K ce moment linéaire, on aura

$$(9) \qquad K^2 = (yZ - zY)^2 + (zX - xZ)^2 + (xY - yX)^2$$

ou, ce qui revient au même,

$$(10) \qquad K^2 = (x^2 + y^2 + z^2)(X^2 + Y^2 + Z^2) - (xX + yY + zZ)^2.$$

D'ailleurs on déduit sans peine l'équation (8) de la formule (10), jointe à l'équation (2) et à la suivante,

$$(11) \qquad \mathrm{x}\mathrm{X} + \mathrm{y}\mathrm{Y} + \mathrm{z}\mathrm{Z} = xX + yY + zZ,$$

à laquelle on parvient immédiatement en remplaçant les projections algébriques de la distance r, par les projections algébriques de la force R, dans l'équation (14) du paragraphe I.

Supposons maintenant que, le point matériel A étant mobile, on désigne par

$$u, \quad v, \quad w$$

et par

$$\mathrm{u}, \quad \mathrm{v}, \quad \mathrm{w}$$

les projections algébriques de la vitesse ω de ce point successivement projetée sur les axes des

$$x, \quad y, \quad z,$$

et sur les axes des x, y, z; les équations (1), (2), (3), (4), (5), (6), (8) et (11) continueront évidemment de subsister quand on y remplacera les projections algébriques de la force R, ou de son moment linéaire, par les projections algébriques correspondantes de la vitesse ω ou de son moment linéaire. D'ailleurs les projections algébriques du moment linéaire de la vitesse ω, successivement projeté sur les axes des x, y, z et sur les axes des x, y, z, seront évidemment

$$yw - zv, \quad zu - xw, \quad xv - yu,$$

$$\mathrm{yw} - \mathrm{zv}, \quad \mathrm{zu} - \mathrm{xw}, \quad \mathrm{xv} - \mathrm{yu}.$$

Cela posé, les formules (1), (2), (3), (4), (8) et (11) donneront

$$(12)\qquad \begin{cases} \mathrm{u} = a u + b v + c w, \\ \mathrm{v} = a' u + b' v + c' w, \\ \mathrm{w} = a'' u + b'' v + c'' w; \end{cases}$$

$$(13)\qquad \mathrm{u}^2 + \mathrm{v}^2 + \mathrm{w}^2 = u^2 + v^2 + w^2;$$

$$(14)\qquad \begin{cases} u = a \mathrm{u} + a' \mathrm{v} + a'' \mathrm{w}, \\ v = b \mathrm{u} + b' \mathrm{v} + b'' \mathrm{w}, \\ w = c \mathrm{u} + c' \mathrm{v} + c'' \mathrm{w}; \end{cases}$$

$$(15)\qquad \begin{cases} \mathrm{yw} - \mathrm{zv} = a\,(yw - zv) + b\,(zu - xw) + c\,(xv - yu), \\ \mathrm{zu} - \mathrm{xw} = a'(yw - zv) + b'(zu - xw) + c'(xv - yu), \\ \mathrm{xv} - \mathrm{yu} = a''(yw - zv) + b''(zu - xw) + c''(xv - yu); \end{cases}$$

$$(16)\qquad \begin{aligned} &(\mathrm{yw} - \mathrm{zv})^2 + (\mathrm{zu} - \mathrm{xw})^2 + (\mathrm{xv} - \mathrm{yu})^2 \\ &= (zw - yu)^2 + (zu - xw)^2 + (xv - yu); \end{aligned}$$

$$(17)\qquad \mathrm{xu} + \mathrm{yv} + \mathrm{zw} = xu + yv + zw.$$

Concevons maintenant que l'on considère un système de points matériels. Dans ce système, les projections algébriques u, v, w, ou u, v, w de la vitesse d'un point matériel $\mathfrak{m}$, pourront être regardées comme fonctions des trois coordonnées initiales x, y, z ou x, y, z de ce même point, et différentiées par rapport à ces coordonnées. D'ailleurs, en vertu des équations (1) et (5) du paragraphe II, on aura

$$(18)\qquad \begin{cases} \mathrm{D}_{\mathrm{x}} = a\,\mathrm{D}_x + b\,\mathrm{D}_y + c\,\mathrm{D}_z, \\ \mathrm{D}_{\mathrm{y}} = a'\,\mathrm{D}_x + b'\,\mathrm{D}_y + c'\,\mathrm{D}_z, \\ \mathrm{D}_{\mathrm{z}} = a''\mathrm{D}_x + b''\mathrm{D}_y + c''\mathrm{D}_z; \end{cases}$$

$$(19)\qquad \begin{cases} \mathrm{D}_x = a\,\mathrm{D}_{\mathrm{x}} + a'\,\mathrm{D}_{\mathrm{y}} + a''\mathrm{D}_{\mathrm{z}}, \\ \mathrm{D}_y = b\,\mathrm{D}_{\mathrm{x}} + b'\,\mathrm{D}_{\mathrm{y}} + b''\mathrm{D}_{\mathrm{z}}, \\ \mathrm{D}_z = c\,\mathrm{D}_{\mathrm{x}} + c'\,\mathrm{D}_{\mathrm{y}} + c''\mathrm{D}_{\mathrm{z}}. \end{cases}$$

La forme des équations (18) et (19) étant semblable à celle des équations (1), (5) du paragraphe II, et les dernières se déduisant des premières par la seule substitution des caractéristiques

$$D_x, \quad D_y, \quad D_z, \qquad \mathrm{D_x}, \quad \mathrm{D_y}, \quad \mathrm{D_z}$$

aux coordonnées

$$x, \quad y, \quad z, \qquad \mathrm{x}, \quad \mathrm{y}, \quad \mathrm{z},$$

il en résulte que les formules (15), (16), (17) continueront de subsister quand on y remplacera chaque coordonnée par la caractéristique qui indique une différentiation relative à cette même coordonnée. On aura donc encore

$$(20)\quad \begin{cases} \mathrm{D_y w} - \mathrm{D_z v} = a\,(D_y w - D_z v) + b\,(D_z u - D_x w) + c\,(D_x v - D_y u), \\ \mathrm{D_z u} - \mathrm{D_x w} = a'(D_y w - D_z v) + b'(D_z u - D_x w) + c'(D_x v - D_y u), \\ \mathrm{D_x v} - \mathrm{D_y u} = a''(D_y w - D_z v) + b''(D_z u - D_x w) + c''(D_x v - D_y u); \end{cases}$$

$$(21)\quad \begin{aligned} &(\mathrm{D_y w} - \mathrm{D_z v})^2 + (\mathrm{D_z u} - \mathrm{D_x w})^2 + (\mathrm{D_x v} - \mathrm{D_y u})^2 \\ &= (D_y w - D_z v)^2 + (D_z u - D_x w)^2 + (D_x v - D_y u)^2; \end{aligned}$$

$$(22)\quad \mathrm{D_x u} + \mathrm{D_y v} + \mathrm{D_z w} = D_x u + D_y v + D_z w.$$

Les équations (20), (21) et (22) continueraient encore d'exister, si l'on y substituait aux projections algébriques

$$u, \quad v, \quad w \qquad \text{ou} \qquad \mathrm{u}, \quad \mathrm{v}, \quad \mathrm{w}$$

de la vitesse ω d'un point matériel $\mathfrak{m}$ les projections algébriques d'une autre grandeur relative au même point, et représentée par une portion de ligne droite, par exemple, les projections algébriques du déplacement absolu de ce point sur les axes des x, y, z ou des x, y, z. Alors, les formules (20) et (22) se trouveraient remplacées par quatre autres formules, dont les trois premières ont été obtenues par M. Mac Cullagh. Si, pour fixer les idées, on nommait

$$\xi, \quad \eta, \quad \zeta$$

les projections algébriques du déplacement absolu du point matériel $\mathfrak{m}$ sur les axes des

$$x, \quad y, \quad z,$$

les trois premières formules établiraient, entre les trois différences

(23) $$D_y\zeta - D_z\eta, \quad D_z\xi - D_x\zeta, \quad D_x\eta - D_y\xi$$

et les valeurs nouvelles que prennent ces différences quand on passe d'un des systèmes de coordonnées à l'autre, des relations semblables à celles qu'indiquent les équations (1) et (5) du paragraphe I. Quant à la quatrième formule, elle exprimerait simplement que, dans le système de points matériels donné, la dilatation υ du volume, déterminée par l'équation

(24) $$\upsilon = D_x\xi + D_y\eta + D_z\zeta,$$

conserve une valeur indépendante de la direction des axes coordonnés.

Lorsqu'aux axes des x, y, z on substitue les axes des x, y, z, alors des équations semblables aux formules (1) du paragraphe I servent, pour le système de points matériels donné, non seulement à déduire des trois déplacements

$$\xi, \quad \eta, \quad \zeta$$

d'une molécule m, mesurés parallèlement aux axes des x, y, z, trois autres déplacements mesurés parallèlement aux axes des x, y, z, et représentés par les sommes

$$a\xi + b\eta + c\zeta, \qquad a'\xi + b'\eta + c'\zeta, \qquad a''\xi + b''\eta + c''\zeta,$$

mais encore à déduire des déplacements symboliques

$$\bar{\xi}, \quad \bar{\eta}, \quad \bar{\zeta}$$

correspondants aux axes des x, y, z, trois autres déplacements symboliques correspondants aux axes des x, y, z, et représentés par les trois sommes

$$a\bar{\xi} + b\bar{\eta} + c\bar{\zeta}, \quad a'\bar{\xi} + b'\bar{\eta} + c'\bar{\zeta}, \quad a''\bar{\xi} + b''\bar{\eta} + c''\bar{\zeta}.$$

Il suit immédiatement de cette remarque que les mêmes formules, déduites de la transformation des coordonnées, s'appliquent d'une part aux déplacements effectifs, de l'autre aux déplacements symboliques.

Ainsi, en particulier, deux formules analogues à l'équation (3) du paragraphe I exprimeront que les deux trinomes

$$\xi^2 + \eta^2 + \zeta^2, \quad \bar{\xi}^2 + \bar{\eta}^2 + \bar{\zeta}^2$$

sont tous deux indépendants de la direction des axes; et, en effet, eu égard aux conditions (4) du paragraphe I, on aura non seulement

$$(a\xi + b\eta + c\zeta)^2 + (a'\xi + b'\eta + c'\zeta)^2 + (a''\xi + b''\eta + c''\zeta)^2 = \xi^2 + \eta^2 + \zeta^2,$$

mais encore

$$(a\bar{\xi} + b\bar{\eta} + c\bar{\zeta})^2 + (a'\bar{\xi} + b'\bar{\eta} + c'\bar{\zeta})^2 + (a''\bar{\xi} + b''\bar{\eta} + c''\bar{\zeta})^2 = \bar{\xi}^2 + \bar{\eta}^2 + \bar{\zeta}^2.$$

Pareillement, si l'on pose

$$(25) \qquad \bar{\upsilon} = \mathrm{D}_x\bar{\xi} + \mathrm{D}_y\bar{\eta} + \mathrm{D}_z\bar{\zeta},$$

$\bar{\upsilon}$, ou ce qu'on peut appeler la *dilatation symbolique du volume*, sera indépendante, aussi bien que υ, de la direction des axes. On peut donc énoncer la proposition suivante :

Théorème I. — *Dans un système de points matériels, la somme des carrés des déplacements symboliques d'un point quelconque offre, tout comme la dilatation symbolique du volume, une valeur indépendante de la direction des axes coordonnés, supposés rectangulaires.*

On pourrait arriver encore à divers résultats dignes de remarque, en appliquant les principes ci-dessus exposés à la transformation d'expressions réelles ou imaginaires dont chacune renfermerait ou plusieurs dérivées du premier ordre, ou même des dérivées d'un ordre supérieur au premier.

Ainsi, en particulier, si l'on désigne par

$$p, \quad q, \quad r, \quad \ldots$$

diverses quantités qui varient avec les coordonnées x, y, z, et par suite aussi avec les coordonnées $\mathrm{x}, \mathrm{y}, \mathrm{z}$, les calculs à l'aide desquels nous avons obtenu les équations (14), (15), (16), (18) du paragraphe I nous conduiront pareillement aux formules

(26) $$D_{\mathrm{x}} p\, D_{\mathrm{x}} q + D_{\mathrm{y}} p\, D_{\mathrm{y}} q + D_{\mathrm{z}} p\, D_{\mathrm{z}} q = D_x p\, D_x q + D_y p\, D_y q + D_z p\, D_z q,$$

$$D_{\mathrm{y}} p\, D_{\mathrm{z}} q - D_{\mathrm{z}} p\, D_{\mathrm{y}} q = a\,(D_y p\, D_z q - D_z p\, D_y q) + b\,(D_z p\, D_x q - D_x p\, D_z q) + c\,(D_x p\, D_y q - D_y p\, D_x q),$$
$$D_{\mathrm{z}} p\, D_{\mathrm{x}} q - D_{\mathrm{x}} p\, D_{\mathrm{z}} q = a'(D_y p\, D_z q - D_z p\, D_y q) + b'(D_z p\, D_x q - D_x p\, D_z q) + c'(D_x p\, D_y q - D_y p\, D_x q),$$
$$D_{\mathrm{x}} p\, D_{\mathrm{y}} q - D_{\mathrm{y}} p\, D_{\mathrm{x}} q = a''(D_y p\, D_z q - D_z p\, D_y q) + b''(D_z p\, D_x q - D_x p\, D_z q) + c''(D_x p\, D_y q - D_y p\, D_x q);$$

$$(D_{\mathrm{y}} p\, D_{\mathrm{z}} q - D_{\mathrm{z}} p\, D_{\mathrm{y}} q)^2 + (D_{\mathrm{z}} p\, D_{\mathrm{x}} q - D_{\mathrm{x}} p\, D_{\mathrm{z}} q)^2 + (D_{\mathrm{x}} p\, D_{\mathrm{y}} q - D_{\mathrm{y}} p\, D_{\mathrm{x}} q)^2$$
$$= (D_y p\, D_z q - D_z p\, D_y q)^2 + (D_z p\, D_x q - D_x p\, D_z q)^2 + (D_x p\, D_y q - D_y p\, D_x q)^2;$$

(27) $$S[\pm D_{\mathrm{x}} p\, D_{\mathrm{y}} q\, D_{\mathrm{z}} r] = S[\pm D_x p\, D_y q\, D_z r].$$

La dernière équation renferme un théorème qu'on peut énoncer comme il suit :

Théorème II. — *Étant données trois fonctions quelconques de trois coordonnées rectangulaires x, y, z, la résultante formée avec les neuf dérivées de ces trois fonctions, c'est-à-dire avec les neuf quantités*

$$\begin{matrix} D_x p, & D_y p, & D_z p, \\ D_x q, & D_y q, & D_z q, \\ D_x r, & D_y r, & D_z r, \end{matrix}$$

offrira une valeur indépendante de la direction des axes coordonnés.

Enfin, si l'on désigne par 8 une fonction quelconque de x, y, z, on tirera des formules (18) ou (19), non seulement

(28) $$(D_{\mathrm{x}} 8)^2 + (D_{\mathrm{y}} 8)^2 + (D_{\mathrm{z}} 8)^2 = (D_x 8)^2 + (D_y 8)^2 + (D_z 8)^2,$$

mais encore

(29) $$D_{\mathrm{x}}^2 + D_{\mathrm{y}}^2 + D_{\mathrm{z}}^2 = D_x^2 + D_y^2 + D_z^2,$$

et, par suite,

(30) $$D_{\mathrm{x}}^2 8 + D_{\mathrm{y}}^2 8 + D_{\mathrm{z}}^2 8 = D_x^2 8 + D_y^2 8 + D_z^2 8.$$

On peut donc énoncer la proposition suivante :

Théorème III. — *Si une fonction de trois coordonnées rectangulaires x, y, z est différentiée deux fois de suite par rapport à chacune de ces coordonnées, la somme des carrés des trois dérivées du premier ordre, et la somme des trois dérivées du second ordre, offriront des valeurs indépendantes de la direction des axes coordonnés.*

Cette dernière proposition était déjà connue. On la trouve énoncée dans un Mémoire de M. Lamé, que renferme le XXIIIe cahier du *Journal de l'École Polytechnique* (p. 215). La racine du trinome

$$(D_x 8)^2 + (D_y 8)^2 + (D_z 8)^2$$

et la somme

$$D_x^2 8 + D_y^2 8 + D_z^2 8$$

sont précisément ce que l'auteur du Mémoire appelle les *paramètres différentiels*, du premier et du second ordre, de la fonction 8.

NOTE SUR QUELQUES THÉORÈMES

RELATIFS A DES

SOMMES D'EXPONENTIELLES.

THÉORÈME I. — *Soit*

$$(1) \qquad S = A e^{ax} + B e^{bx} + C e^{cx} + \ldots + G e^{gx} + H e^{hx}$$

une somme composée d'un nombre fini de termes dont chacun soit le produit de deux facteurs, l'un constant, l'autre variable avec x, le facteur variable étant une exponentielle népérienne dont l'exposant soit proportionnel à x, et chacune des constantes

$$A, \; B, \; C, \; \ldots, \; G, \; H, \qquad a, \; b, \; c, \; \ldots, \; g, \; h$$

pouvant être réelle ou imaginaire. Si, les coefficients a, b, c, ..., g, h étant tous différents les uns des autres, l'équation

$$(2) \qquad S = 0$$

se vérifie, quelle que soit la variable x, ou même seulement pour toutes les valeurs de x voisines d'une valeur donnée, cette équation entraînera les suivantes :

$$(3) \qquad A = 0, \quad B = 0, \quad C = 0, \quad \ldots, \quad G = 0, \quad H = 0.$$

Démonstration. — En vertu de la formule (1), l'équation (2) se réduit à la suivante :

$$(4) \qquad A e^{ax} + B e^{bx} + C e^{cx} + \ldots + G e^{gx} + H e^{hx} = 0.$$

Or, on tire de cette dernière : 1° en divisant les deux membres par l'exponentielle e^{ax}, et différentiant par rapport à x,

$$B(b-a)e^{(b-a)x}+C(c-a)e^{(c-a)x}+\ldots+G(g-a)e^{(g-a)x}+H(h-a)e^{(h-a)x}=0;$$

2° en divisant les deux nouveaux membres par l'exponentielle $e^{(b-a)x}$, et différentiant par rapport à x,

$$\begin{aligned}&C(c-a)(c-b)e^{(c-b)x}+\ldots\\&\quad+G(g-a)(g-b)e^{(g-b)x}+H(h-a)(h-b)e^{(h-b)x}=0,\end{aligned}$$

etc. En continuant de la même manière, c'est-à-dire en divisant les deux membres de chaque nouvelle équation par l'exponentielle renfermée dans le premier terme, et différentiant ensuite par rapport à x, on arrivera définitivement à la formule

$$(5)\qquad H(h-a)(h-b)(h-c)\ldots(h-g)e^{(h-g)x}=0.$$

Cela posé, si, les coefficients

$$a,\quad b,\quad c,\quad \ldots,\quad g,\quad h$$

étant tous différents les uns des autres, l'équation (4) subsiste quelle que soit x, ou du moins pour toutes les valeurs de x voisines d'une valeur donnée, on pourra en dire autant de l'équation (5); et, comme alors chacun des facteurs

$$h-a,\quad h-b,\quad h-c,\quad \ldots,\quad h-g,\quad e^{(h-g)x}$$

différera de zéro, l'équation (5) entraînera la suivante :

$$H=0.$$

Donc, dans l'hypothèse admise, l'équation (2) ou (4) entraînera la dernière des formules (3), c'est-à-dire la réduction du coefficient de la dernière exponentielle, et par conséquent du dernier terme de la somme S, à zéro. D'ailleurs les termes qui composent la somme S pouvant être rangés dans un ordre quelconque, on peut prendre pour dernier terme l'un quelconque d'entre eux. Donc, dans l'hypothèse admise, l'évanouissement de la somme S entraînera l'évanouissement de chacun de ses termes, et par conséquent le système des équations (3).

Corollaire. — Le théorème précédent, dont nous avons donné une autre démonstration dans le premier Volume de cet Ouvrage (p. 158), subsiste évidemment lors même que l'un des coefficients

$$a, \quad b, \quad c, \quad \ldots, \quad g, \quad h,$$

par exemple le coefficient a, se réduit à zéro, et l'exponentielle e^{ax} à l'unité; mais alors le premier terme de la somme S se réduit à une constante A. On peut donc énoncer encore la proposition suivante :

Théorème II. — *Nommons* S *une somme de la forme*

$$S = A + B e^{bx} + C e^{cx} + \ldots + G e^{gx} + H e^{hx}, \tag{6}$$

c'est-à-dire une somme composée d'un nombre fini de termes dont un seul A *soit constant, chacun des autres étant le produit d'un facteur constant par une exponentielle népérienne dont l'exposant soit proportionnel à x. Si les coefficients de la variable x, dans les diverses exponentielles, sont tous différents les uns des autres, la somme* S *ne pourra s'évanouir, pour une valeur quelconque de x, ou même pour toutes les valeurs de x voisines d'une valeur donnée, sans que chacun de ses termes s'évanouisse. Donc, si les constantes*

$$b, \quad c, \quad \ldots, \quad g, \quad h$$

sont toutes différentes les unes des autres et différentes de zéro, l'équation

$$A + B e^{bx} + C e^{cx} + \ldots + G e^{gx} + H e^{hx} = 0$$

entraînera chacune des suivantes :

$$A = 0, \quad B = 0, \quad C = 0, \quad \ldots, \quad G = 0, \quad H = 0.$$

Corollaire. — Nommons s une nouvelle somme qui ne diffère de la première S qu'en raison des valeurs attribuées aux coefficients des exponentielles, en sorte qu'on ait

$$s = \mathcal{A} + \mathcal{B} e^{bx} + \mathcal{C} e^{cx} + \ldots + \mathcal{G} e^{gx} + \mathcal{H} e^{hx}. \tag{7}$$

On tirera des équations (6) et (7)

$$S - s = A - \mathcal{A} + (B - \mathcal{B}) e^{bx} + (C - \mathcal{C}) e^{cx} + \ldots + (G - \mathcal{G}) e^{gx} + (H - \mathcal{H}) e^{hx}.$$

Cela posé, on conclura immédiatement du théorème III que, si les coefficients

$$b,\quad c,\quad \ldots,\quad g,\quad h$$

diffèrent tous les uns des autres et de zéro, l'équation

$$\mathrm{S}-\mathcal{S}=0$$

ne pourra subsister pour toutes les valeurs de x voisines d'une valeur donnée, sans entraîner les formules

$$\mathrm{A}=\mathcal{A},\qquad \mathrm{B}=\mathcal{B},\qquad \mathrm{C}=\mathcal{C},\qquad \ldots,\qquad \mathrm{G}=\mathcal{G},\qquad \mathrm{H}=\mathcal{H}.$$

En conséquence, on pourra énoncer la proposition suivante :

Théorème III. — *Si les constantes*

$$b,\quad c,\quad \ldots,\quad g,\quad h$$

étant toutes différentes les unes des autres et différentes de zéro, deux sommes S, $\mathcal{S}$ *de la forme*

$$(8)\qquad \left\{\begin{aligned} \mathrm{S}&=\mathrm{A}+\mathrm{B}\,e^{bx}+\mathrm{C}\,e^{cx}+\ldots+\mathrm{G}\,e^{gx}+\mathrm{H}\,e^{hx},\\ \mathcal{S}&=\mathcal{A}+\mathcal{B}\,e^{bx}+\mathcal{C}\,e^{cx}+\ldots+\mathcal{G}\,e^{gx}+\mathcal{H}\,e^{hx},\end{aligned}\right.$$

sont égales entre elles quelle que soit x, *ou seulement pour toutes les valeurs de* x *voisines d'une valeur donnée, les termes correspondants de ces deux sommes seront égaux, et par suite on aura*

$$(9)\qquad \mathrm{A}=\mathcal{A},\qquad \mathrm{B}=\mathcal{B},\qquad \mathrm{C}=\mathcal{C},\qquad \ldots,\qquad \mathrm{G}=\mathcal{G},\qquad \mathrm{H}=\mathcal{H}.$$

Corollaire. — Si les constantes

$$\mathcal{B},\quad \mathcal{C},\quad \ldots,\quad \mathcal{G},\quad \mathcal{H}$$

se réduisent à zéro, on obtiendra, au lieu du théorème III, le suivant :

Théorème IV. — *Soit*

$$\mathrm{S}=\mathrm{A}+\mathrm{B}\,e^{bx}+\mathrm{C}\,e^{cx}+\ldots+\mathrm{G}\,e^{gx}+\mathrm{H}\,e^{hx}$$

une somme composée d'un nombre fini de termes dont un seul A *soit constant, chacun des autres étant le produit de deux facteurs, l'un constant, l'autre variable avec* x, *et le facteur variable étant une exponentielle népérienne dont l'exposant soit proportionnel à* x. *Si, les coefficients*

$$b, \quad c, \quad \ldots, \quad g, \quad h$$

étant tous différents les uns des autres, la somme S *se réduit, quelle que soit* x, *ou même seulement pour toutes les valeurs de* x *voisines d'une valeur donnée, à une constante déterminée* $\mathcal{A}$; *chacun des termes variables de la somme* S, *c'est-à-dire chaque terme proportionnel à une exponentielle donnée, se réduira séparément à zéro, en sorte qu'on aura*

$$\mathrm{A} = \mathcal{A}, \qquad \mathrm{B} = 0, \qquad \mathrm{C} = 0, \qquad \ldots, \qquad \mathrm{G} = 0, \qquad \mathrm{H} = 0.$$

NOTE SUR QUELQUES PROPRIÉTÉS

DES

INTÉGRALES DÉFINIES SIMPLES OU MULTIPLES.

Soient

$$x_0 \quad \text{et} \quad X$$

deux valeurs réelles de la variable x et $f(x)$ une fonction réelle de cette variable. Soient d'ailleurs

$$x_1, \quad x_2, \quad \ldots, \quad x_{n-1}$$

de nouvelles valeurs de x interposées entre les limites

$$x_0, \quad X,$$

et qui aillent toujours en croissant ou en décroissant depuis la première limite jusqu'à la seconde, suivant que la différence $X - x_0$ sera positive ou négative. On pourra se servir de ces valeurs pour diviser la différence $X - x_0$ en éléments

$$x_1 - x_0, \qquad x_2 - x_1, \qquad x_3 - x_2, \qquad \ldots, \qquad X - x_{n-1}$$

qui seront tous de même signe; et, si la fonction $f(x)$ reste continue par rapport à la variable x pour des valeurs de cette variable intermédiaires entre x_0 et X, l'intégrale définie

$$\int_{x_0}^{X} f(x)\,dx$$

ne sera autre chose que la limite vers laquelle convergera la somme

$$(1) \quad S = (x_1 - x_0) f(x_0) + (x_2 - x_1) f(x_1) + \ldots + (X - x_{n-1}) f(x_{n-1}),$$

tandis que les éléments de la différence $X - x_0$ deviendront de plus en plus petits.

Concevons maintenant que la fonction $f(x)$ soit le produit de deux facteurs, et qu'on ait en conséquence

$$f(x) = \theta u,$$

θ, u désignant deux fonctions réelles et continues de x dont la seconde conserve toujours le même signe pour des valeurs de x intermédiaires entre x_0 et X. Si l'on nomme

$$\theta_0, \quad \theta_1, \quad \ldots, \quad \theta_{n-1}$$

les valeurs de θ, et

$$u_0, \quad u_1, \quad \ldots, \quad u_{n-1}$$

les valeurs de u, correspondantes aux valeurs

$$x_0, \quad x_1, \quad \ldots, \quad x_{n-1}$$

de la variable x, l'équation (1) donnera

$$(2) \qquad S = \theta_0 u_0 (x_1 - x_0) + \theta_1 u_1 (x_2 - x_1) + \ldots + \theta_{n-1} u_{n-1} (X - x_{n-1}).$$

D'ailleurs on démontre aisément la proposition suivante :

Théorème I. — *Si l'on représente par*

$$\alpha, \quad \alpha', \quad \alpha'', \quad \ldots$$

des quantités de même signe, et par

$$a, \quad a', \quad a'', \quad \ldots$$

des quantités quelconques, on aura toujours

$$a\alpha + a'\alpha' + a''\alpha'' + \ldots = (\alpha + \alpha' + \alpha'' + \ldots) M(a, a', a'', \ldots),$$

la notation

$$M(a, a', a'', \ldots)$$

désignant une moyenne entre les quantités a, a', a'', ...

En vertu de ce théorème, dont on peut voir la démonstration dans l'*Analyse algébrique* (p. 17) ([1]), on tirera de la formule (2)

$$S = \Theta[u_0(x_1 - x_0) + u_1(x_2 - x_1) + \ldots + u_{n-1}(X - x_{n-1})], \tag{3}$$

pourvu qu'on pose

$$\Theta = M(\theta_0, \theta_1, \ldots, \theta_{n-1}),$$

c'est-à-dire pourvu qu'on désigne par Θ une moyenne entre les quantités

$$\theta_0, \quad \theta_1, \quad \ldots, \quad \theta_{n-1},$$

par conséquent une moyenne entre les diverses valeurs qu'acquiert la fonction θ pour des valeurs de x intermédiaires entre x_0, X. Si maintenant on suppose que chacun des éléments de la différence $X - x_0$ devienne infiniment petit, le premier membre de l'équation (3) s'approchera indéfiniment de l'intégrale

$$\int_{x_0}^{X} f(x)\,dx = \int_{x_0}^{X} \theta u\,dx,$$

et la somme

$$u_0(x_1 - x_0) + u_2(x_2 - x_1) + \ldots + u_{n-1}(X - x_{n-1})$$

de l'intégrale

$$\int_{x_0}^{X} u\,dx.$$

Donc, en passant aux limites, on tirera de l'équation (3)

$$\int_{x_0}^{X} \theta u\,dx = \Theta \int_{x_0}^{X} u\,dx, \tag{4}$$

Θ désignant toujours une moyenne entre les valeurs qu'acquiert la fonction θ pour des valeurs de x intermédiaires entre x_0 et X.

Supposons maintenant que la fonction

$$f(x) = \theta u$$

([1]) *Œuvres de Cauchy*, S. II, T. III, p. 27.

cesse d'être finie, sans cesser d'être continue, et change brusquement de valeur avec l'un au moins de ses deux facteurs θ, u, pour certaines valeurs particulières de x intermédiaires entre x_0 et X. Si l'on désigne par

$$x_1, \quad x_2, \quad \ldots, \quad x_{n-1}$$

ces valeurs particulières, qui ne seront plus arbitrairement choisies comme dans l'équation (1), mais complètement déterminées, on aura

$$(5)\qquad \int_{x_0}^{X} f(x)\,dx = \int_{x_0}^{x_1} f(x)\,dx + \int_{x_1}^{x_2} f(x)\,dx + \ldots + \int_{x_{n-1}}^{X} f(x)\,dx,$$

ou, ce qui revient au même,

$$(6)\qquad \int_{x_0}^{X} \theta u\,dx = \int_{x_0}^{x_1} \theta u\,dx + \int_{x_1}^{x_2} \theta u\,dx + \ldots + \int_{x_{n-1}}^{X} \theta u\,dx.$$

D'ailleurs, comme la fonction $f(x)$ restera continue avec chacun de ses facteurs θ, u, pour toutes les valeurs de x renfermées entre les limites x_0, x_1, ou entre les limites x_1, x_2, ..., ou enfin entre les limites x_{n-1}, X; on tirera successivement de la formule (4)

$$\int_{x_0}^{x_1} \theta u\,dx = \Theta_0 \int_{x_0}^{x_1} u\,dx,$$

$$\int_{x_1}^{x_2} \theta u\,dx = \Theta_1 \int_{x_1}^{x_2} u\,dx,$$

$$\ldots\ldots\ldots\ldots\ldots\ldots\ldots\ldots$$

$$\int_{x_{n-1}}^{X} \theta u\,dx = \Theta_{n-1} \int_{x_{n-1}}^{X} u\,dx,$$

pourvu qu'on désigne généralement par Θ_m une moyenne entre les diverses valeurs qu'acquiert la fonction θ pour des valeurs de la variable x intermédiaires entre x_m et x_{m+1}. Or de ces dernières formules, jointes à l'équation (6) et au théorème I, on conclura immédiatement

$$\int_{x_0}^{X} \theta u\,dx = \left(\int_{x_0}^{x_1} u\,dx + \int_{x_1}^{x_2} u\,dx + \ldots + \int_{x_{n-1}}^{X} u\,dx\right) M(\Theta_0, \Theta_1, \ldots, \Theta_{n-1}),$$

ou, ce qui revient au même,

$$\int_{x_0}^{X} \theta u \, dx = \Theta \int_{x_0}^{x_1} u \, dx,$$

pourvu qu'on pose

$$\Theta = M(\Theta_0, \Theta_1, \ldots, \Theta_{n-1}),$$

c'est-à-dire pourvu qu'on désigne par Θ une moyenne entre les quantités

$$\Theta_0, \quad \Theta_1, \quad \ldots, \quad \Theta_{n-1},$$

et par conséquent une moyenne entre les diverses valeurs qu'acquiert la fonction θ pour des valeurs de la variable x intermédiaires entre x_0, X. Donc la proposition connue, que renferme l'équation (4), peut être étendue au cas où les fonctions de x représentées par θ, u, cessent d'être continues, sans cesser d'être finies. Il y a plus : en partant des définitions données et des principes développés dans le *Résumé des Leçons sur le Calcul infinitésimal* (¹), on reconnaîtra facilement que, si la fonction u offre constamment le même signe entre les limites $x = x_0$, $x = X$, la formule (4) subsistera toujours, ou subsistera du moins tant que les intégrales comprises dans ses deux membres conserveront des valeurs finies et déterminées. On peut donc énoncer la proposition suivante :

Théorème II. — *Si θ, u désignent deux fonctions réelles de la variable réelle x, et si la seconde de ces fonctions conserve constamment le même signe entre les limites $x = x_0$, $x = X$, on aura*

$$\int_{x_0}^{X} \theta u \, dx = \Theta \int_{x_0}^{X} u \, dx,$$

pourvu que les intégrales définies comprises dans la formule précédente offrent des valeurs déterminées, et que l'on désigne par Θ une moyenne entre les valeurs diverses qu'acquiert la fonction θ pour des valeurs de x comprises entre les limites $x = x_0$, $x = X$.

(¹) *Œuvres de Cauchy*, S. II, T. IV.

Corollaire I. — Si l'on pose $u = 1$, on aura simplement

$$\int_{x_0}^{X} \theta\, dx = \Theta(X - x_0).$$

Donc une intégrale définie simple est le produit de la différence entre les limites de la variable par une valeur moyenne de la fonction sous la lettre $\int$; et, si cette fonction conserve constamment le même signe, entre les limites de l'intégration, le signe de la différence entre ces limites, multiplié par le signe de la fonction, donnera pour produit le signe de l'intégrale.

Corollaire II. — Si l'on pose

$$\theta u = v, \qquad \theta = \frac{v}{u},$$

Θ représentera une des valeurs du rapport $\frac{u}{v}$, et, par suite, le théorème II entraînera le suivant :

THÉORÈME III. — *Si u, v désignent deux fonctions réelles de x, dont la première conserve constamment le même signe entre les limites réelles $x = x_0$, $x = X$, et si d'ailleurs les deux intégrales*

$$\int_{x_0}^{X} u\, dx, \quad \int_{x_0}^{X} v\, dx$$

offrent des valeurs déterminées, le rapport

$$\frac{\int_{x_0}^{X} v\, dx}{\int_{x_0}^{X} u\, dx}$$

sera une moyenne entre les diverses valeurs qu'acquiert le rapport

$$\frac{v}{u}$$

pour des valeurs de x intermédiaires entre x_0 et X.

Du théorème III on peut déduire immédiatement celui que nous allons énoncer :

THÉORÈME IV. — *Soient x, y deux variables réelles et u, v deux fonctions réelles de x, y, dont la première u conserve constamment le même signe pour toutes les valeurs de y renfermées entre les limites $y = y_0$, $y = Y$, les lettres y_0, Y désignant deux fonctions données de x, et pour toutes les valeurs de x renfermées entre les limites constantes $x = x_0$, $x = X$. Si la différence $Y - y_0$, considérée comme fonction de x, ne change pas de signe entre les limites $x = x_0$, $x = X$, si d'ailleurs les deux intégrales*

$$\int_{x_0}^{X}\int_{y_0}^{Y} u\,dx\,dy, \qquad \int_{x_0}^{X}\int_{y_0}^{Y} v\,dx\,dy$$

offrent des valeurs déterminées, le rapport

$$\frac{\int_{x_0}^{X}\int_{y_0}^{Y} v\,dx\,dy}{\int_{x_0}^{X}\int_{y_0}^{Y} u\,dx\,dy}$$

sera une moyenne entre les diverses valeurs qu'acquiert le rapport

$$\frac{v}{u}.$$

Démonstration. — Puisque la quantité u, considérée comme fonction de x, y, et la différence $Y - y_0$, considérée comme fonction de x, doivent, par hypothèse, ne pas changer de signes entre les limites des intégrations, on pourra en dire autant de la fonction de x représentée par l'intégrale

$$\int_{y_0}^{Y} u\,dx,$$

dont le signe, eu égard au corollaire I du théorème II, sera le produit du signe de u par le signe de $Y - y_0$. Cela posé, on conclura du théorème III que le rapport

$$\frac{\int_{x_0}^{X}\int_{y_0}^{Y} v\,dx\,dy}{\int_{x_0}^{X}\int_{y_0}^{Y} u\,dx\,dy}$$

est une moyenne entre les diverses valeurs du rapport

$$\frac{\int_{y_0}^{Y} v\,dy}{\int_{y_0}^{Y} u\,dy},$$

et ce dernier rapport une moyenne entre les diverses valeurs du rapport $\frac{v}{u}$.

En appliquant de semblables raisonnements à des intégrales triples, quadruples, etc., on établira généralement la proposition suivante :

Théorème V. — *Soient x, y, z, ... plusieurs variables réelles, et u, v deux fonctions réelles de x, y, z, ..., dont la première u conserve constamment le même signe pour toutes les valeurs de x renfermées entre les limites constantes x_0, X; pour toutes les valeurs de y renfermées entre les limites y_0, Y, qui représentent deux fonctions données de x; pour toutes les valeurs de z renfermées entre les limites z_0, Z, qui représentent deux fonctions données de x, y; etc. Supposons encore qu'entre ces limites chacune des différences*

$$Y - y_0, \quad Z - z_0, \quad \ldots,$$

considérée comme fonction de x, ou de x, y, etc., conserve constamment le même signe. Si chacune des intégrales

$$\int_{x_0}^{X}\int_{y_0}^{Y}\int_{z_0}^{Z} \ldots u\,dx\,dy\,dz\ldots, \quad \int_{x_0}^{X}\int_{y_0}^{Y}\int_{z_0}^{Z} \ldots v\,dx\,dy\,dz\ldots$$

offre une valeur déterminée, le rapport

$$\frac{\int_{x_0}^{X}\int_{y_0}^{Y}\int_{z_0}^{Z}\ldots v\,dx\,dy\,dz\ldots}{\int_{x_0}^{X}\int_{y_0}^{Y}\int_{z_0}^{Z}\ldots u\,dx\,dy\,dz\ldots}$$

sera une moyenne entre les diverses valeurs qu'acquiert le rapport $\frac{v}{u}$ *pour des valeurs de* $x, y, z, \ldots,$ *comprises entre les limites des intégrations.*

Comme les surfaces planes se trouvent représentées par des intégrales définies simples, et les volumes des solides par des intégrales définies doubles, les divers théorèmes que nous venons d'établir entraînent immédiatement plusieurs de ceux qui se trouvent énoncés dans les *Applications géométriques du Calcul infinitésimal* (¹) et en particulier les suivants :

THÉORÈME VI. — *Le rapport entre deux surfaces planes est toujours une quantité moyenne entre les diverses valeurs que peut acquérir le rapport des sections linéaires faites dans ces deux surfaces par un plan mobile qui demeure constamment parallèle à un plan donné.*

THÉORÈME VII. — *Le rapport entre les volumes renfermés dans deux enveloppes distinctes est une quantité moyenne entre les diverses valeurs que peut acquérir le rapport des longueurs interceptées par les deux enveloppes sur une droite mobile qui demeure constamment parallèle à un axe donné.*

Comme pour transformer le cercle dont le rayon est a en une ellipse dont les demi-axes sont a et b, il suffit de faire croître l'ordonnée du cercle dans un rapport égal à $\frac{b}{a}$, il suit du théorème VI que la surface de l'ellipse sera le produit de la surface du cercle par le rapport $\frac{b}{a}$.

(¹) *OEuvres de Cauchy*, S. II, T. V.

On retrouve ainsi, pour la surface de l'ellipse, l'expression connue

$$\pi a^2 \frac{b}{a} = \pi ab.$$

Pareillement, comme, pour transformer une sphère dont le rayon est a en un ellipsoïde dont les demi-axes soient

$$a, \quad b, \quad c,$$

il suffit de faire croître les ordonnées de la sphère, mesurées à partir de deux plans qui passent par le centre et se coupent à angles droits : 1° dans un rapport égal à $\frac{b}{a}$; 2° dans un rapport égal à $\frac{c}{a}$; il suit du théorème VII que le volume de l'ellipsoïde sera le produit du volume de la sphère par les deux rapports $\frac{b}{a}$, $\frac{c}{a}$. On retrouve ainsi, pour le volume de l'ellipsoïde, l'expression connue

$$\frac{4}{3}\pi a^3 \frac{b}{a}\frac{c}{a} = \frac{4}{3}\pi abc.$$

Pour obtenir les théorèmes VI et VII, il suffit d'exprimer les aires des surfaces planes et les volumes, à l'aide d'intégrales définies simples ou doubles, en faisant usage de coordonnées rectangulaires x, y, z. Mais à ces coordonnées rectangulaires on pourrait substituer des coordonnées polaires, savoir : le rayon vecteur r mené de l'origine des coordonnées à un point de l'espace, l'angle p formé par ce rayon vecteur avec un axe fixe mené par l'origine, et l'angle q formé par le plan qui renferme le rayon vecteur et l'axe fixe, avec un plan fixe passant par le même axe. D'autre part, si le rayon vecteur devient mobile, et si ce rayon, offrant une longueur variable avec sa direction, tourne autour de l'origine dans un plan ou dans l'espace, de manière à décrire une courbe ou une surface fermée qu'il traverse à chaque instant en un seul point; alors, pour représenter l'aire comprise dans la courbe plane, ou le volume enveloppé par la surface courbe, on obtiendra l'intégrale définie simple

$$\frac{1}{2}\int_0^{2\pi} r^2\,dp,$$

r étant fonction de p, ou l'intégrale définie double

$$\frac{1}{3}\int_0^{2\pi}\int_0^{\pi} r^3 \sin p \, dp \, dq,$$

r étant fonction de p et de q. Cela posé, on déduira immédiatement des théorèmes III et IV les propositions suivantes :

Théorème VIII. — *Le rapport entre les aires de deux surfaces planes engendrées par deux rayons vecteurs mobiles qui tournent simultanément dans un plan autour d'un point fixe, de manière à offrir des longueurs variables avec leur direction commune, est une moyenne entre les diverses valeurs qu'acquiert successivement le carré du rapport de ces deux rayons vecteurs.*

Théorème IX. — *Le rapport entre les volumes engendrés par deux rayons vecteurs mobiles qui tournent dans l'espace autour d'un point fixe, de manière à offrir des longueurs variables avec leur direction commune, est une moyenne entre les diverses valeurs qu'acquiert successivement le cube du rapport de ces rayons vecteurs.*

Dans le cas où les deux rayons vecteurs cessent d'exécuter une rotation complète autour du point fixe, les limites des intégrales relatives à p et à q demeurent quelconques; mais le rapport des aires ou des volumes engendrés est toujours évidemment celui qu'indique le théorème VIII ou le théorème IX.

Lorsque deux rayons vecteurs mobiles, comptés à partir d'un point fixe, tournent simultanément autour de ce point dans un plan ou dans l'espace, de telle manière que leurs longueurs, mesurées à chaque instant dans une même direction, conservent toujours entre elles le même rapport, les deux courbes planes, ou les deux surfaces courbes, décrites par les deux extrémités de ces rayons vecteurs, sont ce qu'on appelle des *courbes semblables* ou des *surfaces semblables*. Cela posé, les théorèmes VIII et IX entraînent évidemment les propositions suivantes :

Théorème X. — *Le rapport des aires renfermées dans deux courbes semblables, engendrées par les extrémités de deux rayons vecteurs qui tournent simultanément dans un plan autour d'un point fixe, en conservant toujours entre eux le même rapport, est égal au carré de ce rapport.*

Théorème XI. — *Le rapport des volumes renfermés dans deux surfaces semblables engendrées par les extrémités de deux rayons vecteurs qui tournent dans l'espace autour d'un point fixe, en conservant toujours entre eux le même rapport, est égal au cube de ce rapport.*

MÉMOIRE

SUR

LES DILATATIONS, LES CONDENSATIONS ET LES ROTATIONS

PRODUITES PAR UN CHANGEMENT DE FORME

DANS UN SYSTÈME DE POINTS MATÉRIELS.

Pour être en état d'appliquer facilement la Géométrie à la Mécanique, il ne suffit pas de connaître les diverses formes que les lignes ou surfaces peuvent présenter, et les propriétés de ces lignes ou de ces surfaces, mais il importe encore de savoir quels sont les changements de forme que peuvent subir les corps considérés comme des systèmes de points matériels, et à quelles lois générales ces changements de forme se trouvent assujettis. Ces lois ne paraissent pas moins dignes d'être étudiées que celles qui expriment les propriétés générales des lignes courbes ou des surfaces courbes; et aux théorèmes d'Euler ou de Meusnier sur la courbure des surfaces qui limitent les corps, on peut ajouter d'autres théorèmes qui aient pour objet les condensations ou les dilatations linéaires, et les autres modifications éprouvées en chaque point par un corps qui vient à changer de forme. Déjà, dans un Mémoire qui a été présenté à l'Académie des Sciences le 30 septembre 1822 et publié par extrait dans le *Bulletin de la Société Philomathique* (¹), j'ai donné la théorie des condensations ou dilatations linéaires, et les lois de leurs variations dans un système de points matériels. A cette théorie, fondée sur une analyse que j'ai développée dans le second Volume des

(¹) *OEuvres de Cauchy*, S. II, T. II.

Exercices de Mathématiques ([1]), et que je vais reproduire avec quelques légères modifications, je me propose de joindre ici la théorie des rotations qu'exécutent, en se déformant, des axes menés par un point quelconque du système.

ANALYSE.

I. — *Formules générales relatives au changement de forme que peut subir un système de points matériels.*

Considérons un système de points matériels rapporté à trois axes coordonnés et rectangulaires. Soient, dans un premier état du système :

x, y, z les coordonnées d'une molécule $\mathfrak{m}$ supposée réduite à un point matériel ;

$x+\Delta x$, $y+\Delta y$, $z+\Delta z$ les coordonnées d'une autre molécule m ;

r le rayon vecteur mené de la molécule $\mathfrak{m}$ à la molécule m ;

a, b, c les cosinus des angles formés par ce rayon vecteur avec les demi-axes des coordonnées positives.

On aura non seulement

$$r^2 = \Delta x^2 + \Delta y^2 + \Delta z^2, \tag{1}$$

mais encore

$$a = \frac{\Delta x}{r}, \qquad b = \frac{\Delta y}{r}, \qquad c = \frac{\Delta z}{r}, \tag{2}$$

et

$$a^2 + b^2 + c^2 = 1. \tag{3}$$

Concevons maintenant que le système donné de points matériels vienne à se mouvoir et à changer de forme. Soient, dans le second état du système :

ξ, η, ζ les déplacements de la molécule $\mathfrak{m}$, mesurés parallèlement aux axes coordonnés ;

$\xi+\Delta\xi$, $\eta+\Delta\eta$, $\zeta+\Delta\zeta$ les déplacements correspondants de la molécule m ;

([1]) *OEuvres de Cauchy*, S. II, T. VII.

$r+\rho$ le rayon vecteur mené de la molécule $\mathfrak{m}$ à la molécule m;

$\mathfrak{a}, \mathfrak{b}, \mathfrak{c}$ les cosinus des angles formés par ce rayon vecteur avec les demi-axes des coordonnées positives.

Les coordonnées de la molécule $\mathfrak{m}$, dans le second état du système, seront

$$x+\xi,\qquad y+\eta,\qquad z+\zeta,$$

tandis que celles de la molécule m seront

$$x+\xi+\Delta x+\Delta\xi,\quad y+\eta+\Delta y+\Delta\eta,\quad z+\zeta+\Delta z+\Delta\zeta;$$

et, par suite, la différence entre les coordonnées des deux molécules, ou les projections algébriques du rayon vecteur $r+\rho$ sur les demi-axes des coordonnées positives, se trouveront représentées par les binomes

$$\Delta x+\Delta\xi,\quad \Delta y+\Delta\eta,\quad \Delta z+\Delta\zeta.$$

En conséquence, on aura non seulement

$$(4)\qquad (r+\rho)^2=(\Delta x+\Delta\xi)^2+(\Delta y+\Delta\eta)^2+(\Delta z+\Delta\zeta)^2,$$

mais encore

$$(5)\qquad \mathfrak{a}=\frac{\Delta x+\Delta\xi}{r+\rho},\qquad \mathfrak{b}=\frac{\Delta y+\Delta\eta}{r+\rho},\qquad \mathfrak{c}=\frac{\Delta z+\Delta\zeta}{r+\rho}$$

et

$$(6)\qquad \mathfrak{a}^2+\mathfrak{b}^2+\mathfrak{c}^2=1.$$

Ce n'est pas tout : si l'on pose

$$(7)\qquad \varepsilon=\frac{\rho}{r},$$

on tirera des équations (4) et (5), jointes aux formules (1) et (2),

$$(8)\qquad (1+\varepsilon)^2=\left(a+\frac{\Delta\xi}{r}\right)^2+\left(b+\frac{\Delta\eta}{r}\right)^2+\left(c+\frac{\Delta\zeta}{r}\right)^2,$$

$$(9)\quad \mathfrak{a}=\frac{1}{1+\varepsilon}\left(a+\frac{\Delta\xi}{r}\right),\qquad \mathfrak{b}=\frac{1}{1+\varepsilon}\left(b+\frac{\Delta\eta}{r}\right),\qquad \mathfrak{c}=\frac{1}{1+\varepsilon}\left(c+\frac{\Delta\zeta}{r}\right);$$

la quantité ε, déterminée par la formule (7), représente évidemment *la dilatation linéaire* que subit la distance r comprise entre les molécules $\mathfrak{m}$ et m, tandis que le système donné passe du premier état au second. Lorsque ε devient négatif avec ρ, la dilatation dont il s'agit se transforme en une condensation linéaire représentée par la valeur numérique de ε.

Supposons maintenant qu'on désigne par O et par O′ les points de l'espace avec lesquels coïncide successivement la molécule $\mathfrak{m}$ dans le premier et dans le second état du système, puis par OA et par O′A′ les demi-axes qui, dans ces deux états, offrent pour directions celles des rayons vecteurs r et $r + \rho$. Supposons encore, pour fixer les idées, les demi-axes des coordonnées positives disposés de telle manière que les mouvements de rotation, exécutés de droite à gauche autour de ces demi-axes, soient, dans les plans coordonnés, des mouvements directs. Enfin nommons

$$\delta$$

l'angle formé dans l'espace par le demi-axe O′A′ avec le demi-axe OA, ou, ce qui revient au même, avec un demi-axe parallèle mené par le point O′; et représentons par

$$\varphi, \quad \chi, \quad \psi$$

les *projections algébriques* de l'angle δ sur les plans coordonnés, c'est-à-dire, en d'autres termes, les trois angles formés dans ces plans par les projections du rayon vecteur $r + \rho$ avec les projections du rayon vecteur r, chacun de ces angles étant pris d'ailleurs avec le signe $+$ ou avec le signe $-$, suivant que le mouvement de rotation d'un rayon vecteur qui tourne de manière à s'appliquer successivement sur les projections de r et de $r + \rho$, est direct ou rétrograde. On aura, d'après une formule connue,

$$\cos\delta = a\mathfrak{a} + b\mathfrak{b} + c\mathfrak{c};$$

puis de cette dernière équation, jointe aux formules (3) et (6), on conclura

$$\sin^2\delta = 1 - \cos^2\delta = (a^2 + b^2 + c^2)(\mathfrak{a}^2 + \mathfrak{b}^2 + \mathfrak{c}^2) - (a\mathfrak{a} + b\mathfrak{b} + c\mathfrak{c})^2,$$

ou, ce qui revient au même,

$$\sin^2\delta = (b\mathfrak{c} - \mathfrak{b}c)^2 + (c\mathfrak{a} - \mathfrak{c}a)^2 + (a\mathfrak{b} - \mathfrak{a}b)^2$$

et par suite

$$(10) \qquad \sin\delta = [(b\mathfrak{c} - \mathfrak{b}c)^2 + (c\mathfrak{a} - \mathfrak{c}a)^2 + (a\mathfrak{b} - \mathfrak{a}b)^2]^{\frac{1}{2}}.$$

De plus, l'angle φ n'étant autre chose que la différence entre deux angles qui auront pour tangentes

$$\frac{\mathfrak{c}}{\mathfrak{b}} \quad \text{et} \quad \frac{c}{b},$$

on en conclura

$$\operatorname{tang}\varphi = \frac{\frac{\mathfrak{c}}{\mathfrak{b}} - \frac{c}{b}}{1 + \frac{c}{b}\frac{\mathfrak{c}}{\mathfrak{b}}},$$

par conséquent

$$(11) \quad \begin{cases} \operatorname{tang}\varphi = \dfrac{b\mathfrak{c} - \mathfrak{b}c}{b\mathfrak{b} + c\mathfrak{c}}; \\ \text{on trouvera de même} \\ \operatorname{tang}\chi = \dfrac{c\mathfrak{a} - \mathfrak{c}a}{c\mathfrak{c} + a\mathfrak{a}} \\ \text{et} \\ \operatorname{tang}\psi = \dfrac{a\mathfrak{b} - \mathfrak{a}b}{a\mathfrak{a} + b\mathfrak{b}}. \end{cases}$$

Il est bon d'observer que, en vertu des équations (9), les trois différences

$$b\mathfrak{c} - \mathfrak{b}c, \quad c\mathfrak{a} - \mathfrak{c}a, \quad a\mathfrak{b} - \mathfrak{a}b$$

auront pour valeurs respectives

$$(12) \quad b\mathfrak{c} - \mathfrak{b}c = \frac{b\,\Delta\zeta - c\,\Delta\eta}{(1+\varepsilon)r}, \quad c\mathfrak{a} - \mathfrak{c}a = \frac{c\,\Delta\xi - a\,\Delta\zeta}{(1+\varepsilon)r}, \quad a\mathfrak{b} - \mathfrak{a}b = \frac{a\,\Delta\eta - b\,\Delta\xi}{(1+\varepsilon)r}.$$

Dans les diverses formules ci-dessus établies, les déplacements moléculaires

$$\xi, \quad \eta, \quad \zeta,$$

étant variables avec la position de la molécule $\mathfrak{m}$, doivent être considérés comme des fonctions des coordonnées x, y, z. Passons maintenant à d'autres formules, qu'on déduit immédiatement des précédentes, en supposant que ces fonctions soient continues.

Lorsque la direction du demi-axe OA restant invariable, la molécule m se rapproche indéfiniment de la molécule $\mathfrak{m}$, chacune des quantités

$$r, \quad \Delta\xi, \quad \Delta\eta, \quad \Delta\zeta$$

se rapproche indéfiniment de la limite zéro; mais il n'en est pas de même des rapports

$$\frac{\Delta\xi}{r}, \quad \frac{\Delta\eta}{r}, \quad \frac{\Delta\zeta}{r},$$

dont chacun converge vers une limite qu'on détermine sans peine à l'aide des considérations suivantes :

Représentons par

$$f(x, y, z)$$

une fonction continue de x, y, z, par exemple un des déplacements ξ, η, ζ. On aura

$$\Delta f(x, y, z) = f(x + \Delta x, y + \Delta y, z + \Delta z) - f(x, y, z),$$

et par suite, eu égard aux formules (2),

$$\frac{\Delta f(x, y, z)}{r} = \frac{f(x + ar, y + br, z + cr) - f(x, y, z)}{r}. \tag{13}$$

Or, tandis que r s'approche indéfiniment de zéro, la limite vers laquelle converge le second membre de l'équation (13) se réduit à la valeur que prend la dérivée

$$D_r f(x + ar, y + br, z + cr)$$

pour une valeur nulle de r, c'est-à-dire au trinome

$$a D_x f(x, y, z) + b D_y f(x, y, z) + c D_z f(x, y, z).$$

Donc les limites vers lesquelles convergent les rapports

$$\frac{\Delta\xi}{r}, \quad \frac{\Delta\eta}{r}, \quad \frac{\Delta\zeta}{r},$$

pour des valeurs décroissantes de r, seront déterminées par les formules

$$(14)\qquad \begin{cases} \lim \dfrac{\Delta\xi}{r} = a\mathrm{D}_x\xi + b\mathrm{D}_y\xi + c\mathrm{D}_z\xi, \\ \lim \dfrac{\Delta\eta}{r} = a\mathrm{D}_x\eta + b\mathrm{D}_y\eta + c\mathrm{D}_z\eta, \\ \lim \dfrac{\Delta\zeta}{r} = a\mathrm{D}_x\zeta + b\mathrm{D}_y\zeta + c\mathrm{D}_z\zeta. \end{cases}$$

Cela posé, si la molécule $\mathfrak{m}$ se rapproche indéfiniment de la molécule m, ou, ce qui revient au même, si r décroît indéfiniment, les valeurs de

$$\varepsilon,\quad \mathfrak{a},\quad \mathfrak{b},\quad \mathfrak{c},\quad \delta,\quad \varphi,\quad \chi,\quad \psi,$$

fournies par les équations (8), (9), (10) et (11), convergeront elles-mêmes vers des limites qu'on obtiendra aisément en substituant dans les équations (8) et (9), à la place des rapports

$$\frac{\Delta\xi}{r},\quad \frac{\Delta\eta}{r},\quad \frac{\Delta\zeta}{r},$$

les seconds membres des formules (14). En opérant ainsi on trouvera, au lieu des équations (8) et (9), les suivantes :

$$(15)\qquad \begin{aligned} (1+\varepsilon)^2 = {} & [a(1+\mathrm{D}_x\xi) + b\mathrm{D}_y\xi + c\mathrm{D}_z\xi]^2 \\ & + [a\mathrm{D}_x\eta + b(1+\mathrm{D}_y\eta) + c\mathrm{D}_z\eta]^2 \\ & + [a\mathrm{D}_x\zeta + b\mathrm{D}_y\zeta + c(1+\mathrm{D}_z\zeta)]^2, \end{aligned}$$

$$(16)\qquad \begin{cases} \mathfrak{a} = \dfrac{1}{1+\varepsilon}[a(1+\mathrm{D}_x\xi) + b\mathrm{D}_y\xi + c\mathrm{D}_z\xi], \\ \mathfrak{b} = \dfrac{1}{1+\varepsilon}[a\mathrm{D}_x\eta + b(1+\mathrm{D}_y\eta) + c\mathrm{D}_z\eta], \\ \mathfrak{c} = \dfrac{1}{1+\varepsilon}[a\mathrm{D}_x\zeta + b\mathrm{D}_y\zeta + c(1+\mathrm{D}_z\zeta)]; \end{cases}$$

et, à la place des formules (12), les suivantes :

$$(17)\qquad \begin{cases} b\mathfrak{c} - \mathfrak{b}c = \dfrac{1}{1+\varepsilon}(a\mathrm{D}_x + b\mathrm{D}_y + c\mathrm{D}_z)(b\zeta - c\eta), \\ c\mathfrak{a} - \mathfrak{c}a = \dfrac{1}{1+\varepsilon}(a\mathrm{D}_x + b\mathrm{D}_y + c\mathrm{D}_z)(c\xi - a\zeta), \\ a\mathfrak{b} - \mathfrak{a}b = \dfrac{1}{1+\varepsilon}(a\mathrm{D}_x + b\mathrm{D}_y + c\mathrm{D}_z)(a\eta - b\xi). \end{cases}$$

Il est d'ailleurs facile de voir ce que représenteront les valeurs de

$$\varepsilon,\quad a,\quad b,\quad c,\quad \delta,\quad \varphi,\quad \chi,\quad \psi,$$

déterminées par le système des équations (15) et (16), jointes aux formules (10) et (11); et d'abord, pour une valeur nulle de r, le demi-axe O′A′, relatif au second état du système de points matériels, se confondra évidemment avec la tangente menée par le point O′ à la courbe en laquelle se sera métamorphosé, en se déformant, le demi-axe OA mené par le point O. Cela posé, les angles dont les cosinus seront a', b', c' détermineront, dans le second état du système, la *nouvelle direction* que l'axe OA, en se courbant et se déplaçant, aura prise à partir du point avec lequel coïncide la molécule $\mathfrak{m}$; et l'angle δ mesurera ce qu'on peut appeler la *rotation du demi-axe* OA autour de cette molécule. Quant aux angles

$$\varphi,\quad \chi,\quad \psi,$$

ils représenteront toujours les projections algébriques de l'angle δ sur les plans coordonnés. Enfin la quantité ε, déterminée par l'équation (17), représentera évidemment, dans le second état du système de points matériels, ce qu'on peut appeler la *dilatation linéaire* du système, mesurée au point O′ suivant la direction O′A′.

Considérons en particulier le cas où le demi-axe OA est parallèle au plan des y, z. Dans ce cas on trouve

$$a = 0;$$

et, en nommant τ l'angle polaire formé par le demi-axe OA avec celui des y positives, on a encore

$$b = \cos\tau, \qquad c = \sin\tau.$$

Par suite, on tire de la première des formules (11) jointe aux équations (16),

$$(18)\qquad \operatorname{tang}\varphi = \frac{(b\mathrm{D}_y + c\mathrm{D}_z)(b\zeta - c\eta)}{1 + (b\mathrm{D}_y + c\mathrm{D}_z)(b\eta + c\zeta)},$$

ou, ce qui revient au même,

$$(19) \qquad \operatorname{tang}\varphi = \frac{(\cos\tau D_y + \sin\tau D_z)(\zeta\cos\tau - \eta\sin\tau)}{1 + (\cos\tau D_y + \sin\tau D_z)(\eta\cos\tau + \zeta\sin\tau)}.$$

Alors φ représente ce qu'on peut appeler la *rotation du demi-axe* OA autour d'un demi-axe parallèle à celui des x positives. D'ailleurs, si la direction du demi-axe OA vient à varier avec l'angle τ dans un plan parallèle au plan des y, z, la rotation φ variera elle-même; et, si l'on pose

$$(20) \qquad \alpha = \frac{1}{2\pi}\int_0^{2\pi} \varphi\, d\tau,$$

φ étant déterminé en fonction de τ par la formule (19), α représentera la valeur moyenne de cette rotation, ou ce qu'on peut appeler la *rotation moyenne* du système autour d'un demi-axe parallèle à celui des x positives. Enfin on arrivera encore à des conclusions semblables, en supposant le demi-axe OA renfermé dans un plan parallèle au plan des z, x ou des x, y; et si, en attribuant à χ une valeur déterminée par l'équation

$$(21) \qquad \operatorname{tang}\chi = \frac{(\cos\tau D_z + \sin\tau D_x)(\xi\cos\tau - \zeta\sin\tau)}{1 + (\cos\tau D_z + \sin\tau D_x)(\zeta\cos\tau + \xi\sin\tau)},$$

on prend

$$(22) \qquad 6 = \frac{1}{2\pi}\int_0^{2\pi} \chi\, d\tau,$$

ou si, en supposant

$$(23) \qquad \operatorname{tang}\psi = \frac{(\cos\tau D_x + \sin\tau D_y)(\eta\cos\tau - \xi\sin\tau)}{1 + (\cos\tau D_x + \sin\tau D_y)(\xi\cos\tau + \eta\sin\tau)},$$

on prend

$$(24) \qquad \gamma = \frac{1}{2\pi}\int_0^{2\pi} \psi\, d\tau,$$

6, γ représenteront ce qu'on peut appeler les *rotations moyennes du système* autour des demi-axes menés par la molécule m parallèlement à ceux des y et des z positives.

Puisque l'angle φ, déterminé par la première des formules (11), est la différence entre deux arcs dont les tangentes sont

$$\frac{\mathfrak{c}}{\mathfrak{b}}, \quad \frac{c}{b},$$

et que, pour passer de la première des formules (11) à l'équation (19), il suffit de poser

$$a = 0, \qquad b = \cos\tau, \qquad c = \sin\tau,$$

par conséquent

$$\frac{c}{b} = \operatorname{tang}\tau;$$

et de plus, eu égard aux formules (16),

$$\frac{\mathfrak{c}}{\mathfrak{b}} = \frac{a D_x\zeta + b D_y\zeta + c(1 + D_z\zeta)}{a D_x\eta + b(1 + D_y\eta) + c D_z\eta} = \frac{\cos\tau D_y\zeta + \sin\tau(1 + D_z\zeta)}{\cos\tau(1 + D_y\eta) + \sin\tau D_z\eta},$$

ou, ce qui revient au même,

$$\frac{\mathfrak{c}}{\mathfrak{b}} = \frac{D_y\zeta + (1 + D_z\zeta)\operatorname{tang}\tau}{1 + D_y\eta + D_z\eta \operatorname{tang}\tau};$$

il est clair que, dans la formule (20), on pourra supposer à volonté la valeur de φ déterminée ou par l'équation (19) ou par la suivante :

$$(25) \qquad \operatorname{tang}(\varphi + \tau) = \frac{D_y\zeta + (1 + D_z\zeta)\operatorname{tang}\tau}{1 + D_y\eta + D_z\eta \operatorname{tang}\tau}.$$

Pareillement on pourra supposer à volonté, dans la formule (22), l'angle χ déterminé ou par l'équation (21) ou par la suivante :

$$(26) \qquad \operatorname{tang}(\chi + \tau) = \frac{D_z\xi + (1 + D_x\xi)\operatorname{tang}\tau}{1 + D_z\zeta + D_x\zeta \operatorname{tang}\tau};$$

et, dans la formule (24), l'angle ψ déterminé ou par l'équation (23) ou par la suivante :

$$(27) \qquad \operatorname{tang}(\psi + \tau) = \frac{D_x\eta + (1 + D_y\eta)\operatorname{tang}\tau}{1 + D_x\xi + D_y\xi \operatorname{tang}\tau}.$$

Des formules jusqu'ici obtenues se déduisent diverses conséquences dignes de remarque, et d'abord il résulte de la formule (15) que *le rapport*

$$\frac{1}{1+\varepsilon}$$

varie avec la direction du demi-axe OA *de manière à pouvoir être constamment représenté par le rayon vecteur d'un ellipsoïde dont l'équation serait*

$$(28) \qquad \begin{aligned} 1 = {} & [x(1+D_x\xi) + yD_y\xi + zD_z\xi]^2 \\ & + [xD_x\eta + y(1+D_y\eta) + zD_z\eta]^2 \\ & + [xD_x\zeta + yD_y\zeta + z(1+zD_z\zeta]^2, \end{aligned}$$

les lettres x, y, z désignant les coordonnées courantes de cet ellipsoïde. Il est d'ailleurs bon d'observer que l'équation (15) est précisément celle qu'on obtient quand on élimine $\mathfrak{a}$, $\mathfrak{b}$, $\mathfrak{c}$ de l'équation (6), à l'aide des formules (16). Si, à l'aide des mêmes formules, on éliminait a, b, c de l'équation (2), on obtiendrait une autre équation de laquelle il résulterait que *le binome*

$$1+\varepsilon,$$

considéré comme une quantité qui varie avec la direction du demi-axe O'A', *est représenté par le rayon vecteur* $\imath$ *d'un second ellipsoïde.* Nous appellerons *dilatations ou condensations principales* celles qui correspondent aux trois axes de l'un ou de l'autre ellipsoïde, et parmi lesquelles se rencontrent toujours les dilatations ou condensations *maximum* et *minimum*. Cela posé, il est clair que *les trois directions dans lesquelles se mesureront les dilatations ou condensations linéaires seront celles de trois demi-axes qui se couperont à angles droits.* Ces conclusions s'accordent avec les formules que j'ai données en 1822, dans le Volume II des *Exercices de Mathématiques*. (*Voir* la page 60 et les suivantes.) ([1]).

On peut encore conclure généralement de l'équation (10), après en

([1]) *OEuvres de Cauchy*, S. II, T. VII, p. 82 et suiv.

avoir éliminé $\mathfrak{a}$, $\mathfrak{b}$, $\mathfrak{c}$, à l'aide des formules (16), que, *si le rapport*

$$\frac{1}{(1+\varepsilon)\sin\delta}$$

varie avec la direction du demi-axe OA, *il se trouvera représenté par le carré du rayon vecteur d'une surface du quatrième degré dont l'équation sera*

$$(29)\qquad \begin{aligned} 1 = {} & [(\mathrm{x}\mathrm{D}_x + \mathrm{y}\mathrm{D}_y + \mathrm{z}\mathrm{D}_z)(\mathrm{y}\zeta - \mathrm{z}\eta)]^2 \\ & + [(\mathrm{x}\mathrm{D}_x + \mathrm{y}\mathrm{D}_y + \mathrm{z}\mathrm{D}_z)(\mathrm{z}\xi - \mathrm{x}\zeta)]^2 \\ & + [(\mathrm{x}\mathrm{D}_x + \mathrm{y}\mathrm{D}_y + \mathrm{z}\mathrm{D}_z)(\mathrm{x}\eta - \mathrm{y}\xi)]^2. \end{aligned}$$

Si, au contraire, à l'aide des formules (16), on éliminait a, b, c de l'équation (10), on conclurait de l'équation résultante que *le rapport*

$$\frac{1+\varepsilon}{\sin\delta},$$

considéré comme variable avec la direction du demi-axe O'A', *peut être représenté par le carré du rayon vecteur d'une autre surface du quatrième degré.*

Enfin on conclura des formules (11) et (16) que *la tangente de chacun des angles* φ, χ, ψ *varie avec la direction du demi-axe* OA, *ou bien encore avec la direction du demi-axe* O'A', *de manière à être constamment représentée par le rapport entre les carrés des rayons vecteurs de deux surfaces du second degré.*

Concevons à présent qu'on cherche la rotation moyenne du système de points matériels donné, non plus autour de trois demi-axes parallèles à ceux des x, y et z positives, mais autour de trois autres demi-axes OA, OB, OC rectangulaires entre eux. Supposons que les cosinus des angles formés, avec les demi-axes des x, y et z positives, par les demi-axes OA ou OB ou OC, soient respectivement

$$a,\quad b,\quad c$$

ou

$$a',\quad b',\quad c'$$

ou

$$a'',\quad b'',\quad c'',$$

les trois nouveaux demi-axes OA, OB, OC étant tels qu'un mouvement de rotation imprimé à leur système puisse les faire coïncider, le premier avec le demi-axe des x positives, le deuxième avec le demi-axe des y positives, le troisième avec le demi-axe des z positives. Les neuf cosinus

$$a,\quad b,\quad c;\qquad a',\quad b',\quad c';\qquad a'',\quad b'',\quad c''$$

seront liés entre eux non seulement par les formules

$$(30)\quad \begin{cases} a^2+b^2+c^2=1, & a'^2+b'^2+c'^2=1, & a''^2+b''^2+c''^2=1 \\ a'a''+b'b''+c'c''=0, & a''a+b''b+c''c=0, & aa'+bb'+cc'=0, \end{cases}$$

mais encore par la suivante :

$$(31)\qquad ab'c''-ab''c'+a'b''c-a'bc''+a''bc'-a''b'c=1.$$

Cela posé, pour obtenir les rotations moyennes du système de points matériels donné autour des nouveaux demi-axes, il suffira d'opérer comme s'il s'agissait d'une simple transformation de coordonnées rectangulaires, et de remplacer en conséquence dans les valeurs de φ, χ, ψ déterminées par le système des formules (19) et (20), ou (21) et (22), ou (23) et (24), non seulement

$$\xi,\quad \eta,\quad \zeta$$

par les trinomes

$$a\xi+b\eta+c\zeta,\quad a'\xi+b'\eta+c'\zeta,\quad a''\xi+b''\eta+c''\zeta,$$

mais encore les caractéristiques

$$D_x,\quad D_y,\quad D_z$$

par

$$aD_x+bD_y+cD_z,\quad a'D_x+b'D_y+c'D_z,\quad a''D_x+b''D_y+c''D_z.$$

Ainsi, en particulier, si l'on nomme θ la rotation moyenne du système autour du demi-axe OA qui forme avec ceux des coordonnées positives des angles dont les cosinus sont

$$a,\quad b,\quad c,$$

c'est-à-dire, si l'on désigne par θ une quantité dont la valeur numérique soit l'angle qui mesure cette rotation moyenne, en supposant d'ailleurs θ positif ou négatif, suivant que cette rotation moyenne s'exécute de droite à gauche ou de gauche à droite autour du demi-axe OA; on aura

$$\theta = \frac{1}{2\pi}\int_0^{2\pi} \varpi \, d\tau, \tag{32}$$

ϖ étant ce que devient l'angle φ déterminé par l'équation (19) ou (25), quand on remplace dans cette équation

$$\eta, \quad \zeta$$

par

$$a'\xi + b'\eta + c'\zeta, \quad a''\xi + b''\eta + c''\zeta$$

et

$$D_x, \quad D_y$$

par

$$a' D_x + b' D_y + c' D_z, \quad a'' D_x + b'' D_y + c'' D_z.$$

En conséquence, la valeur de ϖ, qui devra être substituée dans la formule (32), sera celle que déterminera l'équation

$$\tang(\varpi + \tau) = \frac{\tang\tau + [a' D_x + b' D_y + c' D_z + (a'' D_x + b'' D_y + c'' D_z)\tang\tau](a''\xi + b''\eta + c''\zeta)}{1 + [a' D_x + b' D_y + c' D_z + (a'' D_x + b'' D_y + c'' D_z)\tang\tau](a'\xi + b'\eta + c'\zeta)}. \tag{33}$$

Dans cette dernière équation, les six quantités

$$a', \quad b', \quad c', \qquad a'', \quad b'', \quad c''$$

se trouvent liées les unes aux autres, et aux quantités a, b, c, par les cinq dernières des formules (30), à l'une desquelles on peut substituer la formule (31). On pourra donc supposer cinq de ces quantités déterminées en fonction de la sixième, considérée comme constante arbitraire, et des cosinus a, b, c. Mais la constante arbitraire dont il s'agit devra toujours disparaître de la valeur de θ que fournira l'équation (32). Car cette valeur de θ, ou la rotation moyenne du système de points matériels autour du demi-axe OA, ne pourra dépendre que de la direction de ce demi-axe, et par conséquent des cosinus a, b, c.

Faisons voir maintenant comment on peut obtenir cinq des quantités

$$a', \quad b', \quad c', \qquad a'', \quad b'', \quad c'',$$

par exemple les cinq dernières, exprimées en fonction de la première a' et de a, b, c.

Remarquons d'abord que, eu égard à la formule (31), la troisième et la quatrième des équations (30) donneront

$$(34) \qquad a'' = bc' - b'c, \qquad b'' = ca' - c'a, \qquad c'' = ab' - a'b.$$

D'autre part, les deux premières et la dernière des formules (30) donneront non seulement

$$(b^2 + c^2)(b'^2 + c'^2) - (bb' + cc')^2 = 1 - a^2 - a'^2,$$

et par suite

$$bc' - b'c = \pm(1 - a^2 - a'^2)^{\frac{1}{2}},$$

mais encore

$$bb' + cc' = -aa';$$

puis on en conclura

$$(35) \quad b' = -\frac{aba' \pm c(1 - a^2 - a'^2)^{\frac{1}{2}}}{b^2 + c^2}, \qquad c' = -\frac{aca' \mp b(1 - a^2 - a'^2)^{\frac{1}{2}}}{b^2 + c^2}.$$

Il ne reste plus qu'à substituer les valeurs précédentes de b' et de c' dans les formules (34), pour obtenir les cinq quantités

$$b' \quad c', \qquad a'', \quad b'', \quad c'',$$

exprimées en fonction de a, b, c et de a'.

Au reste, θ devant être indépendant de a', on peut, dans le second membre de la formule (33), se borner à substituer non pas les valeurs générales des quantités

$$b'. \quad c', \qquad a'', \quad b'', \quad c'',$$

déduites des formules (34) et (35), mais les valeurs particulières qu'acquièrent ces quantités, quand on attribue au cosinus a' une valeur particulière, par exemple quand on suppose

$$a' = 0.$$

Dans cette hypothèse, on tire des formules (34) et (35)

$$\frac{b'}{c} = \frac{c'}{-b} = \frac{a''}{-(b^2+c^2)} = \frac{b''}{ab} = \frac{c''}{ac} = \mp \frac{(1-a^2)^{\frac{1}{2}}}{b^2+c^2},$$

ou, ce qui revient au même, eu égard à l'équation $b^2 + c^2 = 1 - a^2$,

$$(36) \qquad \frac{b'}{-c} = \frac{c'}{b} = \frac{a''}{1-a^2} = \frac{b''}{-ab} = \frac{c''}{-ac} = \pm \frac{1}{(1-a^2)^{\frac{1}{2}}}.$$

Si l'on substitue les valeurs de

$$b', \quad c', \qquad a'', \quad b'', \quad c''$$

tirées de cette dernière formule dans l'équation (33), en réduisant de plus a' à zéro, on trouvera

$$(37) \quad \operatorname{tang}(\varpi + \tau)$$
$$= \frac{\operatorname{tang}\tau + \left\{ b\mathrm{D}_z - c\mathrm{D}_y + [\mathrm{D}_x - a(a\mathrm{D}_x + b\mathrm{D}_y + c\mathrm{D}_z)] \operatorname{tang}\tau \right\} \dfrac{\xi - a(a\xi + b\eta + c\zeta)}{1-a^2}}{1 + \left\{ b\mathrm{D}_z - c\mathrm{D}_y + [\mathrm{D}_x - a(a\mathrm{D}_x + b\mathrm{D}_y + c\mathrm{D}_z)] \operatorname{tang}\tau \right\} \dfrac{b\zeta - c\eta}{1-a^2}}.$$

En conséquence, il suffit de joindre la formule (37) à la formule (32) pour obtenir la rotation moyenne du système de points matériels donné, autour d'un demi-axe quelconque OA, qui forme, avec les demi-axes des coordonnées positives, des angles dont les cosinus sont représentés par a, b, c.

Si l'on adoptait, relativement aux demi-axes des coordonnées positives, une hypothèse contraire à celle que nous avons admise jusqu'ici, en supposant ces demi-axes disposés de telle manière que les mouvements de rotation exécutés de droite à gauche autour de ces demi-axes fussent dans les plans coordonnés des mouvements rétrogrades; alors la valeur de θ, déterminée par le système des formules (32) et (37), représenterait toujours, au signe près, l'angle qui mesurerait la rotation moyenne du système de points matériels donné autour du demi-axe OA correspondant aux angles dont les cosinus sont a, b, c : mais cette quantité serait positive ou négative, suivant que la rotation moyenne dont il s'agit s'effectuerait de gauche à droite ou de droite à gauche autour du demi-axe OA.

En terminant ce paragraphe, nous rappellerons la relation qui existe entre la dilatation ou la condensation du volume en un point donné, et les dilatations ou condensations linéaires principales mesurées en ce même point, suivant trois axes rectangulaires entre eux. Pour obtenir cette relation, considérons un très petit élément de volume compris dans le premier état du système, sous une surface sphérique dont le rayon soit désigné par r, le centre étant le point O', qui a pour coordonnées x, y, z. Dans le second état du système, la molécule $\mathfrak{m}$, qui occupait primitivement le point O, se trouvera déplacée et transportée au point O', dont les coordonnées seront

$$x+\xi, \quad y+\eta, \quad z+\zeta;$$

de plus, d'après ce qui a été dit précédemment, la sphère très petite, dont le rayon était représenté par r, et le volume $\mathfrak{v}$ par l'expression

$$\mathfrak{v}=\frac{4}{3}\pi r^3, \tag{38}$$

se trouvera sensiblement transformée en un ellipsoïde. En effet, soit m une seconde molécule située, dans le premier état du système, à la distance r de la molécule $\mathfrak{m}$, et nommons $r+\rho$ la nouvelle distance qui, dans le second état du système, sépare la molécule m de la molécule $\mathfrak{m}$. Si, en attribuant à r une valeur très petite, on pose

$$r+\rho=(1+\varepsilon)r,$$

la valeur de ε différera très peu de celle que fournit l'équation (15), et par suite la nouvelle distance $r+\rho$ se confondra sensiblement, en grandeur comme en direction, avec le rayon vecteur $r\mathfrak{r}$ d'un ellipsoïde semblable à celui dont le rayon vecteur a été précédemment désigné par $\mathfrak{r}$. (*Voir* la page 353.) Donc le petit volume primitivement désigné par

$$\mathfrak{v}=\frac{4}{3}\pi r^3$$

se trouvera transformé dans le second état du système, en un autre volume $\mathcal{V}_{\prime}$, terminé par la surface courbe qu'engendrera un rayon vecteur dont la longueur, mesurée dans le sens du rayon vecteur $\mathfrak{r}$, se réduira sensiblement au produit

$$r\mathfrak{r},$$

et rigoureusement à un produit de la forme

$$r\mathfrak{r}(1+i),$$

i désignant une quantité qui deviendra infiniment petite avec r.

D'ailleurs, si l'on nomme

$$\varepsilon', \quad \varepsilon'', \quad \varepsilon'''$$

les dilatations linéaires principales,

$$1+\varepsilon', \quad 1+\varepsilon'', \quad 1+\varepsilon'''$$

représenteront les trois axes principaux de l'ellipsoïde qui a pour rayon vecteur $\mathfrak{r}$. Par suite, les valeurs de cet ellipsoïde et de l'ellipsoïde semblable, qui aura pour rayon vecteur le produit $r\mathfrak{r}$, seront respectivement

$$\frac{4}{3}\pi(1+\varepsilon')(1+\varepsilon'')(1+\varepsilon'''),$$

$$\frac{4}{3}\pi r^3(1+\varepsilon')(1+\varepsilon'')(1+\varepsilon''').$$

D'autre part, il suit du théorème IX de la Note précédente que le rapport entre les volumes

$$\mathcal{V}_{\prime} \quad \text{et} \quad \frac{4}{3}\pi r^3(1+\varepsilon')(1+\varepsilon'')(1+\varepsilon''')$$

engendrés par deux rayons vecteurs

$$r\mathfrak{r}(1+i) \quad \text{et} \quad r\mathfrak{r},$$

qui, dans le second état du système, tournent simultanément autour de la molécule $\mathfrak{m}$, de manière à offrir des longueurs variables avec leur direction commune, est une moyenne entre les diverses valeurs qu'acquiert successivement le cube

$$(1+i)^3$$

du rapport de ces rayons vecteurs. On aura donc

$$(39) \qquad \mathcal{V}_{,} = \frac{4}{3}\pi r^3(1+\varepsilon')(1+\varepsilon'')(1+\varepsilon''')(1+\iota)^3,$$

ι désignant une quantité moyenne entre les diverses valeurs de i, par conséquent une quantité qui deviendra infiniment petite avec r et i. Soit maintenant υ la dilatation du volume mesurée, dans le second état du système, au point occupé par la molécule m. Cette dilatation ne sera autre chose que la limite dont le rapport

$$\frac{\mathcal{V}_{,}}{\mathcal{V}}$$

s'approchera indéfiniment pour des valeurs numériques décroissantes de r et de ι. Or, comme on tirera des formules (38) et (39)

$$\frac{\mathcal{V}_{,}}{\mathcal{V}} = (1+\varepsilon')(1+\varepsilon'')(1+\varepsilon''')(1+\iota)^3,$$

on en conclura, en passant aux limites,

$$(40) \qquad 1+\upsilon = (1+\varepsilon')(1+\varepsilon'')(1+\varepsilon''').$$

Telle est en effet la relation générale qui existe entre la dilatation du volume et les dilatations linéaires principales

$$\varepsilon', \quad \varepsilon'', \quad \varepsilon'''.$$

II. — *Formules relatives aux changements de forme infiniment petits que peut subir un système de points matériels.*

Les diverses formules obtenues dans le premier paragraphe se simplifient lorsque le changement de forme du système de points matériels donné devient infiniment petit, ou plutôt, lorsque le changement de forme est assez petit pour qu'on puisse négliger les puissances supérieures et les produits des déplacements moléculaires et des quantités du même ordre, par exemple, des dérivées de ces déplacements et des dilatations linéaires. Alors la formule (15) du paragraphe I, réduite à

$$(1)\qquad \varepsilon = a^2 D_x\xi + b^2 D_y\eta + c^2 D_z\zeta + bc(D_y\zeta + D_z\eta) + ca(D_z\xi + D_x\zeta) + ab(D_x\eta + D_y\xi),$$

ou, ce qui revient au même, à

$$(2)\qquad \varepsilon = (a D_x + b D_y + c D_z)(a\xi + b\eta + c\zeta),$$

fournira une valeur très simple de la dilatation linéaire mesurée suivant une droite qui formait primitivement avec les demi-axes des coordonnées positives des angles dont les cosinus étaient a, b, c. Il est important d'observer que, dans le cas où elle devient négative, la dilatation ε représente une véritable condensation prise avec le signe $-$. La formule (1), en vertu de laquelle $\frac{1}{\varepsilon}$ représente, au signe près, le carré du rayon vecteur d'une surface du second degré, entraîne immédiatement le théorème suivant, déjà énoncé dans le Volume II des *Exercices de Mathématiques :*

Théorème I. — *Supposons que, par l'effet d'une cause quelconque, un système de points matériels passe d'un état naturel ou artificiel à un second état très peu différent du premier, et qu'à partir d'un point donné* $\mathfrak{m}$ *de ce système on porte, sur chacun des demi-axes aboutissant au même point, une longueur égale à l'unité divisée par la racine carrée de la condensation linéaire mesurée suivant le demi-axe que l'on considère. Cette longueur sera le rayon vecteur d'un ellipsoïde qui aura pour centre le point* $\mathfrak{m}$, *et dont les trois axes correspondront à trois dilatations ou condensations principales. Quant aux autres dilatations ou condensations, elles seront symétriquement distribuées autour de ces trois axes. Dans certains cas, l'ellipsoïde dont il s'agit se trouvera remplacé par deux hyperboloïdes à une nappe ou à deux nappes, qui, étant conjugués l'un à l'autre, auront le même centre avec les mêmes axes, et seront touchés à l'infini par une même surface conique du second degré. Ces cas sont ceux où il y aura, autour d'un point donné, dilatation dans un sens, condensation dans un autre. Alors la surface conique dont il s'agit séparera la région dilatée, qui correspondra au premier hyperboloïde, de la région condensée, qui correspondra au second, et les génératrices de cette surface conique indiqueront les directions suivant lesquelles il n'y aura ni dilatation, ni condensation. Ajoutons que, parmi les condensations ou dilatations principales, on rencontrera toujours, si le corps est dilaté dans tous les sens, ou condensé dans tous les sens autour du point* m, *un maximum et un minimum de dilatation, ou bien un maximum et un minimum de condensation; ou, si le contraire arrive, une dilatation minimum avec une condensation maximum.*

Il peut arriver que les trois dilatations ou condensations principales, ou au moins deux d'entre elles, deviennent équivalentes ou se réduisent à zéro. Alors, l'ellipsoïde et les hyperboloïdes mentionnés dans le théorème précédent deviennent des surfaces de révolution ou des cylindres, et peuvent même se réduire à une sphère ou à un système de deux plans parallèles. Ainsi, en particulier, lorsque le système de points matériels donné est dilaté dans tous les sens ou condensé dans tous les sens, et que les dilatations ou condensations principales sont équivalentes, l'ellipsoïde se change en une sphère, et la dilatation ou condensation reste la même dans toutes les directions autour du point m.

Si de l'équation (1) on tire successivement les trois valeurs de la la dilatation ε correspondantes à trois demi-axes rectangulaires, qui forment, avec les demi-axes des coordonnées, des angles dont les cosinus soient

$$a,\ b,\ c;\quad a',\ b',\ c';\quad a'',\ b'',\ c'',$$

on obtiendra pour ces trois valeurs les trois polynomes

$$\begin{gathered}
a^2 D_x\xi + b^2 D_y\eta + c^2 D_z\zeta \\
+ bc\,(D_y\zeta + D_z\eta) + ca\,(D_z\xi + D_x\zeta) + ab\,(D_x\eta + D_y\xi), \\
a'^2 D_x\xi + b'^2 D_y\eta + c'^2 D_z\zeta \\
+ b'c'(D_y\zeta + D_z\eta) + c'a'(D_z\xi + D_x\zeta) + a'b'(D_x\eta + D_y\xi), \\
a''^2 D_x\xi + b''^2 D_y\eta + c''^2 D_z\zeta \\
+ b''c''(D_y\zeta + D_z\eta) + c''a''(D_z\xi + D_x\zeta) + a''b''(D_x\eta + D_y\xi);
\end{gathered}$$

et par suite, en ayant égard aux formules

$$(3)\quad \begin{cases} a^2 + a'^2 + a''^2 = 1, & b^2 + b'^2 + b''^2 = 1, & c^2 + c'^2 + c''^2 = 1, \\ bc + b'c' + b''c'' = 0, & ca + c'a' + c''a'' = 0, & ab + a'b' + a''b'' = 0, \end{cases}$$

on reconnaîtra que la somme de ces trois valeurs se réduit à

$$D_x\xi + D_y\eta + D_z\zeta.$$

D'ailleurs les dilatations linéaires principales ε', ε'', ε''' correspondent à trois axes rectangulaires entre eux. On peut donc encore énoncer la proposition suivante :

Théorème II. — *Les mêmes choses étant posées que dans le théorème I, la somme des dilatations linéaires mesurées en un point donné, suivant trois directions qui, dans le premier état du système, étaient rectangulaires entre elles, restera toujours équivalente à la somme des dilatations linéaires principales* ε', ε'', ε''', *déterminée par la formule*

$$(4)\qquad \varepsilon' + \varepsilon'' + \varepsilon''' = D_x\xi + D_y\eta + D_z\zeta.$$

Lorsqu'en considérant les déplacements moléculaires et, par suite, les dilatations comme des quantités infiniment petites du premier ordre, on néglige, dans les diverses formules, les infiniment petits d'un ordre supérieur au premier, l'équation (40) du paragraphe I donne simplement

$$(5)\qquad \upsilon = \varepsilon' + \varepsilon'' + \varepsilon''',$$

puis de celle-ci, combinée avec la formule (4), on tire

$$(6)\qquad \upsilon = D_x\xi + D_y\eta + D_z\zeta.$$

On peut donc énoncer encore la proposition suivante :

Théorème III. — *Les mêmes choses étant posées que dans le théorème I, la dilatation du volume en chaque point sera équivalente, non seulement à la somme des dilatations linéaires principales, mais aussi à la somme des dérivées qu'on obtient lorsque les déplacements moléculaires, mesurés parallèlement aux axes coordonnés des* x, y, z, *sont différentiés,* *le premier par rapport à x, le deuxième par rapport à y, le troisième par rapport à z.*

Concevons maintenant que, les déplacements moléculaires étant toujours considérés comme infiniment petits du premier ordre, on néglige les quantités infiniment petites du second ordre ou d'un ordre supérieur dans les formules du paragraphe I qui déterminent, soit la rotation d'un axe autour d'une molécule donnée m, soit la rotation moyenne du système autour des demi-axes menés par cette molécule, parallèlement aux demi-axes des coordonnées positives, ou même parallèlement à des demi-axes quelconques. On pourra, dans les formules (16), (17) du paragraphe I, réduire le binome $1+\varepsilon$ à l'unité, et, par suite, on tirera de ces formules, jointes à l'équation (10) du même paragraphe,

$$(7)\qquad \begin{aligned}\delta^2 = {} & [(a\mathrm{D}_x + b\mathrm{D}_y + c\mathrm{D}_z)(b\zeta - c\eta)]^2 \\ & + [(a\mathrm{D}_x + b\mathrm{D}_y + c\mathrm{D}_z)(c\xi - a\zeta)]^2 \\ & + [(a\mathrm{D}_x + b\mathrm{D}_y + c\mathrm{D}_z)(a\xi - b\eta)]^2.\end{aligned}$$

Cette dernière équation déterminera immédiatement la rotation infiniment petite qu'exécutera, en se déformant, autour de la molécule m, un demi-axe dont la direction primitive formait, avec les demi-axes des coordonnées positives, les angles correspondants aux trois cosinus a, b, c.

Quant à la rotation moyenne du système autour d'un demi-axe mené par la molécule m, parallèlement au demi-axe des x positives, elle se déduira immédiatement des équations (19) et (20) [§ I], dont la première donne, quand on néglige les infiniment petits du second ordre et d'un ordre supérieur,

$$(8)\qquad \begin{aligned}\varphi &= (\cos\tau\,\mathrm{D}_y + \sin\tau\,\mathrm{D}_z)(\zeta\cos\tau - \eta\sin\tau) \\ &= \cos^2\tau\,\mathrm{D}_y\zeta - \sin^2\tau\,\mathrm{D}_z\eta - \sin\tau\cos\tau(\mathrm{D}_y\eta - \mathrm{D}_z\zeta),\end{aligned}$$

ou, ce qui revient au même,

$$(9)\qquad \varphi = \frac{1}{2}(\mathrm{D}_y\zeta - \mathrm{D}_z\eta) + \frac{1}{2}(\mathrm{D}_y\zeta + \mathrm{D}_z\eta)\cos 2\tau - \frac{1}{2}(\mathrm{D}_y\eta - \mathrm{D}_z\zeta)\sin 2\tau.$$

Cela posé, comme on a généralement

$$\int_0^{2\pi} \cos 2\tau \, d\tau = \int_0^{2\pi} \sin 2\tau \, d\tau = 0,$$

la formule (20) du paragraphe I donnera

$$\alpha = \frac{1}{2}(D_y \zeta - D_z \eta).$$

On aura de même

$$(10) \quad \begin{cases} \alpha = \frac{1}{2}(D_y \zeta - D_z \eta), \\ \beta = \frac{1}{2}(D_z \xi - D_x \zeta), \\ \gamma = \frac{1}{2}(D_x \eta - D_y \xi). \end{cases}$$

Telles sont les valeurs de α, β, γ qui, dans l'hypothèse admise, se déduiront des formules (20), (22), (24) du paragraphe I. En conséquence, on pourra énoncer la proposition suivante :

THÉORÈME IV. — *Les mêmes choses étant posées que dans le théorème I, les moitiés des trois binomes*

$$D_y \zeta - D_z \eta, \quad D_z \xi - D_x \zeta, \quad D_x \eta - D_y \xi$$

représenteront les rotations moyennes qu'exécutera le système de points matériels donné autour de trois demi-axes menés par la molécule $\mathfrak{m}$, *parallèlement aux demi-axes des coordonnées positives, c'est-à-dire qu'elles représenteront les trois angles infiniment petits qui mesureront ces rotations moyennes dans trois plans parallèles aux plans coordonnés, chacun de ces angles étant pris avec le signe + ou avec le signe —, suivant qu'il pourra être considéré comme décrit par un rayon mobile, en vertu d'un mouvement de rotation direct, ou en vertu d'un mouvement de rotation rétrograde.*

Si l'on cherchait la rotation moyenne θ exécutée par le système de points matériels, non plus autour d'un demi-axe parallèle à celui des x positives, mais autour d'un demi-axe qui formerait, avec ceux des coordonnées positives, les angles correspondants aux cosinus a, b, c; il faudrait à la formule (20) du paragraphe I substituer la formule (32) du même paragraphe, en supposant la valeur de ϖ déterminée par la formule (33); ou, ce qui revient au même, il faudrait remplacer, dans la première des équations (10), α par θ,

$$\eta, \quad \zeta$$

par

$$a'\xi + b'\eta + c'\zeta, \quad a''\xi + b''\eta + c''\zeta,$$

et

$$D_y, \quad D_z$$

par

$$a'D_x + b'D_y + c'D_z, \quad a''D_x + b''D_y + c''D_z;$$

les cosinus

$$a', \quad b', \quad c', \qquad a'', \quad b'', \quad c''$$

étant d'ailleurs liés entre eux et avec les cosinus

$$a, \quad b, \quad c$$

par les formules (30), (31) du paragraphe I. Or, comme on aura dans ce cas

$$(11) \qquad b'c'' - b''c' = a, \qquad c'a'' - c''a' = b, \qquad a'b'' - a''b' = c,$$

on trouvera, en opérant comme on vient de le dire,

$$(12) \qquad \theta = \frac{a}{2}(D_y\zeta - D_z\eta) + \frac{b}{2}(D_z\xi - D_x\zeta) + \frac{c}{2}(D_x\eta - D_y\xi).$$

Lorsque les mouvements directs de rotation, exécutés autour de l'origine dans les plans coordonnés par des rayons vecteurs mobiles, sont en même temps, comme on l'a supposé jusqu'ici, des mouvements exécutés de droite à gauche autour des demi-axes des coordonnées positives, la valeur de θ, déterminée par la formule (12), est positive ou négative suivant que la rotation moyenne du système de points matériels, autour du demi-axe correspondant aux cosinus a, b, c, s'effectue de droite à gauche ou de gauche à droite. Donc la valeur de θ, déterminée par la formule (12), représente l'angle infiniment petit qui sert de mesure à cette rotation moyenne, pris dans le premier cas avec le signe $+$, dans le second cas avec le signe $-$.

De l'équation (12) jointe aux formules (10), on tire

$$(13) \qquad \theta = a\alpha + b\beta + c\gamma.$$

On a d'ailleurs identiquement

$$(a\alpha + b\beta + c\gamma)^2 + (b\gamma - c\beta)^2 + (c\alpha - a\gamma)^2 + (a\beta - b\alpha)^2$$
$$= (a^2 + b^2 + c^2)(\alpha^2 + \beta^2 + \gamma^2).$$

Donc, eu égard à l'équation (13) et à la formule

$$a^2 + b^2 + c^2 = 1,$$

on trouvera

$$(14) \qquad \theta^2 + (b\gamma - c\beta)^2 + (c\alpha - a\gamma)^2 + (a\beta - b\alpha)^2 = \alpha^2 + \beta^2 + \gamma^2.$$

En vertu de cette dernière équation, la valeur numérique de θ deviendra un *maximum* lorsqu'on aura

$$b\gamma - c\beta = 0, \qquad c\alpha - a\gamma = 0, \qquad a\beta - b\alpha = 0;$$

par conséquent

$$(15) \qquad \frac{a}{\alpha} = \frac{b}{\beta} = \frac{c}{\gamma} = \pm \frac{1}{(\alpha^2 + \beta^2 + \gamma^2)^{\frac{1}{2}}}.$$

D'autre part on tirera des formules (13) et (15)

$$(16) \qquad \theta = \pm (\alpha^2 + \beta^2 + \gamma^2)^{\frac{1}{2}}.$$

Si, pour fixer les idées, on réduit le double signe au signe $+$, l'équation (16) fournira précisément le *maximum* de la rotation moyenne exécutée par le système de points matériels autour d'un demi-axe aboutissant à la molécule m. Ce *maximum* est ce que nous appellerons la *rotation moyenne principale;* si on le désigne par Θ, on trouvera non seulement

$$(17) \qquad \Theta = (\alpha^2 + \beta^2 + \gamma^2)^{\frac{1}{2}},$$

mais encore, en vertu de la formule (13),

$$(18) \qquad a = \frac{\alpha}{\Theta}, \qquad b = \frac{\beta}{\Theta}, \qquad c = \frac{\gamma}{\Theta}.$$

Ces dernières équations détermineront les cosinus a, b, c des angles formés avec les demi-axes des coordonnées positives par le demi-axe autour duquel s'exécutera de droite à gauche la rotation moyenne principale.

Concevons maintenant qu'à partir de la molécule m on porte une longueur représentée par la rotation moyenne principale sur le demi-axe autour duquel s'exécutera de droite à gauche cette rotation moyenne. Les projections algébriques de cette longueur sur les axes de x, y, z seront évidemment représentées par les produits

$$\Theta a, \quad \Theta b, \quad \Theta c,$$

les valeurs des cosinus a, b, c étant celles que fournissent les équations (18), ou, ce qui revient au même, par les quantités

$$\alpha, \quad 6, \quad \gamma$$

que déterminent les équations (10). D'ailleurs, en vertu du théorème IV, ces mêmes quantités

$$\alpha, \quad 6, \quad \gamma$$

représenteront aussi les rotations moyennes du système de points matériels autour de trois demi-axes menés par la molécule m, parallèlement à ceux des coordonnées positives. On pourra donc énoncer encore la proposition suivante :

THÉORÈME V. — *Les mêmes choses étant posées que dans le théorème I, si la rotation moyenne principale qui correspond à la molécule* m *est représentée par une longueur portée, à partir de cette molécule, sur le demi-axe autour duquel cette rotation s'effectue de droite à gauche, les projections algébriques de la même longueur, sur les axes des* x, y, z, *représenteront les rotations moyennes du système autour de trois axes parallèles menés par la molécule* m.

Concevons à présent que les quantités a, b, c cessent de se confondre avec les trois rapports

$$\frac{\alpha}{\Theta}, \quad \frac{6}{\Theta}, \quad \frac{\gamma}{\Theta}$$

et représentent les cosinus des angles formés avec les demi-axes des coordonnées positives par un demi-axe distinct de celui autour duquel s'effectue de droite à gauche la rotation moyenne principale. Le cosinus de l'angle compris entre ces deux demi-axes sera, d'après une formule connue,

$$a\frac{\alpha}{\Theta}+b\frac{6}{\Theta}+c\frac{\gamma}{\Theta}.$$

D'ailleurs, en multipliant ce cosinus par Θ, on obtiendra pour produit le trinome

$$a\alpha+b6+c\gamma;$$

et ce trinome, en vertu de la formule (12) ou (13), représentera la rotation moyenne autour du nouveau demi-axe, c'est-à-dire l'angle qui mesurera cette rotation moyenne, pris avec le signe $+$ ou le signe $-$, suivant que cette même rotation s'effectuera de droite à gauche ou de gauche à droite, autour du demi-axe dont il s'agit. On pourra donc encore énoncer la proposition suivante :

THÉORÈME VI. — *Les mêmes choses étant posées que dans le théorème I, si la rotation moyenne principale qui correspond à la molécule* $\mathfrak{m}$ *est représentée par une longueur portée à partir de cette molécule sur le demi-axe autour duquel cette rotation s'effectue de droite à gauche, la rotation moyenne autour d'un autre demi-axe sera le produit de la rotation moyenne principale par le cosinus de l'angle compris entre les deux axes.*

Corollaire. — Si le nouveau demi-axe est perpendiculaire au premier, le cosinus de l'angle compris entre eux s'évanouira, et par suite on pourra en dire autant de la rotation moyenne effectuée autour du nouveau demi-axe. Si au contraire l'angle compris entre les deux demi-axes est aigu ou obtus, le cosinus de cet angle sera positif dans le premier cas, négatif dans le second, en même temps que la rotation moyenne dont il s'agit. Donc cette rotation s'effectuera, dans le premier cas, de droite à gauche; dans le second cas, de gauche à droite. Cela posé, comme le produit d'une longueur mesurée sur une droite par le cosinus de l'angle que forme cette droite avec une autre, représente toujours au signe près la projection de la longueur sur la nouvelle droite, le sixième théorème entrainera évidemment la proposition suivante :

Théorème VII. — *Les mêmes choses étant posées que dans le théorème I, si la rotation moyenne principale qui correspond à la molécule* m *est représentée par une longueur portée, à partir de cette molécule, sur le demi-axe autour duquel cette rotation s'effectue de droite à gauche; la rotation moyenne autour d'un demi-axe quelconque sera représentée au signe près par la projection de la rotation moyenne principale sur ce demi-axe : par conséquent, elle s'évanouira si le nouveau demi-axe est perpendiculaire au premier. Dans le cas contraire, elle s'effectuera de droite à gauche ou de gauche à droite, suivant que l'angle compris entre les deux demi-axes sera positif ou négatif.*

L'interprétation que nous avons donnée de la formule (12) et les théorèmes que nous venons d'en déduire, supposent les demi-axes des coordonnées positives tellement disposés que les mouvements de rotation, exécutés de droite à gauche autour de ces demi-axes, soient, dans les plans coordonnés, des mouvements directs. Dans l'hypothèse contraire, la valeur de θ, déterminée par la formule (12), serait positive ou négative suivant que la rotation moyenne, représentée par la valeur numérique de θ, s'exécuterait de gauche à droite, ou de droite à gauche, autour du demi-axe correspondant aux angles dont les cosinus seraient a, b, c; et alors, dans les énoncés des théorèmes V, VI, VII, les mouvements de rotation de droite à gauche devraient être remplacés par des mouvements de rotation de gauche à droite.

Après nous être spécialement occupés des rotations moyennes, revenons à la formule (8), qui détermine simplement la rotation φ exécutée autour du demi-axe des x positives par un demi-axe primitivement renfermé dans le plan des y, z. En vertu de cette formule, la valeur numérique de la rotation φ sera équivalente à l'unité divisée par le carré du rayon vecteur de l'une des courbes du second degré, tracées dans le plan des y, z, de manière que leurs coordonnées courantes y, z vérifient les équations

$$(19) \qquad y^2 D_y\zeta - z^2 D_z\eta - yz(D_y\eta - D_z\zeta) = 1,$$

$$(20) \qquad y^2 D_y\zeta - z^2 D_z\eta - yz(D_y\eta - D_z\zeta) = -1.$$

Or il arrivera toujours nécessairement, ou que l'une de ces deux courbes sera une ellipse, l'autre étant imaginaire, ou que les deux courbes seront deux hyperboles qui offrent le même centre et les mêmes asymptotes avec des axes réels perpendiculaires entre eux. Le premier cas sera celui où, en se déformant, les axes, primitivement renfermés dans le plan des y, z, tourneront tous dans le même sens autour du demi-axe des x positives. Comme d'ailleurs celui-ci peut être un demi-axe quelconque, il est clair que la formule (8) entraînera la proposition suivante :

Théorème VIII. — *Les mêmes choses étant posées que dans le théorème I, portons à partir de la molécule* m, *sur chacun des demi-axes aboutissant à cette molécule et renfermés dans un même plan, une longueur équivalente à l'unité divisée par la racine carrée de la rotation très petite qu'exécute, en se déformant, le demi-axe que l'on considère autour d'une droite perpendiculaire au plan. Cette longueur représentera le rayon vecteur d'une ellipse qui aura pour centre la molécule* m, *et dont les deux axes, grand et petit, correspondront, si toutes les rotations s'exécutent dans le même sens, le premier à la rotation dont la valeur numérique sera un minimum, le second à la rotation dont la valeur numérique sera un maximum. Si au contraire les rotations s'exécutent les unes dans un sens, les autres en sens contraire, l'ellipse se trouvera remplacée par deux hyperboles qui, étant conjuguées l'une à l'autre, auront pour centre commun la molécule* m, *et qui offriront les mêmes asymptotes avec des axes réels, perpendiculaires entre eux. Alors ces axes réels correspondront à deux rotations effectuées en sens contraires, et dont chacune sera un minimum, abstraction faite du signe; tandis que les directions des asymptotes répondront à deux demi-axes dont les rotations s'évanouiront.*

Il est facile de déterminer analytiquement les deux rotations mentionnées dans le théorème VIII, et dont chacune offrira une valeur numérique *maximum* ou *minimum*. Si, pour plus de commodité, le plan dans lequel sont renfermés les demi-axes que l'on considère est pris pour plan des y, z, la rotation très petite φ, exécutée par un de ces demi-axes autour d'une perpendiculaire au plan, sera, comme nous l'avons expliqué, déterminée par la formule (8), ou, ce qui revient au même, par la formule (9). Donc cette rotation deviendra un *maximum* ou un *minimum*, lorsqu'à la formule (9) on joindra la suivante :

$$D_\tau \varphi = 0 \tag{21}$$

de laquelle on tirera

$$\frac{\cos 2\tau}{D_y\zeta + D_z\eta} = \frac{\sin 2\tau}{D_z\zeta - D_y\eta} = \pm \frac{1}{[(D_y\zeta + D_z\eta)^2 + (D_y\eta - D_z\zeta)^2]^{\frac{1}{2}}}. \tag{22}$$

Donc les deux rotations, dont chacune offrira, pour valeur numérique, un *maximum* ou un *minimum*, seront les deux valeurs de φ que déterminera la formule

$$\varphi = \frac{1}{2}(D_y\zeta - D_z\eta) \pm \frac{1}{2}[(D_y\zeta + D_z\eta)^2 + (D_y\eta - D_z\zeta)^2]^{\frac{1}{2}}. \tag{23}$$

D'ailleurs ces deux valeurs seront des quantités affectées du même signe, si toutes les rotations s'exécutent dans le même sens, et de signes contraires, si cette condition n'est pas remplie : mais dans tous les cas la rotation moyenne

$$\alpha = \frac{1}{2}(D_y\zeta - D_z\eta)$$

représentera la demi-somme des valeurs de φ données par l'équation (23). On peut donc énoncer la proposition suivante :

THÉORÈME IX. — *Les mêmes choses étant posées que dans le théorème VIII, les deux rotations, dont chacune offrira une valeur numérique maximum ou minimum, fourniront une demi-somme précisément égale à la rotation moyenne.*

Si, en considérant les rotations exécutées par les divers demi-axes que renferme un même plan autour d'une droite perpendiculaire à ce plan, on cessait de faire coïncider ce plan avec le plan des y, z, et la droite avec l'axe des x, les deux rotations, dont chacune offrirait une valeur numérique *maximum* ou *minimum*, seraient fournies non par l'équation (23), mais par une formule nouvelle, que l'on pourrait aisément déduire de cette équation. En effet, nommons ϖ ce que devient la rotation φ quand on remplace le demi-axe des x positives par le demi-axe qui forme avec ceux des coordonnées positives des angles dont les cosinus sont

$$a, \quad b, \quad c,$$

et supposons

$$a', \quad b', \quad c', \qquad a'', \quad b'', \quad c''$$

liés aux cosinus a, b, c par les formules (30) et (31) du paragraphe I. Pour obtenir l'équation qui déterminera le maximum ou le minimum de ϖ, il suffira évidemment de remplacer, dans la formule (23),

$$\eta, \quad \zeta$$

par

$$a'\xi + b'\eta + c'\zeta, \quad a''\xi + b''\eta + c''\zeta$$

et

$$\mathrm{D}_y, \quad \mathrm{D}_z$$

par

$$a'\mathrm{D}_x + b'\mathrm{D}_y + c'\mathrm{D}_z, \quad a''\mathrm{D}_x + b''\mathrm{D}_y + c''\mathrm{D}_z.$$

Or, en opérant ainsi, on obtiendra, au lieu de l'équation (23), la suivante :

$$(24) \qquad \varpi = \theta \pm \varkappa;$$

la valeur de θ étant toujours déterminée par la formule (12), et la valeur de $\varkappa$ par celle-ci :

$$(25) \qquad \begin{aligned} 4\varkappa^2 = & \;[(a'\mathrm{D}_x + b'\mathrm{D}_y + c'\mathrm{D}_z)(a''\xi + b''\eta + c''\zeta) \\ & + (a''\mathrm{D}_x + b''\mathrm{D}_y + c''\mathrm{D}_z)(a'\xi + b'\eta + c'\zeta)]^2 \\ & + [(a'\mathrm{D}_x + b'\mathrm{D}_y + c'\mathrm{D}_z)(a'\xi + b'\eta + c'\zeta) \\ & - (a''\mathrm{D}_x + b''\mathrm{D}_y + c''\mathrm{D}_z)(a''\xi + b''\eta + c''\zeta)]^2. \end{aligned}$$

D'ailleurs, en vertu des formules (3), on a

$$\begin{aligned}&(a\,\mathrm{D}_x + b\,\mathrm{D}_y + c\,\mathrm{D}_z)(a\,\xi + b\,\eta + c\,\zeta)\\ &+(a'\,\mathrm{D}_x + b'\,\mathrm{D}_y + c'\,\mathrm{D}_z)(a'\,\xi + b'\,\eta + c'\,\zeta)\\ &+(a''\mathrm{D}_x + b''\mathrm{D}_y + c''\mathrm{D}_z)(a''\xi + b''\eta + c''\zeta) = \mathrm{D}_x\xi + \mathrm{D}_y\eta + \mathrm{D}_z\zeta,\end{aligned}$$

puis on en conclut, eu égard aux équations (2) et (6),

$$\begin{aligned}&(a'\,\mathrm{D}_x + b'\,\mathrm{D}_y + c'\,\mathrm{D}_z)(a'\,\xi + b'\,\eta + c'\,\zeta)\\ &+(a''\mathrm{D}_x + b''\mathrm{D}_y + c''\mathrm{D}_z)(a''\xi + b''\eta + c''\zeta) = \nu - \varepsilon,\end{aligned}$$

et par suite

$$\begin{aligned}&[(a'\,\mathrm{D}_x + b'\,\mathrm{D}_y + c'\,\mathrm{D}_z)(a'\,\xi + b'\,\eta + c'\,\zeta)\\ &\quad-(a''\mathrm{D}_x + b''\mathrm{D}_y + c''\mathrm{D}_z)(a''\xi + b''\eta + c''\zeta)]^2\\ &= (\nu-\varepsilon)^2 - 4[(a'\,\mathrm{D}_x + b'\,\mathrm{D}_y + c'\,\mathrm{D}_z)(a'\,\xi + b'\,\eta + c'\,\zeta)]\\ &\qquad\times[(a''\mathrm{D}_x + b''\mathrm{D}_y + c''\mathrm{D}_z)(a''\xi + b''\eta + c''\zeta)].\end{aligned}$$

Donc la formule (25) donnera

$$\begin{aligned}(26)\qquad 4\varkappa^2 = (\nu-\varepsilon)^2 &+ [(a'\,\mathrm{D}_x + b'\,\mathrm{D}_y + c'\,\mathrm{D}_z)(a''\xi + b''\eta + c''\zeta)\\ &\quad+(a''\mathrm{D}_x + b''\mathrm{D}_y + c''\mathrm{D}_z)(a'\,\xi + b'\,\eta + c'\,\zeta)]^2\\ &-4[(a'\,\mathrm{D}_x + b'\,\mathrm{D}_y + c'\,\mathrm{D}_z)(a'\,\xi + b'\,\eta + c'\,\zeta)]\\ &\quad\times[(a''\mathrm{D}_x + b''\mathrm{D}_y + c''\mathrm{D}_z)(a''\xi + b''\eta + c''\zeta)].\end{aligned}$$

On trouvera d'ailleurs

$$\begin{aligned}&(a'\,\mathrm{D}_x + b'\,\mathrm{D}_y + c'\,\mathrm{D}_z)(a''\xi + b''\eta + c''\zeta)\\ &+(a''\mathrm{D}_x + b''\mathrm{D}_y + c''\mathrm{D}_z)(a'\,\xi + b'\,\eta + c'\,\zeta)\\ &= 2a'a''\mathrm{D}_x\xi + 2b'b''\mathrm{D}_y\eta + 2c'c''\mathrm{D}_z\zeta\\ &+(b'c''+b''c')(\mathrm{D}_y\zeta + \mathrm{D}_z\eta) + (c'a''+c''a')(\mathrm{D}_z\xi + \mathrm{D}_x\zeta)\\ &+(a'b''+a''b')(\mathrm{D}_x\eta + \mathrm{D}_y\xi),\end{aligned}$$

$$\begin{aligned}&(a'\,\mathrm{D}_x + b'\,\mathrm{D}_y + c'\,\mathrm{D}_z)(a'\,\xi + b'\,\eta + c'\,\zeta)\\ &= a'^2\mathrm{D}_x\xi + b'^2\mathrm{D}_y\eta + c'^2\mathrm{D}_z\zeta + b'c'(\mathrm{D}_y\zeta + \mathrm{D}_z\eta)\\ &+ c'a'(\mathrm{D}_z\xi + \mathrm{D}_x\zeta) + a'b'(\mathrm{D}_x\eta + \mathrm{D}_y\xi),\end{aligned}$$

$$\begin{aligned}&(a''\mathrm{D}_x + b''\mathrm{D}_y + c''\mathrm{D}_z)(a''\xi + b''\eta + c''\zeta)\\ &= a''^2\mathrm{D}_x\xi + b''^2\mathrm{D}_y\eta + c''^2\mathrm{D}_z\zeta + b''c''(\mathrm{D}_y\zeta + \mathrm{D}_z\eta)\\ &+ c''a''(\mathrm{D}_z\xi + \mathrm{D}_x\zeta) + a''b''(\mathrm{D}_x\eta + \mathrm{D}_y\xi);\end{aligned}$$

et par suite, en ayant égard aux formules (3) et (11), on reconnaîtra que, dans le développement de la somme qui, ajoutée au terme $(\upsilon-\varepsilon)^2$, complète la valeur de $4\varkappa^2$, les carrés et les doubles produits des six quantités

$$\mathrm{D}_x\xi,\quad \mathrm{D}_y\eta,\quad \mathrm{D}_z\zeta,\quad \mathrm{D}_y\zeta+\mathrm{D}_z\eta,\quad \mathrm{D}_z\xi+\mathrm{D}_x\zeta,\quad \mathrm{D}_x\eta+\mathrm{D}_y\xi$$

ont pour coefficients des sommes de l'une des formes

$$(2aa')^2-4a^2a'^2=0,\qquad (2bb')^2-4b^2b'^2=0,\qquad (2cc')^2-4c^2c'^2=0,$$
$$(b'c''+b''c')^2-4b'c'b''c''=(b'c''-b''c')^2=a^2,\qquad \dots,$$
$$(2b'b'')(2c'c'')-2(b'^2c''^2+b''^2c'^2)=-2(b'c''-b''c')^2=-2a^2,\qquad \dots,$$
$$(c'a''+c''a')(a'b''+a''b')-2a'a''(b'c''+b''c')=(c'a''-c''a')(a'b''-a''b')=bc,\quad \dots,$$
$$2a'a''(b'c''+b''c')-2(a'^2b''c''+a''^2b'c')=-2(c'a''-c''a')(a'b''-a''b')=-2bc,\quad \dots,$$
$$2a'a''(c'a''+c''a')-2a'a''(c'a''+c''a')=0,\qquad \dots.$$

Cela posé, la formule (26) donnera

$$(27)\quad \begin{aligned}4\varkappa^2=(\upsilon-\varepsilon)^2&+a^2[(\mathrm{D}_y\zeta+\mathrm{D}_z\eta)^2-4\mathrm{D}_y\eta\,\mathrm{D}_z\zeta]\\&+b^2[(\mathrm{D}_z\xi+\mathrm{D}_x\zeta)^2-4\mathrm{D}_z\zeta\,\mathrm{D}_x\xi]\\&+c^2[(\mathrm{D}_x\eta+\mathrm{D}_y\xi)^2-4\mathrm{D}_x\xi\,\mathrm{D}_y\eta]\\&-2bc[(\mathrm{D}_z\xi+\mathrm{D}_x\zeta)(\mathrm{D}_x\eta+\mathrm{D}_y\xi)-2\mathrm{D}_x\xi(\mathrm{D}_y\zeta+\mathrm{D}_z\eta)]\\&-2ca[(\mathrm{D}_x\eta+\mathrm{D}_y\xi)(\mathrm{D}_y\zeta+\mathrm{D}_z\eta)-2\mathrm{D}_y\eta(\mathrm{D}_z\xi+\mathrm{D}_x\zeta)]\\&-2ab[(\mathrm{D}_y\zeta+\mathrm{D}_z\eta)(\mathrm{D}_z\xi+\mathrm{D}_x\zeta)-2\mathrm{D}_z\zeta(\mathrm{D}_x\eta+\mathrm{D}_y\xi)].\end{aligned}$$

Si l'on pose dans la formule (27)

$$a=1,\qquad b=0,\qquad c=0,$$

on en tirera

$$4\varkappa^2=(\upsilon-\varepsilon)^2+(\mathrm{D}_y\zeta+\mathrm{D}_z\eta)^2-4\mathrm{D}_y\eta\,\mathrm{D}_z\zeta,$$

la valeur de $\upsilon-\varepsilon$ étant

$$\upsilon-\varepsilon=\upsilon-\mathrm{D}_x\xi=\mathrm{D}_y\eta+\mathrm{D}_z\zeta,$$

et par suite

$$4\varkappa^2=(\mathrm{D}_y\zeta+\mathrm{D}_z\eta)^2+(\mathrm{D}_y\eta-\mathrm{D}_z\zeta)^2,$$

$$\varkappa=\frac{1}{2}[(\mathrm{D}_y\zeta+\mathrm{D}_z\eta)^2+(\mathrm{D}_y\eta-\mathrm{D}_z\zeta)^2]^{\frac{1}{2}}.$$

De plus, dans la même hypothèse, la formule (13) donnera

$$\varphi = \alpha = \frac{1}{2}(D_y \zeta - D_z \eta).$$

Donc la valeur de ϖ, déterminée par l'équation (24), se trouvera réduite, comme on devait s'y attendre, à la valeur de φ déterminée par la formule (23).

RECHERCHES

SUR LES

INTÉGRALES DES ÉQUATIONS LINÉAIRES

AUX DÉRIVÉES PARTIELLES (¹).

Les intégrales des équations linéaires aux dérivées partielles jouissent de diverses propriétés dignes de remarque et spécialement utiles pour la solution des problèmes de physique mathématique. Telles sont, en particulier, celles que j'établirai dans ce Mémoire.

ANALYSE.

I. — *Sur quelques propriétés générales des intégrales qui vérifient les équations linéaires aux dérivées partielles et à coefficients constants.*

Comme je l'ai remarqué dans le Mémoire sur l'application du calcul des résidus aux questions de physique mathématique, si l'on désigne par u, v deux fonctions données de la variable x, et par m un nombre entier quelconque, on aura

$$v\,D_x^m u - u(-D_x)^m v = D_x \mathcal{X}, \tag{1}$$

$\mathcal{X}$ désignant une fonction entière de

$$u,\quad D_x u,\quad \ldots,\quad D_x^{m-1} u,\quad v,\quad D_x v,\quad \ldots,\quad D_x^{m-1} v,$$

(¹) *Voir* un résumé de ce Mémoire : *Œuvres de Cauchy*, S. II, T. VII, p. 283, Extrait 204 des *C. R.*

déterminée par la formule

$$(2)\qquad \mathcal{X} = v\,D_x^{m-1}u - D_x v\,D_x^{m-2}u + \ldots \mp D_x u\,D_x^{m-2}v \pm u\,D_x^{m-1}v.$$

En conséquence, si l'on nomme $F(x)$ une fonction entière de x, on aura généralement

$$(3)\qquad v\,F(D_x)u - u\,F(-D_x)v = D_x\mathcal{X},$$

$\mathcal{X}$ désignant encore une fonction entière des quantités u, v, et de plusieurs de leurs dérivées relatives à x. Il y a plus; si l'on désigne par u, v deux fonctions quelconques des deux variables x, y, et par m, n deux nombres entiers quelconques, alors, en remplaçant dans la formule (1) : 1° u par $D_y^n u$; 2° m par n, x par y, et v par $(-D_x)^m v$, on tirera successivement de cette formule

$$v\,D_x^m D_y^n u - D_y^n u(-D_x)^m v = D_x\mathcal{X},$$
$$D_y^n u(-D_x)^m v - u(-D_x)^m(-D_y)^n v = D_y\mathcal{Y},$$

et par suite

$$(4)\qquad v\,D_x^m D_y^n u - u(-D_x)^m(-D_y)^n v = D_x\mathcal{X} + D_y\mathcal{Y},$$

$\mathcal{X}$, $\mathcal{Y}$ désignant deux fonctions entières des quantités u et v et de plusieurs de leurs dérivées relatives à x et à y; puis on en conclura généralement, quelle que soit la fonction entière de x et de y, représentée par $F(x, y)$,

$$(5)\qquad v\,F(D_x, D_y)u - u\,F(-D_x, -D_y)v = D_x\mathcal{X} + D_y\mathcal{Y},$$

$\mathcal{X}$, $\mathcal{Y}$ désignant encore deux fonctions entières des quantités u, v et de leurs dérivées relatives à x et à y. Enfin, si l'on représente par u, v deux fonctions quelconques des variables x, y, z, ..., et par $F(x, y, z, \ldots)$ une fonction entière quelconque de ces mêmes variables, on trouvera généralement

$$(6)\qquad \begin{aligned} &v\,F(D_x, D_y, D_z, \ldots)u - u\,F(-D_x, -D_y, -D_z, \ldots)v \\ &\quad = D_x\mathcal{X} + D_y\mathcal{Y} + D_z\mathcal{Z} + \ldots, \end{aligned}$$

$\mathcal{X}$, $\mathcal{Y}$, $\mathcal{Z}$, ... désignant encore des fonctions entières des variables u,

v, w, ... et de leurs dérivées relatives à x, y, z, ... Ajoutons que, si l'on nomme m le degré de la fonction entière de x, y, z, ... représentée par $F(x, y, z, \ldots)$, les fonctions

$$\mathcal{X}, \quad \mathcal{Y}, \quad \mathcal{Z}, \quad \ldots$$

seront composées de termes dans chacun desquels les ordres des dérivées de u et de v relatives à x, y, z, ... se trouveront représentés par des nombres dont la somme sera égale ou inférieure à $m-1$.

On déduit aisément de l'équation (6) [1] diverses propriétés remarquables des intégrales des équations linéaires, par exemple celles que fournissent les théorèmes suivants :

THÉORÈME I. — *Nommons* $F(x, y, z, \ldots)$ *une fonction entière des variables* x, y, z, ... *Supposons d'ailleurs qu'une fonction* u *de ces variables ait la double propriété de vérifier généralement l'équation aux dérivées partielles*

$$F(D_x, D_y, D_z, \ldots)u = 0, \tag{7}$$

et de s'évanouir : 1° quels que soient y, z, ... *pour chacune des valeurs de* x *représentées par* x_0, X; *2° quels que soient* x, z, ... *pour chacune des valeurs de* y *représentées par* y_0, Y; *3° quels que soient* x, y, ..., *pour chacune des valeurs particulières de* z *représentées par* z_0, Z, ... *Enfin, nommons* v *une fonction quelconque des variables* x, y, z, ... *On aura généralement*

$$\int_{x_0}^{X}\int_{y_0}^{Y}\int_{z_0}^{Z}\cdots uF(-D_x, -D_y, -D_z, \ldots)v\,dx\,dy\,dz\ldots = 0. \tag{8}$$

Démonstration. — En effet, dans l'hypothèse admise, on aura

$$\int_{x_0}^{X} D_x\mathcal{X}\,dx = 0, \qquad \int_{y_0}^{Y} D_y\mathcal{Y}\,dy = 0, \qquad \int_{z_0}^{Z} D_z\mathcal{Z}\,dz = 0 \qquad \ldots;$$

[1] J'aurais voulu pouvoir comparer les résultats auxquels je parviens ici avec ceux que M. Ostrogradsky avait obtenus dans un Mémoire où il avait établi quelques propositions générales relatives à l'intégration des équations linéaires aux dérivées partielles. Mais, n'ayant qu'un souvenir vague de ce Mémoire, et ne sachant pas s'il a été publié quelque part, je me trouve dans l'impossibilité de faire cette comparaison.

puis on en conclura

$$\int_{x_0}^{X}\int_{y_0}^{Y}\int_{z_0}^{Z}\cdots(D_x\mathfrak{X}+D_y\mathfrak{Y}+D_z\mathfrak{Z}+\ldots)\,dx\,dy\,dz\ldots=0;$$

et par suite l'équation (6), jointe à la formule (7), donnera

$$\int_{x_0}^{X}\int_{y_0}^{Y}\int_{z_0}^{Z}\cdots u\,F(-D_x,-D_y,-D_z,\ldots)v\,dx\,dy\,dz\ldots$$
$$=-\int_{x_0}^{X}\int_{y_0}^{Y}\int_{z_0}^{Z}\cdots(D_x\mathfrak{X}+D_y\mathfrak{Y}+D_z\mathfrak{Z}+\ldots)\,dx\,dy\,dz\ldots=0.$$

Corollaire. — A la rigueur, pour que l'équation (8) se déduise de la formule (7), il suffira que des fonctions représentées par $\mathfrak{X}$, $\mathfrak{Y}$, $\mathfrak{Z}$, ..., dans la formule (6), la première $\mathfrak{X}$ reprenne la même valeur pour $x=x_0$, et pour $x=X$; que la seconde $\mathfrak{Y}$ reprenne la même valeur pour $y=y_0$, et pour $y=Y$; que la troisième $\mathfrak{Z}$ reprenne la même valeur pour $z=z_0$ et pour $z=Z$; etc.

Théorème II. — *Supposons que* $F(x, y, z, \ldots)$ *représente une fonction entière et du degré m des variables* $x, y, z, \ldots$ *Soient de plus u, v deux fonctions de* $x, y, z, \ldots$, *propres à vérifier les équations aux dérivées partielles*

$$F(D_x, D_y, D_z, \ldots)u=au, \tag{9}$$

$$F(-D_x,-D_y,-D_z,\ldots)v=bv, \tag{10}$$

a, b étant deux quantités constantes. Si les fonctions désignées par $\mathfrak{X}$, $\mathfrak{Y}$, $\mathfrak{Z}$, ... *dans la formule* (6) *reprennent les mêmes valeurs, la première pour* $x=x_0$ *et pour* $x=X$; *la seconde pour* $y=y_0$ *et pour* $y=Y$; *la troisième pour* $z=z_0$ *et pour* $z=Z$, ..., *on aura, en vertu des équations* (9), (10), *jointes à la formule* (6),

$$(a-b)\int_{x_0}^{X}\int_{y_0}^{Y}\int_{z_0}^{Z}\cdots uv\,dx\,dy\,dz\ldots=0. \tag{11}$$

Par suite, on trouvera

(12) $$\int_{x_0}^{X}\int_{y_0}^{Y}\int_{z_0}^{Z}\cdots uv\,dx\,dy\,dz\ldots = 0.$$

excepté dans le cas où l'on aurait

(13) $$b = a.$$

Démonstration. — En effet, dans l'hypothèse admise, on tirera de l'équation (6), jointe aux formules (9) et (10),

$$(a-b)uv = \mathrm{D}_x\mathfrak{X} + \mathrm{D}_y\mathfrak{Y} + \mathrm{D}_z\mathfrak{Z} + \ldots;$$

puis, en intégrant par rapport à $x, y, z, \ldots$ les deux membres de cette dernière multipliés par le produit $dx\,dy\,dz\ldots$, on trouvera

$$(a-b)\int_{x_0}^{X}\int_{y_0}^{Y}\int_{z_0}^{Z}\cdots uv\,dx\,dy\,dz\ldots$$
$$=\int_{x_0}^{X}\int_{y_0}^{Y}\int_{z_0}^{Z}\cdots(\mathrm{D}_x\mathfrak{X} + \mathrm{D}_y\mathfrak{Y} + \mathrm{D}_z\mathfrak{Z} + \ldots)dx\,dy\,dz\ldots = 0.$$

Premier corollaire. — Les conditions relatives aux fonctions $\mathfrak{X}$, $\mathfrak{Y}$, $\mathfrak{Z}$, ... seront évidemment remplies, si ces fonctions s'évanouissent chacune pour les deux limites de l'intégration qui se rapporte à la variable correspondante x, ou y, ou z, ... C'est ce qui arrivera en particulier si, d'une part, la fonction u et ses dérivées d'un ordre non supérieur à m', d'autre part, la fonction v et ses dérivées d'un ordre non supérieur à m'' s'évanouissent : 1° pour chacune des valeurs de x représentées par x_0, X; 2° pour chacune des valeurs de y représentées par y_0, Y; 3° pour chacune des valeurs de z représentées par z_0, Z, etc., m', m'' étant d'ailleurs deux nombres entiers, assujettis seulement à vérifier la condition

$$m' + m'' = m - 1.$$

Deuxième corollaire. — Si $\mathrm{F}(x, y, z, \ldots)$ représente une fonction paire des variables $x, y, z, \ldots$, c'est-à-dire si l'on a généralement

$$\mathrm{F}(-x, -y, -z, \ldots) = \mathrm{F}(x, y, z, \ldots),$$

l'équation (10) sera de la même forme que l'équation (9) et se réduira simplement à

$$F(D_x, D_y, D_z, \ldots)v = bv. \tag{14}$$

Troisième corollaire. — Si les variables $x, y, z, \ldots$ se réduisent à la seule variable x, les formules (9), (10) deviendront

$$F(D_x)u = au, \tag{15}$$

$$F(-D_x)v = bv, \tag{16}$$

et l'équation (12) sera réduite à

$$\int_{x_0}^{X} uv\,dx = 0. \tag{17}$$

On se trouvera ainsi ramené à la formule (124) du Mémoire sur l'application du calcul des résidus aux questions de physique mathématique:

Quatrième corollaire. — Si l'on suppose en particulier

$$F(x) = x^2,$$

$$a = h^2, \qquad b = k^2,$$

h, k désignant deux nombres entiers quelconques, on aura

$$F(-x) = F(x),$$

et les équations (15), (16) deviendront

$$D_x^2 u = h^2 u, \tag{18}$$

$$D_x^2 v = k^2 v. \tag{19}$$

Or on vérifiera ces dernières, si l'on prend

$$u = \cos hx, \qquad v = \cos kx;$$

et, si l'on pose d'ailleurs

$$x_0 = 0, \qquad X = 2\pi.$$

chacune des fonctions u, v reprendra la même valeur pour $x = x_0$ et pour $x = X$. Alors, les conditions énoncées dans le théorème II étant remplies, la formule (17) reproduira l'équation connue

$$(20) \qquad \int_0^{2\pi} \cos hx \cos kx \, dx = 0,$$

qui subsistera pour toutes les valeurs entières de h et de k, excepté dans le cas où l'on aurait

$$h = k.$$

L'équation (20) fournit, comme l'on sait, les moyens de développer une fonction donnée de x en une série dont les divers termes sont proportionnels aux cosinus des multiples d'un même arc. On pourra se servir de la même manière des formules (17) et (12) pour développer une fonction donnée de x ou de $x, y, z, \ldots$ en une série de termes respectivement proportionnels à diverses valeurs de u qui, étant propres à vérifier l'équation (15) ou (9), correspondraient à diverses valeurs de a représentées par les diverses racines d'une même équation transcendante.

II. — *Sur quelques propriétés remarquables des équations homogènes et de leurs intégrales.*

Supposons que, $F(x, y, z, \ldots)$ désignant une fonction entière et homogène des variables $x, y, z, \ldots$, on pose, pour abréger,

$$\nabla = F(D_x, D_y, D_z, \ldots);$$

l'équation linéaire aux dérivées partielles

$$(1) \qquad \nabla\varpi = 0$$

sera ce que nous appelons une *équation homogène*. Supposons encore que, dans l'intégrale ϖ de cette équation, l'on remplace les variables indépendantes $x, y, z, \ldots$ par d'autres $p, q, r, \ldots$ liées aux premières de telle sorte que, si r vient à varier, $x, y, z, \ldots$, considérés comme fonctions de $p, q, r, \ldots$, varient proportionnellement à r. Les équations qui subsisteront entre $x, y, z, \ldots, p, q, r$ seront de la forme

$$x = \alpha r, \quad y = 6 r, \quad z = \gamma r, \quad \ldots \tag{2}$$

$\alpha, 6, \gamma, \ldots$ désignant des fonctions qui renfermeront les nouvelles variables $p, q, \ldots$ distinctes de r; et, lorsqu'on aura effectué le changement de variables indépendantes, ∇ deviendra une fonction de p, q, r, ..., D_p, D_q, D_r, ..., qui sera entière par rapport à D_p, D_q, D_r, ... D'autre part, si θ désigne une quantité constante, on pourra, dans les équations (2), remplacer simultanément

$$x, \quad y, \quad z, \quad \ldots \quad \text{par} \quad \theta x, \quad \theta y, \quad \theta z, \quad \ldots$$

et

$$r \quad \text{par} \quad \theta r,$$

sans changer la forme de ces équations, et par conséquent sans changer la forme de l'équation par laquelle ∇ sera exprimé en fonction de $p, q, r, \ldots, D_p, D_q, D_r, \ldots$. D'ailleurs, si l'on nomme m le degré de la fonction homogène $F(x, y, z, \ldots)$, la substitution de θx, θy, θz, ... à $x, y, z, \ldots$ transformera $D_x, D_y, D_z, \ldots$ en

$$\frac{1}{\theta} D_x, \quad \frac{1}{\theta} D_y, \quad \frac{1}{\theta} D_z, \quad \ldots$$

et, par suite, l'expression

$$\nabla = F(D_x, D_y, D_z, \ldots)$$

en $\frac{\nabla}{\theta^m}$. Donc aussi, pour transformer ∇, considéré comme fonction de $p, q, r, \ldots, D_p, D_q, D_r, \ldots$, en $\frac{\nabla}{\theta^m}$, il suffira d'y remplacer r par θr, et en conséquence D_r par $\frac{1}{\theta} D_r$. Donc ∇, considéré comme fonction de D_r et de $\frac{1}{r}$, sera une fonction homogène du degré m, et l'on aura

$$\nabla = \nabla_0 D_r^m + \frac{1}{r} \nabla_1 D_r^{m-1} + \ldots + \frac{1}{r^{m-1}} \nabla_{m-1} D_r + \frac{1}{r^m} \nabla_m, \tag{3}$$

$\nabla_0, \nabla_1, \ldots, \nabla_{m-1}, \nabla_m$ désignant des fonctions de $p, q, \ldots, D_p, D_q, \ldots,$ qui ne renfermeront plus ni r, ni D_r. Cela posé, il est facile de voir qu'on pourra vérifier l'équation (1) en prenant pour ϖ une fonction homogène de $x, y, z, \ldots$, et même une fonction homogène d'un degré quelconque n. En effet, une semblable fonction sera transformée, par le changement de variables indépendantes, en un produit de la forme

$$u_n r^n,$$

u_n étant seulement fonction des nouvelles variables $p, q, \ldots$ distinctes de r; et, si l'on prend

$$(4) \qquad \varpi = u_n r^n,$$

l'équation (1), transformée à l'aide de la formule (3), deviendra

$$r^{n-m} \square_n u_n = 0.$$

la valeur de $\square_n$ étant

$$\square_n = \nabla_m + n\nabla_{m-1} + n(n-1)\nabla_{m-2} + \ldots + n(n-1)\ldots(n-m+1)\nabla_0.$$

Donc, dans l'hypothèse admise, l'équation (1) pourra être réduite à

$$(5) \qquad \square_n u_n = 0;$$

et, pour la vérifier, il suffira de substituer dans la formule (4) une valeur de u_n qui représente une intégrale de l'équation (5). Or cette équation (5), ne renfermant plus que les nouvelles variables $p, q, \ldots$ distinctes de r, avec les lettres caractéristiques correspondantes D_p, $D_q, \ldots$, pourra être vérifiée par des valeurs convenables de u_n. On peut donc énoncer la proposition suivante :

Théorème I. — *Étant donnée une équation aux dérivées partielles, linéaire, à coefficients constants et homogène, entre une inconnue u et diverses variables indépendantes $x, y, z, \ldots$, on pourra satisfaire à cette équation en prenant pour intégrale une fonction homogène de $x, y, z, \ldots$ et même une fonction homogène d'un degré quelconque n. De plus, la recherche d'une telle intégrale pourra être réduite à l'intégration d'une équation linéaire,* *mais à coefficients variables, qui renfermera une variable indépendante de moins, et changera de forme avec le nombre n.*

Ce n'est pas tout : puisque l'on vérifiera l'équation (1) en prenant pour ϖ le produit

$$u_n r^n,$$

on la vérifiera encore en prenant pour ϖ une somme de semblables produits, c'est-à-dire en posant

$$\varpi = \Sigma u_n r^n. \tag{6}$$

u_n représentant toujours une intégrale de l'équation (5), et la somme indiquée par le signe Σ s'étendant ou à un nombre fini, ou même à un nombre infini de valeurs rationnelles ou irrationnelles, entières ou fractionnaires, positives ou négatives, de l'exposant n de r^n. Enfin la valeur de ϖ, déterminée par la formule (6), continuera évidemment de vérifier l'équation (1), si l'on multiplie sous le signe Σ chaque terme $u_n r^n$ par un coefficient constant a_n. On obtiendra ainsi pour l'intégrale de l'équation (1) une expression de la forme

$$\varpi = \Sigma a_n u_n r^n. \tag{7}$$

La valeur du coefficient a_n dans chaque terme pourra d'ailleurs être choisie arbitrairement, lorsque le nombre des termes restera fini. Lorsque ce nombre deviendra infini, la seule condition, à laquelle a_n devra satisfaire, sera que le système de tous les termes offre une série convergente.

Au lieu de faire servir l'intégration de la formule (5) à celle de l'équation (1), on pourrait réciproquement faire servir l'intégration de cette équation à l'intégration de la formule (5). En effet, supposons d'abord que l'on connaisse une intégrale homogène ϖ de l'équation (1). On pourra toujours, par le changement de variables indépendantes opéré à l'aide des formules (2), réduire cette intégrale homogène à la forme $u_n r^n$; et alors, comme on l'a dit, u_n sera une intégrale de l'équation (5). Mais il y a plus : étant donnée une intégrale quelconque ϖ de l'équation (1), après avoir exprimé cette intégrale en fonction des nouvelles variables p, q, r, ..., on pourra, dans un grand nombre de cas, la développer en une série convergente ordonnée suivant les puissances ascendantes ou suivant les puissances descendantes de r, et poser en conséquence

$$\varpi = \Sigma u_n r^n,$$

u_n étant une fonction des nouvelles variables p, q, ... distinctes de r. Or, en substituant la valeur précédente de ϖ dans la formule (1), on en conclura

$$(8) \qquad \Sigma \nabla(u_n r^n) = 0;$$

et comme on aura identiquement

$$\nabla(u_n r^n) = r^{n-m} \Box_n u_n,$$

la formule (8) donnera

$$(9) \qquad \Sigma r^{n-m} \Box_n u_n = 0.$$

Cette dernière formule, devant être vérifiée quel que soit r, entraînera nécessairement l'équation (5) ou

$$\Box_n u_n = 0.$$

On peut remarquer d'ailleurs que développer l'intégrale ϖ, considérée comme fonction de p, q, r, ... en une série ordonnée suivant les puissances ascendantes de r, c'est aussi développer la même intégrale, considérée comme fonction de x, y, z, ... en une série de termes représentés par des fonctions homogènes de x, y, z, ... On peut donc énoncer encore la proposition suivante :

Théorème II. — *Pour intégrer l'équation* (5), *il suffit d'obtenir une intégrale de l'équation* (1), *représentée par une fonction homogène de* x, y, z, ... *ou de développer une intégrale quelconque de l'équation* (1) *en une série de termes représentés par de semblables fonctions.*

Premier corollaire. — On peut toujours intégrer l'équation (1) et même obtenir son intégrale générale à l'aide des formules que j'ai données dans le XIXe cahier du *Journal de l'École Polytechnique*, et dans le Mémoire sur l'application du calcul des résidus aux questions de physique mathématique. Donc, par suite, on pourra toujours intégrer l'équation (5). Ainsi le deuxième théorème conduit à l'intégration d'une infinité d'équations linéaires aux dérivées partielles et à coefficients variables. Je développerai plus tard cette conclusion importante, et pour l'instant je me bornerai à l'exemple suivant :

Si l'on pose

$$\nabla = \mathrm{D}_x^2 + \mathrm{D}_y^2.$$

alors, l'équation (1), réduite à

$$(10) \qquad (\mathrm{D}_x^2 + \mathrm{D}_y^2)\varpi = 0.$$

aura pour intégrale générale la somme de deux fonctions arbitraires dépendantes, l'une du binome $x + y\sqrt{-1}$, l'autre du binome $x - y\sqrt{-1}$. On pourra donc prendre pour ϖ la fonction homogène

$$(11) \qquad \varpi = (x \pm y\sqrt{-1})^n,$$

l'exposant n étant une constante quelconque réelle ou même imaginaire. Si d'ailleurs on établit, entre x et y, les relations

$$(12) \qquad x = ar\cos p, \qquad y = br\sin p.$$

a, b désignant deux quantités constantes, on trouvera

$$(13) \qquad \square_n u = \mathrm{D}_p\left[\left(\frac{\sin^2 p}{a^2} + \frac{\cos^2 p}{b^2}\right)\mathrm{D}_p u\right] + n^2\left(\frac{\cos^2 p}{a^2} + \frac{\sin^2 p}{b^2}\right)u$$
$$+ n\left(\frac{1}{b^2} - \frac{1}{a^2}\right)(\sin 2p\,\mathrm{D}_p u + u\cos 2p).$$

Enfin, on tirera des formules (11) et (12)

$$(14) \qquad \varpi = (a\cos p \pm b\sin p\sqrt{-1})^n r^n.$$

Donc, si l'on suppose la caractéristique $\Box_n$ définie par la formule (13), on vérifiera l'équation différentielle du second ordre

$$(15) \qquad \Box_n u = 0,$$

en prenant

$$u = (a \cos p \pm b \sin p \sqrt{-1})^n,$$

et par suite, l'intégrale générale de l'équation (15) sera

$$(16) \qquad u = A(a \cos p + b \sin p \sqrt{-1})^n + B(a \cos p - b \sin p \sqrt{-1})^n,$$

A, B désignant deux constantes arbitraires.

Si l'on supposait $a = 1$, $b = 1$, l'équation (15), réduite à

$$D_p^2 u + n^2 u = 0,$$

aurait pour intégrale générale, en vertu de la formule (16), la valeur de n déterminée par l'équation

$$u = A e^{np\sqrt{-1}} + B e^{-np\sqrt{-1}};$$

ce qui est effectivement exact.

Si, à la place de l'équation (1) supposée homogène, on considérait un système d'équations semblables, c'est-à-dire un système d'équations linéaires, homogènes et à coefficients constants, alors, à la place des premier et deuxième théorèmes, on obtiendrait des théorèmes analogues qui fourniraient les moyens d'intégrer une infinité de systèmes d'équations linéaires aux dérivées partielles et à coefficients variables.

III. — *Sur une transformation remarquable des équations homogènes, et de quelques autres.*

Concevons, comme dans le paragraphe précédent, que $F(x, y, z, \ldots)$ désignant une fonction entière et homogène des variables $x, y, z, \ldots$, on pose

$$\nabla = F(D_x, D_y, D_z, \ldots);$$

et considérons de nouveau l'équation homogène

$$(1) \qquad \nabla\varpi = 0.$$

Supposons encore que, dans l'intégrale ϖ de cette équation, l'on remplace les variables indépendantes $x, y, z, \ldots$ par d'autres $p, q, r, \ldots,$ liées aux premières et assujetties à vérifier des équations de la forme

$$(2) \qquad x = \alpha r, \quad y = \beta r, \quad z = \gamma r, \quad \ldots,$$

$\alpha, \beta, \gamma, \ldots$ désignant des quantités qui renferment seulement les nouvelles variables $p, q, \ldots$ distinctes de r. Après le changement de variables indépendantes, on aura, comme nous l'avons prouvé dans le paragraphe II,

$$(3) \qquad \nabla = \nabla_0 D_r^m + \frac{1}{r}\nabla_1 D_r^{m-1} + \ldots + \frac{1}{r^{m-1}}\nabla_{m-1} D_r + \frac{1}{r^m}\nabla_m.$$

m étant le degré de la fonction homogène $F(x, y, z, \ldots)$, et $\nabla_0, \nabla_1, \ldots, \nabla_{m-1}, \nabla_m$ désignant des fonctions de $p, q, \ldots, D_p, D_q, \ldots,$ qui ne renferment plus ni r, ni D_r.

Concevons maintenant que l'on pose

$$(4) \qquad r = \rho e^s,$$

s désignant une nouvelle variable d et ρ un coefficient constant. En substituant à la variable indépendante r la variable s, et en ayant égard à la formule

$$(5) \qquad D_s(e^{as}\varpi) = e^{as}(D_s + a)\varpi,$$

qui subsiste quelle que soit la constante a, on trouvera non seulement

$$D_r\varpi = D_r s\, D_s\varpi = \frac{1}{r} D_s\varpi = \frac{1}{\rho} e^{-s} D_s\varpi,$$

mais encore

$$D_r^2\varpi = \frac{1}{\rho^2} e^{-2s} D_s(D_s - 1)\varpi,$$

$$D_r^3\varpi = \frac{1}{\rho^3} e^{-3s} D_s(D_s - 1)(D_s - 2)\varpi.$$

et généralement

$$D_r^m \varpi = \frac{1}{\rho^m} e^{-ms} D_s(D_s - 1)\ldots(D_s - m + 1)\varpi,$$

ou, ce qui revient au même,

$$(6)\qquad D_r^m \varpi = \frac{1}{r^m} D_s(D_s - 1)\ldots(D_s - m + 1)\varpi.$$

Cela posé, on tirera de la formule (3)

$$(7)\qquad \nabla = \frac{1}{r^m}\Box,$$

la valeur de $\Box$ étant

$$(8)\quad \Box = \nabla_0 D_s(D_s - 1)\ldots(D_s - m + 1) + \ldots + \nabla_{m-2} D_s(D_s - 1) + \nabla_{m-1} D_s + \nabla_m.$$

Ajoutons qu'en vertu de la formule (8) on aura

$$(9)\qquad \Box = \Box_0 D_s^m + \Box_1 D_s^{m-1} + \ldots + \Box_{m-1} D_s + \Box_m,$$

$\Box_0, \Box_1, \ldots, \Box_{m-1}, \Box_m$ désignant des fonctions de p, q, ..., D_p, D_q, ... qui ne renfermeront ni s, ni D_s, et qui seront liées à $\nabla_0, \nabla_1, \ldots, \nabla_{m-1}, \nabla_m$ par les formules

$$\Box_0 = \nabla_0, \qquad \Box_1 = \nabla_1 - \frac{m(m-1)}{2}\nabla_0, \qquad \ldots, \qquad \Box_m = \nabla_m.$$

Or l'équation (1), jointe à la formule (7), donnera

$$(10)\qquad \Box\varpi = 0,$$

ou, ce qui revient au même,

$$(11)\qquad (\Box_0 D_s^m + \Box_1 D_s^{m-1} + \ldots + \Box_{m-1} D_s + \Box_m)\varpi = 0.$$

D'autre part, on tirera des équations (2) et (4)

$$(12)\qquad x = \rho\alpha e^s, \qquad y = \rho\beta e^s, \qquad z = \rho\gamma e^s, \qquad \ldots.$$

Donc, *pour transformer l'équation* (1), *supposée linéaire et homogène, en une autre équation linéaire qui soit de la forme* (11), *et renferme, avec l'inconnue* ϖ, *les dérivées de* ϖ *relatives à la nouvelle variable* s, *sans renfermer cette variable même, il suffit de substituer, aux variables indépendantes* x, y, z, ..., *d'autres variables* p, q, ..., s, *liées aux premières de telle sorte que, si* s *vient à varier*, x, y, z, ..., *considérées comme fonctions de* p, q, ..., s, *varient proportionnellement à l'exponentielle* e^s.

Premier exemple. — Si l'on transforme les coordonnées rectangulaires x, y, réduites à deux, en coordonnées polaires r et p, à l'aide des formules

$$x = r\cos p, \qquad y = r\sin p, \tag{13}$$

alors des formules (13), jointes à l'équation

$$r = \rho e^s,$$

on tirera

$$x = \rho e^s \cos p, \qquad y = \rho e^s \sin p \tag{14}$$

et, par suite,

$$D_x^2 + D_y^2 = \frac{1}{\rho^2} e^{-2s}(D_p^2 + D_s^2). \tag{15}$$

Donc, si l'équation (1) se réduit à

$$(D_x^2 + D_y^2)\varpi = 0, \tag{16}$$

cette équation, transformée à l'aide des formules (14), deviendra

$$(D_p^2 + D_s^2)\varpi = 0, \tag{17}$$

ce qu'avait déjà remarqué M. Lamé. Au reste, il est facile de s'assurer *a posteriori* que toute fonction ϖ de x et de y, qui vérifie l'équation (16), est en même temps une fonction de p, s, propre à vérifier l'équation (17). En effet, l'intégrale générale de l'équation (16) est de la forme

$$\varpi = \varphi(x + y\sqrt{-1}) + \chi(x - y\sqrt{-1}); \tag{18}$$

et comme, en vertu des formules (14), on aura

$$x + y\sqrt{-1} = \rho e^{s+p\sqrt{-1}}, \qquad x - y\sqrt{-1} = \rho e^{s-p\sqrt{-1}},$$

il suffira évidemment de poser.

$$\varphi(\rho e^s) = \Phi(s), \qquad \chi(\rho e^s) = \mathrm{X}(s).$$

pour réduire l'équation (18) à

$$(19) \qquad \varpi = \Phi(s + p\sqrt{-1}) + \mathrm{X}(s - p\sqrt{-1}).$$

Or cette dernière valeur de ϖ est évidemment l'intégrale générale de l'équation (17).

Deuxième exemple. — Comme on tire de la formule (15)

$$(\mathrm{D}_x^2 + \mathrm{D}_y^2)^2 = \frac{1}{\rho^4} e^{-2s}(\mathrm{D}_p^2 + \mathrm{D}_s^2)[e^{-2s}(\mathrm{D}_p^2 + \mathrm{D}_s^2)],$$

ou, ce qui revient au même,

$$(\mathrm{D}_x^2 + \mathrm{D}_y^2)^2 = \frac{1}{\rho^4} e^{-4s}(\mathrm{D}_p^2 + \mathrm{D}_s^2)[\mathrm{D}_p^2 + (\mathrm{D}_s - 2)^2],$$

il en résulte que, si à l'aide des formules (14) on transforme l'équation

$$(20) \qquad (\mathrm{D}_x^2 + \mathrm{D}_y^2)^2 \varpi = 0,$$

cette équation deviendra

$$(21) \qquad (\mathrm{D}_p^2 + \mathrm{D}_s^2)[\mathrm{D}_p^2 + (\mathrm{D}_s - 2)^2]\varpi = 0.$$

Si, en prenant toujours pour ∇ une fonction homogène de D_x, D_y, D_z, ..., on substituait à l'équation (1) une autre équation linéaire, homogène ou non homogène, et de la forme

$$(22) \qquad \mathrm{D}_t^n \varpi = a\nabla\varpi,$$

t désignant une nouvelle variable indépendante, n un nombre entier quelconque, et a un coefficient constant; alors, en opérant toujours de la même manière, et transformant l'équation (22) à l'aide des formules (12) et (7), on trouverait

$$\text{(23)} \qquad D_t^n \varpi = \frac{a}{\rho^m} e^{-ms} \square \varpi,$$

la valeur de $\square$ étant déterminée par la formule (9).

Ainsi, en particulier, les formules (14) réduiront l'équation du mouvement de la chaleur, savoir

$$\text{(24)} \qquad D_t \varpi = a(D_x^2 + D_y^2)\varpi.$$

à la formule

$$\text{(25)} \qquad D_t \varpi = \frac{a}{\rho^2} e^{-2s}(D_p^2 + D_s^2)\varpi;$$

et l'équation du mouvement d'une plaque élastique isotrope, savoir

$$\text{(26)} \qquad D_t^2 \varpi + a^2(D_x^2 + D_y^2)^2 \varpi = 0,$$

à la formule

$$\text{(27)} \qquad D_t^2 \varpi + \frac{a^2}{\rho^2} e^{-4s}(D_p^2 + D_s^2)[D_p^2 + (D_s - 2)^2]\varpi = 0.$$

IV. — *Sur une transformation remarquable de l'équation aux dérivées partielles qui représente l'équilibre des températures dans un cylindre de forme quelconque.*

L'équation aux dérivées partielles qui représente l'équilibre des températures dans un corps quelconque est, comme l'on sait, de la forme

$$\text{(1)} \qquad (D_x^2 + D_y^2 + D_z^2)\varpi = 0.$$

x, y, z désignant trois coordonnées rectangulaires. On peut la réduire à

$$\text{(2)} \qquad \nabla \varpi = 0.$$

en posant pour abréger

$$\nabla = D_x^2 + D_y^2 + D_z^2. \tag{3}$$

Si maintenant on nomme p, q, r trois coordonnées polaires, ou même plus généralement trois coordonnées curvilignes liées à x, y, z par trois équations de forme déterminée, on trouvera, quelle que soit la fonction ϖ,

$$\begin{aligned}\nabla\varpi = {} & L D_p^2\varpi + M D_q^2\varpi + N D_r^2\varpi \\ & + 2P D_q D_r\varpi + 2Q D_r D_p\varpi + 2R D_p D_q\varpi \\ & + \mathcal{L} D_p\varpi + \mathfrak{M} D_q\varpi + \mathfrak{N} D_r\varpi,\end{aligned} \tag{4}$$

les valeurs de L, M, N, P, Q, R, $\mathcal{L}$, $\mathfrak{M}$, $\mathfrak{N}$ étant

$$\left\{\begin{aligned} L &= (D_x p)^2 + (D_y p)^2 + (D_z p)^2, \\ M &= (D_x q)^2 + (D_y q)^2 + (D_z q)^2, \\ N &= (D_x r)^2 + (D_y r)^2 + (D_z r)^2;\end{aligned}\right. \tag{7}$$

$$\left\{\begin{aligned} P &= D_x q\, D_x r + D_y q\, D_y r + D_z q\, D_z r, \\ Q &= D_x r\, D_x p + D_y r\, D_y p + D_z r\, D_z p, \\ R &= D_x p\, D_x q + D_y p\, D_y q + D_z p\, D_z q;\end{aligned}\right. \tag{5}$$

$$\left\{\begin{aligned} \mathcal{L} &= D_x^2 p + D_y^2 p + D_z^2 p, \\ \mathfrak{M} &= D_x^2 q + D_y^2 q + D_z^2 q, \\ \mathfrak{N} &= D_x^2 r + D_y^2 r + D_z^2 r.\end{aligned}\right. \tag{6}$$

Si les nouvelles coordonnées p, q, r sont telles que les trois surfaces, dont on forme les équations en égalant p, q, r à trois constantes, se coupent à angles droits, on aura

$$P = 0, \qquad Q = 0, \qquad R = 0. \tag{8}$$

et par suite la valeur de $\nabla\varpi$ sera réduite à

$$\begin{aligned}\nabla\varpi = {} & L D_p^2\varpi + M D_q^2\varpi + N D_r^2\varpi \\ & + \mathcal{L} D_p\varpi + \mathfrak{M} D_q\varpi + \mathfrak{N} D_r\varpi.\end{aligned} \tag{9}$$

Or, dans cette hypothèse, en posant, pour abréger,

$$S[\pm D_x p\, D_y q\, D_z r] = \frac{1}{\omega},$$

ou, ce qui revient au même,

$$\omega = S[\pm D_p x\, D_q y\, D_r z],$$

on tirera des équations (8), après y avoir substitué les valeurs de P, Q, R tirées des formules (6),

(10) $$\frac{D_x p}{D_y q\, D_z r - D_y r\, D_z q} = \frac{D_y p}{D_z q\, D_x r - D_z r\, D_x q}$$
$$= \frac{D_z p}{D_x q\, D_y r - D_x r\, D_y q} = \frac{(D_x p)^2 + (D_y p)^2 + (D_z p)^2}{S[\pm D_x p\, D_y q\, D_z r]} = \omega L;$$

par conséquent,

$$D_y q\, D_z r - D_y r\, D_z q = \frac{D_x p}{\omega L},$$
$$D_z q\, D_x r - D_z r\, D_x q = \frac{D_y p}{\omega L},$$
$$D_x q\, D_y r - D_x r\, D_y q = \frac{D_z p}{\omega L}.$$

Cela posé, l'équation identique

$$D_x(D_y q\, D_z r - D_y r\, D_z q)$$
$$+ D_y(D_z q\, D_x r - D_z r\, D_x q) + D_z(D_x q\, D_y r - D_x r\, D_y q) = 0$$

donnera

(11) $$D_x \frac{D_x p}{\omega L} + D_y \frac{D_y p}{\omega L} + D_z \frac{D_z p}{\omega L} = 0,$$

et par suite, eu égard à la première des équations (7),

(12) $$\mathcal{L} = \frac{D_x p\, D_x(\omega L) + D_y p\, D_y(\omega L) + D_z p\, D_z(\varpi L)}{\omega L}.$$

D'autre part, on aura encore

$$D_p x\, D_x p + D_p y\, D_y p + D_p z\, D_z p = 1,$$
$$D_p x\, D_x q + D_p y\, D_y q + D_p z\, D_z q = 0,$$
$$D_p x\, D_x r + D_p y\, D_y r + D_p z\, D_z r = 0.$$

et par suite

$$(13)\qquad \frac{D_p x}{D_y q\, D_z r - D_y r\, D_z q} = \frac{D_p y}{D_z q\, D_x r - D_z r\, D_x q}$$
$$= \frac{D_p z}{D_x q\, D_y r - D_x r\, D_y q} = \frac{1}{S(\pm D_x p\, D_y q\, D_z r)} = \omega;$$

puis on tirera des formules (10) et (13)

$$(14)\qquad \frac{D_x p}{D_p x} = \frac{D_y p}{D_p y} = \frac{D_z p}{D_p z} = L,$$

ou, ce qui revient au même,

$$(15)\qquad \frac{D_x p}{L} = D_p x, \qquad \frac{D_y p}{L} = D_p y, \qquad \frac{D_z p}{L} = D_p z.$$

Enfin la formule (12), jointe aux formules (15), donnera

$$\omega \mathfrak{L} = D_p x\, D_x(\omega L) + D_q y\, D_y(\omega L) + D_r z\, D_z(\omega L),$$

par conséquent

$$(16)\qquad \begin{cases} \omega \mathfrak{L} = D_p(\omega L), \\ \text{On aura de même} \\ \omega \mathfrak{M} = D_q(\omega M), \\ \omega \mathfrak{N} = D_r(\omega N). \end{cases}$$

Donc l'équation (9) donnera

$$(17)\qquad \omega \nabla \varpi = D_p(\omega L\, D_p \varpi) + D_q(\omega L\, D_q \varpi) + D_r(\omega L\, D_r \varpi).$$

Par suite aussi, en nommant u, v deux valeurs particulières de ϖ, propres à vérifier l'équation (1) ou (2), on trouvera

$$(18)\qquad \begin{aligned} \omega(v\nabla u - u\nabla v) = {} & D_p[\omega L(v\, D_p u - u\, D_p v)] \\ & + D_q[\omega M(v\, D_q u - u\, D_q v)] \\ & + D_r[\omega N(v\, D_r u - u\, D_r v)]. \end{aligned}$$

Les équations (17), (18) paraissent dignes d'attention. On peut observer que la dernière est analogue à l'équation (6) du paragraphe I.

V — *Sur une certaine classe d'équations linéaires aux dérivées partielles.*

Considérons une équation linéaire aux dérivées partielles de la forme

$$(1) \qquad F(\nabla)\varpi = 0,$$

ϖ étant une fonction inconnue de deux variables indépendantes

$$x, \quad y,$$

$F(\nabla)$ étant une fonction entière de ∇; et la valeur de ∇ étant

$$(2) \qquad \nabla = a D_x^2 + b D_y^2 + 2c D_x D_y.$$

Un changement de variables indépendantes suffira pour ramener l'équation (1) à une équation de même forme, dans laquelle on aurait

$$(3) \qquad \nabla = D_x^2 + D_y^2.$$

C'est ce que l'on reconnaîtra sans peine, en faisant usage des formules que j'ai données à la page 104 du premier Volume des *Exercices d'Analyse et de Physique mathématique* (¹).

Pareillement, si, ϖ étant fonction de trois variables indépendantes x, y, z, on suppose dans l'équation (1)

$$(4) \qquad \nabla = a D_x^2 + b D_y^2 + c D_z^2 + 2d D_y D_z + 2e D_z D_x + 2f D_x D_y,$$

il suffira d'un simple changement de variables indépendantes pour ramener l'équation (1) à une équation de même forme dans laquelle on aurait

$$(5) \qquad \nabla = D_x + D_y^2 + D_z^2.$$

On pourrait étendre ces remarques au cas où la fonction ϖ renfer-

(¹) *OEuvres de Cauchy*, S. II, T. XI, p. 137.

merait des variables indépendantes $x, y, z, \ldots$ en nombre quelconque, et où ∇ serait une fonction homogène du second degré de D_x, D_y, D_z, ... Dans ce cas encore, on pourrait ramener l'équation (1) à une équation de même forme dans laquelle on aurait

$$(6) \qquad \nabla = D_x^2 + D_y^2 + D_z^2 + \ldots.$$

D'autre part, si la valeur de ∇ est donnée par la formule (6), alors, pour obtenir une valeur de ϖ qui vérifie l'équation (1), il suffira de prendre

$$(7) \qquad \varpi = \Pi(r),$$

$\Pi(r)$ étant une fonction de r, la valeur de r^2 étant de la forme

$$(8) \qquad r^2 = x^2 + y^2 + z^2 + \ldots,$$

ou même de la forme

$$(9) \qquad r^2 = (x-f)^2 + (y-g)^2 + (z-h)^2 + \ldots,$$

et $f, g, h, \ldots$ désignant des quantités constantes. En effet, on tirera de la formule (9)

$$D_x r = \frac{x-f}{r}, \qquad D_y r = \frac{y-g}{r}, \qquad D_z r = \frac{z-h}{r}, \qquad \ldots,$$

et par suite, en supposant ϖ fonction de r seule, on aura

$$D_x \varpi = \frac{x-f}{r} D_r \varpi, \qquad D_x^2 \varpi = \frac{1}{r} D_r \varpi + \frac{(x-f)^2}{r} D_r\left(\frac{1}{r} D_r \varpi\right),$$

$$D_y \varpi = \frac{y-g}{r} D_r \varpi, \qquad D_y^2 \varpi = \frac{1}{r} D_r \varpi + \frac{(y-g)^2}{r} D_r\left(\frac{1}{r} D_r \varpi\right).$$

....

Cela posé, si l'on nomme n le nombre des variables $x, y, z, \ldots$, et si l'on a égard à l'équation (9), la formule (6) donnera

$$(10) \qquad \nabla \varpi = \frac{n}{r} D_r \varpi + r D_r\left(\frac{1}{r} D_r \varpi\right).$$

Or, en vertu de la formule (10), l'équation (1) se trouvera réduite à une équation différentielle qui ne renfermera plus que la variable r, avec ϖ considéré comme fonction de r; et l'intégrale générale de cette équation différentielle sera en même temps une fonction des variables $x, y, z, \ldots$, propre à représenter une intégrale de l'équation (1).

Appliquons maintenant ces principes généraux à quelques exemples.

Premier exemple. — Supposons d'abord qu'on ait simplement

$$F(\nabla) = \nabla.$$

Alors l'équation (1) donnera

$$\nabla\varpi = 0; \tag{11}$$

ou, ce qui revient au même, eu égard à la formule (10),

$$\frac{D_r\left(\frac{1}{r}D_r\varpi\right)}{\frac{1}{r}D_r\varpi} = -\frac{n}{r}. \tag{12}$$

Or, en désignant, à l'aide de la lettre caractéristique l, un logarithme népérien, on tirera de l'équation (12)

$$\mathrm{l}\left(\frac{D_r\varpi}{r}\right) = -n\,\mathrm{l}(r) + \text{const.},$$

par conséquent

$$\frac{D_r\varpi}{r} = \frac{C}{r^n},$$

ou, ce qui revient au même,

$$D_r\varpi = \frac{C}{r^{n-1}}, \tag{13}$$

C désignant une constante arbitraire; puis, en intégrant de nouveau l'équation (13), on trouvera

$$\varpi = A + \frac{B}{r^{n-2}}, \tag{14}$$

A, B désignant deux nouvelles constantes arbitraires, dont la seconde B sera liée à la constante C par la formule

$$B = -\frac{C}{n-2}. \tag{15}$$

Ainsi, on vérifiera généralement l'équation

$$(D_x^2 + D_y^2 + D_z^2 + \ldots)\varpi = 0, \tag{16}$$

en prenant pour ϖ une fonction des n variables $x, y, z, \ldots$, déterminée par le système des formules (9) et (14) dans lesquelles les lettres

$$A, \quad B, \quad f, \quad g, \quad h, \quad \ldots$$

désignent $n + 2$ constantes arbitraires.

Deuxième exemple. — Si l'on a précisément $n = 2$, alors, en supposant non plus $B = -\frac{C}{n-2}$, mais $B = C$, on tirera de l'équation (13)

$$D_r\varpi = \frac{C}{r}, \tag{17}$$

et l'on en conclura

$$\varpi = A + B\,l(r), \tag{18}$$

la valeur de r^2 étant

$$r^2 = (x-f)^2 + (y-g)^2. \tag{19}$$

Ainsi, on vérifiera l'équation

$$(D_x^2 + D_y^2)\varpi = 0, \tag{20}$$

en prenant pour ϖ une fonction de x, y, déterminée par le système des formules (18) et (19), dans lesquelles

$$A, \quad B, \quad f, \quad g$$

désignent quatre constantes arbitraires.

Il est bon d'observer que si, dans les formules (14) et (18), on posait

$$B = 1, \qquad A = 0,$$

elles donneraient simplement, la première,

$$\varpi = \frac{1}{r^{n-2}},$$

et la seconde,

$$\varpi = l(r).$$

Les formules (14) et (18), jointes à la formule (9), fournissent des valeurs de ϖ qui renferment seulement les constantes arbitraires A, B, f, g, h, ... Mais on peut introduire des fonctions arbitraires dans ces valeurs de ϖ, en les intégrant par rapport aux quantités f, g, h, ... entre des limites fixes, et considérant B comme une fonction arbitraire de ces mêmes quantités.

Troisième exemple. — Supposons maintenant qu'on ait

$$F(\nabla) = \nabla^m,$$

m désignant un nombre entier quelconque. L'équation (1) deviendra

(21) $$\nabla^m \varpi = 0$$

et se réduira, si l'on suppose toujours ∇ déterminé par la formule (10), à une équation différentielle entre r et ϖ d'un ordre égal à $2m$. D'autre part, si dans la formule (10) on pose

(22) $$\varpi = r^k,$$

k désignant une quantité constante, on trouvera

$$\nabla \varpi = k(n+k-2) r^{k-2},$$

puis on en conclura

$$\nabla^2 \varpi = k(k-2)(n+k-2)(n+k-4) r^{k-4},$$

. . . .

$$\nabla^m \varpi = k(k-2)\ldots(k-2m+2)(n+k-2)(n+k-4)\ldots(n+k-2m) r^{k-2m}.$$

Donc la valeur de ϖ, fournie par la formule (22), vérifiera l'équation (21) si la valeur de k vérifie la condition

$$(23)\quad k(k-2)\dots(k-2m+2)(n+k-2)(n+k-4)\dots(n+k-2m)=0,$$

c'est-à-dire si l'on attribue à k l'une des valeurs

$$(24)\quad \left\{\begin{array}{llll} k=0, & k=2, & \dots, & k=2m-2, \\ k=-(n-2), & k=-(n-4), & \dots, & k=-(n-2m). \end{array}\right.$$

Donc la formule (21), considérée comme une équation différentielle de l'ordre $2m$, aura pour intégrales particulières les $2m$ valeurs de ϖ comprises dans les deux suites

$$(25)\quad \left\{\begin{array}{llll} 1, & r^2, & \dots, & r^{2m-2}, \\ \dfrac{1}{r^{n-2}}, & \dfrac{1}{r^{n-4}}, & \dots, & \dfrac{1}{r^{n-2m}}; \end{array}\right.$$

et, puisque cette même équation est linéaire, on obtiendra immédiatement son intégrale générale, en ajoutant les unes aux autres ces intégrales particulières, multipliées par $2m$ constantes arbitraires

$$\begin{array}{llll} A, & A_1, & \dots, & A_{m-1}, \\ B, & B_1, & \dots, & B_{m-1}. \end{array}$$

En opérant de cette manière, on trouvera généralement

$$(26)\quad \varpi = A + A_1 r^2 + \dots + A_{m-1} r^{2m-2} + \frac{B}{r^{n-2}} + \frac{B_1}{r^{n-4}} + \dots + \frac{B_{m-1}}{r^{n-2m}}.$$

Donc, pour vérifier la formule (21), considérée comme une équation linéaire aux dérivées partielles, ou, ce qui revient au même, pour vérifier l'équation

$$(27)\quad (D_x^2 + D_y^2 + D_z^2 + \dots)^m \varpi = 0,$$

il suffira de prendre pour ϖ une fonction $x, y, z, \dots$, déterminée par le système des formules (9) et (26), dans lesquelles

$$A,\quad A_1,\quad \ldots,\quad A_{m-1},\quad B,\quad B_1,\quad \ldots,\quad B_{m-1},\quad f,\quad g,\quad h,\quad \ldots$$

désignent $2m+n$ constantes arbitraires.

Il importe d'observer que si l'on pose non plus $\varpi = r^k$, mais

$$\varpi = \mathrm{l}(r), \tag{28}$$

on trouvera successivement

$$\nabla\varpi = (n-2)r^{-2},$$
$$\nabla^2\varpi = (-2)(n-2)(n-4)r^{-4},$$
$$\ldots\ldots\ldots\ldots\ldots\ldots\ldots\ldots,$$
$$\nabla^m\varpi = (-2)\ldots(-2m+2)(n-2)(n-4)\ldots(n-2m)r^{-2m}.$$

Donc la valeur de ϖ, donnée par la formule (28), vérifiera l'équation (21), si l'on a

$$(n-2)(n-4)\ldots(n-2m) = 0, \tag{29}$$

c'est-à-dire si des deux suites, comprises dans le Tableau (24), la seconde fournit, comme la première, une valeur nulle de k. On doit en conclure que si, dans le second membre de l'équation (26), l'une des constantes

$$B,\quad B_1,\quad \ldots,\quad B_{m-1}$$

se trouve multipliée par une puissance nulle de r, cette puissance devra être remplacée par le facteur variable $\mathrm{l}(r)$.

On peut généraliser la conclusion à laquelle nous venons de parvenir; et, si une même valeur de k appartient à la fois aux deux suites comprises dans le Tableau (24), il suffira d'attribuer à k cette valeur pour qu'on vérifie l'équation (21), non seulement en prenant

$$\varpi = r^k,$$

mais encore en prenant

$$\varpi = r^k\,\mathrm{l}(k). \tag{30}$$

C'est ce qu'on peut aisément démontrer à l'aide d'un des procédés dont les géomètres se sont servis pour étendre la formule qui donne l'intégrale générale d'une équation linéaire à coefficients constants au cas où deux racines de l'équation caractéristique deviennent égales entre elles. En effet, désignons, pour abréger, par la lettre K le premier membre de la formule (23), en sorte qu'on ait

$$K = k(k-2)\ldots(k-2m+2)(n+k-2)(n+k-4)\ldots(n+k-2m).$$

Si la valeur attribuée à k appartient aux deux suites comprises dans le Tableau (24), cette valeur sera une racine double de l'équation

$$(31) \qquad K = 0.$$

Elle vérifiera donc encore l'équation

$$(32) \qquad D_k K = 0.$$

D'autre part, en posant $\varpi = r^k$, on aura, d'après ce qu'il a été dit plus haut,

$$\nabla^m \varpi = K r^{k-2m}.$$

On aura donc identiquement, quels que soient k et r,

$$(33) \qquad \nabla^m r^k = K r^{k-2m}.$$

Or de cette dernière formule, différentiée par rapport à k, on tirera

$$(34) \qquad \nabla^m [r^k l(r)] = [K l(r) + D_k K] r^{k-2m},$$

et par suite

$$(35) \qquad \nabla^m [r^k l(r)] = 0,$$

si l'on prend pour k une racine commune des équations (31), (32), ou, ce qui revient au même, une racine double de l'équation (31). Donc, si la valeur de k se réduit à une telle racine, la formule (30) entraînera l'équation

$$\nabla \varpi = 0.$$

le système des formules (9) et (26), dans lesquelles

$$A,\quad A_1,\quad \ldots,\quad A_{m-1},\quad B,\quad B_1,\quad \ldots,\quad B_{m-1},\quad f,\quad g,\quad h,\quad \ldots$$

désignent $2m+n$ constantes arbitraires.

Il importe d'observer que si l'on pose non plus $\varpi = r^k$, mais

$$(28)\qquad \varpi = \mathrm{l}(r),$$

on trouvera successivement

$$\nabla\varpi = (n-2)r^{-2},$$
$$\nabla^2\varpi = (-2)(n-2)(n-4)r^{-4},$$
$$\ldots\ldots\ldots\ldots\ldots\ldots,$$
$$\nabla^m\varpi = (-2)\ldots(-2m+2)(n-2)(n-4)\ldots(n-2m)r^{-2m}.$$

Donc la valeur de ϖ, donnée par la formule (28), vérifiera l'équation (21), si l'on a

$$(29)\qquad (n-2)(n-4)\ldots(n-2m) = 0,$$

c'est-à-dire si des deux suites, comprises dans le Tableau (24), la seconde fournit, comme la première, une valeur nulle de k. On doit en conclure que si, dans le second membre de l'équation (26), l'une des constantes

$$B,\quad B_1,\quad \ldots,\quad B_{m-1}$$

se trouve multipliée par une puissance nulle de r, cette puissance devra être remplacée par le facteur variable $\mathrm{l}(r)$.

On peut généraliser la conclusion à laquelle nous venons de parvenir; et, si une même valeur de k appartient à la fois aux deux suites comprises dans le Tableau (24), il suffira d'attribuer à k cette valeur pour qu'on vérifie l'équation (21), non seulement en prenant

$$\varpi = r^k,$$

mais encore en prenant

$$(30)\qquad \varpi = r^k\,\mathrm{l}(k).$$

C'est ce qu'on peut aisément démontrer à l'aide d'un des procédés dont les géomètres se sont servis pour étendre la formule qui donne l'intégrale générale d'une équation linéaire à coefficients constants au cas où deux racines de l'équation caractéristique deviennent égales entre elles. En effet, désignons, pour abréger, par la lettre K le premier membre de la formule (23), en sorte qu'on ait

$$K = k(k-2)\ldots(k-2m+2)(n+k-2)(n+k-4)\ldots(n+k-2m).$$

Si la valeur attribuée à k appartient aux deux suites comprises dans le Tableau (24), cette valeur sera une racine double de l'équation

$$K = 0. \tag{31}$$

Elle vérifiera donc encore l'équation

$$D_k K = 0. \tag{32}$$

D'autre part, en posant $\varpi = r^k$, on aura, d'après ce qu'il a été dit plus haut,

$$\nabla^m \varpi = K\, r^{k-2m}.$$

On aura donc identiquement, quels que soient k et r,

$$\nabla^m r^k = K\, r^{k-2m}. \tag{33}$$

Or de cette dernière formule, différentiée par rapport à k, on tirera

$$\nabla^m [r^k\, l(r)] = [K\, l(r) + D_k K]\, r^{k-2m}, \tag{34}$$

et par suite

$$\nabla^m [r^k\, l(r)] = 0, \tag{35}$$

si l'on prend pour k une racine commune des équations (31), (32), ou, ce qui revient au même, une racine double de l'équation (31). Donc, si la valeur de k se réduit à une telle racine, la formule (30) entraînera l'équation

$$\nabla \varpi = 0.$$

Il est bon d'observer que l'équation (21), dans le cas où l'on y suppose ∇ déterminé par la formule (10), est du genre des équations différentielles linéaires à coefficients variables, que nous avons considérées dans le premier Volume des *Exercices de Mathématiques* (1). Elle pourra donc s'intégrer immédiatement à l'aide des formules très simples que nous avons établies; et son intégrale générale sera

$$\varpi = \mathcal{E} \frac{r^k \varphi(k)}{[K]_k}, \tag{36}$$

le résidu intégral étant relatif aux diverses valeurs de k qui vérifient l'équation

$$K = 0,$$

et $\varphi(k)$ désignant une fonction arbitraire de k qui ne devienne infinie pour aucune de ces valeurs. Effectivement, si l'on substitue dans la formule (21) la valeur de ϖ que donne la formule (36), on obtiendra l'équation identique

$$\mathcal{E} \frac{K r^k \varphi(k)}{[K]_k} = 0.$$

D'ailleurs, en développant le second membre de l'équation (36), on arrivera ou à la formule (26), ou à cette formule modifiée comme nous avons vu qu'elle doit l'être dans le cas où l'équation (31) offre deux racines égales.

Si l'on pose, dans la formule (26), $m = 1$, alors, en ayant égard aux observations que nous avons faites, on trouvera : 1° pour $n = 1$, ou pour $n > 2$,

$$\varpi = A + \frac{B}{r^{n-2}};$$

2° pour $n = 2$,

$$\varpi = A + B\,l(r).$$

On sera donc alors immédiatement ramené aux formules (14) et (18).

(1) *Voir*, dans ce premier Volume, le *Mémoire sur l'application du calcul des résidus à l'intégration de quelques équations linéaires à coefficients variables*, p. 262 (*OEuvres de Cauchy*, S. II, T. VI, p. 316).

Pareillement, si l'on pose dans la formule (26) $m = 2$, on trouvera : 1° en prenant pour n un nombre entier impair ou un nombre pair supérieur à 4,

$$\varpi = A + A_1 r^2 + \frac{B}{r^{n-2}} + \frac{B_1}{r^{n-4}};$$

2° en prenant $n = 2$,

$$\varpi = A + A_1 r^2 + (B + B_1 r^2)\,l(r);$$

3° en prenant $n = 4$,

$$\varpi = A + A_1 r^2 + \frac{B}{r^2} + B_1\,l(r).$$

MÉMOIRE

SUR LA

THÉORIE DES INTÉGRALES DÉFINIES SINGULIÈRES

APPLIQUÉE GÉNÉRALEMENT

A LA DÉTERMINATION DES INTÉGRALES DÉFINIES,
ET EN PARTICULIER A L'ÉVALUATION DES INTÉGRALES EULÉRIENNES

La théorie des intégrales singulières, qui dès l'année 1814 s'est trouvée, grâce au Rapport de MM. Lacroix et Legendre, accueillie si favorablement de l'Académie, m'a fourni, comme on sait, les moyens, non seulement d'expliquer le singulier paradoxe que semblaient présenter des intégrales doubles dont la valeur variait avec l'ordre des intégrations, et de mesurer l'étendue de cette variation, mais encore de construire des formules générales relatives à la transformation ou même à la détermination des intégrales définies, et de distinguer les intégrales dont la valeur est finie d'avec celles dont les valeurs deviennent infinies ou indéterminées. Ces diverses applications de la théorie des intégrales singulières se trouvent déjà exposées et développées d'une part dans le Tome I des *Mémoires des Savants étrangers* (1), d'autre part dans mes *Exercices de Mathématiques* et dans les Leçons données à l'École Polytechnique sur le calcul infinitésimal.

Il arrive souvent que, dans une intégrale simple, la fonction sous le signe $\int$ se compose de divers termes dont plusieurs deviennent infinis

(1) *OEuvres de Cauchy*, S. I, T. I.

pour une valeur de la variable comprise entre les limites des intégrations, ou représentée par l'une de ces limites. Alors il importe de savoir si l'intégrale est finie, ou infinie, ou indéterminée, mais en outre, lorsqu'elle reste finie, quelle est précisément sa valeur. La théorie des intégrales singulières, qui sert à résoudre généralement le premier problème, conduit souvent encore à la solution exacte ou approchée du second. Ainsi en particulier cette théorie, combinée avec le calcul des résidus, fournit, sous une forme très simple, la valeur générale d'une intégrale prise entre les limites o et ∞, lorsque la fonction sous le signe $\int$ est une somme d'exponentielles multipliées chacune par un polynome dont les divers termes sont proportionnels à des puissances entières positives ou même négatives de la variable x.

La théorie des intégrales singulières peut encore être employée avec avantage dans l'évaluation des intégrales qui représentent des fonctions de très grands nombres. Elle permet de séparer, dans ces dernières, la partie qui reste finie ou qui devient même infinie avec ces nombres, de celle qui décroît indéfiniment avec eux. Cette séparation devient surtout facile quand, les limites de l'intégrale étant zéro et l'infini, la fonction sous le signe $\int$ se compose de deux termes, dont l'un est indépendant d'un très grand nombre donné, tandis que l'autre a pour facteur une exponentielle dont l'exposant est proportionnel à ce même nombre.

L'observation que nous venons de faire s'applique particulièrement à deux intégrales dignes de remarque. La première est celle qui représente la somme des puissances négatives semblables des divers termes d'une progression arithmétique dans laquelle le nombre des termes devient très considérable. La seconde est le logarithme d'une des intégrales culériennes, savoir, de celle que M. Legendre a désignée par la lettre Γ. En appliquant les principes ci-dessus énoncés à la première, on la décompose en deux parties, dont l'une, qui décroît indéfiniment avec le nombre des termes de la progression arithmétique, peut être développée en série convergente, tandis que l'autre partie peut être présentée sous forme finie, et débarrassée du signe d'intégration, pourvu qu'on introduise dans le calcul une certaine constante analogue à celle dont Euler s'est servi pour la sommation approximative de la série harmonique.

Quant à l'intégrale définie qui représente le logarithme de la fonction $\Gamma(n)$, elle se décompose immédiatement, d'après les principes ci-dessus énoncés, en deux parties, dont l'une croît indéfiniment avec le nombre n et peut être complétement débarrassée du signe d'intégration, tandis que l'autre peut être développée de plusieurs manières en série convergente. Cette décomposition est précisément celle à laquelle M. Binet est parvenu, par d'autres considérations, dans son Mémoire sur les intégrales eulériennes, et constitue, à mon avis, l'un des beaux résultats obtenus par l'auteur dans cet important Mémoire. A la vérité M. Gauss avait, en 1812, exprimé par une intégrale définie la différentielle du logarithme de $\Gamma(n)$, et l'on pouvait aisément, par l'intégration, remonter de cette différentielle au logarithme lui-même. A la vérité encore, en retranchant de ce logarithme la partie qui croît indéfiniment, telle qu'on la déduit des formules données par Stirling et par d'autres auteurs, on devait tenir pour certain que la différence décroîtrait indéfiniment avec le nombre n. Mais, en supposant même que ces rapprochements se fussent présentés à l'esprit des géomètres, ils n'auraient pas encore fourni le moyen de développer en série convergente et d'évaluer par suite, avec une exactitude aussi grande qu'on le voudrait, la différence entre deux termes très considérables, dont un seul était représenté par une intégrale définie. Avant qu'on pût obtenir un tel développement, il était d'abord nécessaire de représenter la différence dont il s'agit par une seule intégrale qui se prêtât facilement à l'intégration par série. C'est en cela que consistait, ce me semble, la principale difficulté qui s'opposait à ce qu'on pût évaluer avec une exactitude indéfinie, et aussi considérable qu'on le voudrait, les fonctions de très grands nombres, et en particulier la fonction $\Gamma(n)$. Cette difficulté, que n'avaient pas fait disparaître les Mémoires de Laplace, de Gauss, de Legendre, est, comme nous l'avons dit, résolue dans le Mémoire de M. Binet. Les amis de la science ne verront peut-être pas sans intérêt que l'analyse, très délicate et très ingénieuse, dont ce géomètre a fait usage peut être remplacée par quelques formules déduites de la théorie des intégrales singulières et qu'on peut tirer immédiatement de cette théorie la plupart des équations en termes finis auxquelles M. Binet est parvenu.

Lorsqu'une fois on a décomposé le logarithme de $\Gamma(n)$, ou même une fonction quelconque de n, en deux parties, dont l'une croît indéfiniment avec n, tandis que l'autre est représentée par une seule intégrale définie : alors, pour obtenir le développement de cette intégrale en série, il suffit de développer la fonction sous le signe $\int$ en une autre série dont chaque terme soit facilement intégrable. Le développement de l'intégrale se réduit à une seule série convergente, lorsque le développement de la fonction sous le signe $\int$ ne cesse jamais d'être convergent entre les limites des intégrations. Telle est effectivement la condition à laquelle M. Binet s'est astreint dans son Mémoire. Toutefois il n'est pas absolument nécessaire que cette condition soit remplie. Si, pour fixer les idées, on représente, comme je le fais dans ce Mémoire, la partie décroissante du logarithme de $\Gamma(n)$ par une intégrale prise entre les limites zéro et infini, on pourra, dans le cas où le nombre n deviendra très considérable, décomposer cette intégrale en deux autres, prises, la première entre les limites o, 1, la seconde entre les limites $1, \infty$, puis développer la première intégrale en une série dont les divers termes, analogues à ceux que renferme la formule de Stirling, aient pour facteurs les nombres de Bernoulli, et la seconde intégrale en une autre série dont les divers termes aient pour facteurs les nombres que M. Binet a introduits dans l'expression du logarithme de $\Gamma(n)$.

Nous ferons remarquer, en finissant, que les principes exposés dans ce Mémoire fournissent le moyen de tirer un parti avantageux de la formule donnée par Stirling, et de calculer très facilement la limite de l'erreur qu'on commet quand on applique cette formule à la détermination de $\Gamma(n)$.

ANALYSE.

I. — *Formules générales.*

Parmi les propositions auxquelles nous avons été conduits par la théorie des intégrales définies singulières, on doit particulièrement remarquer la suivante :

Théorème I. — *Soient x, y deux variables réelles, $z = x + y\sqrt{-1}$ une variable imaginaire et $f(z)$ une fonction de z tellement choisie que le résidu*

$$\underset{x_0}{\overset{\mathrm{X}}{}}\mathcal{E}_{y_0}^{\mathrm{Y}}[f(z)],$$

pris entre les limites

$$x = x_0, \qquad x = \mathrm{X}, \qquad y = y_0, \qquad y = \mathrm{Y},$$

offre une valeur finie et déterminée. On aura généralement

$$(1) \qquad \int_{x_0}^{\mathrm{X}} [f(x + \mathrm{Y}\sqrt{-1}) - f(x + y_0\sqrt{-1})]\,dx$$
$$= \sqrt{-1}\int_{y_0}^{\mathrm{Y}} [f(\mathrm{X} + y\sqrt{-1}) - f(x_0 + y\sqrt{-1})]\,dy - 2\pi\sqrt{-1}\,\underset{x_0}{\overset{\mathrm{X}}{}}\mathcal{E}_{y_0}^{\mathrm{Y}}[f(z)],$$

les deux intégrales relatives à x et à y devant être réduites, lorsqu'elles deviennent indéterminées, à leurs valeurs principales.

De ce premier théorème on déduit immédiatement le suivant :

Théorème II. — *Soient x, y deux variables réelles, $z = x + y\sqrt{-1}$ une variable imaginaire et $f(z)$ une fonction telle que le résidu*

$$\underset{-\infty}{\overset{\infty}{}}\mathcal{E}_{0}^{\infty}[f(z)]$$

offre une valeur finie et déterminée. Si d'ailleurs le produit

$$z f(z) \quad \text{ou} \quad (x + y\sqrt{-1})\,f(x + y\sqrt{-1})$$

s'évanouit : 1° pour $x = \pm \infty$, quel que soit y ; 2° pour $y = \infty$, quel que soit x, on aura

$$(2) \qquad \int_{-\infty}^{\infty} f(x)\,dx = 2\pi\sqrt{-1}\;\underset{-\infty}{\overset{\infty}{}}\mathop{\mathcal{E}}_{0}^{\infty}[f(z)],$$

l'intégrale devant être réduite, lorsqu'elle devient indéterminée, à sa valeur principale.

Corollaire I. — L'équation (2) peut encore se mettre sous la forme

$$(3) \qquad \int_{0}^{\infty} \frac{f(x)+f(-x)}{2}\,dx = 2\pi\sqrt{-1}\;\underset{-\infty}{\overset{\infty}{}}\mathop{\mathcal{E}}_{0}^{\infty}[f(z)].$$

Corollaire II. — L'équation (2) ou (3) fournit les valeurs d'une multitude d'intégrales définies, dont quelques-unes étaient déjà connues. Si l'on pose en particulier, dans l'équation (2) ou (3),

$$f(x) = \frac{(-x\sqrt{-1})^{a-1}}{1+x},$$

a désignant une quantité comprise entre les limites 0, 1, on trouvera

$$(4) \qquad \int_{-\infty}^{\infty} \frac{(-x\sqrt{-1})^{a-1}}{1+x}\,dx = \pi(\sqrt{-1})^{a},$$

et, par suite,

$$(5) \qquad \int_{0}^{\infty} \frac{x^{a-1}\,dx}{1+x} = \frac{\pi}{\sin a\pi}, \qquad \int_{0}^{\infty} \frac{x^{a-1}\,dx}{1-x} = \frac{\pi}{\operatorname{tang} a\pi}.$$

La théorie des intégrales définies singulières fournit encore les conditions qui doivent être remplies pour qu'une intégrale, dans laquelle la fonction sous le signe $\int$ s'évanouit entre les limites de l'intégration, conserve une valeur unique et finie : c'est ce qu'on peut voir dans le *Résumé des Leçons données à l'École Polytechnique sur le calcul infinitésimal* (25e leçon). Ainsi, en particulier, on peut énoncer la proposition suivante :

Théorème III. — *Soit $f(x)$ une fonction de x qui conserve une valeur* *unique et finie pour chaque valeur positive de x, et devienne infinie quand x s'évanouit. Pour que la valeur de l'integrale*

$$\int_0^\infty f(x)\,dx \tag{6}$$

soit finie et determinée, il sera nécessaire et il suffira que les intégrales singulières

$$\int_{\varepsilon\nu}^{\varepsilon} f(x)\,dx, \tag{7}$$

$$\int_{\frac{1}{\varepsilon}}^{\frac{1}{\varepsilon\mu}} f(x)\,dx \tag{8}$$

s'évanouissent par des valeurs infiniment petites de ε, quelle que soit d'ailleurs la valeur finie ou infiniment petite attribuée au coefficient μ ou ν.

Corollaire. — Si l'on suppose en particulier

$$f(x) = \mathrm{P}\,e^{-ax} + \mathrm{Q}\,e^{-bx} + \mathrm{R}\,e^{-cx} + \ldots, \tag{9}$$

a, b, c, ... désignant des constantes dont les parties réelles soient positives, et P, Q, R, ... des polynomes dont chaque terme soit proportionnel à une puissance entière, positive, nulle ou négative, de x : on déduira sans peine du théorème précédent la seule condition qui devra être remplie pour que l'intégrale (6) conserve une valeur finie. Cette seule condition sera que la fonction

$$f(x)$$

se réduise à une constante finie pour $x = 0$.

Observons enfin qu'on arrive à des résultats dignes de remarque quand on transforme des intégrales singulières, dont les valeurs approximatives peuvent être facilement déterminées, en d'autres intégrales. Pour donner un exemple de cette transformation, supposons que la fonction $f(x)$ devienne infinie pour $x = 0$, mais que le produit

$$x\,f(x)$$

se réduise alors à une constante finie f. Supposons d'ailleurs que le même produit s'évanouisse pour $x=\infty$, et que la fonction $f(x)$ ne devienne jamais infinie pour des valeurs finies de x. Si l'on désigne par ε un nombre infiniment petit, et par μ, ν deux coefficients finis et positifs, on aura sensiblement

$$\int_{\varepsilon\nu}^{\varepsilon\mu} f(x)\,dx = \text{f}\,\text{l}\left(\frac{\mu}{\nu}\right). \tag{10}$$

D'ailleurs l'intégrale singulière que détermine l'équation (10) pourra être considérée comme la différence de deux autres intégrales. On aura en effet

$$\int_{\varepsilon\nu}^{\varepsilon\mu} f(x)\,dx = \int_{\varepsilon\nu}^{\infty} f(x)\,dx - \int_{\varepsilon\mu}^{\infty} f(x)\,dx.$$

On aura donc encore, pour de très petites valeurs de ε,

$$\int_{\varepsilon\nu}^{\infty} f(x)\,dx - \int_{\varepsilon\mu}^{\infty} f(x)\,dx = \text{f}\,\text{l}\left(\frac{\mu}{\nu}\right). \tag{11}$$

D'autre part, soient $\varphi(z)$, $\chi(z)$ deux fonctions de z qui deviennent nulles et infinies en même temps que la variable z, en conservant des valeurs finies pour toutes les valeurs finies et positives de z. Si les fonctions dérivées $\varphi'(z)$ et $\chi'(z)$ se réduisent, pour $z=0$, à des quantités finies

$$\mu = \varphi'(0), \qquad \nu = \chi'(0),$$

on aura sensiblement

$$\varphi(\varepsilon) = \mu\varepsilon, \qquad \chi(\varepsilon) = \nu\varepsilon;$$

et, par suite, les formules

$$\int_{\varepsilon}^{\infty} \chi'(z) f[\chi(z)]\,dz = \int_{\chi(\varepsilon)}^{\infty} f(x)\,dx,$$

$$\int_{A}^{\infty} \varphi'(z) f[\varphi(z)]\,dz = \int_{\varphi(\varepsilon)}^{\infty} f(x)\,dx,$$

combinées avec l'équation (11), donneront à très peu près

$$\int_{\varepsilon}^{\infty} \{\chi'(z) f[\chi(z)] - \varphi'(z) f[\varphi(z)]\}\,dz = \text{f}\,\text{l}\left(\frac{\mu}{\nu}\right);$$

puis on en conclura en toute rigueur, en posant $\varepsilon = 0$,

$$(12)\qquad \int_0^\infty \{\chi'(z) f[\chi(z)] - \varphi'(z) f[\varphi(z)]\} dz = \mathrm{f}\,\mathrm{l}\left[\frac{\varphi'(0)}{\chi'(0)}\right].$$

Si l'on prend en particulier

$$\mathrm{f}(x) = \frac{e^{-x}}{x},$$

la formule (12) deviendra

$$(13)\qquad \int_0^\infty \left[\frac{\chi'(z)}{\chi(z)} e^{-\chi(z)} - \frac{\varphi'(z)}{\varphi(z)} e^{-\varphi(z)}\right] dz = \mathrm{l}\left[\frac{\varphi'(0)}{\chi'(0)}\right].$$

L'équation (13) comprend plusieurs formules déjà connues. Ainsi, par exemple, on en tirera : 1° en supposant $\chi(z) = z$, $\varphi(z) = \mathrm{l}(1+z)$,

$$(14)\qquad \int_0^\infty \left[\frac{e^{-z}}{z} - \frac{(1+z)^{-2}}{\mathrm{l}(1+z)}\right] dz = 0;$$

2° en désignant par a, b deux constantes dont les parties réelles soient positives, et supposant $\varphi(z) = az$, $\chi(z) = bz$,

$$(15)\qquad \int_0^\infty \frac{e^{-bz} - e^{-az}}{z} dz = \mathrm{l}\left(\frac{a}{b}\right), \quad \ldots.$$

A l'aide d'intégrations par parties jointes à la formule (15), on peut assez facilement calculer la valeur de l'intégrale

$$\int_0^\infty f(x)\,dx.$$

lorsque, cette valeur étant finie, le facteur $f(x)$ est déterminé par l'équation (9). Entrons à ce sujet dans quelques détails.

Supposons que, dans les polynomes

$$\mathrm{P}, \quad \mathrm{Q}, \quad \mathrm{R}, \quad \ldots,$$

composés de termes proportionnels à des puissances entières positives, nulles ou négatives de x, les parties qui renferment des puissances négatives soient représentées par

$$\mathfrak{P}, \quad \mathfrak{Q}, \quad \mathfrak{R}, \quad \ldots.$$

Les restes

$$P - \mathfrak{P}, \quad Q - \mathfrak{Q}, \quad R - \mathfrak{R}, \quad \ldots$$

ne renfermeront plus que des puissances nulles ou positives, et par suite, la valeur de l'intégrale

$$\int_0^\infty [(P - \mathfrak{P}) e^{-ax} + (Q - \mathfrak{Q}) e^{-bx} + \ldots] \, dx$$

pourra se déduire des deux formules

$$(16) \qquad \begin{cases} \displaystyle\int_0^\infty e^{-hx} \, dx = \frac{1}{h}, \\ \displaystyle\int_0^\infty x^m e^{-hx} \, dx = \frac{1.2.3\ldots m}{h^{m+1}}, \end{cases}$$

qui subsistent pour une valeur positive de la partie réelle de h, et pour une valeur nulle ou positive de m. D'autre part, comme en posant, pour abréger,

$$(17) \qquad \varphi(x) = \mathfrak{P} e^{-ax} + \mathfrak{Q} e^{-bx} + \mathfrak{R} e^{-cx} + \ldots,$$

on tirera de la formule (9)

$$f(x) = (P - \mathfrak{P}) e^{-ax} + (Q - \mathfrak{Q}) e^{-bx} + (R - \mathfrak{R}) e^{-cx} + \ldots + \varphi(x),$$

on aura encore

$$(18) \qquad \begin{aligned} &\int_0^\infty f(x) \, dx \\ &= \int_0^\infty [(P - \mathfrak{P}) e^{-ax} + (Q - \mathfrak{Q}) e^{-bx} + (R - \mathfrak{R}) e^{-cx} + \ldots] \, dx \\ &\quad + \int_0^\infty \varphi(x) \, dx; \end{aligned}$$

et cette dernière formule, qui offre pour second membre la somme de deux intégrales, dont l'une peut être facilement calculée comme on vient de le dire, réduira évidemment la détermination de l'intégrale

$$\int_0^\infty f(x)\,dx$$

à celle de l'intégrale

$$\int_0^\infty \varphi(x)\,dx,$$

dont nous allons maintenant nous occuper.

Concevons d'abord que, la valeur de $\varphi(x)$ étant déterminée par l'équation (12), on cherche la valeur, non plus de l'intégrale

$$\int_0^\infty \varphi(x)\,dx,$$

mais de la suivante

$$\int_\varepsilon^\infty \varphi(x)\,dx,$$

ε désignant un nombre infiniment petit. Puisque les lettres $\mathfrak{P}$, $\mathfrak{Q}$, $\mathfrak{R}$, ... représentent des polynomes qui renferment seulement des puissances entières et négatives de x, la fonction $\varphi(x)$ pourra être décomposée en termes proportionnels à des expressions de la forme

$$\frac{e^{-hx}}{x^m},$$

h désignant l'un quelconque des exposants a, b, c, ..., par conséquent une constante dont la partie réelle sera positive. Donc, par suite, l'intégrale

$$\int_\varepsilon^\infty \varphi(x)\,dx$$

pourra être décomposée en plusieurs parties respectivement proportionnelles à d'autres intégrales de la forme

$$\int_\varepsilon^\infty \frac{e^{-hx}}{x^m}\,dx.$$

D'ailleurs, en effectuant une ou plusieurs intégrations par parties, on trouvera successivement

$$\int \frac{e^{-hx}}{x^m}\,dx = -\frac{e^{-hx}}{(m-1)x^{m-1}} - \frac{h}{m-1}\int \frac{e^{-hx}}{x^{m-1}}\,dx,$$

$$\int \frac{e^{-hx}}{x^{m-1}}\,dx = -\frac{e^{-hx}}{(m-2)x^{m-2}} - \frac{h}{m-2}\int \frac{e^{-hx}}{x^{m-2}}\,dx,$$

....

puis on en conclura

$$\int \frac{e^{-hx}}{x^m}\,dx = -\frac{e^{-hx}}{(m-1)x^{m-1}} - \frac{(-h)\,e^{-hx}}{(m-1)(m-2)x^{m-2}} - \dots$$
$$- \frac{(-h)^{m-2}\,e^{-hx}}{(m-1)(m-2)\dots 1\,.\,x} + \frac{(-h)^{m-1}}{(m-1)(m-2)\dots 1}\int \frac{e^{-hx}}{x}\,dx.$$

et par suite

$$(19)\quad \int_\varepsilon^\infty \frac{e^{-hx}}{x^m}\,dx = \frac{e^{-h\varepsilon}}{(m-1)\varepsilon^{m-1}} + \frac{(-h)\,e^{-h\varepsilon}}{(m-1)(m-2)\varepsilon^{m-2}} + \dots$$
$$+ \frac{(-h)^{m-2}\,e^{-h\varepsilon}}{(m-1)(m-2)\dots 1\,.\,\varepsilon} + \frac{(-h)^{m-1}}{(m-1)(m-2)\dots 1}\int_\varepsilon^\infty \frac{e^{-hx}}{x}\,dx.$$

Donc la valeur de l'intégrale

$$\int_\varepsilon^\infty \varphi(x)\,dx$$

se composera : 1° de termes finis, dont chacun pourra être développé suivant les puissances ascendantes et entières de ε ; 2° de termes proportionnels à des intégrales de la forme

$$\int_\varepsilon^\infty \frac{e^{-ax}}{x}\,dx, \quad \int_\varepsilon^\infty \frac{e^{-bx}}{x}\,dx, \quad \int_\varepsilon^\infty \frac{e^{-cx}}{x}\,dx, \quad \dots.$$

Donc, en nommant

$$A,\ B,\ C,\ \dots$$

les coefficients constants par lesquels ces dernières intégrales se trouveront multipliées, et K la somme des termes finis, on aura

$$(20)\qquad \int_\varepsilon^\infty \varphi(x)\,dx = K + A\int_\varepsilon^\infty e^{-ax}\frac{dx}{x} + B\int_\varepsilon^\infty e^{-bx}\frac{dx}{x} + \dots.$$

Chacune des intégrales que renferme le second membre de la formule (20) surpasse l'intégrale de même espèce

$$\int_\varepsilon^\infty e^{-x}\frac{dx}{x}$$

d'une quantité qui, en vertu de la formule (15), conserve une valeur finie lorsque ε s'évanouit. Par suite, la somme

$$A\int_\varepsilon^\infty e^{-ax}\frac{dx}{x} + B\int_\varepsilon^\infty e^{-bx}\frac{dx}{x} + \ldots$$

surpassera la somme

$$(A + B + C + \ldots)\int_\varepsilon^\infty e^{-x}\frac{dx}{x}$$

d'une quantité qui restera finie pour des valeurs infiniment petites de ε. Effectivement, si l'on pose

$$(21)\qquad H = A\int_\varepsilon^\infty \frac{e^{-ax} - e^{-x}}{x}dx + B\int_\varepsilon^\infty \frac{e^{-bx} - e^{-x}}{x}dx + \ldots,$$

la formule (15) donnera, pour $\varepsilon = 0$,

$$(22)\qquad H = -A\,\mathrm{l}(a) - B\,\mathrm{l}(b) - \ldots.$$

Ajoutons qu'en vertu de la formule (21), l'équation (20) deviendra

$$(23)\qquad \int_\varepsilon^\infty \varphi(x)\,dx = K + H + (A + B + C + \ldots)\int_\varepsilon^\infty \frac{e^{-x}}{x}\,dx.$$

Quant à l'intégrale

$$\int_\varepsilon^\infty e^{-x}\frac{dx}{x},$$

elle surpasse évidemment la suivante :

$$\int_\varepsilon^1 e^{-x}\frac{dx}{x},$$

et, à plus forte raison, la suivante :

$$\int_{\varepsilon}^{1} e^{-1}\frac{dx}{x} = \frac{1}{e}\,\mathrm{l}\left(\frac{1}{\varepsilon}\right);$$

par conséquent, elle devient infinie pour $\varepsilon = 0$. Mais, d'un autre côté, elle offre évidemment une valeur numérique équivalente à celle de la somme

$$\int_{\varepsilon}^{1} e^{-x}\frac{dx}{x} + \int_{1}^{\infty} e^{-x}\frac{dx}{x},$$

par conséquent inférieure à celle de la somme

$$\int_{\varepsilon}^{1} \frac{dx}{x} + \int_{1}^{\infty} e^{-x}\,dx$$

et, à plus forte raison, à celle de la somme

$$\int_{\varepsilon}^{1} \frac{dx}{x} + \int_{0}^{\infty} e^{-x}\,dx = 1 - \mathrm{l}(\varepsilon).$$

Donc, par suite, le produit

$$\varepsilon^{m}\int_{\varepsilon}^{\infty} e^{-x}\frac{dx}{x}$$

s'évanouira toujours avec ε, pour des valeurs positives du nombre m; et, comme on pourra en dire autant du produit

$$\varepsilon^{m}\int_{\varepsilon}^{\infty} \varphi(x)\,dx,$$

si l'intégrale

$$\int_{\varepsilon}^{\infty} \varphi(x)\,dx$$

conserve une valeur finie pour $\varepsilon = 0$, il est clair que, dans ce cas, en vertu de l'équation (23), le produit

$$K\varepsilon^{m}$$

s'évanouira lui-même avec ε pour toute valeur positive de m.

Supposons maintenant qu'on développe, comme on peut le faire, les exponentielles

$$e^{-a\varepsilon}, \quad e^{-b\varepsilon}, \quad e^{-c\varepsilon}, \quad \ldots,$$

renfermées dans la somme K en séries convergentes suivant les puissances ascendantes de ε; et soit $\left(\frac{1}{x}\right)^n$ la plus haute puissance de $\frac{1}{x}$ renfermée dans les polynomes

$$\mathfrak{P}, \quad \mathfrak{Q}, \quad \mathfrak{R}, \quad \ldots.$$

La somme K se trouvera elle-même développée en série convergente par une équation de la forme

$$K = k_{-n}\varepsilon^{-n} + k_{-n+1}\varepsilon^{-n+1} + \ldots + k_{-1}\varepsilon^{-1} + k + k_1\varepsilon + k_2\varepsilon^2 + \ldots;$$

et, si l'on suppose que l'intégrale

$$\int_\varepsilon^\infty \varphi(x)\,dx$$

conserve une valeur finie pour $\varepsilon = 0$, alors, la condition

$$K\varepsilon^m = 0.$$

se trouvant vérifiée pour une valeur nulle de ε et pour une valeur positive quelconque de m, entraînera la formule

$$(k_{-n}\varepsilon^{-n} + k_{-n+1}\varepsilon^{-n+1} + \ldots + k_{-1}\varepsilon^{-1})\varepsilon^m = 0.$$

Or si, dans cette dernière formule, on attribue successivement à m les diverses valeurs

$$n, \quad n-1, \quad \ldots, \quad 1,$$

on en déduira, l'une après l'autre, les équations

$$(24) \qquad k_{-n} = 0, \quad k_{-n+1} = 0, \quad \ldots, \quad k_{-1} = 0.$$

Donc, dans l'hypothèse admise, on aura simplement

$$K = k + k_1\varepsilon + k_2\varepsilon^2 + \ldots.$$

et par suite l'équation (23) sera réduite à celle-ci :

$$(25) \quad \int_{\varepsilon}^{\infty} \varphi(x)\,dx = k + k_1\varepsilon + k_2\varepsilon^2 + \ldots + H + (A + B + C + \ldots)\int_{\varepsilon}^{\infty} e^{-x}\frac{dx}{x}.$$

Il y a plus; comme, en vertu de la formule (25), une valeur nulle de ε rendrait infinie l'intégrale

$$\int_{\varepsilon}^{\infty} \varphi(x)\,dx,$$

en même temps que le produit

$$(A + B + C + \ldots)\int_{\varepsilon}^{\infty} e^{-x}\frac{dx}{x},$$

si le facteur $A + B + C + \ldots$ ne se réduisait pas généralement à zéro, on peut affirmer que l'hypothèse admise entraînera non seulement les conditions (24), mais encore celle-ci :

$$(26) \qquad A + B + C + \ldots = 0.$$

Donc, dans cette hypothèse, l'équation (25), réduite à la formule

$$\int_{\varepsilon}^{\infty} \varphi(x)\,dx = k + k_1\varepsilon + k_2\varepsilon^2 + \ldots + H,$$

et combinée avec l'équation (22) qui subsiste pour une valeur nulle de ε, donnera

$$(27) \qquad \int_{0}^{\infty} \varphi(x)\,dx = k - A\,l(a) - B\,l(b) - C\,l(c) - \ldots.$$

Cherchons maintenant les valeurs des coefficients

$$A, \quad B, \quad C, \quad \ldots$$

et de la constante k.

Il résulte de la formule (19) que, si l'on suppose

$$\varphi = \frac{1}{x^m},$$

on aura

$$A = \frac{(-a)^{m-1}}{1.2\ldots(m-1)} = \mathcal{E}\left[\frac{e^{-ax}}{x^m}\right].$$

Si l'on supposait

$$\mathfrak{L} = \frac{\lambda}{x^m},$$

λ étant un coefficient constant, la valeur de A se trouverait évidemment multipliée par λ : on aurait donc

$$A = \lambda \mathcal{E}\left[\frac{e^{-ax}}{x^m}\right] = \mathcal{E}\left[\frac{\lambda e^{-ax}}{x^m}\right].$$

Par suite, on trouvera, dans l'une et l'autre supposition,

(28) $$A = \mathcal{E}\,[\mathfrak{L}\, e^{-ax}].$$

D'ailleurs, le polynome $\mathfrak{L}$ peut toujours être décomposé en termes de la forme

$$\frac{\lambda}{x^m},$$

et il suffira d'ajouter entre elles les valeurs de A correspondantes à diverses valeurs de $\mathfrak{L}$, pour obtenir la valeur de A correspondante à une valeur nouvelle de $\mathfrak{L}$ représentée par la somme de toutes les autres. Donc la formule (28) s'étend à tous les cas possibles. On établira de la même manière chacune des équations

(29) $$B = \mathcal{E}\,[\mathfrak{Q}\, e^{-bx}], \qquad C = \mathcal{E}\,[\mathfrak{R}\, e^{-cx}], \qquad \ldots.$$

Quant à la valeur de la constante k, on peut la déduire encore facilement de la formule (19). En effet, en vertu de cette formule, si l'on suppose

$$\mathfrak{L} = \frac{1}{x^m},$$

m désignant un nombre entier supérieur à l'unité, la partie de k qui correspondra au produit

$$\mathfrak{L}\, e^{-ax}$$

se trouvera représentée par le terme qui ne dépendra pas de ε dans le développement du polynome

$$\frac{e^{-a\varepsilon}}{(m-1)\varepsilon^{m-1}}+\frac{(-a)\,e^{-a\varepsilon}}{(m-1)(m-2)\varepsilon^{m-2}}+\ldots+\frac{(-a)^{m-2}\,e^{-a\varepsilon}}{(m-1)(m-2)\ldots1.\varepsilon},$$

en une série ordonnée suivant les puissances ascendantes de ε, c'est-à-dire par l'expression

$$\frac{(-a)^{m-1}}{1.2\ldots(m-1)}\left(1+\frac{1}{2}+\frac{1}{3}+\ldots+\frac{1}{m-1}\right),$$

ou, ce qui revient au même, par l'expression

$$\left(1+\frac{1}{2}+\frac{1}{3}+\ldots+\frac{1}{m-1}\right)\mathcal{E}\left[\frac{1}{x^m}e^{-ax}\right].$$

Si l'on supposait au contraire

$$\mathfrak{P}=\frac{\lambda}{x^m},$$

λ désignant un coefficient constant, la partie de k correspondante au produit $\mathfrak{P}e^{-ax}$ serait évidemment

$$(30)\qquad \left(1+\frac{1}{2}+\frac{1}{3}+\ldots+\frac{1}{m-1}\right)\mathcal{E}\left[\frac{\lambda}{x^m}e^{-ax}\right].$$

Cela posé, soient

$$\frac{u}{x},\quad \frac{v}{x^2},\quad \frac{w}{x^3},\quad \ldots$$

ce que devient successivement la fonction

$$\varphi(x)=\mathfrak{P}\,e^{-ax}+\mathfrak{Q}\,e^{-bx}+\mathfrak{R}\,e^{-cx}+\ldots,$$

quand on réduit chacun des polynomes

$$\mathfrak{P},\quad \mathfrak{Q},\quad \mathfrak{R},\quad \ldots$$

à un seul terme, savoir au terme qui renferme comme facteur

$$\frac{1}{x}\quad\text{ou}\quad\frac{1}{x^2}\quad\text{ou}\quad\frac{1}{x^3},\quad\ldots.$$

Non seulement on aura

(31) $$\varphi(x) = \frac{u}{x} + \frac{v}{x^2} + \frac{w}{x^3} + \ldots;$$

mais de plus la valeur générale de k, composée de diverses expressions semblables à l'expression (30), se trouvera évidemment déterminée par la formule

(32) $$k = \mathcal{E}\left[\frac{v}{x^2} + \frac{w}{x^3} + \ldots\right] + \frac{1}{2}\mathcal{E}\left[\frac{w}{x^3} + \ldots\right] + \ldots.$$

Eu égard aux formules (28), (29) et (32), l'équation (27) donnera

(33) $$\int_0^\infty \varphi(x)\,dx = \mathcal{E}\left[\frac{v}{x^2} + \frac{w}{x^3} + \ldots\right] + \frac{1}{2}\mathcal{E}\left[\frac{w}{x^3} + \ldots\right] + \ldots$$
$$- \mathcal{E}[\mathfrak{P}\,e^{-ax}\,\mathrm{l}(a) + \mathfrak{Q}\,e^{-bx}\,\mathrm{l}(b) + \mathfrak{R}\,e^{-cx}\,\mathrm{l}(c) + \ldots].$$

Pour montrer une application de la formule (33), supposons

$$\varphi(x) = \left[1 - \left(\frac{1}{x} + \frac{1}{2}\right)(1 - e^{-x})\right]\frac{e^{-ax}}{x}.$$

On aura, dans cette hypothèse,

$$b = a + 1,$$
$$\mathfrak{P} = \left(\frac{1}{2} - \frac{1}{x}\right)\frac{1}{x}, \qquad \mathfrak{Q} = +\left(\frac{1}{2} + \frac{1}{x}\right)\frac{1}{x},$$
$$u = \frac{1}{2}(1 + e^{-x})e^{-ax}, \qquad v = -(1 - e^{-x})e^{-ax},$$
$$\mathcal{E}[\mathfrak{P}\,e^{-ax}] = a + \frac{1}{2}, \qquad \mathcal{E}[\mathfrak{Q}\,e^{-bx}] = -\left(a + \frac{1}{2}\right),$$
$$\mathcal{E}\left[\frac{v}{x^2}\right] = -1,$$

et par suite la formule (33) donnera

$$\int_0^\infty \left[1 - \left(\frac{1}{x} + \frac{1}{2}\right)(1 - e^{-x})\right]e^{-ax}\frac{dx}{x} = -1 + \left(a + \frac{1}{2}\right)\mathrm{l}\left(\frac{a+1}{a}\right).$$

Soient maintenant n un nombre très considérable, et

(34) $$\mathrm{f}(n) = \int_0^\infty \mathrm{R}(\mathrm{P} + \mathrm{Q}\,e^{-nx})\,dx$$

une fonction déterminée de n, représentée par une intégrale définie, dans laquelle le facteur R conserve une valeur finie, pour $x = 0$, P, Q étant d'ailleurs deux fonctions de x développables suivant les puissances ascendantes et entières de x. Si, en nommant $\mathfrak{Q}$ la partie de la fonction Q qui renferme des puissances négatives de x, on pose

(35) $$F(n) = \int_0^\infty R(P + \mathfrak{Q} e^{-nx})\,dx,$$

(36) $$\varpi(n) = \int_0^\infty R(Q - \mathfrak{Q})\,e^{-nx}\,dx,$$

on aura

(37) $$f(n) = F(n) + \varpi(n);$$

et la fonction $\varpi(n)$, qui s'évanouira pour $n = \infty$, deviendra infiniment petite pour des valeurs infiniment grandes de n.

II. — *Sur la sommation des puissances négatives semblables des divers termes d'une progression arithmétique.*

Pour montrer une application des formules établies dans le paragraphe I, supposons

(1) $$f(n) = \frac{1}{\alpha^a} + \frac{1}{(\alpha+1)^a} + \ldots + \frac{1}{(\alpha+n-1)^a},$$

α, a désignant deux quantités positives. Si l'on fait, avec M. Legendre,

$$\Gamma(a) = \int_0^\infty x^{a-1} e^{-x}\,dx,$$

on en conclura

$$\int_0^\infty x^{a-1} e^{-\alpha x}\,dx = \frac{\Gamma(a)}{\alpha^a},$$

ou, ce qui revient au même,

$$\frac{1}{\alpha^a} = \frac{1}{\Gamma(a)} \int_0^\infty x^{a-1} e^{-\alpha x}\,dx;$$

et, par suite, on aura

$$f(n) = \frac{1}{\Gamma(a)} \int_0^\infty x^{a-1} e^{-\alpha x} [1 + e^{-x} + \ldots + e^{-(n-1)x}] \, dx.$$

Mais, d'autre part, on trouvera

$$1 + e^{-x} + \ldots + e^{-(n-1)x} = \frac{1 - e^{-nx}}{1 - e^{-x}}.$$

On aura donc encore

$$(2) \qquad f(n) = \frac{1}{\Gamma(a)} \int_0^\infty x^{a-1} e^{-\alpha x} \frac{1 - e^{-nx}}{1 - e^{-x}} dx.$$

On réduira la formule (2) à la formule (34) du paragraphe I, en posant

$$R = \frac{x^a e^{-\alpha x}}{\Gamma(a)}, \qquad P = \frac{1}{x(1 - e^{-x})}, \qquad Q = -\frac{1}{x(1 - e^{-x})}.$$

Alors, en développant la fonction Q suivant les puissances ascendantes de x, et nommant $\mathcal{Q}$ la partie du développement qui renfermera des puissances négatives de x, on trouvera

$$\mathcal{Q} = -\frac{1}{x^2} - \frac{1}{2x}.$$

Cela posé, les formules (35), (36), (37) du paragraphe I donneront

$$(3) \qquad f(n) = F(n) + \varpi(n),$$

les valeurs de $F(n)$ et de $\varpi(n)$ étant

$$(4) \qquad F(n) = \frac{1}{\Gamma(a)} \int_0^\infty x^{a-1} e^{-\alpha x} \left[\frac{1}{1 - e^{-x}} - \left(\frac{1}{x} + \frac{1}{2} \right) e^{-nx} \right] dx,$$

$$(5) \qquad \varpi(n) = \frac{1}{\Gamma(a)} \int_0^\infty x^{a-1} \left(\frac{1}{x} + \frac{1}{2} - \frac{1}{1 - e^{-x}} \right) e^{-(n+\alpha)x} dx.$$

En vertu des formules (4) et (5), on aura évidemment

$$(6) \qquad \varpi(0) = -F(0) = \frac{1}{\Gamma(a)} \int_0^\infty x^{a-1} e^{-\alpha x} \left(\frac{1}{x} + \frac{1}{2} - \frac{1}{1 - e^{-x}} \right) dx.$$

En partant de l'équation (4), on peut obtenir en termes finis, sinon la valeur de la fonction $F(n)$, du moins celle de la différence

$$F(n) - F(0),$$

et par conséquent ramener la détermination de $F(n)$ considérée comme fonction de n, à l'évaluation de la constante représentée par $F(0)$. En effet, on tire de l'équation (4)

$$(7) \qquad F(n) - F(0) = \frac{1}{\Gamma(a)} \int_0^\infty x^{a-1} e^{-\alpha x} \left(\frac{1}{x} + \frac{1}{2}\right)(1 - e^{-nx})\, dx.$$

Comme on aura d'ailleurs évidemment

$$\int_0^\infty x^{a-1} e^{-\alpha x} e^{-nx}\, dx = \frac{\Gamma(a)}{(\alpha + n)^a},$$

on en conclura, en intégrant par rapport à n et à partir de $n = 0$,

$$\int_0^\infty x^{a-1} e^{-\alpha x} \frac{1 - e^{-nx}}{x}\, dx = \frac{(\alpha + n)^{1-a} - \alpha^{1-a}}{1 - a} \Gamma(a),$$

puis, en remplaçant a par $a + 1$,

$$\int_0^\infty x^{a-1} e^{-\alpha x}(1 - e^{-nx})\, dx = [\alpha^{-a} - (\alpha + n)^{-a}]\, \Gamma(a).$$

Cela posé, la formule (7) donnera

$$(8) \qquad F(n) - F(0) = \frac{(\alpha + n)^{1-a} - \alpha^{1-a}}{1 - a} - \frac{(\alpha + n)^{-a} - \alpha^{-a}}{2},$$

et l'on en tirera, eu égard à la formule (6),

$$(9) \qquad F(n) = \frac{(\alpha + n)^{1-a} - \alpha^{1-a}}{1 - a} - \frac{(\alpha + n)^{-a} - \alpha^{-a}}{2} - \varpi(0).$$

En substituant la valeur précédente de $F(n)$ dans le second membre de l'équation (3), et ayant égard à la formule (1), on trouvera

$$(10) \qquad \begin{aligned} &\frac{1}{\alpha^a} + \frac{1}{(\alpha + 1)^a} + \ldots + \frac{1}{(\alpha + n - 1)^a} \\ &= \frac{(\alpha + n)^{1-a} - \alpha^{1-a}}{1 - a} - \frac{(\alpha + n)^{-a} - \alpha^{-a}}{2} + \varpi(n) - \varpi(0). \end{aligned}$$

Si dans l'équation (10) on pose $a = 1$, elle donnera

$$(11)\qquad \frac{1}{\alpha} + \frac{1}{\alpha+1} + \ldots + \frac{1}{\alpha+n-1} = \mathrm{l}(\alpha+n) - \mathrm{l}(\alpha) + \frac{n}{2\alpha(\alpha+n)} + \varpi(n) - \varpi(0),$$

la valeur de $\varpi(n)$ étant

$$(12)\qquad \varpi(n) = \int_0^\infty \left(\frac{1}{x} + \frac{1}{2} - \frac{1}{1-e^{-x}}\right) e^{-(n+\alpha)x}\,dx.$$

Si l'on pose en outre

$$\alpha = 1,$$

on trouvera

$$(13)\qquad 1 + \frac{1}{2} + \frac{1}{3} + \ldots + \frac{1}{n} = \mathrm{l}(n+1) + \frac{1}{2}\,\frac{n}{n+1} + \varpi(n) - \varpi(0),$$

la valeur de $\varpi(n)$ étant

$$(14)\qquad \varpi(n) = \int_0^\infty \left(\frac{1}{x} + \frac{1}{2} - \frac{1}{1-e^{-x}}\right) e^{-(n+1)x}\,dx.$$

L'équation (13), dont le premier membre est la somme de la suite harmonique

$$1,\quad \frac{1}{2},\quad \frac{1}{3},\quad \ldots,\quad \frac{1}{n},$$

ne diffère pas, au fond, de la formule qu'Euler a donnée pour la sommation de cette suite, et ramène cette sommation au calcul des deux intégrales représentées par $\varpi(n)$ et $\varpi(0)$, dont la première devient infiniment petite pour des valeurs infiniment grandes de n. Ajoutons qu'en vertu de la formule (14) on aura

$$\varpi(0) = \int_0^\infty \left(\frac{1}{x} + \frac{1}{2} - \frac{1}{1-e^{-x}}\right) e^{-x}\,dx,$$

ou, ce qui revient au même,

$$(15)\qquad \varpi(0) = \frac{1}{2} - \int_0^\infty \left(\frac{1}{1-e^{-x}} - \frac{1}{x}\right) e^{-x}\,dx.$$

En posant $e^{-x} = t$, on réduit l'intégrale

$$\int_0^{\infty} \left(\frac{1}{1 - e^{-x}} - \frac{1}{x} \right) e^{-x}\, dx,$$

comprise dans le second membre de l'équation (15), à la forme

$$\int_0^1 \left[\frac{1}{1 - t} + \frac{1}{l(t)} \right] dt.$$

Cette dernière intégrale a été calculée par Euler, qui a trouvé sa valeur sensiblement égale au nombre

$$0{,}5772156\ldots.$$

Il est bon d'observer que dans l'équation (10), comme dans l'équation (13), l'intégrale représentée par $\varpi(n)$ devient infiniment petite pour des valeurs infiniment grandes de n. Quant à l'intégrale représentée par $\varpi(0)$, elle est indépendante de n et analogue à la constante introduite par Euler dans le calcul relatif à la sommation de la suite harmonique.

Nous remarquerons, en terminant ce paragraphe, que les intégrales représentées par $\varpi(0)$ et $\varpi(n)$, dans la formule (10), peuvent être développées de plusieurs manières en séries convergentes. On y parviendra, par exemple, en suivant la méthode employée, dans un cas semblable, par M. Binet, et développant, dans la fonction sous le signe $\int$, le coefficient de l'exponentielle

$$e^{-(n+\alpha)x}$$

en une série ordonnée suivant les puissances ascendantes de la quantité variable

$$z = 1 - e^{-x}.$$

On pourrait ainsi commencer par décomposer l'intégrale $\varpi(n)$ en deux autres, dont la première serait prise entre les limites $x = 0$, $x = 1$, la seconde entre les limites $x = 1$, $x = \infty$; puis développer dans la seconde intégrale la fonction sous le signe $\int$, comme on vient de le dire, et dans la première intégrale, le rapport

$$\frac{1}{1-e^{-x}}$$

en une série ordonnée suivant les puissances ascendantes de x. On sait d'ailleurs que, dans cette dernière série, les coefficients des puissances entières de x s'expriment très facilement à l'aide des nombres de Bernoulli.

III. — *Sur les intégrales eulériennes.*

Les intégrales, nommées *eulériennes* par M. Legendre, sont, comme on sait, de deux espèces. Mais, comme les intégrales eulériennes de première espèce peuvent être exprimées en fonction des intégrales eulériennes de seconde espèce, nous nous bornerons à considérer celles-ci que M. Legendre représente à l'aide de la lettre Γ, et à faire voir comment, des principes établis dans le premier paragraphe, on peut déduire les propriétés diverses de la fonction de n déterminée par la formule

$$\Gamma(n)=\int_0^\infty x^{n-1}e^{-x}\,dx. \tag{1}$$

Lorsqu'on pose $n=1$, l'équation (1) donne immédiatement

$$\Gamma(1)=1. \tag{2}$$

Lorsque n se réduit à un nombre entier plus grand que l'unité, alors, pour obtenir la valeur de $\Gamma(n)$, il suffit d'appliquer une ou plusieurs fois de suite l'intégration par parties au second membre de la formule (1). On arrive ainsi aux formules connues

$$\Gamma(2)=1,\qquad \Gamma(3)=1.2,\qquad \Gamma(4)=1.2.3,\qquad \ldots, \tag{3}$$

et l'on trouve généralement

$$\Gamma(n)=1.2\ldots(n-1). \tag{4}$$

Au reste, on peut encore arriver facilement à la formule (3) en partant de l'équation

$$(5) \qquad \int_0^\infty e^{-kx}\,dx = \frac{1}{k},$$

dans laquelle k désigne une quantité positive quelconque. En effet, on tire de cette équation, différentiée $n-1$ fois par rapport à k,

$$(6) \qquad \int_0^\infty x^{n-1} e^{-kx}\,dx = \frac{1.2\ldots(n-1)}{k^n};$$

puis, en posant $k=1$, on se trouve immédiatement ramené à la formule (4).

Supposons maintenant que la lettre n représente une quantité positive quelconque, qui puisse varier arbitrairement depuis $n=0$, jusqu'à $n=\infty$.

En différentiant, par rapport à n, les deux membres de l'équation (1), on trouvera

$$(7) \qquad \mathrm{D}_n \Gamma(n) = \int_0^\infty x^{n-1} e^{-x}\,\mathrm{l}(x)\,dx.$$

D'autre part, en remplaçant x par z, et k par x dans la formule (5), on aura

$$\int_0^\infty e^{-xz}\,dz = \frac{1}{x},$$

puis, en intégrant par rapport à x et à partir de $x=1$, on en tirera

$$\int_0^\infty \frac{e^{-z}-e^{-xz}}{z}\,dz = \mathrm{l}(x),$$

ce qu'on pourrait aussi conclure de l'équation (15) du paragraphe I. Donc la formule (7) donnera

$$\mathrm{D}_n \Gamma(n) = \int_0^\infty \int_0^\infty x^{n-1} e^{-x}(e^{-z}-e^{-xz})\frac{dz\,dx}{z};$$

et, comme à l'équation (1) on pourra joindre la suivante :

$$\int_0^\infty x^{n-1} e^{-x} e^{-xz}\, dx = \int_0^\infty x^{n-1} e^{-x(1+z)}\, dx = \frac{\Gamma(n)}{(1+z)^n},$$

on trouvera définitivement

$$D_n \Gamma(n) = \Gamma(n) \int_0^\infty \left[e^{-z} - \frac{1}{(1+z)^n}\right] \frac{dz}{z},$$

ou, ce qui revient au même,

$$(8) \qquad D_n\, l\,\Gamma(n) = \int_0^\infty [e^{-z} - (1+z)^{-n}] \frac{dz}{z}.$$

Si l'on intègre par rapport à n, et à partir de $n = 1$, les deux membres de la formule (8), alors, en ayant égard à l'équation (1), on trouvera

$$(9) \qquad l\,\Gamma(n) = \int_0^\infty \left[(n-1)e^{-z} - \frac{(1+z)^{-1} - (1+z)^{-n}}{l(1+z)}\right] \frac{dz}{z}.$$

Il est facile de vérifier la formule (9), dans le cas particulier où l'on prend $n = 2$. Alors, en effet, elle donne, eu égard à la première des équations (3),

$$(10) \qquad 0 = \int_0^\infty \left[\frac{e^{-z}}{z} - \frac{(1+z)^{-2}}{l(1+z)}\right] dz$$

et se réduit par conséquent à la formule (14) du paragraphe I.

Le second membre de la formule (9) renferme tout à la fois, sous le signe $\int$, le logarithme népérien $l(1+z)$, et l'exponentielle e^{-z}; mais il peut être facilement débarrassé de cette exponentielle. En effet, si l'on combine entre elles, par voie d'addition, les formules (9) et (10), après avoir multiplié la dernière par $-(n-1)$, on trouvera

$$(11) \quad l\,\Gamma(n) = \int_0^\infty \left[(n-1)(1+z)^{-2} - \frac{(1+z)^{-1} - (1+z)^{-n}}{z}\right] \frac{dz}{l(1+z)}.$$

Si l'on veut débarrasser le second membre de la formule (11) de la fonction transcendante $l(1+z)$ il suffira de poser

$$l(1+z) = x,$$

ou, ce qui revient au même,

$$1 + z = e^x, \qquad z = e^x - 1.$$

On trouvera ainsi

$$(12) \qquad l\Gamma(n) = \int_0^\infty \left[(n-1)e^{-x} - \frac{e^{-x} - e^{-nx}}{1 - e^{-x}}\right]\frac{dx}{x}.$$

Il est bon d'observer qu'en différentiant l'équation (12) par rapport à n, on obtiendrait la suivante :

$$D_n l\Gamma(n) = \int_0^\infty \left(\frac{e^{-x}}{x} - \frac{e^{-nx}}{1 - e^{-x}}\right) dx.$$

Cette dernière équation, qui peut se déduire directement des formules (8) et (10), se transforme, quand on y pose

$$e^{-x} = t,$$

en une autre donnée par M. Gauss. Donc, réciproquement, en posant

$$t = -l(x)$$

dans l'équation de M. Gauss, on pourra de cette équation, intégrée par rapport à n, tirer immédiatement la formule (12).

On peut aisément déduire de la formule (12) les diverses propriétés connues de la fonction $\Gamma(n)$; et d'abord, si l'on y remplace n par $n+1$, on trouvera

$$(13) \qquad l\Gamma(1+n) = \int_0^\infty \left[n\,e^{-x} - \frac{e^{-x} - e^{-(n+1)x}}{1 - e^{-x}}\right]\frac{dx}{x},$$

puis on tirera des formules (12), (13)

$$l\Gamma(1+n) - l\Gamma(n) = \int_0^\infty \frac{e^{-x} - e^{-nx}}{x} dx = l(n):$$

par conséquent

$$(14) \qquad l\Gamma(1+n) = l\Gamma(n) + l(n),$$

et

$$(15) \qquad \Gamma(1+n) = n\Gamma(n).$$

On arriverait immédiatement à la même conclusion, en différentiant par rapport à k la formule

$$\int_0^\infty x^{n-1}\,e^{-kx}\,dx = \frac{1}{k^n}\int_0^\infty x^{n-1}\,e^{-x}\,dx = \frac{\Gamma(n)}{k^n},$$

et posant ensuite $k = 1$.

Concevons à présent que, n étant inférieur à l'unité, on remplace, dans la formule (13), n par $-n$. On trouvera

$$(16)\qquad \mathrm{l}\,\Gamma(1-n) = \int_0^\infty \left[-n\,e^{-x} - \frac{e^{-x}-e^{-(1-n)x}}{1-e^{-x}}\right]\frac{dx}{x},$$

puis, en combinant entre elles par voie d'addition les formules (13) et (16), on aura

$$(17)\qquad \mathrm{l}\,\Gamma(1+n) + \mathrm{l}\,\Gamma(1-n) = \int_0^\infty \frac{e^{-(1+n)x}+e^{-(1-n)x}-2\,e^{-x}}{1-e^{-x}}\,\frac{dx}{x}.$$

D'autre part, si dans la seconde des formules (5) du paragraphe I, on pose successivement $x = t$, $x = \frac{1}{t}$, on en tirera

$$\int_0^\infty \frac{t^{a-1}\,dt}{1-t} = \int_0^\infty \frac{t^{-a}\,dt}{t-1} = \frac{\pi}{\operatorname{tang} a\pi};$$

par conséquent

$$\int_0^\infty \frac{t^{a-1}-t^{-a}}{1-t}\,dt = \frac{2\pi}{\operatorname{tang} a\pi}$$

et

$$\frac{\pi}{\operatorname{tang} a\pi} = \frac{1}{2}\int_0^\infty \frac{t^{a-1}-t^{-a}}{1-t}\,dt = \int_0^1 \frac{t^{a-1}-t^{-a}}{1-t}\,dt.$$

Donc, eu égard aux formules

$$\frac{t^{a-1}-t^{-a}}{1-t} = t^{a-1} + \frac{t^a - t^{-a}}{1-t},$$

$$\int_0^1 t^{a-1}\,dt = \frac{1}{a},$$

on aura

$$\frac{\pi}{\operatorname{tang} a\pi} = \frac{1}{a} + \int_0^1 \frac{t^a - t^{-a}}{1-t}\,dt$$

et

$$\int_0^1 \frac{t^a - t^{-a}}{1-t}\,dt = \frac{\pi}{\operatorname{tang} a\pi} - \frac{1}{a}.$$

Si, dans cette dernière formule, on pose $t = e^{-x}$, $a = n$, on trouvera

$$\int_0^\infty \frac{e^{-(1+n)x} - e^{-(1-n)x}}{1 - e^{-x}}\,dx = \frac{\pi}{\operatorname{tang} n\pi} - \frac{1}{n},$$

puis en intégrant par rapport à n, et à partir de $n = 0$,

$$\int_0^\infty \frac{e^{-(1+n)x} + e^{-(1-n)x} - 2e^{-x}}{1 - e^{-x}}\,\frac{dx}{x} = \mathrm{l}\,\frac{n\pi}{\sin n\pi}.$$

Cela posé, la formule (17) donnera

$$(18) \qquad \mathrm{l}\,\Gamma(1+n) + \mathrm{l}\,\Gamma(1-n) = \mathrm{l}\,\frac{n\pi}{\sin n\pi},$$

et par suite

$$(19) \qquad \Gamma(1+n)\,\Gamma(1-n) = \frac{n\pi}{\sin n\pi}.$$

De cette dernière équation, jointe à la formule (15), on tire immédiatement la suivante :

$$(20) \qquad \Gamma(n)\,\Gamma(1-n) = \frac{\pi}{\sin n\pi},$$

qui peut aussi se déduire, comme on sait, de la première des formules (5) du paragraphe I. En effet, la formule

$$\frac{\pi}{\sin n\pi} = \int_0^\infty \frac{x^{n-1}\,dx}{1+x},$$

jointe à l'équation (5), de laquelle on tire

$$\frac{1}{1+x} = \int_0^\infty e^{-z} e^{-xz}\,dz,$$

donne

$$\frac{\pi}{\sin n\pi} = \int_0^\infty \int_0^\infty x^{n-1} e^{-z} e^{-xz} dz\, dx = \Gamma(n) \int_0^\infty z^{-n} e^{-z} dz = \Gamma(n)\Gamma(1-n).$$

En posant, dans l'équation (20), $n = \frac{1}{2}$, on retrouve l'équation connue

$$\left[\Gamma\left(\frac{1}{2}\right)\right]^2 = \pi,$$

ou

(21) $$\Gamma\left(\frac{1}{2}\right) = \pi^{\frac{1}{2}}.$$

Les équations (14) et (18) ont cela de remarquable, qu'elles fournissent les valeurs des quantités

$$\mathrm{l}\Gamma(n+1) - \mathrm{l}\Gamma(n), \qquad \mathrm{l}\Gamma(1+n) + \mathrm{l}\Gamma(1-n),$$

dont chacune représente une fonction linéaire de deux valeurs différentes de $\mathrm{l}\Gamma(n)$. Nous montrerons plus loin comment, à l'aide de la formule (12), on peut découvrir et calculer d'autres fonctions linéaires formées avec diverses valeurs de $\mathrm{l}\Gamma(n)$; et, en terminant le présent paragraphe, nous ferons voir que la marche tracée dans le paragraphe I fournit immédiatement la décomposition de l'intégrale qui représente $\mathrm{l}\Gamma(n)$ en deux autres, dont l'une devient infiniment petite pour des valeurs infiniment grandes de n. Effectivement, si l'on pose, pour abréger,

$$P = \left(n - 1 - \frac{1}{1-e^{-x}}\right)\frac{e^{-x}}{x}, \qquad Q = \frac{1}{x(1-e^{-x})},$$

la formule (12), réduite à

(22) $$\mathrm{l}\Gamma(n) = \int_0^\infty (P + Q\, e^{-nx})\, dx,$$

deviendra semblable à la formule (34) du paragraphe I : et, pour obtenir la décomposition ci-dessus mentionnée, il suffira de développer la fonction Q suivant les puissances ascendantes de x. Si l'on nomme $\mathcal{Q}$ la partie du développement composée des seuls termes qui renfermeront les puissances négatives de x, on aura

$$\mathcal{Q}=\left(\frac{1}{x}+\frac{1}{2}\right)\frac{1}{x}$$

et

$$\mathrm{l}\,\Gamma(n)=\mathrm{F}(n)+\varpi(n), \tag{23}$$

les valeurs de $\mathrm{F}(n)$, $\varpi(n)$ étant déterminées par les formules

$$\mathrm{F}(n)=\int_0^\infty (\mathrm{P}+\mathcal{Q}\,e^{-nx})\,dx, \tag{24}$$

$$\varpi(n)=\int_0^\infty (\mathrm{Q}-\mathcal{Q})\,e^{-nx}\,dx, \tag{25}$$

dont la seconde fournira une valeur de $\varpi(n)$ qui s'approchera indéfiniment de zéro, tandis que le nombre n croîtra indéfiniment. Ajoutons que si, dans les formules (24) et (25), on substitue les valeurs de P, Q et $\mathcal{Q}$, on obtiendra les équations

$$\mathrm{F}(n)=\int_0^\infty \left[\left(n-1-\frac{1}{1-e^{-x}}\right)e^{-x}+\left(\frac{1}{x}+\frac{1}{2}\right)e^{-nx}\right]\frac{dx}{x}, \tag{26}$$

$$\varpi(n)=\int_0^\infty \left(\frac{1}{1-e^{-x}}-\frac{1}{x}-\frac{1}{2}\right)e^{-nx}\,\frac{dx}{x}, \tag{27}$$

dont la seconde a été donnée par M. Binet.

Lorsqu'on suppose $n=\frac{1}{2}$, il est facile de calculer non seulement la valeur de $\Gamma(n)$, alors déterminée par l'équation (21), mais aussi les valeurs de $\mathrm{F}(n)$ et $\varpi(n)$. En effet on tire de la formule (27)

$$\varpi\left(\frac{1}{2}\right)=\int_0^\infty \left(\frac{1}{1-e^{-x}}-\frac{1}{x}-\frac{1}{2}\right)e^{-\frac{1}{2}x}\,\frac{dx}{x},$$

puis, en remplaçant x par $2x$,

$$\varpi\left(\frac{1}{2}\right)=\int_0^\infty \left(\frac{1}{1-e^{-2x}}-\frac{1}{2x}-\frac{1}{2}\right)e^{-x}\,\frac{dx}{x}. \tag{28}$$

D'autre part, on a

$$\frac{e^{-x}}{1-e^{-2x}} = \frac{e^{-x}}{1-e^{-x}}\left(1-\frac{e^{-x}}{1+e^{-x}}\right) = \frac{e^{-x}}{1-e^{-x}} - \frac{e^{-2x}}{1-e^{-2x}},$$

et l'on tirera de la formule (27), en y posant $n=1$,

$$\begin{aligned}\varpi(1) &= \int_0^\infty \left(\frac{1}{1-e^{-x}} - \frac{1}{x} - \frac{1}{2}\right) e^{-x}\frac{dx}{x}\\ &= \int_0^\infty \left(\frac{1}{1-e^{-2x}} - \frac{1}{2x} - \frac{1}{2}\right) e^{-2x}\frac{dx}{x};\end{aligned}$$

par conséquent

$$(29)\qquad 0 = \int_0^\infty \left(\frac{1}{1-e^{-2x}} - \frac{2-e^{-x}}{2x} - \frac{1-e^{-x}}{2}\right) e^{-x}\frac{dx}{x}.$$

Or, en combinant par voie de soustraction les formules (28) et (29), on trouvera

$$\varpi\left(\frac{1}{2}\right) = \frac{1}{2}\int_0^\infty \left(\frac{1-e^{-x}}{x} - e^{-x}\right) e^{-x}\frac{dx}{x},$$

ou, ce qui revient au même,

$$\varpi\left(\frac{1}{2}\right) = \frac{1}{2}\int_0^\infty \left(\frac{e^{-x}-e^{-2x}}{x^2} - \frac{e^{-2x}}{x}\right) dx.$$

D'ailleurs la formule (33) du paragraphe I donnera

$$\begin{aligned}&\int_0^\infty \left(\frac{e^{-x}-e^{-2x}}{x^2} - \frac{e^{-2x}}{x}\right) dx\\ &\quad = \mathcal{E}\left[\frac{e^{-x}-e^{-2x}}{x^2}\right] + \mathcal{E}\left[\left(\frac{1}{x^2}+\frac{1}{x}\right)e^{-2x}\,\mathrm{l}(2)\right] = 1-\mathrm{l}(2).\end{aligned}$$

On aura donc définitivement

$$(30)\qquad \varpi\left(\frac{1}{2}\right) = \frac{1}{2} - \frac{1}{2}\,\mathrm{l}(2).$$

La valeur de $\varpi\left(\frac{1}{2}\right)$ étant ainsi calculée, celle de $\mathrm{F}\left(\frac{1}{2}\right)$ se déduira immédiatement des formules (21) et (23), desquelles on tirera

$$\frac{1}{2}\,\mathrm{l}(\pi) = \mathrm{F}\left(\frac{1}{2}\right) + \varpi\left(\frac{1}{2}\right) = \mathrm{F}\left(\frac{1}{2}\right) + \frac{1}{2} - \frac{1}{2}\,\mathrm{l}(2).$$

et par suite

$$(31) \qquad \mathrm{F}\left(\frac{1}{2}\right) = \frac{1}{2}\,\mathrm{l}(2\pi) - \frac{1}{2}.$$

Il y a plus, on pourra aisément déduire des formules (26) et (31) la valeur générale de $\mathrm{F}(n)$. En effet, la formule (24) donne

$$\mathrm{F}(n) - \mathrm{F}\left(\frac{1}{2}\right) = \int_0^\infty \left[\left(n - \frac{1}{2}\right)e^{-x} + \left(\frac{1}{x} + \frac{1}{2}\right)\left(e^{-nx} - e^{-\frac{1}{2}x}\right)\right]\frac{dx}{x},$$

et par suite, eu égard à la formule (33) du paragraphe I, on aura

$$\begin{aligned}
\mathrm{F}(n) - \mathrm{F}\left(\frac{1}{2}\right) = {} & \mathcal{E}\left[\frac{e^{-nx} - e^{-\frac{1}{2}x}}{x^2}\right] \\
& - \mathcal{E}\left\{\left(\frac{1}{x} + \frac{1}{2}\right)\frac{1}{x}\left[e^{-nx}\,\mathrm{l}(n) - e^{-\frac{1}{2}x}\,\mathrm{l}\left(\frac{1}{2}\right)\right]\right\} \\
= {} & -n + \frac{1}{2} + \left(n - \frac{1}{2}\right)\mathrm{l}(n);
\end{aligned}$$

puis on en conclura

$$\mathrm{F}(n) = \mathrm{F}\left(\frac{1}{2}\right) - n + \frac{1}{2} + \left(n - \frac{1}{2}\right)\mathrm{l}(n).$$

ou, ce qui revient au même,

$$(32) \qquad \mathrm{F}(n) = \left(n - \frac{1}{2}\right)\mathrm{l}(n) - n + \frac{1}{2}\,\mathrm{l}(2\pi).$$

Cela posé, la formule (23) se trouvera réduite à

$$(33) \qquad \mathrm{l}\,\Gamma(n) = \left(n - \frac{1}{2}\right)\mathrm{l}(n) - n + \frac{1}{2}\,\mathrm{l}(2\pi) + \varpi(n),$$

la valeur de $\varpi(n)$ étant toujours déterminée par l'équation (27); et l'on en conclura

$$(34) \qquad \Gamma(n) = (2\pi)^{\frac{1}{2}}\, n^{n-\frac{1}{2}}\, e^{-n}\, e^{\varpi(n)}.$$

En vertu de la formule (34), le rapport de la fonction $\Gamma(n)$ au produit

$$(2\pi)^{\frac{1}{2}}\, n^{n-\frac{1}{2}}\, e^{-n}$$

se trouve représenté par l'exponentielle

$$e^{\varpi(n)},$$

dont l'exposant $\varpi(n)$ s'approche indéfiniment de zéro, tandis que n croît indéfiniment. Donc, pour de très grandes valeurs de n, ce rapport se réduit sensiblement à l'unité. Cette conclusion remarquable est, comme on sait, une conséquence immédiate d'une formule donnée par Stirling.

IV. — *Sur le développement de* $1\Gamma(n)$ *en série convergente, et sur la formule de Stirling.*

Comme on l'a vu dans le paragraphe précédent, le calcul de $1\Gamma(n)$, et par suite le calcul de la fonction $\Gamma(n)$, se trouve réduit à celui de la fonction $\varpi(n)$ par la formule

$$(1)\qquad 1\Gamma(n) = \left(n - \frac{1}{2}\right)1(n) - n + \frac{1}{2}1(2\pi) + \varpi(n),$$

dans laquelle on a

$$(2)\qquad \varpi(n) = \int_0^\infty \left(\frac{1}{1-e^{-x}} - \frac{1}{x} - \frac{1}{2}\right)e^{-nx}\frac{dx}{x},$$

ou, ce qui revient au même,

$$(3)\qquad \varpi(n) = \int_0^\infty \frac{1-(1-e^{-x})\left(\frac{1}{x}+\frac{1}{2}\right)}{x}\,\frac{e^{-nx}}{1-e^{-x}}dx.$$

Voyons maintenant le parti qu'on peut tirer de la formule (2) ou (3), pour développer la fonction $\varpi(n)$ en série convergente.

La fonction de x, renfermée entre parenthèses sous le signe $\int$ dans le second membre de la formule (2) ou (3), n'est développable en série convergente ordonnée suivant les puissances ascendantes de x, que pour un module de x inférieur au module 2π de la plus petite racine de l'équation

$$1 - e^{-x} = 0.$$

Mais il suffit de multiplier la fonction dont il s'agit par le facteur

$$1 - e^x$$

ou bien encore par le facteur

$$e^x - 1 = e^x(1 - e^{-x}),$$

pour obtenir un produit qui soit toujours développable en une série convergente ordonnée suivant les puissances ascendantes de x. En profitant de cette remarque, on peut aisément développer la fonction $\varpi(n)$ en série convergente. Effectivement, si l'on développe e^{-x} en une série ordonnée suivant les puissances ascendantes de x, on trouvera

$$1 - e^{-x} = x - \frac{x^2}{2} + \frac{x^3}{2.3} - \frac{x^4}{2.3.4} + \ldots,$$

et par suite

$$\frac{1 - (1 - e^{-x})\left(\frac{1}{x} + \frac{1}{2}\right)}{x} = \left(\frac{1}{2} - \frac{1}{3}\right)\frac{x}{2} - \left(\frac{1}{2} - \frac{1}{4}\right)\frac{x^2}{2.3} + \left(\frac{1}{2} - \frac{1}{5}\right)\frac{x^3}{2.3.4} - \ldots$$
$$= \frac{1}{2}\left(\frac{1}{2.3}x - \frac{2}{3.4}\frac{x^2}{2} + \frac{3}{4.5}\frac{x^3}{2.3} - \ldots\right).$$

Donc la formule (3) donnera

$$(4)\quad \varpi(n) = \frac{1}{2}\left(\frac{1}{2.3}\int_0^\infty x\frac{e^{-nx}}{1 - e^{-x}}dx - \frac{2}{3.4}\int_0^\infty \frac{x^2}{1.2}\frac{e^{-nx}}{1 - e^{-x}}dx + \ldots\right).$$

Comme on aura d'autre part

$$\frac{e^{-nx}}{1 - e^{-x}} = e^{-nx} + e^{-(n+1)x} + e^{-(n+2)x} + \ldots,$$

on en conclura, pour une valeur entière quelconque de m,

$$(5)\qquad \int_0^\infty \frac{x^m}{1.2\ldots m}\frac{e^{-nx}}{1 - e^{-x}}dx = \frac{1}{n^{m+1}} + \frac{1}{(n+1)^{m+1}} + \ldots.$$

On aura donc

$$(6)\quad \varpi(n) = \frac{1}{2}\left\{\frac{1}{2.3}\left[\frac{1}{n^2} + \frac{1}{(n+1)^2} + \ldots\right] - \frac{2}{3.4}\left[\frac{1}{n^3} + \frac{1}{(n+1)^3} + \ldots\right] + \ldots\right\}.$$

Si à l'équation (3) on substituait la suivante :

$$(7) \qquad \varpi(n) = \int_0^\infty \frac{e^x\left(\frac{1}{2} - \frac{1}{x}\right) + \frac{1}{2} + \frac{1}{x}}{x} \frac{e^{-nx}}{e^x - 1} dx,$$

c'est-à-dire, en d'autres termes, si, dans l'intégrale qui représente la fonction $\varpi(n)$, on décomposait la fonction sous le signe $\int$ en deux facteurs dont le second fût représenté non plus par le rapport

$$\frac{e^{-nx}}{1 - e^{-x}},$$

mais par le rapport

$$\frac{e^{-nx}}{e^x - 1};$$

alors, en développant le premier facteur en une série ordonnée suivant les puissances ascendantes de x, on obtiendrait non plus la formule (6), mais celle-ci :

$$(8) \qquad \varpi(n) = \frac{1}{2}\left\{ \frac{1}{2.3}\left[\frac{1}{(n+1)^2} + \frac{1}{(n+2)^2} + \ldots\right] + \frac{2}{3.4}\left[\frac{1}{(n+1)^3} + \frac{1}{(n+2)^3} + \ldots\right] + \ldots \right\}.$$

Dans son Mémoire sur les intégrales eulériennes, M. Binet a prouvé que l'équation (8) fournit la valeur de $\varpi(n)$ propre à vérifier la formule (1). Mais, au lieu d'opérer comme nous venons de le faire, en déduisant l'équation (8) de la formule (3), il a suivi une marche inverse et tiré la formule (3) de l'équation (8), après avoir établi celle-ci directement.

Le succès de la méthode de développement, à l'aide de laquelle nous avons déduit la formule (6) ou (8) de l'équation (3) ou (7), tient à ce que nous avons évité de comprendre le diviseur

$$1 - e^{-x} \quad \text{ou} \quad e^x - 1$$

dans le facteur développé suivant les puissances ascendantes de la variable x. Il est donc naturel de penser qu'il peut être avantageux de représenter ce facteur par une seule lettre. Si, pour fixer les idées, on pose

$$1 - e^{-x} = t$$

dans la formule (3), on trouvera

$$(9) \qquad \varpi(n) = -\int_0^1 \left[\frac{1}{t} - \frac{1}{2} + \frac{1}{l(1-t)}\right] \frac{(1-t)^{n-1}}{l(1-t)} dt.$$

Si l'on pose au contraire

$$e^x - 1 = t$$

dans la formule (7) on trouvera

$$(10) \qquad \varpi(n) = \int_0^\infty \left[\frac{1}{t} + \frac{1}{2} - \frac{1}{l(1+t)}\right] \frac{(1+t)^{-n-1}}{l(1+t)} dt.$$

Or il est facile de développer en série convergente le second membre de la formule (9), attendu que, si l'on y décompose la fonction sous le signe $\int$ en deux facteurs dont l'un soit

$$(1-t)^{n-1},$$

l'autre facteur, savoir

$$\left[\frac{1}{t} - \frac{1}{2} + \frac{1}{l(1-t)}\right] \frac{1}{l(1-t)},$$

sera développable, pour toutes les valeurs de t comprises entre 0 et 1, en une série convergente ordonnée suivant les puissances ascendantes de t. En effet, on a, d'après la formule de Newton, pour toute valeur de t comprise entre les limites 0, 1,

$$(1-t)^\alpha = 1 - \alpha t - \frac{\alpha(1-\alpha)}{1.2} t^2 - \frac{\alpha(1-\alpha)(2-\alpha)}{1.2.3} t^3 - \ldots,$$

ou, ce qui revient au même,

$$(11) \qquad (1-t)^\alpha = 1 - \alpha_1 t - \alpha_2 t^2 - \alpha_3 t^3 - \ldots,$$

la valeur générale de α_m étant

$$(12) \qquad \alpha_m = \frac{\alpha(1-\alpha)(2-\alpha)\dots(m-1-\alpha)}{1.2.3\dots m}.$$

Or on tire de l'équation (11) intégrée deux fois de suite, par rapport à α et à partir de $\alpha = 0$,

$$\frac{(1-t)^\alpha - 1}{l(1-t)} = \alpha - t\int_0^\alpha \alpha_1\, d\alpha - t^2\int_0^\alpha \alpha_2\, d\alpha - \dots,$$

$$\left[\frac{(1-t)^\alpha - 1}{l(1-t)} - \alpha\right]\frac{1}{l(1-t)} = \frac{\alpha^2}{2} - t\int_0^\alpha\int_0^\alpha \alpha_1\, d\alpha^2 - t^2\int_0^\alpha\int_0^\alpha \alpha_2\, d\alpha^2 - \dots.$$

Si, dans ces deux dernières formules, on pose $\alpha = 1$, elles deviendront

$$\frac{1}{l(1-t)} = -\frac{1}{t} + \int_0^1 \alpha_1\, d\alpha + t\int_0^1 \alpha_2\, d\alpha + \dots,$$

$$\left[\frac{1}{l(1-t)} + \frac{1}{t}\right]\frac{1}{l(1-t)} = -\frac{1}{2t} + \int_0^1\int_0^\alpha \alpha_1\, d\alpha^2 + t\int_0^1\int_0^\alpha \alpha_2\, d\alpha^2 + \dots;$$

puis, en les combinant entre elles par voie d'addition, après avoir multiplié la première par $-\frac{1}{2}$, on trouvera

$$(13) \qquad \left[\frac{1}{t} - \frac{1}{2} + \frac{1}{l(1-t)}\right]\frac{1}{l(1-t)} = a_0 + a_1 t + a_2 t^2 + \dots,$$

la valeur générale de a_m étant

$$a_m = \int_0^1\int_0^\alpha \alpha_{m+1}\, d\alpha^2 - \frac{1}{2}\int_0^1 \alpha_{m+1}\, d\alpha,$$

ou, ce qui revient au même,

$$(14) \qquad a_m = \int_0^1 \left(\frac{1}{2} - \alpha\right)\alpha_{m+1}\, d\alpha.$$

attendu que l'intégration par parties donne

$$\int_0^1\int_0^\alpha \alpha_{m+1}\, d\alpha^2 = \int_0^1 \alpha_{m+1}\, d\alpha - \int_0^1 \alpha\alpha_{m+1}\, d\alpha.$$

En posant successivement $m=0$, $m=1$, $m=2$, $m=3$, ..., on tirera de la formule (14)

$$a_0=-\frac{1}{12},\qquad a_1=0,\qquad a_2=\frac{1}{2.3}\,\frac{1}{120},\qquad a_3=\frac{1}{2.3.4}\,\frac{1}{30},\qquad \ldots.$$

Les valeurs de a_0, a_1, a_2, ... étant ainsi déterminées, l'équation (9), jointe à la formule (13), donnera

$$(15)\qquad \varpi(n)=\int_0^1\left(\frac{1}{12}-a_2t^2-a_3t^3-a_4t^4-\ldots\right)(1-t)^{n-1}\,dt;$$

et, comme on a généralement

$$\int_0^1 t^m(1-t)^{n-1}\,dt=\frac{1.2.3\ldots m}{n(n+1)\ldots(n+m)},$$

on trouvera définitivement

$$(16)\quad \varpi(n)=\frac{1}{n}\left[\frac{1}{12}-\frac{1.2}{(n+1)(n+2)}a_2-\frac{1.2.3}{(n+1)(n+2)(n+3)}a_3-\ldots\right].$$

La formule (16) est encore l'une de celles que M. Binet a obtenues en opérant comme nous venons de le dire.

Au lieu de chercher à développer, dans l'intégrale que renferme l'équation (2), la fonction sous le signe $\int$ en une série qui demeure toujours convergente entre les limites de l'intégration, on pourrait, après avoir décomposé cette intégrale en deux autres, appliquer à celles-ci deux méthodes de développement diverses. Ainsi, par exemple, ω étant un nombre inférieur à 2π, on pourra remplacer l'équation (2) par la suivante :

$$\varpi(n)=\int_0^\omega\left(\frac{1}{1-e^{-x}}-\frac{1}{x}-\frac{1}{2}\right)e^{-nx}\frac{dx}{x}+\int_\omega^\infty\left(\frac{1}{1-e^{-x}}-\frac{1}{x}-\frac{1}{2}\right)e^{-nx}\frac{dx}{x},$$

de laquelle on tirera, en posant dans la seconde intégrale $1-e^{-x}=t$, et $1-e^{-\omega}=\Omega$,

$$(17)\qquad \varpi(n)=\int_0^\omega\left(\frac{1}{1-e^{-x}}-\frac{1}{x}-\frac{1}{2}\right)e^{-nx}\frac{dx}{x}$$
$$-\int_\Omega^1\left[\frac{1}{t}-\frac{1}{2}+\frac{1}{l(1-t)}\right]\frac{(1-t)^{n-1}}{l(1-t)}\,dt.$$

D'ailleurs, comme on a généralement

$$\frac{1}{2}\cot\frac{x}{2} = \frac{1}{x} - \frac{1}{6}\frac{x}{2} - \frac{1}{30}\frac{x^3}{2.3.4} - \frac{1}{42}\frac{x^5}{2.3.4.5.6} - \dots,$$

les coefficients

$$\frac{1}{6}, \quad \frac{1}{30}, \quad \frac{1}{42}, \quad \dots$$

étant les nombres mêmes de Bernoulli, on en conclura, en remplaçant x par $x\sqrt{-1}$,

$$(18) \qquad \frac{1}{x}\left(\frac{1}{1-e^{-x}} - \frac{1}{x} - \frac{1}{2}\right) = \frac{1}{6}\frac{1}{2} - \frac{1}{30}\frac{x^2}{2.3.4} + \frac{1}{42}\frac{x^4}{2.3.4.5.6} - \dots.$$

Or, eu égard à cette dernière formule et à l'équation (13), la formule (17) donnera

$$(19) \qquad \begin{aligned} \varpi(n) = & \int_0^\omega \left(\frac{1}{6}\frac{1}{2} - \frac{1}{30}\frac{x^2}{2.3.4} + \frac{1}{42}\frac{x^4}{2.3.4.5.6} - \dots\right) e^{-nx}\,dx \\ & + \int_\Omega^1 \left(\frac{1}{12} - a_2 t^2 - a_3 t^3 - \dots\right)(1-t)^{n-1}\,dt. \end{aligned}$$

Ajoutons qu'il sera facile de calculer les diverses intégrales dans lesquelles pourront se décomposer le second membre de la formule (19). En effet, on aura d'une part

$$\int_0^\omega e^{-nx}\,dx = \frac{1-e^{-n\omega}}{n};$$

puis on en conclura, en différentiant m fois par rapport à n,

$$(20) \qquad \int_0^\omega x^m e^{-nx}\,dx = (-1)^m \mathrm{D}_n^m\left(\frac{1-e^{-n\omega}}{n}\right).$$

D'autre part, en nommant k un coefficient quelconque, on aura

$$\int_\Omega^1 (1-kt)^{n+m-1}\,dt = \frac{(1-k\Omega)^{n+m} - (1-k)^{n+m}}{(n+m)k},$$

puis on en conclura, en différentiant m fois par rapport à k,

$$(21)\quad \int_{\Omega}^{1} t^m(1-kt)^{n-1}\,dt = \frac{(-1)^m}{n(n+1)\ldots(n+m)}\,D_k^m\frac{(1-k\Omega)^{n+m}-(1-k)^{n+m}}{k};$$

et par suite, en posant $k=1$, on trouvera

$$(22)\quad \int_{\Omega}^{1} t^m(1-t)^{n-1}\,dt = \frac{(-1)^m}{n(n+1)\ldots(n+m)}\,D_k^m\frac{(1-k\Omega)^{n+m}}{k},$$

k devant être réduit à l'unité, après les différentiations, dans la valeur de l'expression

$$D_k^m\frac{(1-k\Omega)^{n+m}}{k}.$$

Il est bon d'observer que si, dans l'équation (22), on pose $\Omega=0$, on retrouvera, comme on devait s'y attendre, l'équation

$$\int_{0}^{1} t^m(1-t)^{n-1}\,dt = \frac{1.2\ldots m}{n(n+1)\ldots(n+m)}.$$

Le développement de la fonction $\varpi(n)$ cesserait d'être convergent si, dans le second membre de la formule (19), on supposait $\omega > 2\pi$. Le cas où l'on supposerait $\omega=\infty$, et par suite $\Omega=1$, mérite une attention particulière. Dans ce cas, l'équation (19), réduite à

$$(23)\quad \varpi(n) = \frac{1}{6}\,\frac{1}{1.2.n} - \frac{1}{30}\,\frac{1}{3.4.n^3} + \frac{1}{42}\,\frac{1}{5.6.n^5} - \ldots,$$

coïnciderait avec une formule de Stirling. Mais, quoique cette formule soit inadmissible et dépourvue de sens, quand on suppose la série que le second membre renferme, prolongée à l'infini, cependant lorsque, n ayant une valeur considérable, on se borne à calculer un petit nombre de termes de la série en question, la somme de ces termes fournit à très peu près la valeur de $\varpi(n)$. Or il importe de savoir quelles sont alors les limites de l'erreur commise. C'est ce que nous allons maintenant examiner.

On a généralement

$$\cot x = \mathcal{E}\frac{[\cot z]}{x-z} = \frac{1}{x} + \frac{1}{x-\pi} + \frac{1}{x-2\pi} + \frac{1}{x-3\pi} + \ldots$$
$$+ \frac{1}{x+\pi} + \frac{1}{x+2\pi} + \frac{1}{x+3\pi} + \ldots,$$

ou, ce qui revient au même,

$$\frac{1}{2x}\left(\cot x - \frac{1}{x}\right) = \frac{1}{x^2-\pi^2} + \frac{1}{x^2-4\pi^2} + \frac{1}{x^2-9\pi^2} + \ldots,$$

puis on en conclut, en remplaçant x par $\frac{1}{2}x\sqrt{-1}$,

$$(24)\quad \frac{1}{x}\left(\frac{1}{1-e^{-x}} - \frac{1}{x} - \frac{1}{2}\right) = 2\left(\frac{1}{4\pi^2+x^2} + \frac{1}{16\pi^2+x^2} + \frac{1}{36\pi^2+x^2} + \ldots\right).$$

Cela posé, la formule (2) donnera

$$(25)\quad \varpi(n) = 2\int_0^\infty \left(\frac{1}{4\pi^2+x^2} + \frac{1}{16\pi^2+x^2} + \frac{1}{36\pi^2+x^2} + \ldots\right) e^{-nx}\,dx.$$

En développant chacune des fractions que renferme le second membre de la formule (24), suivant les puissances ascendantes de x^2, à l'aide de l'équation

$$(26)\quad \frac{1}{k^2+x^2} = \frac{1}{k^2} - \frac{x^2}{k^4} + \frac{x^4}{k^6} - \ldots,$$

dans laquelle k peut représenter successivement les divers termes de la suite

$$2\pi,\quad 4\pi,\quad 6\pi,\quad \ldots,$$

on tirera de la formule (24) comparée à la formule (18) les équations connues

$$(27)\quad \left\{\begin{array}{l} 1 + \frac{1}{2^2} + \frac{1}{3^2} + \frac{1}{4^2} + \ldots = \frac{1}{6}\pi^2, \\ 1 + \frac{1}{2^4} + \frac{1}{3^4} + \frac{1}{4^4} + \ldots = \frac{1}{30}\frac{2^3\pi^4}{3.4}, \\ 1 + \frac{1}{2^6} + \frac{1}{3^6} + \frac{1}{4^6} + \ldots = \frac{1}{42}\frac{2^5\pi^6}{3.4.5.6}, \\ \ldots\ldots\ldots\ldots\ldots\ldots, \end{array}\right.$$

et l'on fera coïncider l'équation (25) avec la formule inexacte de Stirling. Mais, à la place de celle-ci, on retrouvera une formule exacte et rigoureuse, si à l'équation (26), qui devient inexacte dès que le module de x surpasse le module de k, on substitue l'équation

$$(28) \qquad \frac{1}{k^2+x^2} = \frac{1}{k^2} - \frac{x^2}{k^4} + \frac{x^4}{k^6} - \ldots \pm \frac{x^{2m-2}}{k^{2m}} \mp \frac{x^{2m}}{k^{2m}(k^2+x^2)},$$

qui demeure toujours vraie, quel que soit x. En ayant égard à cette dernière, ainsi qu'aux formules (27), et en posant, pour abréger,

$$c_1 = \frac{1}{6}, \qquad c_2 = \frac{1}{30}, \qquad c_3 = \frac{1}{42}, \qquad \ldots,$$

c'est-à-dire, en désignant par c_1, c_2, c_3, ... les nombres de Bernoulli, on tirera de l'équation (24)

$$(29) \qquad \frac{1}{x}\left(\frac{1}{1-e^{-x}} - \frac{1}{x} - \frac{1}{2}\right) = \frac{c_1}{2} - \frac{c_2 x^2}{2.3.4} + \frac{c_3 x^4}{2.3.4.5.6} - \ldots \pm \frac{c_m x^{2m-2}}{2.3.4\ldots 2m} \mp r_m,$$

la valeur de r_m étant

$$(30) \qquad r_m = 2\left\{\frac{x^{2m}}{(2\pi)^{2m}[(2\pi)^2+x^2]} + \frac{x^{2m}}{(4\pi)^{2m}[(4\pi)^2+x^2]} + \ldots\right\}.$$

D'ailleurs, pour des valeurs réelles de x et de k, on aura généralement

$$\frac{x^{2m}}{k^{2m}(k^2+x^2)} < \frac{x^{2m}}{k^{2m+2}},$$

et par suite l'équation (30) donnera

$$r_m < 2\left(1 + \frac{1}{2^{2m+2}} + \frac{1}{3^{2m+2}} + \ldots\right)\frac{x^{2m}}{(2\pi)^{2m+2}},$$

ou, ce qui revient au même,

$$(31) \qquad r_m < \frac{c_{m+1}\,x^{2m}}{2.3.4\ldots(2m+2)}.$$

Donc, en désignant par θ un nombre inférieur à l'unité, on aura

$$r_m = \theta\,\frac{c_{m+1}\,x^{2m}}{2.3.4\ldots(2m+2)},$$

et la formule (29) donnera

$$(32)\quad \frac{1}{x}\left(\frac{1}{1-e^{-x}}-\frac{1}{x}-\frac{1}{2}\right)$$
$$=\frac{c_1}{2}-\frac{c_2 x^2}{2.3.4}+\frac{c_3 x^4}{2.3.4.5.6}-\ldots\pm\frac{c_m x^{2m-2}}{2.3.4\ldots 2m}\mp\theta\frac{c_{m+1}x^{2m}}{2.3.4\ldots(2m+2)}.$$

Ajoutons qu'eu égard aux formules (29) et (31), on tirera de l'équation (2)

$$(33)\qquad \varpi(n)=\frac{c_1}{1.2n}-\frac{c_2}{3.4n^3}+\frac{c_3}{5.6n^5}-\ldots$$
$$\pm\frac{c_m}{(2m-1)2mn^{2m-1}}\mp\int_0^\infty r_m e^{-nx}\,dx,$$

la valeur de l'intégrale $\int_0^\infty r_m e^{-nx}dx$ étant assujettie à la condition

$$(34)\qquad \int_0^\infty r_m e^{-nx}\,dx<\frac{c_{m+1}}{(2m+1)(2m+2)n^{2m+1}}.$$

En d'autres termes, on aura

$$(35)\quad \varpi(n)=\frac{c_1}{1.2.n}-\frac{c_2}{3.4.n^3}+\frac{c_3}{5.6.n^5}-\ldots$$
$$-(-1)^m\frac{c_m}{(2m-1)2mn^{2m-1}}-(-1)^{m+1}\Theta\frac{c_{m+1}}{(2m+1)(2m+2)n^{2m+1}},$$

Θ désignant encore un nombre inférieur à l'unité, et la valeur de c_m étant généralement déterminée par la formule

$$(36)\qquad 1+\frac{1}{2^{2m}}+\frac{1}{3^{2m}}+\ldots=\frac{2^{2m-1}\pi^{2m}}{2.3\ldots 2m}c_m.$$

Dans le cas particulier où l'on pose $m=0$, la formule (35) reproduit un résultat obtenu par M. Liouville. Observons d'ailleurs que M. Crelle a publié récemment, dans son Journal, un Mémoire où M. Raabe, après avoir établi la formule (35) pour le cas où n se réduit à un nombre entier, ajoute qu'il est très probable qu'elle subsiste, dans tous les cas, mais qu'il n'a pu réussir jusqu'à présent à en obtenir une démonstration générale et rigoureuse.

Le rapport entre les valeurs numériques des deux termes qui, dans la série de Stirling, ont pour facteurs les nombres

$$c_{m+1} \quad \text{et} \quad c_m,$$

se réduit à

$$\frac{(2m-1)2m}{(2m+1)(2m+2)} \frac{c_{m+1}}{c_m} \frac{1}{n^2}.$$

D'ailleurs on tire de la formule (36)

$$\frac{c_{m+1}}{c_m} = \frac{(2m+1)(2m+2)}{(2\pi)^2} \frac{1+\left(\frac{1}{2}\right)^{2m+2}+\ldots}{1+\left(\frac{1}{2}\right)^{2m}+\ldots} < \frac{(2m+1)(2m+2)}{(2\pi)^2}.$$

Donc, par suite, le rapport ci-dessus mentionné sera inférieur à l'expression

$$\frac{(2m-1)2m}{(2\pi n)^2} < \left(\frac{m}{\pi n}\right)^2,$$

et les valeurs numériques des divers termes de la série de Stirling iront en décroissant, jusqu'à ce qu'on arrive à un terme dont le rang m surpasse le produit πn, et à plus forte raison, puisqu'on a $\pi > 3$, le produit $3n$. D'ailleurs on tire de la formule (35) cette conclusion, digne de remarque, que, si l'on arrête la série de Stirling à un terme quelconque, la valeur numérique de ce terme sera précisément la limite de l'erreur que l'on commettra en prenant la somme des termes précédents pour valeur approchée de $\varpi(n)$.

La conclusion que nous venons d'énoncer prouve l'utilité d'un calcul à l'aide duquel on trouverait commodément une limite supérieure à l'expression

$$(37) \qquad \frac{c_m}{(2m-1)2mn^{2m-1}},$$

qui représente la valeur numérique du terme général de la série de Stirling. Or, en vertu des principes établis, il sera facile d'obtenir une telle limite; et d'abord on tire de la formule (36)

$$\frac{c_m}{c_1} = \frac{1}{2}\,\frac{2.3.4\ldots 2m}{(2\pi)^{2m-2}}\,\frac{1+\left(\frac{1}{2}\right)^{2m}+\ldots}{1+\left(\frac{1}{2}\right)^{2}+\ldots};$$

par conséquent,

$$c_m < \frac{c_1}{2}\,\frac{2.3.4\ldots 2m}{(2\pi)^{2m-2}},$$

ou, ce qui revient au même,

(38) $$c_m < \frac{1}{12}\,\frac{\Gamma(2m+1)}{(2\pi)^{2m-2}}.$$

D'autre part, en posant $m=0$, dans la formule (35), on en tire

$$\varpi(n) = \Theta\,\frac{c_1}{2n} = \frac{\Theta}{12n};$$

par conséquent,

$$\varpi(n) < \frac{1}{12n},$$

et, eu égard à cette dernière formule, l'équation (34) du paragraphe III donnera

(39) $$\Gamma(n) < (2\pi)^{\frac{1}{2}}\, n^{n-\frac{1}{2}}\, e^{-n}\, e^{\frac{1}{12n}}.$$

On aura donc

$$\Gamma(2m+1) = 2m\,\Gamma(2m) < (2\pi)^{\frac{1}{2}}(2m)^{2m+\frac{1}{2}}\, e^{-2m}\, e^{\frac{1}{24m}},$$

et par suite la formule (38) donnera

$$c_m < \frac{1}{12}\,\frac{(2m)^{2m+\frac{1}{2}}}{(2\pi)^{2m-\frac{5}{2}}}\, e^{-2m}\, e^{\frac{1}{24m}}.$$

Cela posé, l'expression (37) sera évidemment inférieure au produit

(40) $$\frac{\pi^2}{3}\,\frac{n}{2m-1}\left(\frac{\pi}{m}\right)^{\frac{1}{2}}\left(\frac{m}{\pi n e}\right)^{2m} e^{\frac{1}{24m}},$$

qui pourra toujours se calculer facilement par le moyen de son logarithme.

Nous avons remarqué que la valeur numérique du terme général de la série de Stirling, c'est-à-dire l'expression (37), décroît tant que le nombre m ne surpasse pas le nombre $3n$. Il importe donc d'examiner en particulier ce que devient le produit (40), quand on suppose précisément $m = 3n$. Or ce produit se réduit alors au suivant :

$$(41)\qquad \left(\frac{3}{\pi}\right)^{6n-\frac{3}{2}} \frac{\pi n}{6n-1} \left(\frac{1}{n}\right)^{\frac{1}{2}} \left(\frac{1}{e}\right)^{6n} e^{\frac{1}{72n}}.$$

D'ailleurs, pour $n > 1$, l'expression

$$\left(\frac{3}{\pi}\right)^{6n-\frac{3}{2}} \frac{\pi n}{6n-1} e^{\frac{1}{72n}}$$

reste inférieure à

$$\left(\frac{3}{\pi}\right)^{\frac{1}{2}} \frac{\pi}{5} e^{\frac{1}{72}} = 0,5177\ldots;$$

et par conséquent, si n surpasse l'unité, le terme dont le rang sera représenté par le nombre $3n$, dans la série de Stirling, offrira une valeur numérique inférieure au produit

$$(42)\qquad (0,5177\ldots) \left(\frac{1}{n}\right)^{\frac{1}{2}} \left(\frac{1}{e}\right)^{6n}.$$

Donc, pour une valeur de n supérieure à l'unité, on peut, à l'aide de la série de Stirling, obtenir une valeur de $\varpi(n)$ tellement approchée que l'erreur commise reste inférieure au produit (42). Ajoutons que cette valeur approchée sera tout simplement la somme des $3n - 1$ premiers termes de la série. Il est, d'autre part, aisé de s'assurer que le produit (42), qui représentera une limite supérieure à l'erreur commise, sera généralement un nombre très petit. Si, pour fixer les idées, on prend $n = 4$, le produit (42) deviendra

$$0,97\ldots \left(\frac{1}{10}\right)^{11},$$

et par conséquent l'erreur commise sera inférieure au nombre

$$\left(\frac{1}{10}\right)^{11} = 0,00000\,00000\,1.$$

Si l'on prend $n = 10$, le produit (42) deviendra

$$1,43\ldots\left(\frac{1}{10}\right)^{27},$$

et par conséquent l'erreur commise sera inférieure au nombre

$$0,00000\,00000\,00000\,00000\,00000\,0143\ldots.$$

Ainsi, en résumé, l'équation (35), que nous avons substituée à la formule de Stirling, fournira la valeur de $\varpi(n)$ avec une approximation qui sera généralement très considérable, et même plus que suffisante pour les besoins du calcul.

V. — *Recherches des équations linéaires que vérifient des valeurs diverses de* $1\Gamma(n)$.

Soient

$$a, \quad b, \quad c, \quad \ldots$$

diverses valeurs positives successivement attribuées au nombre n. Les valeurs correspondantes de $1\Gamma(n)$ seront

$$1\Gamma(a), \quad 1\Gamma(b), \quad 1\Gamma(c), \quad \ldots.$$

et une fonction linéaire de ces dernières quantités sera de la forme

$$A\,1\Gamma(a) + B\,1\Gamma(b) + C\,1\Gamma(c) + \ldots,$$

A, B, C, ... désignant des coefficients constants.

D'ailleurs, en vertu de la formule (12) du paragraphe III, on aura également

$$(1) \qquad 1\Gamma(n) = \int_0^\infty \left[(n-1)e^{-x} - \frac{e^{-x} - e^{-nx}}{1 - e^{-x}}\right]\frac{dx}{x}.$$

Il y a plus : en désignant par θ une constante positive quelconque, et remplaçant x par θx dans le second membre de la formule (1), on en tirera

$$(2)\qquad l\Gamma(n)=\int_0^\infty\left[(n-1)e^{-\theta x}-\frac{e^{-\theta x}-e^{-n\theta x}}{1-e^{-\theta x}}\right]\frac{dx}{x}.$$

Cela posé, soient

$$\alpha,\ \beta,\ \gamma,\ \ldots$$

diverses valeurs de θ que nous ferons correspondre aux valeurs

$$a,\ b,\ c,\ \ldots$$

de n. On tirera successivement de la formule (2)

$$l\Gamma(a)=\int_0^\infty\left[(a-1)e^{-\alpha x}-\frac{e^{-\alpha x}-e^{-a\alpha x}}{1-e^{-\alpha x}}\right]\frac{dx}{x},$$
$$l\Gamma(b)=\int_0^\infty\left[(b-1)e^{-\beta x}-\frac{e^{-\beta x}-e^{-b\beta x}}{1-e^{-\beta x}}\right]\frac{dx}{x},$$
$$\ldots\ldots\ldots\ldots\ldots\ldots\ldots\ldots\ldots\ldots$$

puis on en conclura

$$(3)\qquad \mathrm{A}\,l\Gamma(a)+\mathrm{B}\,l\Gamma(b)+\mathrm{C}\,l\Gamma(c)+\ldots=\int_0^\infty \mathrm{X}\,\frac{dx}{x},$$

la valeur de X étant

$$\begin{aligned}\mathrm{X}=\ &\mathrm{A}\left[(a-1)e^{-\alpha x}-\frac{e^{-\alpha x}-e^{-a\alpha x}}{1-e^{-\alpha x}}\right]\\ &+\mathrm{B}\left[(b-1)e^{-\beta x}-\frac{e^{-\beta x}-e^{-b\beta x}}{1-e^{-\beta x}}\right]\\ &+\ldots\ldots\ldots\ldots\ldots\ldots\ldots,\end{aligned}$$

ou, ce qui revient au même,

$$(4)\qquad \begin{aligned}\mathrm{X}=\ &\mathrm{A}[(a-1)e^{-\alpha x}+1]+\mathrm{B}[(b-1)e^{-\beta x}+1]+\ldots\\ &-\mathrm{A}\frac{1-e^{-a\alpha x}}{1-e^{-\alpha x}}-\mathrm{B}\frac{1-e^{-b\beta x}}{1-e^{-\beta x}}-\ldots.\end{aligned}$$

Donc, pour déterminer la fonction linéaire de

$$l\Gamma(a),\quad l\Gamma(b),\quad l\Gamma(c),\quad \ldots.$$

représentée par la somme

$$A\,l\,\Gamma(a) + B\,l\,\Gamma(b) + C\,l\,\Gamma(c) + \ldots,$$

il suffira d'évaluer l'intégrale

$$\int_0^\infty X\,dx,$$

dans laquelle la valeur de X est donnée par la formule (4). Or on pourra effectivement, dans plusieurs cas, à l'aide des principes établis dans le paragraphe I, déterminer très facilement l'intégrale en question, et même obtenir sa valeur en termes finis, comme nous allons le faire voir.

Pour que la formule (33) du paragraphe I fournisse immédiatement la valeur de l'intégrale

$$\int_0^\infty X\frac{dx}{x},$$

il suffit que la fonction X, ou même la somme des fractions renfermées dans le second membre de la formule (4), savoir

$$A\frac{1-e^{-a\alpha x}}{1-e^{-\alpha x}} + B\frac{1-e^{-b\beta x}}{1-e^{-\beta x}} + C\frac{1-e^{-c\gamma x}}{1-e^{-\gamma x}} + \ldots,$$

se réduise à une fonction linéaire de puissances positives de l'exponentielle

$$e^{-x}.$$

D'ailleurs, si l'on pose

$$e^{-x} = t,$$

la somme dont il s'agit se transformera en cette autre

$$A\frac{1-t^{a\alpha}}{1-t^{\alpha}} + B\frac{1-t^{b\beta}}{1-t^{\beta}} + C\frac{1-t^{c\gamma}}{1-t^{\gamma}} + \ldots,$$

et, pour que la condition énoncée soit remplie, il suffira que la dernière somme se réduise à une fonction linéaire de puissances positives de t. Il est bon d'observer que, dans cette fonction linéaire, le terme indépendant de t sera nécessairement la valeur qu'acquiert la fonction, pour $t = 0$, savoir

$$A + B + C + \ldots.$$

Soit, en conséquence,

$$A \frac{1 - t^{a\alpha}}{1 - t^{\alpha}} + B \frac{1 - t^{b6}}{1 - t^{6}} + \ldots = A + B + \ldots + H t^{h} + K t^{k} + \ldots,$$

h, k désignant deux exposants positifs, et H, K, ... des coefficients constants. On aura par suite

$$A \frac{1 - e^{-a\alpha x}}{1 - e^{-\alpha x}} + B \frac{1 - e^{-b6x}}{1 - e^{-6x}} + \ldots = A + B + \ldots + H e^{-hx} + K e^{-kx} + \ldots,$$

et la formule (4) étant réduite à

$$X = A(a-1)e^{-\alpha x} + B(b-1)e^{-6x} + \ldots - H e^{-hx} - K e^{-kx} - \ldots.$$

la formule (3), jointe à la formule (33) du paragraphe I donnera

$$A\,1\Gamma(a) + B\,1\Gamma(b) + \ldots = H\,1(h) + K\,1(k) + \ldots$$
$$- A(a-1)1(\alpha) - B(b-1)1(6) \ldots.$$

On pourra énoncer le théorème suivant :

Théorème I. — *La valeur de la somme*

$$A\,1\Gamma(a) + B\,1\Gamma(b) + C\,1\Gamma(c) + \ldots$$

pourra s'obtenir en termes finis, si l'on peut choisir les constantes

$$\alpha,\quad 6,\quad \gamma,\quad \ldots,$$

de manière que le polynome

$$A \frac{1 - t^{a\alpha}}{1 - t^{\alpha}} + B \frac{1 - t^{b6}}{1 - t^{6}} + C \frac{1 - t^{c\gamma}}{1 - t^{\gamma}} + \ldots$$

se réduise à une fonction linéaire de puissances positives de t, par conséquent à une expression de la forme

$$A + B + \ldots + H t^{h} + K t^{k} + \ldots,$$

les exposants h, k étant positifs; et alors l'équation

$$(5)\qquad A\frac{1-t^{a\alpha}}{1-t^{\alpha}}+B\frac{1-t^{b6}}{1-t^{6}}+\ldots=A+B+\ldots+Ht^{h}+Kt^{k}+\ldots$$

entraînera la suivante :

$$(6)\qquad \begin{aligned} A\,l\,\Gamma(a)+B\,l\,\Gamma(b)+\ldots &= H\,l(h)+K\,l(k)+\ldots \\ &\quad -A(a-1)\,l(\alpha)-B(b-1)\,l(6)-\ldots. \end{aligned}$$

Il est bon d'observer que, si l'on pose $n=1$, dans les formules (26) et (32) du paragraphe III, ces formules fourniront deux valeurs nécessairement égales de la fonction représentée par $F(n)$. On aura donc

$$(7)\qquad \frac{1}{2}l(2\pi)-1=\int_0^\infty\left[\left(\frac{1}{x}+\frac{1}{2}\right)e^{-x}-\frac{e^{-x}}{1-e^{-x}}\right]\frac{dx}{x}.$$

Si l'on retranche les deux membres de cette dernière formule des membres correspondants de l'équation (1), on trouvera

$$(8)\qquad l\frac{\Gamma(n)}{\sqrt{2\pi}}+1=\int_0^\infty\left[\left(n-\frac{3}{2}-\frac{1}{x}\right)e^{-x}+\frac{e^{-nx}}{1-e^{-x}}\right]\frac{dx}{x};$$

puis on en conclura, en remplaçant x par θx,

$$(9)\qquad l\frac{\Gamma(n)}{\sqrt{2\pi}}+1=\int_0^\infty\left[\left(n-\frac{3}{2}-\frac{1}{\theta x}\right)e^{-\theta x}+\frac{e^{-n\theta x}}{1-e^{-\theta x}}\right]\frac{dx}{x}.$$

Cela posé, soient

$$\alpha,\quad 6,\quad \gamma,\quad \ldots$$

diverses valeurs positives de θ, que nous ferons correspondre aux valeurs

$$a,\quad b,\quad c,\quad \ldots$$

de n. On tirera successivement de la formule (9)

$$l\frac{\Gamma(a)}{\sqrt{2\pi}}+1=\int_0^\infty\left[\left(a-\frac{3}{2}-\frac{1}{\alpha x}\right)e^{-\alpha x}+\frac{e^{-a\alpha x}}{1-e^{-\alpha x}}\right]\frac{dx}{x},$$

$$l\frac{\Gamma(b)}{\sqrt{2\pi}}+1=\int_0^\infty\left[\left(b-\frac{3}{2}-\frac{1}{6x}\right)e^{-6x}+\frac{e^{-b6x}}{1-e^{-6x}}\right]\frac{dx}{x},$$

puis

$$(10)\qquad \mathrm{A}\,\mathrm{l}\frac{\Gamma(a)}{\sqrt{2\pi}}+\mathrm{B}\,\mathrm{l}\frac{\Gamma(b)}{\sqrt{2\pi}}+\ldots+\mathrm{A}+\mathrm{B}+\ldots=\int_0^\infty \mathcal{X}\,\frac{dx}{x},$$

la valeur de $\mathcal{X}$ étant

$$(11)\qquad \begin{aligned}\mathcal{X}=\mathrm{A}\left(a-\frac{3}{2}-\frac{1}{\alpha x}\right)e^{-\alpha x}+\mathrm{B}\left(b-\frac{3}{2}-\frac{1}{\beta x}\right)e^{-\beta x}+\ldots\\ +\mathrm{A}\frac{e^{-a\alpha x}}{1-e^{-\alpha x}}+\mathrm{B}\frac{e^{-b\beta x}}{1-e^{-\beta x}}+\ldots.\end{aligned}$$

Or, la formule (33) du paragraphe I fournira immédiatement la valeur de l'intégrale

$$\int_0^\infty \mathcal{X}\,dx,$$

si la somme

$$\mathrm{A}\frac{e^{-a\alpha x}}{1-e^{-\alpha x}}+\mathrm{B}\frac{e^{-b\beta x}}{1-e^{-\beta x}}+\mathrm{C}\frac{e^{-c\gamma x}}{1-e^{-\gamma x}}+\ldots$$

se réduit à une fonction linéaire de puissances positives de l'exponentielle e^{-x}, ou, ce qui revient au même, si la somme

$$\mathrm{A}\frac{t^{a\alpha}}{1-t^{\alpha}}+\mathrm{B}\frac{t^{b\beta}}{1-t^{\beta}}+\mathrm{C}\frac{t^{c\gamma}}{1-t^{\gamma}}+\ldots$$

se réduit à une fonction linéaire de puissances positives de t, c'est-à-dire à une expression de la forme

$$\mathrm{H}\,t^h+\mathrm{K}\,t^k+\ldots.$$

D'ailleurs, dans ce cas, la valeur de $\mathcal{X}$ étant réduite à

$$\mathcal{X}=\mathrm{A}\left(a-\frac{3}{2}-\frac{1}{\alpha x}\right)e^{-\alpha x}+\mathrm{B}\left(b-\frac{3}{2}-\frac{1}{\beta x}\right)e^{-\beta x}+\ldots+\mathrm{H}\,e^{-hx}+\mathrm{K}\,e^{-kx}+\ldots,$$

la formule (33) du paragraphe I donnera

$$\begin{aligned}\int_0^\infty \mathcal{X}\,\frac{dx}{x}=&-\mathrm{A}\,\mathcal{E}\left[\frac{e^{-\alpha x}}{\alpha x^2}\right]-\mathrm{B}\,\mathcal{E}\left[\frac{e^{-\beta x}}{\beta x^2}\right]-\ldots\\ &-\mathrm{A}\,\mathcal{E}\left[\left(a-\frac{3}{2}-\frac{1}{\alpha x}\right)\frac{e^{-\alpha x}}{x}\,\mathrm{l}(\alpha)\right]-\ldots\\ &-\mathrm{H}\,\mathcal{E}\left[\frac{e^{-hx}}{x}\,\mathrm{l}(h)\right]-\mathrm{K}\,\mathcal{E}\left[\frac{e^{-kx}}{x}\,\mathrm{l}(k)\right]-\ldots\end{aligned}$$

et, par suite,

$$\int_0^\infty \mathcal{X}\frac{dx}{x} = A + B + \ldots - A\left(a - \frac{1}{2}\right)l(\alpha) - B\left(b - \frac{1}{2}\right)l(\beta) - \ldots$$
$$- H\,l(h) - K\,l(k) - \ldots .$$

Donc la formule (10) donnera

$$A\,l\frac{\Gamma(a)}{\sqrt{2\pi}} + B\,l\frac{\Gamma(b)}{\sqrt{2\pi}} + \ldots = - H\,l(h) - K\,l(k) - \ldots$$
$$- A\left(a - \frac{1}{2}\right)l(\alpha) - B\left(b - \frac{1}{2}\right)l(\beta) - \ldots,$$

ou, ce qui revient au même,

$$A\,l\Gamma(a) + B\,l\Gamma(b) + \ldots = \frac{A + B + \ldots}{2}\,l(2\pi) - H\,l(h) - K\,l(k) - \ldots$$
$$- A\left(a - \frac{1}{2}\right)l(\alpha) - B\left(b - \frac{1}{2}\right)l(\beta) - \ldots .$$

On peut donc énoncer encore la proposition suivante :

Théorème II. — *La valeur de la somme*

$$A\,l\Gamma(a) + B\,l\Gamma(b) + C\,l\Gamma(c) + \ldots$$

pourra s'obtenir en termes finis, si l'on peut choisir les constantes

$$\alpha,\quad \beta,\quad \gamma,\quad \ldots,$$

de manière que le polynome

$$A\frac{t^{a\alpha}}{1 - t^{\alpha}} + B\frac{t^{b\beta}}{1 - t^{\beta}} + C\frac{t^{c\gamma}}{t - t^{\gamma}} + \ldots$$

se réduise à une fonction linéaire de puissances positives de t, par conséquent à une expression de la forme

$$H\,t^h + K\,t^k + \ldots,$$

les exposants h, k étant positifs ; et alors l'équation

$$(12)\qquad A\frac{t^{a\alpha}}{1 - t^{\alpha}} + B\frac{t^{b\beta}}{1 - t^{\beta}} + B\frac{t^{c\gamma}}{1 - t^{\gamma}} + \ldots = H\,t^h + K\,t^k + \ldots$$

entraînera la suivante :

$$(13)\quad A\,l\,\Gamma(a) + B\,l\,\Gamma(b) + \ldots = \frac{A + B + \ldots}{2}\,l(2\pi) - H\,l(h) - K\,l(k) - \ldots$$
$$- A\left(a - \frac{1}{2}\right)l(\alpha) - B\left(b - \frac{1}{2}\right)l(\beta) - \ldots.$$

Si, dans les théorèmes I et II, on remplace les constantes positives

$$a,\quad b,\quad c,\quad \ldots$$

par les rapports

$$\frac{a}{\alpha},\quad \frac{b}{\beta},\quad \frac{c}{\gamma},\quad \ldots,$$

alors à la place de ces deux théorèmes on obtiendra les propositions suivantes :

Théorème III. — *Si le polynome*

$$A\frac{1 - t^a}{1 - t^\alpha} + B\frac{1 - t^b}{1 - t^\beta} + C\frac{1 - t^c}{1 - t^\gamma} + \ldots,$$

dans lequel

$$a,\quad b,\quad c,\quad \ldots,\qquad \alpha,\quad \beta,\quad \gamma,\quad \ldots$$

désignent des exposants positifs, et A, B, C, *des coefficients constants, se réduit à une fonction linéaire de puissances positives de t, c'est-à-dire à une expression de la forme*

$$H\,t^h + K\,t^k + \ldots,$$

h, k, … étant des exposants positifs, et H, K, … *des quantités constantes ; alors l'équation*

$$(14)\quad A\frac{1 - t^a}{1 - t^\alpha} + B\frac{1 - t^b}{1 - t^\beta} + \ldots = A + B + \ldots + H\,t^h + K\,t^k + \ldots$$

entraînera la suivante :

$$(15)\quad A\,l\,\Gamma\left(\frac{a}{\alpha}\right) + B\,l\,\Gamma\left(\frac{b}{\beta}\right) + \ldots = H\,l(h) + K\,l(k) + \ldots$$
$$- A\left(\frac{a}{\alpha} - 1\right)l(\alpha) - B\left(\frac{b}{\beta} - 1\right)l(\beta) - \ldots.$$

THÉORÈME IV. — *Si le polynome*

$$A\frac{t^a}{1-t^\alpha}+B\frac{t^b}{1-t^\beta}+C\frac{t^c}{1-t^\gamma}+\ldots,$$

dans lequel

$$a,\quad b,\quad c,\quad \ldots,\qquad \alpha,\quad \beta,\quad \gamma,\quad \ldots,$$

désignent des exposants positifs, et A, B, C, ..., *des coefficients constants, se réduit à une fonction linéaire de puissances positives de t, c'est-à-dire à une expression de la forme*

$$Ht^h+Kt^k+\ldots,$$

h, k étant des exposants positifs, et H, K *des quantités constantes, alors l'équation*

$$(16)\qquad A\frac{t^a}{1-t^\alpha}+B\frac{t^b}{1-t^\beta}+C\frac{t^c}{1-t^\gamma}+\ldots=Ht^h+Kt^k+\ldots$$

entraînera la suivante :

$$(17)\qquad A\,l\,\Gamma\left(\frac{a}{\alpha}\right)+B\,l\,\Gamma\left(\frac{b}{\beta}\right)+\ldots=\frac{A+B+\ldots}{2}\,l(2\pi)-H\,l(h)-K\,l(k)-\ldots$$
$$-A\left(\frac{a}{\alpha}-\frac{1}{2}\right)l(\alpha)-B\left(\frac{b}{\beta}-\frac{1}{2}\right)l(\beta)-\ldots.$$

Appliquons maintenant les formules générales que nous venons d'établir à quelques exemples.

En désignant par n un nombre entier, on a

$$(18)\qquad \frac{1-t^n}{1-t}=1+t+t^2+\ldots+t^{n-1}.$$

Si l'on substitue cette dernière formule à l'équation (14), la formule (15) donnera

$$(19)\qquad l\,\Gamma(n)=l(1)+l(2)+\ldots+l(n-1)$$

et, par suite,

$$(20)\qquad \Gamma(n)=1.2.3\ldots(n-1),$$

ce qui est effectivement exact.

En désignant par a un nombre quelconque, on tire de la formule (18)

$$(21) \qquad \frac{t^a - t^{a+n}}{1-t} = t^a + t^{a+1} + \ldots + t^{a+n-1}$$

ou, ce qui revient au même,

$$(22) \qquad \frac{1-t^{a+n}}{1-t} - \frac{1-t^a}{1-t} = t^a + t^{a+1} + \ldots + t^{a+n-1}.$$

Si l'on substitue cette dernière formule à l'équation (14), la formule (15) donnera

$$(23) \qquad \mathrm{l}\,\Gamma(a+n) - \mathrm{l}\,\Gamma(a) = \mathrm{l}(a) + \mathrm{l}(a+1) + \ldots + \mathrm{l}(a+n-1)$$

et, par suite,

$$(24) \qquad \frac{\Gamma(a+n)}{\Gamma(a)} = a(a+1)\ldots(a+n-1),$$

ce qui est exact. On arriverait encore à la même conclusion en substituant l'équation (21) à la formule (16). Dans le cas particulier où l'on pose $n=1$, la formule (24) réduite à

$$(25) \qquad \frac{\Gamma(a+1)}{\Gamma(a)} = a$$

coïncide avec la formule (15) du paragraphe III.

Si l'on divise par $1-t^n$ les deux membres de la formule (21), ou, ce qui revient au même, si l'on multiplie par

$$\frac{t^a}{1-t^n}$$

les deux membres de la formule (18), on en conclura

$$(26) \qquad \frac{t^a}{1-t^n} + \frac{t^{a+1}}{1-t^n} + \ldots + \frac{t^{a+n-1}}{1-t^n} - \frac{t^a}{1-t} = 0.$$

Si maintenant on substitue cette dernière formule à l'équation (16), la formule (17) donnera

$$(27)\qquad \mathrm{l}\Gamma\left(\frac{a}{n}\right)+\mathrm{l}\Gamma\left(\frac{a+1}{n}\right)+\ldots+\mathrm{l}\Gamma\left(\frac{a+n-1}{n}\right)-\mathrm{l}\Gamma(a)$$
$$=\frac{n-1}{2}\,\mathrm{l}(2\pi)-\left(a-\frac{1}{2}\right)\mathrm{l}(n),$$

attendu que le coefficient de $\mathrm{l}(n)$, dans le second membre, sera équivalent à la somme des termes de la progression arithmétique

$$\frac{a}{n}-\frac{1}{2},\quad \frac{a+1}{n}-\frac{1}{2},\quad \ldots,\quad \frac{a+n-1}{n}-\frac{1}{2},$$

par conséquent à

$$n\left(\frac{2a-1}{2n}\right)=a-\frac{1}{2};$$

et l'on trouvera par suite

$$(28)\qquad \frac{\Gamma\left(\frac{a}{n}\right)\Gamma\left(\frac{a+1}{n}\right)\ldots\Gamma\left(\frac{a+n-1}{n}\right)}{\Gamma(a)}=\frac{(2\pi)^{\frac{n-1}{2}}}{n^{a-\frac{1}{2}}}.$$

Au reste, pour obtenir immédiatement la formule (27), sans être obligé de recourir à la sommation d'une progression arithmétique, il suffit d'observer qu'on tire de la formule (28), en y remplaçant t par $t^{\frac{1}{n}}$,

$$(29)\qquad \frac{t^{\frac{a}{n}}}{1-t}+\frac{t^{\frac{a+1}{n}}}{1-t}+\ldots+\frac{t^{\frac{a+n-1}{n}}}{1-t}-\frac{t^{\frac{a}{n}}}{1-t^{\frac{1}{n}}}=0.$$

Or, si l'on substitue l'équation (29) à la formule (16), l'équation (17) se réduira précisément à la formule (27).

Lorsque, dans l'équation (28), on remplace a par nx, on retrouve la formule

$$(30)\qquad \frac{\Gamma(x)\,\Gamma\left(x+\frac{1}{n}\right)\ldots\Gamma\left(x+\frac{n-1}{n}\right)}{\Gamma(nx)}=\frac{(2\pi)^{\frac{n-1}{2}}}{n^{nx-\frac{1}{2}}},$$

que j'ai démontrée d'une autre manière dans le second Volume des

Exercices de Mathématiques (¹), et qui a été découverte par M. Gauss.

Lorsque dans la formule (14) ou (15) on remplace t par t^θ, θ désignant un nombre quelconque, l'effet produit est le même que si les exposants

$$a, \quad b, \quad c, \quad \ldots, \qquad \alpha, \quad \beta, \quad \gamma, \quad \ldots, \qquad h, \quad k, \quad \ldots$$

se trouvaient remplacés par les exposants

$$a\theta, \quad b\theta, \quad c\theta, \quad \ldots, \qquad \alpha\theta, \quad \beta\theta, \quad \gamma\theta, \quad \ldots, \qquad h\theta, \quad k\theta, \quad \ldots.$$

Il suit de cette seule observation que chacune des formules (15), (17) continue généralement de subsister quand on y fait varier simultanément chacun des exposants

$$a, \quad b, \quad c, \quad \ldots, \qquad \alpha, \quad \beta, \quad \gamma, \quad \ldots, \qquad h, \quad k, \quad \ldots$$

dans un rapport donné θ. Donc la formule (14) entraîne non seulement l'équation (15), mais encore la suivante :

$$(31)\quad \begin{cases} \mathrm{A}\,\mathrm{l}\,\Gamma\left(\dfrac{a}{\alpha}\right)+\mathrm{B}\,\mathrm{l}\,\Gamma\left(\dfrac{b}{\beta}\right)+\ldots \\ \quad =\mathrm{H}\,\mathrm{l}(\theta h)+\mathrm{K}\,\mathrm{l}(\theta k)+\ldots-\mathrm{A}\left(\dfrac{a}{\alpha}-1\right)\mathrm{l}(\theta\alpha)-\mathrm{B}\left(\dfrac{b}{\beta}-1\right)\mathrm{l}(\theta\beta)-\ldots, \end{cases}$$

et pareillement la formule (16) entraîne non seulement l'équation (17), mais encore la suivante :

$$(32)\quad \begin{aligned} \mathrm{A}\,\mathrm{l}\,\Gamma\left(\frac{a}{\alpha}\right)+\mathrm{B}\,\mathrm{l}\,\Gamma\left(\frac{b}{\beta}\right)+\ldots &= \frac{\mathrm{A}+\mathrm{B}+\ldots}{2}\,\mathrm{l}(2\pi)-\mathrm{H}\,\mathrm{l}(\theta h)-\mathrm{K}\,\mathrm{l}(\theta k)-\ldots \\ &\quad -\mathrm{A}\left(\frac{a}{\alpha}-\frac{1}{2}\right)\mathrm{l}(\theta\alpha)-\mathrm{B}\left(\frac{b}{\beta}-\frac{1}{2}\right)\mathrm{l}(\theta\beta)-\ldots. \end{aligned}$$

Au reste, pour s'assurer que l'équation (31) coïncide avec l'équation (15), et l'équation (32) avec l'équation (14), il suffit d'observer

(¹) *Œuvres de Cauchy*, S. II, T. VII, p. 121. La démonstration que fournissent, pour la formule (30), les principes généraux ci-dessus exposés, se rapproche beaucoup de celle que M. Lejeune-Dirichlet a donnée dans le Journal de M. Crelle.

qu'on tire de la formule (14), en y posant $t = 1$,

$$(33) \qquad H + K + \ldots = A\left(\frac{a}{\alpha} - 1\right) + B\left(\frac{b}{6} - 1\right) + \ldots;$$

et de la formule (16), en développant les deux membres suivant les puissances de $1 - t$, non seulement

$$(34) \qquad \frac{A}{\alpha} + \frac{B}{6} + \frac{C}{\gamma} + \ldots = 0,$$

mais encore, eu égard à l'équation (34),

$$(35) \qquad A\left(\frac{a}{\alpha} - \frac{1}{2}\right) + B\left(\frac{b}{6} - \frac{1}{2}\right) + \ldots H + K + \ldots = 0.$$

Nous remarquerons, en terminant ce paragraphe, que toute équation linéaire qui subsiste entre diverses valeurs de $l\Gamma(n)$ entraîne une autre équation linéaire entre les valeurs correspondantes de la fonction $\varpi(n)$ liée à $l\Gamma(n)$, comme on l'a vu dans le paragraphe III, par la formule

$$(36) \qquad l\Gamma(n) = \left(n - \frac{1}{2}\right) l(n) - n - \frac{1}{2} l(2\pi) + \varpi(n).$$

Ainsi, en particulier, eu égard à cette dernière formule, l'équation (16) entraînera non seulement les équations (17) et (32), mais encore les suivantes :

$$(37) \qquad A\varpi\left(\frac{a}{\alpha}\right) + B\varpi\left(\frac{b}{6}\right) + \ldots = A\frac{a}{\alpha} + B\frac{b}{6} + \ldots - H\,l(h) - K\,l(k) - \ldots$$
$$- A\left(\frac{a}{\alpha} - \frac{1}{2}\right) l(a) - B\left(\frac{b}{6} - \frac{1}{2}\right) l(b) - \ldots,$$

$$(38) \qquad A\varpi\left(\frac{a}{\alpha}\right) + B\varpi\left(\frac{b}{6}\right) + \ldots = A\frac{a}{\alpha} + B\frac{b}{6} + \ldots - H\,l(\theta h) - K\,l(\theta k) - \ldots$$
$$- A\left(\frac{a}{\alpha} - \frac{1}{2}\right) l(\theta a) - B\left(\frac{b}{6} - \frac{1}{2}\right) l(\theta b) - \ldots.$$

FIN DU TOME XII DE LA SECONDE SÉRIE.

TABLE DES MATIÈRES

DU TOME DOUZIÈME.

SECONDE SÉRIE.

MÉMOIRES DIVERS ET OUVRAGES.

III. — MÉMOIRES PUBLIÉS EN CORPS D'OUVRAGES.

Exercices d'Analyse et de Physique mathématique.

FIN DE LA TABLE DES MATIÈRES DU TOME XII DE LA SECONDE SÉRIE.

52934 Paris. — Imp. GAUTHIER-VILLARS ET Cie, quai des Grands-Augustins, 55.